W0268121

HANDBUCH DER ANALYTISCHEN CHEMIE

HERAUSGEGEBEN

VON

R. FRESENIUS UND G. JANDER

WIESBADEN GREIFSWALD

ZWEITER TEIL
QUALITATIVE NACHWEISVERFAHREN

BAND III
ELEMENTE DER DRITTEN GRUPPE

SPRINGER-VERLAG
BERLIN HEIDELBERG GMBH
1944

ELEMENTE DER DRITTEN GRUPPE

BOR · ALUMINIUM · GALLIUM · INDIUM · THALLIUM SCANDIUM · YTTRIUM · ELEMENTE DER SELTENEN ERDEN ⟨LANTHAN BIS CASSIOPEIUM⟩ · ACTINIUM

BEARBEITET

VON

HORSTMAR HECHT · GUSTAV JANTSCH
FRIEDRICH WEIBKE †

MIT 13 ABBILDUNGEN
UND 1 TAFEL

SPRINGER-VERLAG
BERLIN HEIDELBERG GMBH
1944

ISBN 978-3-642-88898-4 ISBN 978-3-642-90753-1 (eBook)
DOI 10.1007/978-3-642-90753-1

ALLE RECHTE, INSBESONDERE DAS DER ÜBERSETZUNG
IN FREMDE SPRACHEN, VORBEHALTEN.
COPYRIGHT 1944 BY SPRINGER-VERLAG BERLIN HEIDELBERG
URSPRÜNGLICH ERSCHIENEN BEI SPRINGER-VERLAG OHG. 1944
SOFTCOVER REPRINT OF THE HARDCOVER 1ST EDITION 1944

Inhaltsverzeichnis.

Verzeichnis der Zeitschriften und ihrer Abkürzungen.

Abkürzung	Zeitschrift
A.	LIEBIGS Annalen der Chemie; bis **172** (1874): Annalen der Chemie und Pharmacie.
Acc. Sci. med. Ferrara	Accademia delle scienze mediche di Ferrara.
A. Ch.	Annales de Chimie; vor 1914: Annales de Chimie et de Physique.
Acta Comment. Univ. Tartu	Acta et Commentationes Universitatis Tartuensis (Dorpatensis).
Acta med. Scand.	Acta Medica Scandinavica.
Agricultura	Agricultura.
Am. Chem. J.	American Chemical Journal; seit 1917 vereinigt mit Am. Soc.
Am. Fertilizer	The American Fertilizer.
Am. J. Physiol.	American Journal of Physiology.
Am. J. Sci.	American Journal of Science.
Am. Soc.	Journal of the American Chemical Society.
Analyst	The Analyst.
An. Argentina	Anales de la asociación química Argentina.
An. Españ.	Anales de la sociedad española de física y química.
An. Farm. Bioquim.	Anales de farmacia y bioquímica (Buenos Aires).
Angew. Ch.	Angewandte Chemie, vor 1932: Zeitschrift für angewandte Chemie.
Ann. Acad. Sci. Fenn.	Annales academiae scientiarum fennicae.
Ann. agronom.	Annales agronomiques.
Ann. Chim. anal.	Annales de Chimie analytique et de Chimie appliquée.
Ann. Chim. applic.	Annali di chimica applicata.
Ann. Falsific.	Annales des Falsifications et des Fraudes.
Ann. Phys.	Annalen der Physik (GRÜNEISEN und PLANCK).
Ann.Sci.agronom.Franç.	Annales de la Science agronomique française et étrangère; nach 1930: Annales agronomiques.
Ann.Soc.Sci.Bruxelles	Annales de la société scientifique de Bruxelles, Série A: Sciences mathématiques; Série B: Sciences physiques et naturelles.
Anz. Krakau. Akad.	Anzeiger der Akademie der Wissenschaften, Krakau.
Apoth. Z.	Apotheker-Zeitung.
Ar.	Archiv der Pharmazie.
Arch. Eisenhüttenw.	Archiv für das Eisenhüttenwesen.
Arch. exp. Pathol.	Archiv für experimentelle Pathologie und Pharmakologie (NAUNYN-SCHMIEDEBERG).
Arch.Néerland.Physiol.	Archives Néerlandaises de Physiologie de l'Homme et des Animaux.
Arch. Phys. biol.	Archives de Physique biologique et de Chimie-Physique des Corps organisés.
Arch. Physiol.	Archiv für die gesamte Physiologie des Menschen und der Tiere (PFLÜGER).
Arch. Sci. biol.	Archivio di scienze biologiche (Italy).
Arch. Sci. phys. nat. Genève	Archives des Sciences physiques et naturelles, Genève.
Atti Accad. Lincei	Atti della Reale Accademia nazionale dei Lincei.
Atti Accad. Sci. Torino	Atti della Reale Accademia delle Scienze di Torino.
Atti Congr. naz. Chim. pura applic.	Atti del congresso nazionale di chimica pura ed applicata.
Austr.J.exp.Biol.med. Sci.	Australian Journal of Experimental Biology and Medical Science.
B.	Berichte der Deutschen Chemischen Gesellschaft.
Ber. Dtsch. pharm. Ges.	Berichte der Deutschen Pharmazeutischen Gesellschaft.
Ber. oberhess. Ges. Naturk.	Bericht der oberhessischen Gesellschaft für Natur- und Heilkunde.

Abkürzung	Zeitschrift
Ber. Wien. Akad.	Sitzungsberichte der Akademie der Wissenschaften, Wien.
Betriebslab.	Betriebslaboratorium; russ.: Sawodskaja Laboratorija.
Biochem. J.	Biochemical Journal.
Biol. Bl.	Biological Bulletin of the Marine Biological Laboratory; seit 1930: Biological Bulletin.
Bio. Z.	Biochemische Zeitschrift.
Bl.	Bulletin de la Société chimique de France; vor 1907: Bulletin de la Société chimique de Paris.
Bl. Acad. Roum.	Bulletin de la section scientifique de l'Académie Roumaine.
Bl. Acad. Russie	Bulletin de l'Académie des Sciences de Russie; seit 1925: Bl. Acad. URSS.
Bl. Acad. Sci. Pétersb.	Bulletin de l'Académie impériale des Sciences, Pétersbourg; seit 1917: Bl. Acad. Russie.
Bl. Acad. URSS.	Bulletin de l'Académie des Sciences d l'U[nion des] R[épubliques] S[oviétiques] S[ocialistes].
Bl. agric. chem. Soc. Japan	Bulletin of the Agricultural Chemical Society of Japan.
Bl. Am. phys. Soc.	Bulletin of the American Physical Society.
Bl. Biol. pharm.	Bulletin des Biologistes pharmaciens.
Bl. Bur. Mines Washington	Bulletin, Bureau of Mines, Washington.
Bl. Inst. physic. chem. Res. (Abstr.) Tôkyô	Bulletin of the Institute of Physical and Chemical Research, Abstracts, Tôkyô.
Bl. Sci. pharmacol.	Bulletin des Sciences pharmacologiques.
Bl. Soc. chim. Belg.	Bulletin de la Société chimique de Belgique.
Bl. Soc. Chim. biol.	Bulletin de la Société de Chimie biologique.
Bl. Soc. chim. Paris	Vgl. Bl.
Bl. Soc. Min.	Bulletin de la Société française de Minéralogie.
Bl. Soc. Mulhouse	Bulletin de la Société industrielle de Mulhouse.
Bl. Soc. Pharm. Bordeaux	Bulletin des Travaux de la Société de Pharmacie de Bordeaux.
Bl. Soc. România	Buletinul societatii de chimie din România.
Bodenkunde Pflanzenernähr.	Bodenkunde und Pflanzenernährung; 1. Folge (Band 1 bis 45) heißt: Zeitschrift für Pflanzenernährung, Düngung und Bodenkunde.
Boll. chim. farm.	Bolletino chimico-farmaceutico.
Brit. chem. Abstr.	British Chemical Abstracts.
Bur. Stand. J. Res.	Bureau of Standards Journal of Research.
C.	Chemisches Zentralblatt.
Canadian J. Res.	Canadian Journal of Research.
Časopis českoslov. Lékárn.	Časopis československého, Lékárnictva.
Cereal Chem.	Cereal Chemistry.
Chem. Abstr.	Chemical Abstracts.
Chem. Age	Chemical Age.
Chem. eng. min. Rev.	Chemical Engineering and Mining Review.
Chem. Ind.	Chemistry and Industry.
Chemist-Analyst	The Chemist-Analyst.
Chem. J. Ser. A	Chemisches Journal Serie A, Journal für allgemeine Chemie; russ.: Chimitscheski Shurnal Sser. A, Shurnal obschtschei Chimii.
Chem. J. Ser. B	Chemisches Journal Serie B, Journal für angewandte Chemie; russ.: Chimitscheski Shurnal Sser. B, Shurnal prikladnoi Chimii.
Chem. Listy	Chemické Listy pro vedu a prumysl.
Chem. N.	Chemical News.
Chem. Obzor	Chemický Obzor.
Chem. social. Agric.	Chemisation of socialistic Agriculture; russ.: Chimisazia ssozialistitscheskogo Semledelija.
Chem. Weekbl.	Chemisch Weekblad.
Ch. Fabr.	Die chemische Fabrik.
Chim. Ind.	Chimie & Industrie.

Abkürzung	Zeitschrift
Chim. Ind. 17. Congr. Paris	Chimie & Industrie, 17. Congrès, Paris.
Ch. Ind.	Die chemische Industrie.
Ch. Z.	Chemiker-Zeitung.
Ch. Z. Chem. techn. Übersicht	Chemiker-Zeitung, Chemisch-technische Übersicht.
Ch. Z. Repert.	Chemiker-Zeitung, Repertorium.
Coll.Trav.chim.Tchécosl.	Collection des Travaux chimiques de Tchécoslovaquie.
C. r.	Comptes rendus de l'Académie des Sciences.
C. r. Acad. URSS.	Comptes rendus (Doklady) de l'académie des sciences de l'U[union des] R[épubliques] S[oviétiques] S[ocialistes].
C. r. Carlsberg	Comptes rendus des Travaux du Laboratoire de Carlsberg.
C. r. Soc. Biol.	Comptes rendus de la Société de Biologie.
Dansk Tidsskr. Farm.	Dansk Tidsskrift for Farmaci.
Dingl. J.	DINGLERS Polytechnisches Journal.
Dtsch. med. Wchschr.	Deutsche medizinische Wochenschrift.
Dtsch. tierärztl. Wchschr.	Deutsche tierärztliche Wochenschrift.
Fenno-Chem.	Fenno-Chemica.
Finska Kemistsamfundets Medd.	Finska Kemistsamfundets Meddelanden; fortgesetzt unter der Bezeichnung: Fenno-Chemica.
Fr.	Zeitschrift für analytische Chemie (FRESENIUS).
G.	Gazzetta chimica italiana.
Gas- und Wasserfach	Das Gas- und Wasserfach; vor 1922: Journal für Gasbeleuchtung sowie für Wasserversorgung.
Giorn. Chim. ind. ed applic.	Giornale di Chimica industriale ed applicata.
Glückauf	Glückauf, berg- und hüttenmännische Zeitschrift.
H.	Zeitschrift für physiologische Chemie (HOPPE-SEYLER).
Helv.	Helvetica chimica acta.
Ind. Chemist	The Industrial Chemist and Chemical Manufacturer.
Ind. chimica	L'Industria chimica, mineraria e metallurgica.
Ind. eng. Chem.	Industrial and Engineering Chemistry.
Ind. eng. Chem. Anal. Edit.	Industrial and Engineering Chemistry, Analytical Edition.
Internat. Sugar J.	International Sugar Journal.
J. agric. Sci.	Journal of Agricultural Science.
J. Am. ceram. Soc.	Journal of the American Ceramic Society.
J. Am. Leather Chem.	Journal of the American Leather Chemists' Association.
J. Am. med. Assoc.	Journal of the American Medical Association.
J. Am. Soc. Agron.	Journal of the American Society of Agronomy.
J. Am. Water Works Assoc.	Journal of the American Water Works Association.
J. Assoc. offic. agric. Chem.	Journal of the Association of Official Agricultural Chemists.
J. Biochem.	Journal of Biochemistry (Japan).
J. biol. Chem.	Journal of Biological Chemistry.
Jbr.	Jahresberichte über die Fortschritte der Chemie (LIEBIG und KOPP), 1847–1910.
Jb. Radioakt.	Jahrbuch der Radioaktivität und Elektronik.
J. Chem. Education	Journal of Chemical Education.
J. chem. Ind.	Journal der chemischen Industrie; russ.: Shurnal Chimitscheskoi Promyschlennosti.
J. chem. Soc. Japan	Journal of the Chemical Society of Japan.
J. Chim. phys.	Journal de Chimie physique; seit 1931: ... et Revue générale des Colloides.
J. chos. med. Assoc.	Journal of the Chosen Medical Association (Japan).
Jernkont. Ann.	Jernkontorets Annaler.
J. ind. eng. Chem.	Journal of Industrial and Engineering Chemistry; seit 1923: Ind. eng. Chem.
J. Indian chem. Soc.	Journal of the Indian Chemical Society.
J. Indian Inst. Sci.	Journal of the Indian Institute of Science.
J. Inst. Brew.	Journal of the Institute of Brewing.

Abkürzung	Zeitschrift
J. Inst. Petrol. Tech.	Journal of the Institution of Petroleum Technologists.
J. Labor. clin. Med.	Journal of Laboratory and Clinical Medicine.
J. Landwirtsch.	Journal für Landwirtschaft.
J. opt. Soc. Am.	Journal of the Optical Society of America.
J. Pharm. Belg.	Journal de Pharmacie de Belgique.
J. Pharm. Chim.	Journal de Pharmacie et de Chimie.
J. pharm. Soc. Japan	Journal of the Pharmaceutical Society of Japan.
J. physic. Chem.	Journal of Physical Chemistry.
J. Physiol.	Journal of Physiology.
J. pr.	Journal für praktische Chemie.
J. Pr. Austr. chem. Inst.	Journal and Proceedings of the Australian Chemical Institute.
J. Res. Nat. Bureau of Standards	Journal of Research of the National Bureau of Standards, früher: Bur. Stand. J. Res.
J. Russ. phys.-chem. Ges.	Journal der russischen physikalisch-chemischen Gesellschaft.
J. S. African chem. Inst.	Journal of the South African Chemical Institute.
J. Sci. Soil Manure	Journal of the Science of Soil and Manure (Japan).
J. Soc. chem. Ind.	Journal of the Society of Chemical Industry (Chemistry and Industry).
J. Soc. chem. Ind. Japan (Suppl.)	Journal of the Society of Chemical Industry, Japan. Supplement.
J. Zucker-Ind.	Journal der Zuckerindustrie; russ.: Shurnal Sakharnoi Promyschlennosti.
Keem. Teated	Keemia Teated (Tartu).
Kem. Maanedsbl. nord. Handelsbl. kem. Ind.	Kemisk Maanedsblad og Nordisk Handelsblad for Kemisk Industri.
Klin. Wchschr.	Klinische Wochenschrift.
Kolloid-Z.	Kolloid-Zeitschrift.
Lantbruks-Akad. Handl. Tidskr.	Kungl. Lantbruks-Akademiens Handlingar och Tidskrift.
Lantbruks-Högskol. Ann.	Lantbruks-Högskolans Annaler.
L. V. St.	Landwirtschaftliche Versuchsstationen.
M.	Monatshefte für Chemie.
Magyar Chem. Folyóirat	Magyar Chemiai Folyóirat (Ungarische chemische Zeitschrift).
Malayan agric. J.	Malayan Agricultural Journal.
Medd. Centralanst. Försöksväs. jordbruks., landwirtsch.-chem. Abt.	Meddelande från Centralanstalten för Försöksväsendet på Jordbruksområdet, landbrukskemi.
Medd. Nobelinst.	Meddelanden från K. Vetenskapsakademiens Nobelinstitut.
Med. Doswiadczalna i Spoleczna	Medycyna Doswiadczalna i Spoleczna.
Mem. Sci. Kyoto Univ.	Memoirs of the College of Science, Kyoto Imperial University.
Met. Erz	Metall und Erz.
Mikrochim. A.	Mikrochimica acta.
Milchw. Forsch.	Milchwirtschaftliche Forschungen.
Mitt. berg- u. hüttenmänn. Abt. kgl. ung. Palatin-Joseph-Universität Sopron	Mitteilungen der berg- und hüttenmännischen Abteilung der königlich ungarischen Palatin-Joseph-Universität, Sopron.
Mitt. Kali-Forsch.-Anst.	Mitteilungen der Kali-Forschungsanstalt.
Nachr. Götting. Ges.	Nachrichten der Kgl. Gesellschaft der Wissenschaften, Göttingen; seit 1923 fällt „Kgl." fort.
Nature	Nature (London).
Naturwiss.	Naturwissenschaften.
Natuurwetensch. Tijdschr.	Natuurwetenschappelijk Tijdschrift.
Nederl. Tijdschr. Geneesk.	Nederlandsch Tijdschrift voor Geneeskunde.
Neues Jahrb. Mineral. Geol.	Neues Jahrbuch für Mineralogie, Geologie und Paläontologie.
New Zealand J. Sci. Tech.	New Zealand Journal of Science and Technology.
Öst. Ch. Z.	Österreichische Chemiker-Zeitung.
Onderstepoort J. Vet. Sci.	Onderstepoort Journal of Veterinary Science and Animal Industry.
P. C. H.	Pharmazeutische Zentralhalle.

Abkürzung	Zeitschrift
Ph. Ch.	Zeitschrift für physikalische Chemie.
Pharm. Weekbl.	Pharmaceutisch Weekblad.
Pharm. Z.	Pharmazeutische Zeitung.
Phil. Mag.	Philosophical Magazine and Journal of Science.
Phil. Trans.	Philosophical Transactions of the Royal Society of London.
Phys. Rev.	Physical Review.
Phys. Z.	Physikalische Zeitschrift.
Plant Physiol.	Plant Physiology.
Pogg. Ann.	Annalen der Physik und Chemie, herausgegeben von POGGENDORFF (1824–1877); dann Wied. Ann. (1877–1899); seit 1900: Ann. Phys.
Pr. Am. Acad.	Proceedings of the American Academy of Arts and Sciences, Boston.
Pr. chem. Soc.	Proceedings of the Chemical Society (London).
Pr. internat. Soc. Soil Sci.	Proceedings of the International Society of Soil Science.
Pr. Leningrad Dept. Inst. Fert.	Proceedings of the Leningrad Departmental Institute of Fertilizers.
Pr. Roy. Soc. Edinburgh	Proceedings of the Royal Society of Edinburgh.
Pr. Roy. Soc. London Ser. A	Proceedings of the Royal Society (London). Serie A: Mathematical and Physical Sciences.
Pr. Soc. Cambridge	Proceedings of the Cambridge Philosophical Society.
Problems Nutrit.	Problems of Nutrition; russ.: Woprossy Pitanija.
Pr. Oklahoma Acad. Sci.	Proceedings of the Oklahoma Academy of Science.
Pr. Roy. Soc. New South Wales	Proceedings of the Royal Society of New South Wales.
Pr. Soc. exp. Biol. Med.	Proceedings of the Society for Experimental Biology and Medicine.
Pr. Utah Acad. Sci.	Proceedings of the Utah Academy of Sciences.
Przemysl Chem.	Przemysl Chemiczny.
Publ. Health Rep.	Public Health Reports.
R.	Recueil des Travaux chimiques des Pays-Bas.
Radium	Le Radium, seit 1920: Journal de Physique et Le Radium.
Rep. Connecticut agric. Exp. Stat.	Report of the Connecticut Agricultural Experiment Station.
Repert. anal. Chem.	Repertorium der analytischen Chemie (1881–1887).
Répert. Chim. appl.	Répertoire de Chimie pure et appliquée (von 1864 ab: Bulletin de la Société chimique de France).
Rev. Centro Estud. Farm. Bioquim.	Revista del centro estudiantes de farmacia y bioquímica.
Rev. Mét.	Revue de Métallurgie.
Roczniki Chem.	Roczniki Chemji.
Rev. univ. des Min.	Revue universelle des Mines.
Schweiz. Apoth. Z.	Schweizerische Apotheker-Zeitung.
Schweiz. med. Wchschr.	Schweizerische medizinische Wochenschrift.
Schw. J.	SCHWEIGGERS Journal für Chemie und Physik (Nürnberg, Berlin 1811–1833, 68 Bde.).
Science	Science (New York).
Sci. Pap. Inst. Tôkyô	Scientific Papers of the Institute of Physical and Chemical Research Tôkyô.
Sci. quart. nat. Univ. Peking	Science Quarterly of the National University of Peking.
Skand. Arch. Physiol.	Skandinavisches Archiv für Physiologie.
Soc.	Journal of the Chemical Society of London.
Soc. chem. Ind. Victoria (Proc.)	Society of Chemical Industry of Victoria, Proceedings.
Soil Sci.	Soil Science.
Sprechsaal	Sprechsaal für Keramik-Glas-Email.
Stahl Eisen	Stahl und Eisen.
Svensk Tekn. Tidskr.	Svensk Teknisk Tidskrift.
Techn. Mitt. Krupp	Technische Mitteilungen KRUPP.
Tôhoku J. exp. Med.	Tôhoku Journal of Experimental Medicine.

Abkürzung	Zeitschrift
Trans. Am. electrochem. Soc.	Transactions of the American Electrochemical Society.
Trans. Butlerov Inst. chem. Technol. Kazan	Transactions of the BUTLEROV Institute; (seit 1935: KIROV Institute) for Chemical Technology of Kazan.
Trans. Dublin Soc.	Scientific Transactions of the Royal Dublin Society.
Trans. Faraday Soc.	Transactions of the FARADAY Society.
Trans. Roy. Soc. Edinburgh	Transactions of the Royal Society of Edinburgh.
Trans. sci. Inst. Fert.	Transactions of the Scientific Institute of Fertilizers and Insectofungicides (USSR.).
Trans. Sci. Soc. China	Transactions of the Science Society of China.
Trav. Lab. biogéochim. Acad. Sci. URSS.	Travaux du laboratoire biogéochimique de l'académie des sciences de l'U[nion des] R[épubliques] S[oviétiques] S[ocialistes].
Uchen. Zapiski Kazan. Gosud. Univ.	Uchenye Zapiski Kazanskogo Gosudarstvennogo Universiteta (USSR.).
Ukrain. chem. J.	Ukrainian Chemical Journal (Journal chimique de l'Ukraine).
Union pharm.	Union pharmaceutique.
Union S. Africa Dept. Agric.	Union of South Africa, Department of Agriculture.
Univ. Illinois Bl.	University of Illinois, Bulletin.
U. S. Dept. Agric. Bl.	United States Department of Agriculture, Bulletins.
Verh. phys. Ges.	Verhandlungen der Deutschen physikalischen Gesellschaft.
Wchschr. Brauerei	Wochenschrift für Brauerei.
Wied. Ann.	Annalen der Physik und Chemie, herausgegeben von WIEDEMANN; s. Pogg. Ann.
Wien. klin. Wchschr.	Wiener klinische Wochenschrift.
Wien. med. Wchschr.	Wiener medizinische Wochenschrift.
Wiss. Nachr. Zucker-Ind.	Wissenschaftliche Nachrichten der Zuckerindustrie (ukrain.).
Wiss. Veröffentl. Siemens-Konzern	Wissenschaftliche Veröffentlichungen aus dem SIEMENS-Konzern (seit 1935: aus den SIEMENS-Werken).
Z. anorg. Ch.	Zeitschrift für anorganische und allgemeine Chemie.
Zbl. Min. Geol. Paläont. Abt. A	Zentralblatt für Mineralogie, Geologie und Paläontologie, Abt. A: Mineralogie und Petrographie.
Z. Chem. Ind. Kolloide	Zeitschrift für Chemie und Industrie der Kolloide; seit 1913: Kolloid-Zeitschrift.
Z. El. Ch.	Zeitschrift für Elektrochemie.
Zentr. wiss. Forsch.-Inst. Leder-Ind.	Zentrales wissenschaftliches Forschungsinstitut für die Lederindustrie; russ.: Zentralny nautschno-issledowatelski Institut koshewennoi Promyschlennosti, Sbornik Rabot.
Z. ges. Brauw.	Zeitschrift für das gesamte Brauwesen.
Z. Hygiene	Zeitschrift für Hygiene und Infektionskrankheiten.
Z. klin. Med.	Zeitschrift für klinische Medizin.
Z. Kryst.	Zeitschrift für Krystallographie und Mineralogie.
Z. landw. Vers.-Wes. Österr.	Zeitschrift für das landwirtschaftliche Versuchswesen in Deutsch-Österreich; 1925—1933 genannt: Fortschritte der Landwirtschaft.
Z. Lebensm.	Zeitschrift für Untersuchung der Lebensmittel; bis 1925: Zeitschrift für Untersuchung der Nahrungs- und Genußmittel sowie der Gebrauchsgegenstände.
Z. öffentl. Ch.	Zeitschrift für öffentliche Chemie.
Z. Pflanzenernähr. Düng. Bodenkunde.	Vgl. Bodenkunde Pflanzenernähr.
Z. Phys.	Zeitschrift für Physik.
Z. pr. Geol.	Zeitschrift für praktische Geologie.
Zprávy česk. keram. společnosti	Zprávy československé keramické společnosti.

Abkürzungen oft benutzter Sammelwerke.

Abkürzung	Sammelwerk
Berl-Lunge	BERL-LUNGE: Chemisch-technische Untersuchungsmethoden, 8. Aufl. Berlin 1931—1934. Bis zur 7. Aufl. „LUNGE-BERL" genannt.
GM.	GMELINS Handbuch der anorganischen Chemie, 8. Aufl. Berlin.
Handb. Pflanzenanal.	Handbuch der Pflanzenanalyse (KLEIN).
Lunge-Berl	Vgl. BERL-LUNGE.

Bor.

B, Atomgewicht 10,82; Ordnungszahl 5.

Von G. JANTSCH, Graz.

Mit 2 Abbildungen.

Inhaltsübersicht.

Bor.

B, Atomgewicht 10,82; Ordnungszahl 5.

I. Vorkommen. In der Natur findet sich das Bor nur in Form von Sauerstoffverbindungen, vorwiegend in den Restkrystallisationen des Magmas, seltener in Form von Aluminiumborosilicaten in den letzten Anteilen der Hauptkrystallisation. Die Hauptmenge desselben ist aus den Borosilicaten durch Verwitterung in Lösung gegangen und in die Meere abgewandert, die bis zu 0,2 g im Kubikmeter enthalten.

Borsaure Salze, wie der Boracit $Mg(BO_2)_2 \cdot MgCl_2 \cdot B_2O_3$ sind in den Staßfurter Abraumsalzen enthalten und bilden den Rohstoff für die deutsche Borsäureindustrie.

Reiche Lager an borsäurehaltigen Mineralien finden sich in Tibet, Oregon und Kalifornien. Neben Sassolin, der natürlichen Borsäure, sind folgende Vorkommen wichtig: Borax (Tinkal) $Na_2B_4O_7 \cdot 10\,H_2O$, Kernit (Rasorit) $Na_2B_4O_7 \cdot 4\,H_2O$, Priceit (Pandermit) $4\,CaO \cdot 5\,B_2O_3 \cdot 7\,H_2O$, Colemanit $2\,CaO \cdot 3\,B_2O_3 \cdot 5\,H_2O$ und Boronatrocalcit (Ulexit) $Na_2O \cdot 2\,CaO \cdot 5\,B_2O_3 \cdot 16\,H_2O$.

Manche Ausströmungen von Vulkanen enthalten Borsäure. Deshalb finden sich oft an deren Kratern Sassolinkrystalle. Die Soffionen der Lagunen von Toskana (Lardarello) enthalten Borsäure und bilden die Grundlage der italienischen Borsäureindustrie.

Bei Abwesenheit von Borsäure in Böden treten bei manchen Feldfrüchten Mangelkrankheiten auf, z. B. bei den Zuckerrüben. Dem Bor kommt somit eine besonders für den Pflanzenwuchs wichtige physiologische Bedeutung zu. Mindestens in gewissen Fällen ist es als „Spurenelement" anzusehen.

II. Verwendung. Borverbindungen finden vielfach Anwendung, so als Borcarbid für Hartmetalle zur Herstellung von Bohr- und Schneidwerkzeugen und als Schleifmittel, als Borsäure und borsaure Salze, vornehmlich Borax, in der Glas-, Porzellan-, keramischen- und Emailleindustrie, als Desinfektions- und Konservierungsmittel, ferner zum Löten und Schweißen, dann für Kosmetika, Streupulver, Verbandstoffe, in der Seifenindustrie und zur Imprägnierung von Kerzendochten. Viele Wasch- und Bleichmittel enthalten Perborate.

Weitere Anwendungen von Borsäure bzw. von Boraten ergeben sich in der Industrie anorganischer Farben, z. B. von GUIGNETsgrün und Borultramarin, zur Herstellung von Leuchtfarben und in der organischen Synthese (Polyoxyanthrachinone), schließlich als Therapeutika und in der Gerberei.

III. Wertigkeit und Verhalten des Bors in der Gruppe. Obwohl es der Gruppe des Aluminiums angehört, ist das Bor, das stets 3wertig auftritt, als Element und in seinen Verbindungen mehr dem Kohlenstoff und dem Silicium ähnlich, als den Gliedern der 3. Hauptgruppe. Das Oxyd und seine Hydrate, die Borsäuren besitzen sauren Charakter. Die Fähigkeit zur Bildung von Wasserstoffverbindungen, von welchen die ersten Glieder leicht flüchtig sind, teilt es mit dem Kohlenstoff, dem Silicium und dem Germanium. Schließlich ist es befähigt zur Bildung von Poly- und Heteropolysäuren.

Die Borsäure H_3BO_3 ist in kaltem Wasser wenig löslich. Löslichkeit in 100 g Wasser: bei 10^0 3,6 g, 21^0 5,14 g, 35^0 7,77 g, 50^0 11,54 g, 80^0 23,61 g, $99{,}5^0$ 39,06 g.

Unter normalen Bedingungen ist die Borsäure mit Wasserdämpfen als H_3BO_3 flüchtig. Bei höheren Temperaturen anhydrisiert sie sich zur Metaborsäure HBO_3 und endlich zum Borsäureanhydrid B_2O_3. Wegen ihrer Hitzebeständigkeit vermag die Borsäure, obwohl sie eine sehr schwache Säure ist, selbst starke Säuren aus Salzen bei höheren Temperaturen auszutreiben. Ihre Fähigkeit, Metalloxyde zu lösen, wird bei den Perlenreaktionen ausgenützt.

Borsäure löst sich auch in organischen Lösungsmitteln, wie Alkoholen, Äther, Aceton, chlorierten Kohlenwasserstoffen, Pyridin usw.

Die wäßrige Lösung reagiert schwach sauer. Die Borsäure ist eine schwächere Säure als die Kohlensäure und der Schwefelwasserstoff. Polyoxyverbindungen, besonders Polyoxyalkohole bilden mit Borsäure starke einbasische Säuren, deren Natriumsalze, z. B. die Glycerinverbindung $B^{ONa}_{(OCH_2 \cdot CHOH \cdot CH_2OH)_2}$ in wäßriger Lösung nicht hydrolysiert sind und daher Phenolphthalein nicht röten.

Die Alkaliborate und jene des Ammoniums sind im Wasser leicht löslich. Die Orthoborate erleiden im Wasser stets Hydrolyse und die Lösungen reagieren alkalisch. Beständiger sind die Meta- besonders die Tetraborate. Da aber die Ionen der verschiedenen Borsäuren in Lösung ineinander übergehen, geben dieselben die gleichen Reaktionen.

Die Erdalkaliborate sind im Wasser schwerlöslich, die Borate der Erd- und Schwermetalle unlöslich. Wegen der leichten hydrolytischen Spaltbarkeit ist die Zusammensetzung dieser Salze stark von der Temperatur und der Konzentration der reagierenden Lösungen abhängig. Enthalten die Lösungen keine Meta- oder Tetraborsäure, sondern nur Pentaborsäure, so bilden sich mit Mangan(II)-, Chrom(III)-, Kobalt- und Kupfer(II)salzen lösliche, anodische Komplexe, aus denen z. B. das Mangan nicht durch Schwefelammonium fällbar ist. Durch Zusatz von Ammoniumchlorid tritt bei vielen Metallboraten, infolge Komplexsalzbildung, Lösung ein.

Auf Zusatz von Wasserstoffsuperoxyd oder durch anodische Oxydation bei tiefen Temperaturen entstehen Peroxyborate z. B. $NaBO_3 \cdot H_2O_2 \cdot H_2O$, deren wäßrige Lösungen weitgehend hydrolysiert sind.

$$BO_3' + H_2O - BO_2' + H_2O_2.$$

Bei der Einwirkung von Fluorwasserstoffsäure und wasserentziehenden Mitteln (konzentrierte Schwefelsäure) bildet sich mit Borsäure oder Boraten gasförmiges

Bortrifluorid BF_3, das in wäßriger Lösung durch Anlagerung von Flußsäure bzw. durch Hydrolyse in die starke Borfluorwasserstoffsäure übergeht.

$$6\,BF_3 + 6\,H_2O = 2\,H_3BO_3 + 3\,H_2F_2$$
$$6\,BF_3 + 3\,H_2F_2 = 6\,H[BF_4]$$

Mit Ausnahme des Kalium- und Ammoniumsalzes sind die Bortetrafluorate in Wasser leicht löslich. Mit ammoniakalischer Nickellösung gibt $[BF]_4'$ einen tiefblauen Niederschlag. Auch das $[Cd(NH_3)_6]\,[BF_4]_2$ und das Strychnin- und Brucinsalz sind schwerlöslich.

Mit Alkoholen bilden Borsäure und Borate bei Gegenwart von Säuren Borsäureester $B(OR)_3$, von welchen die niederen Glieder leicht flüchtig sind und die Bunsenflamme stärker grün färben, als die Säure selbst.

Bemerkenswert ist die Fähigkeit der Borsäure mit Carbonylverbindungen, die in Nachbarstellung Hydroxylgruppen enthalten, wie mit Oxyanthrachinonen, innerkomplexe Ester zu bilden. Darauf gründen sich Nachweisreaktionen, aber auch die Anwendungen der Borsäure als Katalysator in der organischen Synthese.

IV. Aufschlußverfahren für unlösliche Borverbindungen. In der Mehrzahl der Fälle läßt sich aus unlöslichen Boraten die Borsäure als solche oder nach Zusatz von Säuren (Schwefel- oder Salzsäure) und Methylalkohol als Methylester abdestillieren. Das Destillat wird in alkalischen Lösungen, gewöhnlich verdünnter Natronlauge, aufgefangen. Auch die Verflüchtigung der Borsäure als BF_3 mit Flußsäure und konzentrierter Schwefelsäure findet Anwendung. Dabei ist zu beachten, daß bei Gegenwart von Kieselsäure oder Silicaten auch SiF_4 mit abdestilliert. Bei der Analyse von Silicaten, Böden, Aschen, Gläsern, Emaillen usw. wählt man daher besser den Aufschluß mit Ätzalkalien, Soda oder Bariumhydroxyd. Dabei bleibt in der Regel die Borsäure in den in Wasser unlöslichen Anteilen der Schmelze und wird daraus als Methylester abdestilliert. Metallboride und Borcarbid werden durch oxydierende alkalische Schmelze aufgeschlossen.

V. Kurze Übersicht über die analytische Gruppe und die Abtrennung des Bors von seinen Begleitern. Im Gegensatz zu den Homologen des Bors im periodischen System, die stets als Kationen und nur selten als komplexe Anionen auftreten, hat es der Analytiker beim Bor fast ausnahmslos mit Anionen zu tun. Die Borsäure-Ionen geben, ebenso wie die Ionen der Phosphorsäure, der arsenigen Säure, der Arsen-, Kiesel-, Kohlen- und Oxalsäure, mit Silbernitrat-, Bleiacetat-, oder Bariumchloridlösungen weiße Fällungen. In der Regel treten dieselben, ähnlich wie beim Arsenit- und Carbonat-Ion, nur schwach auf und können durch vorsichtigen Zusatz von verdünntem Ammoniak verstärkt werden. Das Silberborat hydrolysiert in der Kälte allmählich, beim Kochen schneller, zu Silberoxyd.

Charakteristischer und zum Nachweis allgemein angewandt sind die Flammenfärbung und die Farb- und Tüpfelreaktionen des Bors mit organischen Stoffen, z. B. mit Curcuma oder mit Oxyanthrachinonen.

Größere Mengen von Aluminium-, Eisen(III)- und Chrom(III)salzen halten bei alkalischen Fällungen stets Borsäure fest. Aluminium läßt sich durch Fällung als Phosphat in schwach essigsaurer Lösung abtrennen. Aus dem Filtrate destilliert man dann den Borsäuremethylester ab. Bei Gegenwart von Eisen(III)salzen verfährt man ebenso. Chrom(III)salze werden zum Chromat oxydiert; dieses wird in essigsaurer Lösung als Bariumchromat abgetrennt.

Nachweismethoden.

§ 1. Nachweis auf spektralanalytischem Wege.

A. Ohne spektrale Zerlegung.

Beobachtung der Flammenfärbung. Borsäure und flüchtige Borverbindungen färben den Mantel der aufleuchtenden Bunsenflamme grün. Erschwert wird die Eindeutigkeit der Analyse nur dadurch, daß verschiedene andere Salze, vor allem Salze von Thallium, Barium und Kupfer auch eine Grünfärbung hervorrufen. Tellurdioxyd, Molybdäntrioxyd und Phosphorsäure stören ebenfalls.

1. Durch Borsäure. Man bringt die mit konzentrierter Schwefelsäure angefeuchtete Probe oder die mit derselben versetzte Lösung in die Öse eines Platindrahtes und erhitzt am äußersten Rand einer Bunsenflamme. Probe oder Lösung können nach dem Ansäuern auch mittelst eines Beckmannbrenners oder auf andere Weise in der Flamme verstäubt werden (TURNER; MERZ; BIDAUD). Die Empfindlichkeitsgrenze wurde von MERZ auf 0,7 γ, von ARNDT auf 1 γ B_2O_3 geschätzt.

Nach ILES soll die Grünfärbung besonders hervortreten, wenn man die feingepulverte Substanz mit Glycerin verreibt und dann in die Flamme bringt.

ROSENTHALER weist bis zu 0,5 γ Bor in Drogenaschen nach, indem er die Asche mit Magnesiumpulver erhitzt und das entstandene Borid mit Schwefelsäure im MARSHschen Apparat zersetzt. Die Wasserstoff-Flamme färbt sich dabei leuchtend grün.

2. Durch Borfluorid. Man bringt die Mischung der Probe mit 4,5 Teilen Kaliumbisulfat und 1 Teil Calciumfluorid in die Öse eines Platindrahtes und erhitzt in der Bunsenflamme. Bei Anwesenheit von Bor tritt Grünfärbung auf. Kupfer und Thallium müssen vorher entfernt werden (CHAPMAN sowie LE NEVE FORSTER). Nach KASEY ist es zweckmäßig, zur Reaktion 48%ige Flußsäure und konzentrierte Schwefelsäure an Stelle von Bisulfat zu verwenden. KRAUSS will beobachtet haben, daß aus Bariumsulfat und konzentrierter Schwefelsäure flüchtige Bariumverbindungen entstehen, welche die Flamme gleichfalls grün färben. ADAM, GILBERT sowie BERTRAND und AGULHON führen die Bortrifluoriddämpfe mit Wasserstoff weg und beobachten die Wasserstoff-Flamme.

Werden borsäurehaltige Substanzen mit $(NH_4)_2[SiF_6]$ erhitzt, so entwickelt sich nach STOLBA $NH_4[BF_4]$, welches die Flamme grün färbt. Kupfersalze, Phosphorsäure und Molybdänsäure sollen dabei nicht stören.

3. Durch Borsäureester. Versetzt man Borsäure oder das mit Schwefelsäure übergossene Borat mit Alkohol und zündet diesen an, so tritt eine grün gesäumte Flamme auf. Durch Verwendung von Methylalkohol wird die Empfindlichkeit gesteigert (MERZ und WEITH). Nach PIESZCZEK tritt die Flammenfärbung bei Anwendung von ameisensäurefreiem Methylalkohol bereits ohne Zusatz von Schwefelsäure ein. Je nach der Ausführung beträgt die Empfindlichkeit der Reaktion 0,00076 mg (STAHL) bis 0,06 mg B (BÖTTGER und STAHL).

Nach CASTELLANA soll der Borsäurenachweis auch bei Gegenwart von Kupfer- oder Halogenverbindungen gelingen, wenn man an Stelle von Alkohol und Schwefelsäure Kaliumäthylsulfat anwendet, was von VELARDI bezweifelt wird.

Ausführungen. Gewöhnlich übergießt man die Probe im Porzellanschälchen mit Methylalkohol und Schwefelsäure und zündet das Gemisch an. Durch folgende Abänderungen wird die Empfindlichkeit gesteigert:

Nach GILM bringt man die Substanz in ein kurzes, breites Probegläschen, fügt etwas Methylalkohol und konzentrierte Schwefelsäure hinzu und verschließt mit einem doppelt durchbohrten Stopfen, durch welchen ein rechtwinkelig gebogenes Glasrohr bis fast auf den Boden des Gläschens reicht, während ein zweites knapp unter dem Stopfen endet. Letzteres ist 5 cm lang und am äußersten Ende bis auf 1 mm verengt. Durch das Gerät leitet man Wasserstoff oder Leuchtgas und zündet das ausströmende Gas an.

v. SPINDLER verwendet eine enghalsige Flasche, die mit einem eingeschmolzenen, bis fast zum Boden reichenden Gaszuleitungsrohr und einem angeschmolzenen Gasableitungsrohr versehen ist. Letzteres ist aufwärts gerichtet, hat eine kugelförmige Erweiterung und eine Verdickung mit einer feinausgezogenen Spitze. Auf die Verdickung wird ein Porzellanbrennerrohr gestülpt. Der Flaschenhals trägt mittelst Glasschliff ein Trichterrohr mit horizontalem Cüvettenhahn. In die Flasche werden 50 cm³ Methylalkohol gegeben; durch das Gaszuleitungsrohr wird Leuchtgas, besser trockener Wasserstoff, geleitet und dieser nach erfolgter Luftverdrängung angezündet. Etwas mitgerissene Feuchtigkeit wird in der Kugel des Gasableitungsrohres zurückgehalten. Wenn die Flamme ruhig brennt, wird die mit etwas verdünnter Schwefelsäure angesäuerte Probenlösung aus dem Trichterrohr nach und nach mittelst des Conushahnes in das Reaktionsgefäß überführt. Durch Anwärmen des letzteren mit 50 cm³ warmem Wasser kann man die Reaktion empfindlicher gestalten. Bei dieser Ausführung des Nachweises liegt die Empfindlichkeit nach SIMMLER unter 0,01 mg.

LENHER und WELLS verwenden ein Reagensrohr, dessen Kork ein zu einer feinen Spitze ausgezogenes Glasrohr trägt. 1 cm³ der zu untersuchenden Lösung wird mit 2 cm³ Schwefelsäure (1,84) und 10 cm³ Alkohol zum Sieden erhitzt, und darauf werden die aus dem Glasrohr austretenden Dämpfe angezündet.

WEBER und JAKOBSON leiten getrocknetes Leuchtgas (150 cm³ in der Minute) durch eine Methanolborsäurelösung und führen das Gasgemisch durch die feinausgezogene Spitze eines Glasrohres in eine kleine Bunsenflamme ein. Es sollen sich so bis zu 0,03 mg Bor nachweisen lassen. Borsäurehaltige Gläser, Emaillen usw. werden im Nickeltiegel mit Kaliumcarbonat aufgeschlossen; die Schmelze wird mit Wasser aufgenommen, trocken gedampft, der Rückstand mit Schwefelsäure angesäuert und wie beschrieben weiter behandelt.

STAHL untersuchte den Einfluß des Verhältnisses Alkohol: Schwefelsäure auf die Empfindlichkeit der Reaktion, die wegen Bildung von Äthern oder Alkylschwefelsäuren Einbuße erleiden kann. Unter geeigneten Bedingungen lassen sich noch 7,6 γ Bor nachweisen.

Störungen. Wasser setzt die Empfindlichkeit des Nachweises herab. Methylchlorid und andere chlorierte Kohlenwasserstoffe geben gleichfalls eine schwache Grünfärbung der Flamme. Deshalb darf nur mit Schwefelsäure und nicht mit Salzsäure angesäuert werden. Kupfer-, Thallium-, Bariumsalze, Tellurdioxyd, Molybdäntrioxyd, Phosphorsäure, Phosphite, Hypophosphite und Weinsäure stören. Auch bei Gegenwart von Zucker, Natriumnitrit, Natriumchlorid kann der Nachweis versagen (v. FELLENBERG), ebenso wenn Sulfite oder Thiosulfate in reichlichen Mengen zugegen sind.

Kupfer, Thallium, Tellur und Barium werden vor Ausführung der Reaktion in üblicher Weise entfernt. Bei Gegenwart von Sulfiten oder Thiosulfaten fügt man Bleinitratlösung hinzu, bis keine weitere Fällung erfolgt, dampft das Filtrat ein und prüft den Rückstand.

B. Durch spektrale Zerlegung.

I. Emissionsspektrum.

Allgemeines. Die spektralanalytische Methode wird häufig zur Borbestimmung herangezogen, besonders auch für die Untersuchung von organischen Proben, weil der Borgehalt als sehr wichtig für die Entwicklungsfähigkeit verschiedener Pflanzen erkannt wurde; es wird z. B. durch Bor das Wachstum von Bohnen noch in einer Verdünnung von $1:10^6$ merklich beeinflußt. Vom Linienspektrum des Bors sind nur die beiden ultravioletten Linien 2497,7 und 2496,8 Å, wobei 2497,7 Å die stärkere ist, für die Analyse von Bedeutung. Außerdem liegt im sichtbaren Spektralgebiet ein sehr typisches Bandensystem, das von FINKELNBURG in mehreren Veröffentlichungen erwähnt und von ROLLWAGEN zur Boranalyse in Gläsern benützt wurde. Maxima dieses welligen Bandengebietes liegen bei den Wellenlängen 5800; 5480; 5180; 4920; 4710; 4529; 4365 Å (Zahlen nach FINKELNBURG und HESS). Das Bandensystem tritt immer dann auf, wenn Bor und Sauerstoff in der Anregung zusammenkommen

(Flamme oder Bogen). Die Empfindlichkeit des Bornachweises ist sehr hoch. Mitunter ist es sehr störend, daß es bis heute keine Spektralkohlen gibt, die borfrei sind. In allen Kohlenaufnahmen treten die beiden Linien 2497,7 und 2496,8 Å auf.

Nach den Tabellen von GERLACH-RIEDL können für die beiden Analysenlinien folgende Koinzidenzen den Nachweis stören:

Bei 2497,7: Linien von Germanium, Phosphor und Eisen, schwache Linien von Mangan, Molybdän, Nickel und Ruthenium und sehr schwache Linien von Osmium (besonders im Funken) und Vanadium.

Als starke Störungslinien sind Fe 2498,9; Ge 2498,0; Os 2498,4; Pt 2498,5 und Ru 2498,6 und 2498,4 genannt.

Bei 2496,8: Linien von Kobalt und Palladium, schwache Linien von Wismut, Mangan und Ruthenium (bei den beiden letzteren besonders im Funken) und sehr schwache Linien von Chrom und Mangan, bei letzterer besonders im Bogen. Als starke Störungslinie ist die Bogenlinie von Beryllium 2494,9 genannt.

1. Nachweis in Lösungen. Für den Nachweis in Lösungen ist die Flamme geeignet. LUNDEGÅRDH berichtet über den Bornachweis. Auch SCHMITT stellt Bormangelkrankheiten von Pflanzen durch Anregung in der Flamme fest. CALFEE und MC HARGUE bestimmen Bor als Methylborat bis zu $10^{-4}\%$ in der Gebläseflamme. Natürlich ist auch der Bogen oder die Funkenentladung zum Nachweis geeignet, wenn die Lösungen auf eine Elektrode getropft, eingetrocknet und dann analysiert werden.

2. Nachweis in Pulvern und Salzen. Bogen- und Funkenentladung sind zum Nachweis geeignet. Die Empfindlichkeit ist im Bogen günstig. Einzeluntersuchungen liegen vor von BALZ, der Bor in Diamantpulver nachweist. BRECKPOT (a) findet neben vielen anderen Elementen Bor im Chilesalpeter; zusammen mit MEVIS veröffentlichte BRECKPOT Angaben über die Nachweisempfindlichkeit von Bor in Kupferoxyd als Trägersubstanz (0,001%).

3. Nachweis in Metallen. Metalle benutzt man als Elektroden einer Bogen- oder Funkenentladung, um Bor ohne jede Schwierigkeit nachweisen zu können. Bor hat besondere Bedeutung als Legierungsbestandteil des Eisens. Darüber findet man Angaben bei SCHEIBE, der das Bor im Funken nachweist und bei HOLZMÜLLER, der darauf hinweist, daß auch bei 2496,8 eine Eisenlinie stören kann, ebenso eine Wolframlinie. Besonders genaue Angaben vermittelt eine Arbeit von SCHLIESSMANN; es wird im Funken oder Bogen gearbeitet und das Material verschieden behandelt. Wird das Analysengut gelöst, so ist die Nachweisempfindlichkeit bei Abtrennung des Eisens ungefähr um eine Zehnerpotenz höher als mit Eisen in der Lösung ($2\,\gamma$ gegen $20\,\gamma$). Es ist aber nicht unbedingt notwendig, die Probe erst in Lösung zu bringen, denn auch beim Abfunken der metallischen Oberfläche können im Funken noch 0,05%, im Bogen sogar 0,005% Bor erkannt werden.

4. Nachweis in organischer Substanz. Auf die besondere Bedeutung des Einsatzes der Spektralanalyse für biologische Untersuchungen wurde bereits eingangs hingewiesen. Es sind alle bekanntgewordenen Methoden geeignet. Da es oft auf den Nachweis geringster Spuren ankommt, wird man im allgemeinen die besonders empfindlich arbeitende Bogenmethode vorziehen. BRECKPOT (b) bestimmt Bor in der Zuckerrübe. ØY weist Bor in Tang und Algen nach. FOSTER und HORTON arbeiten im Funken. Ihre sorgfältige Präparation der Proben ist nur für quantitative Arbeiten notwendig. Natürlich kann auch ohne jede Vorbehandlung organisches Material analysiert werden. Man benützt dazu entweder die Hochfrequenzentladung oder trocknet das Material, bis es sich zu Pulver zerreiben läßt, das im Bogen oder Funken analysiert wird.

5. Nachweisgrenzen der verschiedenen Methoden. LUNDEGÅRDH kann Bor noch in $3 \cdot 10^{-4}$ molaren Lösungen bestimmen. SCHLIESSMANN weist im Funken in Stahl noch 0,01% Bor nach, wenn 2065,8 benützt wird (sensibilisierte Platte). Die empfindlichste Linie 2497,7 wird bei den meisten heute üblichen Apparaten durch die Eisenlinie 2497,8 gestört und ist deshalb nur bis zu einer Konzentration von 0,05% Bor zur Analyse geeignet. Im Bogen stört diese Linie nicht. 0,005% Bor können noch festgestellt werden. Die absoluten Mengen liegen im Bogen bei höchstens 2 γ, im Funken bei ungefähr 20 γ. KONISHI und TSUGE geben z. B. an, daß sie auch noch 0,1 γ feststellen können, wenn sie die Probe als Chlorid auf die positive Kohleelektrode zur Anregung bringen (Verunreinigung ?).

6. Besondere Arbeiten. ROLLWAGEN untersucht Gläser im Flammenbogen. Die Probe lag als Pulver oder in kleinen Stückchen vor. Der Nachweis läßt sich sicher führen auch bei Verwendung von Kohleelektroden, wenn das Auftreten der sehr typischen Bande im sichtbaren Spektralbereich zur Analyse benützt wird.

BOUCHETAL DE LA ROCHE berichtet in zwei Arbeiten über den Bornachweis in Gasen. Es wird bis zu den Mengen von 10^{-5} g als Borfluorid bestimmt. Zur Anregung dient ein hochkondensierter Funke (0,02 mF) ohne Selbstinduktion. Es werden Aluminiumelektroden in 2 mm Abstand benützt.

II. Absorptionsspektrum.

Eine besondere Methode zum Bornachweis stammt von CALFEE und MC HARGUE: Veraschen des pflanzlichen Materials bei niedriger Temperatur in Gegenwart eines Überschusses von Alkali und Lösen der Asche in verdünnter Citronensäure. Trennung des Bors von der Salzlösung durch Überführen in Bormethylester. Verbrennen des abdestillierten Methylborates in Sauerstoff mit Spezialapparat. Absorptionsspektralanalyse durch Zufügen einer Standardlösung von Kaliumpermanganat aus einer Bürette, bis die grüne Bande des Bormethylesters nahe der Thalliumlinie verschwindet. Genauigkeit der Borbestimmung von $\pm$ 0,0095 mg in Pflanzenproben mit 0,05 bis 0,3 mg Bor.

§ 2. Andere physikalische Nachweismethoden.

a) Colorimetrischer Nachweis. HOLMES sowie FOSTER schlagen zum colorimetrischen Nachweis die Messung der Färbungen mit Curcumalösung vor.

b) Nachweis mittelst Fluorescenz. Borsäure gibt mit Cochenilletinktur im filtrierten Ultraviolettlicht eine intensive, orangefarbene Fluorescenz. Das Optimum liegt bei $p_H = 5{,}8$ bis 6,9. Von verschiedenen Kationen wird allerdings die Reaktion beeinträchtigt (SZEBELLÉDY und GAÁL).

Mit Chinalizarinsulfosäure in konzentrierter schwefelsaurer Lösung sollen nach ROSENTHALER noch 0,2 cm³ einer Borsäurelösung 1 : 100000 eine rote Fluorescenz geben.

Erfassungsgrenze bei ungefähr 0,2 γ Bor.

Über tyndall- und fluorescenzphotometrische Messungen berichtet HERZFELD. Die Borsäurelösung wird mit Glycerin verdünnt; 1 Tropfen Acetatpuffer und 3 Tropfen Carminsäurelösung werden hierauf zugegeben. Die intensiv rotgefärbte Lösung zeigt im Universalstufencolorimeter mit Nephelometeransatz einen orangefarbenen Tyndallkegel.

Empfindlichkeit: 1 γ Bor.

§ 3. Nachweis auf trockenem Wege.

a) Flammenfärbung. Über den sehr empfindlichen Nachweis durch Grünfärbung der entleuchteten Bunsenflamme wurde bereits im § 1, S. 5 und 6 berichtet.

b) Perlenprobe. Borax gibt am Platindraht oder Asbeststäbchen eine farblose Perle, welche die Fähigkeit besitzt, in der Hitze aus Metallsalzen unter Bildung charakteristischer Färbungen Metalloxyde aufzunehmen.

§ 4. Nachweis auf nassem Wege.

Der Nachweis der Borsäure auf nassem Wege ist für dieselbe nicht sehr charakteristisch, weshalb hierfür die Flammenfärbung und die Farb- und Tüpfelreaktionen mit organischen Reagenzien vorgezogen werden.

a) Nachweis mit Silbernitrat. Mit Silbernitrat entsteht eine weiße, käsige Fällung von Silbermetaborat $AgBO_2$, welche durch vorsichtigen Zusatz von verdünntem Ammoniak vermehrt werden kann, sich aber im Überschuß desselben löst. In Salpetersäure ist der Niederschlag leicht löslich. Aus verdünnten Boraxlösungen fällt braunes Silberoxyd. Der weiße Niederschlag von Silbermetaborat hydrolysiert langsam in der Kälte, schneller beim Kochen unter Bildung von Silberoxyd.

b) Nachweis mit Bariumchlorid. Bariumchlorid fällt aus mäßig konzentrierten Lösungen weißes, im Überschuß des Fällungsmittels und in Ammoniumchloridlösungen lösliches Bariummetaborat $Ba(BO_2)_2$.

c) Nachweis mit Calcium- bzw. mit Bleisalzen. Die Lösungen dieser Salze geben ähnliche Niederschläge wie Bariumchlorid.

d) Nachweis mit Wasserstoffsuperoxyd. Versetzt man eine konzentrierte Lösung von Borax unter Abkühlen mit Alkalilauge und Wasserstoffsuperoxyd, so fällt weißes Perborat aus.

Zur Unterscheidung von Borax und Perborat versetzt man die Lösung mit etwas Bichromatlösung, säuert mit verdünnter Schwefelsäure an und fügt Äther hinzu. Perborat färbt unter Bildung von Perchromsäure den Äther blau, während Borax keine Färbung hervorruft (Lenz und Richter).

e) Erkennung der Borsäure neben Kieselsäure. Die Probe wird nach Reich in einem Platintiegel mit einem Gemisch von gleichen Teilen konzentrierter Schwefelsäure und Fluorwasserstoffsäure übergossen und der Tiegel mit einem Uhrglas bedeckt, dessen nach unten gekehrte, konvexe Seite mit 1 Wassertropfen benetzt ist. Bei Gegenwart von Kieselsäure zeigt sich am Rande des Tropfens ein Kieselsäurehäutchen, welches, im Gegensatz zu dem mit Borsäure entstehenden Häutchen, mit Wasser nicht zum Verschwinden gebracht werden kann.

§ 5. Nachweis auf mikrochemischem Wege.

a) Nachweis als Borsäure. Dieser Nachweis wurde zuerst von Reinisch geführt. Gravestein und Middelberg bringen etwa 0,01 cm^3 der Probenlösung in einen Mikrotiegel, säuern mit 1 Tropfen konzentrierter Schwefelsäure an und erhitzen den Tiegel im Heizblock auf 70 bis 96°. Ein Uhrglas wird mit der Rückseite nach unten auf den Tiegel gegeben und so lange darauf belassen, bis der kondensierte Tropfen ganz verdampft ist. Je niedriger die Temperatur gehalten wird, desto besser ist die Ausbildung der auf dem Uhrglase erscheinenden Borsäurekrystalle (vgl. Abb. 1 und 2, S. 10).

Die Borsäure krystallisiert triklin-pinakoidal und tritt bei langsamer Verdampfung der Losungen in dunnen, nach der Pinakoidfläche entwickelten Plattchen auf. Man sieht Sechsecke, Trapeze, Rauten und bisweilen Dreiecke. Aus konzentrierten Lösungen entstehen auch parallel verwachsene Gruppen von Krystallen. Die Krystalle sind doppelbrechend und zeigen zwischen gekreuzten Nicols vollständige Auslöschung.

Erfassungsgrenze: 0,1 γ H_3BO_3.

Diese Methode eignet sich auch zum Borsäurenachweis in Gläsern.

b) Nachweis als Kaliumborfluorid $K[BF_4]$. Aus Lösungen von Borsäure in Fluorwasserstoffsäure oder aus salzsauren Lösungen, die mit Ammoniumfluorid versetzt wurden, bilden sich nach dem Zusatz von Kaliumsalzen blasse Rauten oder, bei langsamer Abscheidung, sechs- bis achtseitige Tafeln. Zu blasse Krystalle verbessert man durch Umkrystallisieren aus heißem Wasser. Kieselsäure wird, wenn sie stören sollte, vorher durch Fällung mit Bariumchlorid entfernt.

Erfassungsgrenze: 0,2 γ Bor (BEHRENS).

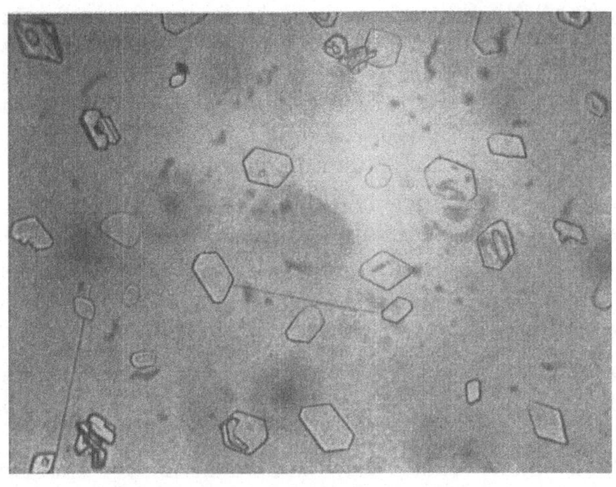

Abb. 1. Borsäure, verflüchtigt bei 70⁰.

c) Nachweis mit kieselfluorwasserstoffsaurem Ammonium. Borsäure enthaltende Stoffe bilden, mit Ammoniumfluorosilicat sublimiert, Ammoniumborfluorid, das wie unter b) weiter behandelt wird.

Erfassungsgrenze: 0,4 γ Bor (BEHRENS).

d) Nachweis als Ammoniumpentaborat $NH_4B_5O_8 \cdot 4\,H_2O$. Nach Anreicherung des Bors als Borsäuremethylester wird dieser mit Ammoniak verseift und die Lösung am Objektträger eindunsten gelassen. Es bilden sich Krystalle von Ammoniumpentaborat, die Brechungsindices von $n_g = 1{,}498$, $n_m = 1{,}436$ und $n_p = 1{,}431$ aufweisen (TATARSKI).

c) Nachweis durch Umsetzung des Borsäuremethylesters mit Alkalifluorid. Nach FEIGL und BADIAN setzt sich die Borsäure mit Alkalifluorid gemäß $H_3BO_3 + 4\,KF = K[BF_4] + 3\,KOH$ um. Es bildet sich freies Alkali, da smit Silber- und Mangan(II)-Ionen $2\,Ag^{\cdot} + Mn^{\cdot\cdot} + 4\,OH' = 2\,Ag + MnO_2 + 2\,H_2O$ unter Bildung eines schwarzen Niederschlages von Mangandioxydhydrat und Silberausscheidung reagiert.

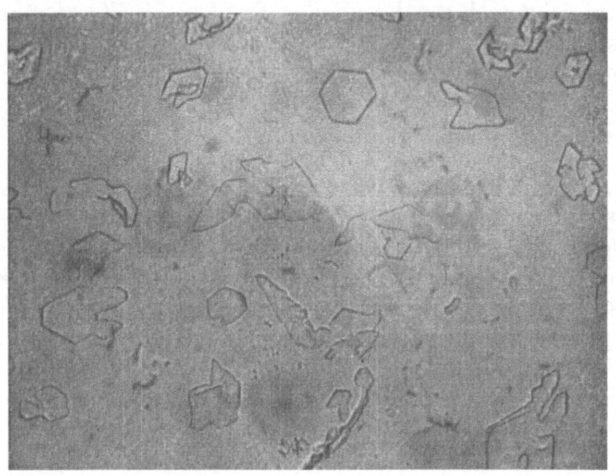

Abb. 2. Borsäure, verflüchtigt bei 96⁰.

Erfassungsgrenze: 0,01 γ Bor; **Grenzkonzentration:** 1 : 5000000.

Da zur Untersuchung meist saure oder alkalische Lösungen vorliegen werden, empfiehlt es sich, die Borsäure zunächst in den Methylester überzuführen und diesen in die fluoridhaltige Reagenslösung einzuleiten.

Ausführung. Die Destillation des Esters wird in einem Mikrodestillationsapparat durchgeführt. Als Vorlage dient ein innen paraffinierter Mikrotiegel, in welchen etwa 1 cm³ der Reagenslösung eingebracht wird. In dem Kölbchen des Destilliergefäßes dampft man zunächst 1 Tropfen der Probelösung (bei sauren Lösungen unter Zusatz von Alkali) zur Trockne, vermengt hierauf mit je 5 Tropfen konzentrierter

Schwefelsäure und Methylalkohol, und erwärmt nach Verschluß des Gerätes im Wasserbade auf 80°. Der leichtflüchtige Ester gelangt in die Vorlage und ruft dort, nach seiner Verseifung, einen schwarzen Niederschlag hervor. Bei sehr kleinen Borsäuremengen gibt man in den Mikrotiegel noch einige Tropfen einer essigsauren Benzidinlösung. Spuren von Mangandioxydhydrat lassen sich dann durch die auftretende Blaufärbung erkennen.

Bereitung der fluoridhaltigen Mangan-Silberlösung. 2,87 g Mangannitrat und 1,69 g Silbernitrat werden in 100 cm³ Wasser gelöst, 1 Tropfen Natronlauge wird hinzugefügt und von dem gebildeten Niederschlag abfiltriert. Zum Filtrate setzt man 3,5 g Kaliumfluorid in 50 cm³ Wasser zu, wobei ein weißer Niederschlag ausfällt, der nach kurzem Erwärmen schwarz wird. Nach dem Aufkochen wird abfiltriert und die klare Lösung verwendet.

§ 6. Nachweis durch Farb- und Tüpfelreaktionen mit organischen Reagenzien.

a) Nachweis mit Curcumin (Diferuloylmethan). Freie Borsäure gibt beim Eindampfen mit Curcumatinktur ein intensiv rotgefärbtes Produkt, indem sich das gelbe Diferuloylmethan in das isomere rotgefärbte Rosocyanin umlagert (Schlumberger; Clarke und Jackson). Als Zwischenprodukt entsteht dabei eine lockere Additionsverbindung. Das Rosocyanin wird durch Alkalien blau- bis grünschwarz gefärbt, durch Säuren wird die ursprüngliche Färbung wieder hergestellt.

Eisen(III)-, Molybdän-, Wolfram-, Titan-, Niob-, Tantal- und Zirkonverbindungen geben mit Curcuma rotbraune Färbungen, die im Gegensatz zu der von Borsäure bewirkten Färbung mit Alkalien nicht blau- bzw. dunkelgrün werden.

Nach Tananajew und Kulska wird die Reaktion durch Zusatz von Glycerin und Alkohol (1:2), Mannit, Wein- oder Oxalsäure (5%ige Lösungen) aktiviert.

Oxydierende Substanzen, wie Wasserstoffsuperoxyd, Nitrite, Nitrate, Chlorate, Chromate sowie Jodide und auch Fluor-Ionen verhindern die Reaktion; sie müssen daher vorher entfernt werden. Durch freie Phosphorsäure oder Kieselsäure wird die Empfindlichkeit herabgesetzt.

Die Literatur über die Curcuminreaktion ist sehr umfangreich und zum Teil widersprechend.

Ausführungen. 1. Nach Feigl: α) Auf einem Streifen Curcumapapier, das man sich durch Tränken von leimfreiem Filtrierpapier mit alkoholischer Curcumalösung herstellt und vor Licht und Feuchtigkeit geschützt aufbewahrt, wird 1 Tropfen der mit Salzsäure versetzten Probelösung gebracht und bei 100° getrocknet. Ein rotbrauner Fleck, der beim Antüpfeln mit 1%iger Natronlauge blaugrün bis grünschwarz wird, weist auf Borsäure hin.

Erfassungsgrenze: 0,02 γ Bor.

Grenzkonzentration: 1:2500000.

β) Auf einem Objektträger wird 1 Tropfen der Probelösung mit Salzsäure angesäuert und eine ungefähr 5 cm lange Curcumaviscosefaser (Fasern aus Schafwolle, Naturseide, Nitrocellulose eignen sich nach Emich nicht, vgl. Chamot und Cole) zugegeben. Die Lösung wird durch schwaches Erwärmen eingedunstet. Bei Anwesenheit von Borsäure färbt sich die Faser rotviolett. Beim Antüpfeln mit 1%iger Natronlauge geht die Farbe in Dunkelblau über. Molybdän-, Wolfram-, Titan-, Zirkon-, Niob- und Tantalsalze sollen nicht stören.

Erfassungsgrenze: 0,025 γ Bor.

Grenzkonzentration: 1:2500000.

Bereitung der Curcumaviscosefaser: Viscoseseide wird mit alkoholischer Curcumalösung, der auf 100 cm³ 1 cm³ 10%iger Natronlauge zugesetzt wurde, getränkt und bis zur Sirupkonsistenz eingedampft. Die Fasern werden darauf in 0,5%igen Alkohol getaucht, zwischen Filtrierpapier abgepreßt, dann in verdünnte Schwefelsäure getaucht, schließlich mit Wasser gewaschen und getrocknet.

2. Nach SCHÄFER wird auf einer Glastüpfelplatte 1 cm^3 der Borsäurelösung mit 1 cm^3 Salzsäure vermischt; hiervon werden 0,04 cm^3 auf der Platte mit 0,01 cm^3 Curcumalösung (gepulverte Curcumawurzeln werden ½ Std. in 20 cm^3 Eisessig am Rückflußkühler gekocht, die Lösung wird filtriert und mit Eisessig auf 100 cm^3 verdünnt) versetzt.

Grenzkonzentration: 1:64000. In kleinen Reagensgläsern läßt sich die Reaktion noch empfindlicher gestalten.

Bei Verwendung von Phosphorsäure an Stelle von Salzsäure erreicht man die gleiche Empfindlichkeit, doch beträgt die Reaktionsdauer dann 1 Minute. Fluor-Ionen stören unterhalb 40 γ Bor/cm^3.

3. Nach TANANAJEW und SCHAPOWALENKO gibt man in ein Reagensglas von 0,5 cm Durchmesser und 5 cm Länge die Probe und fügt 2 bis 3 Tropfen konzentrierte Schwefelsäure und 5 bis 6 Tropfen Methylalkohol zu. Dann verschließt man das Reagensglas mit einem Korkstopfen, durch welchen ein enges 7 bis 10 cm langes Glasrohr führt. Unterhalb des Korkstopfens bringt man in dieses Glasrohr zuerst ein Stückchen Curcumawatte (man tränkt mit Curcumalösung und trocknet bei gewöhnlicher Temperatur) und dann noch etwas reine trockene Watte. Sodann erwärmt man das Gläschen im heißen Wasser. Der Borsäuremethylester färbt die Curcumawatte intensiv rot. Mit dieser Reaktion sollen sich noch 0,04 cm^3 einer 0,001 normalen Borsäurelösung nachweisen lassen.

4. Nach CASSAL und GERRANS. Beim Eindampfen einer Lösung von Borsäure mit Curcuma und Oxalsäure entsteht ein für mehrere Stunden beständiger Farbstoff, der in Alkohol und Äther löslich ist, aber durch viel Wasser zerstört wird. Alkali ruft eine intensive Blaufärbung hervor (vgl. CRIBB und ARNAUD).

5. Nach MICHEL. Die Probe wird nach dem Ansäuern mit 1 bis 2 Tropfen 0,1%iger (bei sehr geringen Bormengen mit 0,01%iger) Curcumalösung sowie einigen Tropfen reinem Alkohol versetzt und eine Messerspitze Salicylsäure hinzugefügt. Nach Zusatz eines Tropfens Alkohol rührt man um und dampft zur Trockne ab. Bei Gegenwart von Borsäure entsteht ein eosinfarbener Fleck, der sich in Alkohol löst und auf Zusatz von Ammoniak eine kornblumenblaue Lösung liefert. Die Reaktion ist für Borsäure spezifisch. An Stelle von Salicylsäure kann auch Naphthoesäure verwendet werden.

Bemerkung. Im allgemeinen wird man die Ausführungen nach 1. oder 2. wählen.

b) Nachweis mit Oxyanthrachinonen. Oxyantrachinone, die mindestens eine zur CO-Gruppe benachbarte OH-Gruppe besitzen, geben in konzentrierter schwefelsaurer Lösung mit Borsäure enthaltenden Stoffen, infolge Bildung innerkomplexer Borsäureester bzw. Borschwefelsäureester, charakteristische Farbreaktionen.

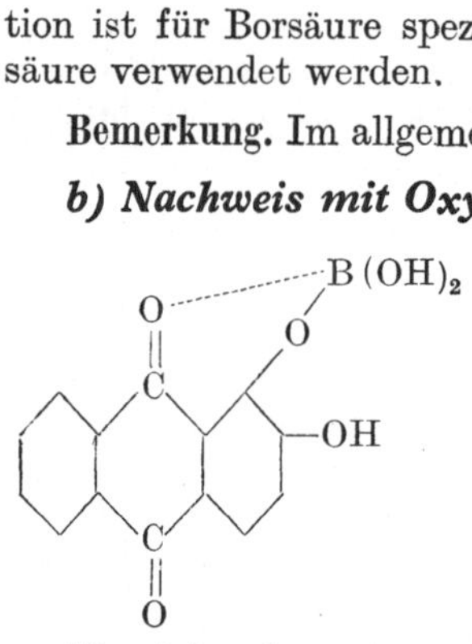

Alizarinborsäureester

Nach FEIGL und KRUMHOLZ, SMITH sowie SZEBELLÉDY und TAMÁY eignen sich hierfür besonders die 1,2-Dioxyanthrachinonsulfosäure (Alizarin S), das 1,2,4-Trioxyanthrachinon (Purpurin) und das 1,2,5,8-Tetraoxyanthrachinon (Chinalizarin).

Störungen. Von Anionen stören CO_3'', SO_4'', S'', PO_4''' und Cl' im Verhältnis 1:1000 nicht. SO_3'' und $Be^{\cdot\cdot}$ stören im natürlichen Lichte, dagegen nicht im UV.-Licht. F', J', NO_2', NO_3', $[Fe(CN)_6]'''$ und CrO_4'' und andere oxydierende Stoffe stören. Von den Kationen stören nicht $Ag^{\cdot}$, $Pb^{\cdot\cdot}$, $Hg^{\cdot\cdot}$, $Bi^{\cdot\cdot\cdot}$, $Cu^{\cdot\cdot}$, $Cd^{\cdot\cdot}$, $As^{\cdot\cdot\cdot}$, $Ni^{\cdot\cdot}$, $Al^{\cdot\cdot\cdot}$, $Mn^{\cdot\cdot}$, $Zn^{\cdot\cdot}$, $Ca^{\cdot\cdot}$, $Sr^{\cdot\cdot}$, $Ba^{\cdot\cdot}$ und $Mg^{\cdot\cdot}$ im Verhältnis 1:1000. $Co^{\cdot\cdot}$, $Cr^{\cdot\cdot\cdot}$ stören nur im gewöhnlichen Lichte. $Sb^{\cdot\cdot\cdot}$ darf nicht zugegen sein, doch stört es nicht, wenn es mit 1 Tropfen Chlorwasser oxydiert wird. Eisen muß zweiwertig vorliegen.

Ausführung. 1 Tropfen der schwach alkalischen Probelösung wird im Mikrotiegel zur Trockne verdampft (das Eindampfen muß bei Gegenwart von Alkali erfolgen, um Borsäureverluste zu vermeiden), mit 1 Tropfen der Reagenslösung versetzt und schwach angewärmt. Bei Gegenwart von Borsäure beobachtet man folgende Farbenänderungen:

Alizarin S rotgelb nach gelbrot; **Erfassungsgrenze:** 1 γ Bor, im filtrierten UV.-Licht 0,02 γ Bor.

Purpurin orange nach weinrot; **Erfassungsgrenze:** 0,6 γ Bor.

Chinalizarin rötlichviolett oder rosa nach blau; **Erfassungsgrenze:** 0,06 γ Bor (FEIGL und KRUMHOLZ) bzw. 0,002 γ Bor (SMITH).

c) Nachweis mit p-Nitrobenzol-azo-chromotropsäure (Chromotrop 2 B). Nach KOMAROWSKY und POLUEKTOFF gibt die blaue Lösung der p-Nitrobenzol-azo-chromotropsäure in konzentrierter schwefelsaurer Lösung mit Boraten einen Farbenumschlag nach grünlichblau, der wieder auf der Bildung eines innerkomplexen Esters beruht.

OH OH

O_2N—⟨⟩—N = N—

HO_3S SO_3H

Chromotrop 2 B

Durch oxydierende Stoffe, wie Nitrate, Chlorate, auch durch Fluoride wird die Reaktion beeinträchtigt. Erstere geben mit dem Reagens eine Rosa- oder Gelbfärbung, letztere bilden Borfluorwasserstoffsäure, die nicht reagiert. Nach POLUEKTOFF soll sich Germaniumsäure ähnlich wie Borsäure verhalten.

Ausführung. In einem Mikroporzellanschälchen wird 1 Tropfen der schwach alkalischen Probelösung zur Trockne verdampft und der Rückstand noch warm mit 2 bis 3 Tropfen einer 0,005%igen Lösung von Chromotrop 2 B in konzentrierter Schwefelsäure verrührt. Nach dem Erkalten beobachtet man eine Farbenänderung von bläulichviolett nach grünlichblau. Bei sehr kleinen Mengen an Borsäure ist ein Blindversuch erforderlich.

Erfassungsgrenze: 0,08 γ Bor.

Grenzkonzentration: 1:500000.

Sind oxydierende Stoffe, wie Nitrate oder Chlorate, zugegen, so dampft man unter Zugabe von etwas festem Hydrazinhydrat ab. Fluoride entfernt man durch Fällung mit Bariumchlorid. Es lassen sich dann noch 0,02 γ Bor neben der 13000fachen Menge an Kaliumnitrat bzw. der 11600fachen Menge an Kaliumchlorat und 0,5 γ Bor neben der 2700fachen Menge Natriumfluorid nachweisen.

Darstellung der p-Nitrobenzol-azo-chromotropsäure. Die salzsaure Lösung von 1,38 g Nitroanilin wird unter Eiskühlung mit Kaliumnitrit diazotiert und die Diazoniumlösung allmählich unter Kühlung zu der sodaalkalischen Lösung von Chromotropsäure gegossen. Den gebildeten Farbstoff salzt man mit Kochsalz aus und trocknet ihn am Tonteller. Zur Reinigung wird er nach dem Lösen in Wasser nochmals ausgesalzen oder in konzentrierter Essigsäure gelöst und die Lösung mit Äther gefällt.

Weniger charakteristische Reaktionen.

d) Nachweis mit Kongorot. Nach STAMM wird Kongopapier von Borsäure zunächst nicht verändert, bei vorsichtigem Erwärmen über kleiner Flamme gebläut. Beim Trocknen im Exsiccator und bei 100° ist die Bläuung bedeutend geringer und geht an feuchter Luft nach einigen Stunden wieder in Rot über. Bei Verwendung von Borsäureester muß das Kongopapier erst befeuchtet werden.

Weit empfindlicher ist die Reaktion, wenn man zu 1 Tropfen der Probelösung 4 Tropfen einer 0,1%igen Kongorotlösung zusetzt und die braunviolette, beim Erwärmen rote Lösung am Wasserbade zur Trockne verdampft. Es bleibt dann ein blauer Rückstand, der sich in Wasser, Methyl- und Äthylalkohol rot löst. Die Reaktion soll noch mit 0,1 cm^3 einer 0,01%igen Borsäurelösung gelingen. Alle anderen Säuren bläuen Kongorot bereits bei gewöhnlicher Temperatur. Verschiedene Salze, wie jene des Zinks, Aluminiums, Mangans, Magnesiums, Ammoniums, Kobalts, Nikkels und des Eisens verhalten sich wie Borsäure und sind daher auszuschließen. Die Reaktion soll nur von Metaborsäure hervorgerufen werden. Die Blaufärbung tritt erst bei 100 bis 105^0 ein, geht bei 110 bis 160^0 in eine rote Färbung über ($H_2B_4O_7$), die beim Befeuchten mit Wasser bestehen bleibt (H_3BO_3).

e) Nachweis mit Phenolphthalein bzw. Bromthymolblau. HAHN verwendet die Änderung des p_H-Wertes bei der Bildung komplexer Borsäuren, die durch Farbenumschlag eines Indicators kenntlich gemacht wird. Eine Glycerin-Wassermischung 1 :1 wird in der Siedehitze bei Gegenwart von Phenolphthalein mit 0,01 n-Natronlauge bis zur bleibenden Rotfärbung versetzt. Die zu untersuchende Probe wird in gleicher Weise auf den gleichen p_H-Wert gebracht. Bei der Vereinigung der beiden kalten Lösungen tritt eine Entfärbung ein, wenn der Borsäuregehalt mindestens 0,5 γ/cm^3 beträgt. Empfindlicher noch wird der Nachweis, wenn man Bromthymolblau als Indicator und Mannit als Hydroxylverbindung verwendet.

Empfindlichkeitsgrenze: 0,001 γ.

Grenzkonzentration: 0,02 γ/cm^3.

Germaniumsäure verhält sich nach POLUEKTOFF ähnlich. Nach DODD sollen sich ähnliche Reaktionen mit Methylrot und Sofonol Indicator I ausführen lassen.

Andere Nachweise.

1. **Mit Carmin.** In Gegenwart von Borsäure schlägt eine 0,05%ige Lösung von Carmin in konzentrierter Schwefelsäure von Rot nach Blau um. Empfindlichkeit 0,1 γ Bor in 1 cm^3 (SORKIN).

2. **Mit Mimosentinktur.** Wird eine Borsäurelösung mit Soda schwach alkalisch gemacht, aufgekocht, mit Mimosentinktur versetzt und Salzsäure hinzugefügt, so hinterbleibt nach dem Eintrocknen am Wasserbade ein gelber Rückstand, der auf Zusatz von Sodalösung oder Ammoniak rot gefärbt wird. Empfindlichkeitsgrenze, je nach der Ausführungsform 4 γ Bor/cm^3 bzw. 0,2 γ Bor/cm^3. Organische Substanzen sind vorher durch Glühen zu beseitigen. Alkaliphosphate stören (ROBIN; KRŽIŽAN.)

3. Auch die Farbstoffe des **Saflors** und der **Ringelblume** sind nach FENDLER zum Borsäurenachweis geeignet.

4. **Opiumbasen,** wie Narcein, Papaverin, Narcotin, Thebain, Codein und Morphin wurden von REICHARD (a) zum Borsäurennachweis vorgeschlagen.

5. Werden zu einer Borsäurelösung **Triäthanolamin und Kupfersulfatlösung** zugesetzt, so erhält man nach JAFFE zuerst eine smaragdgrüne Lösung und später einen gelblichgrünen Niederschlag, während sich mit anderen Säuren stets blaue Lösungen bilden. Die Reaktion soll etwas empfindlicher sein, als die Flammenfärbung.

6. Nach REICHARD (b) gibt Borax mit **α-Nitroso-β-naphthol** eine Grünfärbung.

7. **Karrobbensamengummi** soll nach HART mit Boraxlösungen und etwas Natronlauge oder Sodalösung ein charakteristisches Gel bilden.

§ 7. Nachweis in besonderen Fällen.

a) Borsäurenachweis in Mineralien, Gesteinen, Glas, keramischen Stoffen und Emaillen. Sind die zur Analyse kommenden Stoffe weder in Wasser, noch in Säuren löslich, so ist die Schmelze mit Ätzkali oder Soda vorzunehmen. Dabei entstandene Manganate oder Chromate sind durch Eindampfen des wäßrigen Auszuges der Schmelze mit Hydrazinsulfat zu zerstören. Aus diesem wird dann, wie auf S. 5 und 6 angegeben, der Methylester abdestilliert und durch Flammenfärbung oder mittels Curcumalösung nachgewiesen. Auch der Nachweis als Borsäure kommt in Betracht (vgl. E. M. WADE und M. L. WADE; HENRICH; JANASCH und NOLL sowie GRAVESTEIN und MIDDELBERG).

Bestimmte Glasarten, wie z. B. Jenaglas, Pyrexglas usw. können nach LAGRANGE Spuren von Borsäure an die Reagenzien abgeben. Wenn es sich um die Spurensuche handelt, wird man daher zu derselben Geräte aus solchen Gläsern vermeiden.

b) Nachweis in Naturwässern. Nach WILCON dampft man 2500 cm³ Wasser, nachdem man es mit verdünnter Natronlauge gegen Phenolphthalein neutralisiert hat, zur Trockne und bringt den Rückstand in einen Erlenmeyerkolben, allenfalls unter Nachspülen mit verdünnter Salzsäure. Es wird alkalisch gemacht, zur Trockne verdampft und aus dem Rückstand, nach dem Ansäuern mit verdünnter Schwefelsäure und Zugabe von 10 cm³ Methylalkohol, der Borsäureester unter Ersatz des abgedampften Methanols unter guter Kühlung in 10 cm³ 0,5 n-Natronlauge destilliert. Das Destillat (150 bis 200 cm³) wird eingedampft und der Rückstand in üblicher Weise auf Borsäure geprüft.

c) Nachweis in Bodenproben. Nach BERTRAND und SILBERSTEIN müssen die für die Bodenuntersuchung verwendeten Reagenzien vollkommen borsäurefrei sein. Es wird zum Aufschluß ein Kaliumcarbonat verwendet, das aus mehrfach umkrystallisiertem Kaliumbitartrat durch Calcinieren im Platintiegel gewonnen wurde. Die Bodenprobe wird mit der 6fachen Menge dieses Kaliumcarbonates aufgeschlossen und die Schmelze, wie unter a) beschrieben, weiter verarbeitet. Es zeigt sich, daß die meisten Kulturböden je Kilogramm 10 bis 30 mg Bor enthalten (vgl. MORGAN sowie KRÜGEL, DREYSPRING und LOTTHAMMER).

d) Nachweis in pflanzlichem Material. Dasselbe wird bei 70 bis 80⁰ getrocknet und fein zerrieben. 10 g Pulver werden mit 60 cm³ Methanol und 5 bis 8 cm³ Salzsäure und 10 g Calciumchlorid, wie oben beschrieben, destilliert.

e) Nachweis in Nahrungs- und Genußmitteln. Wenn kein direktes Abdestillieren des Borsäuremethylesters erfolgen kann, wird das Material unter Zusatz von borsäurefreiem Alkali bei möglichst niederer Temperatur verascht und aus der Asche dann nach bekannten Methoden der Ester abdestilliert. MC HARGUE und CALFEE empfehlen, die Asche zunächst mit Citronensäure zu extrahieren (siehe dazu BEYTHIEN; BERTRAND und SILBERSTEIN; MORGAN; VON FELLENBERG; FOSTER; GRIGORIEFF; HOLMES; KOMAROWSKY und POLUEKTOFF; ROSENTHALER; DODD; WILCON; SONNTAG; ROST sowie KÖNIG).

1. Nachweis in Milch. Über die Flammenprobe berichten KRETSCHMAR sowie CASTELLANA; über die Farbreaktion mit Curcuma GAUVRY sowie RICHMOND und MILLER. Nach letzteren sollen in der Milch noch 0,5 mg Borsäure nachweisbar sein.

2. Nachweis in Fetten. Über den Nachweis als Methylester vgl. FISCHER und GRUENERT, über die Farbreaktion GAUVRY. Es soll damit noch 1 γ Borsäure in Fetten nachweisbar sein (CORNALBA; VOLHASE). Nach PLANCHON und VUAFLART wird die Asche mit Kaliumcarbonat und Kupferoxyd geschmolzen. Nach dem Erkalten soll eine tiefe Blaufärbung auftreten. Phosphate und Fluoride sollen nicht stören. Kieselsäure gibt eine blaßblaue Schmelze.

3. Nachweis in Fleisch und Fleischwaren. Über den Nachweis durch die Flammenprobe berichten VON SPINDLER sowie MEZGER, über Farbreaktionen mit Curcuma RIECHELMANN und LEUSCHER, HÄFELIN, WOLFRUM und PINNOW sowie LAVELLE.

4. Nachweis in Wein, Bier und Früchten. Den Nachweis durch die Flammenprobe führen VILLIERS und FAYOLLE sowie DELLE. Mit Curcuma erfolgt derselbe nach RIPPER, KULISCH sowie FRITZSCHE.

f) Nachweis in Konservierungsmitteln, kosmetischen und therapeutischen Materialien, Seifen usw. Darüber berichten VON FELLENBERG sowie HEFELMANN.

§ 8. Nachweis von Borsäure neben Boraten.

Erfolgt die Destillation mit Methyl- oder Äthylalkohol ohne Zusatz von Säure, so wird neben der freien Säure auch ein Teil der in den Boraten gebundenen Borsäure verestert (GLADDING; BEYTHIEN und HEMPEL). Qualitativ gelingen die Abtrennung und der Nachweis der freien Borsäure mit Aceton, und zwar weniger gut nach JANASCH und NOLL durch Destillation, besser nach ROSENHEIM und LEYSER durch Extraktion. Die Curcumareaktion soll nach CHAMOT und COLE nur mit der freien Borsäure erfolgen.

Literatur.

ADAM: In Lunge-Berl, 7. Aufl., Bd. 2, S. 1001. — ARNDT, K.: Ch. Z. **33**, 725 (1909).

BALZ, G.: Metallwirtsch. **17**, H. 46 (1938). — BEHRENS, H.: Fr. **30**, 159 (1891). — BEHRENS, H. u. P. D. C. KLEY: Mikrochemische Analyse, 3. Aufl. 1915, Teil 1, S. 105. — BERTRAND u. AGULHON: Bl. (4) **7**, 95 (1910). — BERTRAND, G. u. L. SILBERSTEIN: C. r. **208**, 1453 (1939). — BEYTHIEN, A. u. H. HEMPEL: Z. Lebensm. **2**, 850 (1899). — BEYTHIEN, A.: Die Beurteilung der Nahrungsmittel, Genußmittel und Gebrauchsgegenstände auf Grund der gesetzlichen Vorschriften und der Rechtssprechung. Leipzig 1919, S. 57. — BIDAUD: C. r. **76**, 439 (1873). — BÖTTGER, W. u. B. M. STAHL: Mikrochem. Emich Festschrift **1930**, S. 29. — BOUCHETAL DE LA ROCHE: Bl. (4) **45**, 922 (1929); **47**, 1326 (1930). — BRECKPOT, R.: (a) IV. Congr. techn. et chim. Ind. Agric. Bruxelles, Juli 1935; (b) Publ. Inst. belge Ameliorat. Betterave **4**, Nr. 5 (1936). — BRECKPOT, R. u. A. MEVIS: Ann. Soc. Sci. Bruxelles (B) **55**, 16 (1935).

CALFEE, R. K. u. J. S. MC HARGUE: Ind. eng. Chem. Anal. Edit. **9**, 288 (1937). — CASSAL, CH. E. u. H. GERRANS: Fr. **45**, 457 (1906). — CASTELLANA, G.: G. **36**, I, 106 u. 232 (1906). — CHAMOT, E. M. u. H. I. COLE: Ind. eng. Chem. **10**, 48 (1918). — CHAPMAN: Chem. N. **35**, 36 (1877). — CLARKE, L. u. C. L. JACKSON: Am. Soc. **39**, 696 (1908). — CORNALBA: Boll. chim. farm. **51**, 433 (1912); C. **1912 II**, 1697. — CRIBB, C. H. u. F. W. F. ARNAUD: Analyst **31**, 147 (1906).

DELLE: Rev. intern. Fals. **11**, 30 (1898); C. **1898 I**, 641. — DODD, A. S.: Analyst **54**, 15, 23, 282, 645, 715 (1929).

EMICH, F.: A. **351**, 426 (1907).

FEIGL, F.: Tüpfelreaktionen, 2. Aufl. 1935, S. 330. — FEIGL, F. u. L. BADIAN: Tüpfelreaktionen, 2. Aufl. 1935, S. 333. — FEIGL, F. u. P. KRUMHOLZ: Mikrochem. Pregl-Festschrift **1929**, 77. — FELLENBERG, T. v.: Mitteil. Lebensmittelunters. Hygien. **1**, 193 (1911). — FENDLER, G.: Apoth. Z. **20**, 757 (1905). — FINKELNBURG, W. u. H. HESS: Phys. Z. **39**, 666 (1938). — FISCHER u. GRUENERT: Z. Lebensm. **22**, 553 (1911). — FOSTER, M. D.: Ind. eng. Chem. Anal. Edit. **1**, 27 (1929). — FOSTER, J. S. u. C. A. HORTON: Proc. Roy. Soc. London Ser. B **123**, 422 (1937). — FRITZSCHE: Apoth. Z. **20**, 856 (1905).

GAUVRY, E.: Ann. Chim. anal. **15**, 14 (1910). — GERLACH, W. u. E. RIEDL: Chemische Emissionsspektralanalyse, Bd. III, 1942, S. 31. — GILBERT: Angew. Ch. **6**, 531 (1893). — GILM: B. **11**, 712 (1878); Fr. **18**, 269 (1879). — GLADDING, TH. S.: Am. Soc. **20**, 288 (1898). — GRAVESTEIN, H. u. A. W. F. MIDDELBERG: Mikrochem. Festschrift Hans Molisch **1937**, 154. — GRIGORIEFF, P.: Sprechsaal **66**, 388 (1933).

HÄFELIN: Z. anorg. Ch. **11**, 95 (1898). — HAHN, FR.: C. r. **197**, 762 (1933). — HART, R.: Ind. eng. Chem. Anal. Edit. **2**, 329 (1930). — HEFELMANN: Z. öffentl. Ch. **11**, 231 (1905). — HENRICH: Z. pr. Geol. **15**, 253 (1907). — HERZFELD, E.: Fr. **115**, 127 (1938/39). — HOLMES, W. C.: J. Assoc. offic. agric. Chem. **10**, 522 (1927). — HOLZMÜLLER, W.: Fr. **115**, 85 (1938/39).

ILES, M. W.: Chem. N. **35**, 204 (1877); Fr. **18**, 269 (1879).

JAFFE, E.: Ind. chimica **9**, 750 (1934); C. **1935 II**, 755. — JANASCH, P. u. F. NOLL: J. pr. (2) **99**, 5 (1919).

KASEY, J. B.: Chemist-Analyst **19**, Nr. 2 (1930). — KOMAROWSKY, A. J. u. N. J. POLUEKTOFF: Mikrochem. **14**, 317 (1934). — KONISHI, K. u. T. TSUGE: J. Agr. chem. Soc. Japan **12**, 36 (1936). — KRAUSS, F.: Ch. Z. **50**, 33 (1926). — KRETSCHMAR: Ch. Z. **11**, 476 (1911); Fr. **27**, 97 (1888). — KRÜGEL, C., C. DREYSPRING u. R. LOTTHAMMER: Fr. **123**, 15 (1942). — KRŽIŽAN, R.: Z. öffentl. Ch. **19**, 91 (1913). — KULISCH: Angew. Ch. **7**, 147 (1894). — KÖNIG: Chemie der menschlichen Nahrungs- u. Genußmittel, Berlin 1910, Bd. 3, Teil 1, S. 591.

LAGRANGE, R.: Document. Sci. 5, 108 (1936); C. 1938 I, 132. — LAVELLE, CH.: Ch. Z. 32, 816 (1908). — LE NEVE FORSTER: Chem. N. 35, 127 (1877). — LENHER u. WELLS: Am. Soc. 21, 417 (1899). — LENZ, W. u. E. RICHTER: Fr. 50, 536 (1911). — LUNDEGÅRDH, H.: Die quantitative Spektralanalyse der Elemente. 1. Teil, Jena 1929, S. 123.

MC HARGUE, J. S. u. R. K. CALFEE: Ind. eng. Chem. Anal. Edit. 4, 385 (1932). — MERZ, V.: J. pr. 80, 495 (1860). — MERZ, V. u. W. WEITH: B. 6, 1518 (1873). — MORGAN, M. F.: Pr. Soil Sci. Soc. Amer. 1, 255 (1937); C. 1939 I, 1840. — MEZGER: Z. Lebensm. 10, 243 (1905). — MICHEL, F.: Mikrochem. 29, 63 (1941).

ØY, EMIL: Tidskr. Kjemi Bergver. 20, 114 (1940).

PIESZCZEK, E.: Pharm. Z. 58, 850 (1913). — PLANCHON u. VUAFLART: Analyst 21, 286 (1896); Fr. 42, 127 (1903). — POLUEKTOFF, N. S.: Mikrochem. 18, 48 (1935).

REICH, A.: Ch. Z. 61, 707 (1937). — REICHARD, C.: Pharm. Z. 51 (a) 817, (b) 298 (1906). — REINISCH: B. 14, 2327 (1881). — RIECHELMANN u. LEUSCHER: Z. öffentl. Ch. 1902, 205; Fr. 42, 126 (1903). — RIPPER: Angew. Ch. 1, 623 (1888); Weinbau 1888, 331. — ROBIN, L.: Fr. 45, 71 (1906); Bl. (4) 13, 602 (1913). — ROLLWAGEN, W.: Glastechn. Ber. 16, 10 (1938). — ROSENHEIM, A. u. LEYSER: Z. anorg. Ch. 119, 12 (1921). — ROSENTHALER, L.: Pharm. Acta Helvet. 14, 88 (1932); Mikrochem. 23, 194 (1937). — RICHMOND u. MILLER: Analyst 32, 144 (1907). — ROST, E.: Arch. intern. Pharma. Thérapie 15, 291, 325 (1905).

SCHAEFER, H.: Fr. 110, 11 (1937). — SCHEIBE, G.: Arch. Eisenhüttenw. 4, 579 (1931). — SCHLIESSMANN, O.: Techn. Mitt. Krupp 4, H. 14, 267 (1941). — SCHLUMBERGER, H. E.: Bl. (2) 5, 194 (1866). — SCHMITT, A. R.: Umschau Wiss. Techn. 40, 697 (1936). — SIMMLER: Pogg. Ann. 115, 252 (1862). — SMITH, H. ST.: Analyst 60, 735 (1935). — SONNTAG: Arb. Ges. Amt. 19, 110 (1920). — SORKIN, E. R.: Chem. J. Ser. B 9, 1505 (1936); C. 1937 II, 632. — SPINDLER, O. v.: Fr. 45, 709 (1906); Ch. Z. 29, 566 (1905). — STAHL, W.: Fr. 83, 269 (1931); 101, 342 (1935). — STAMM, J.: Pharmacia 1924; C. 1925 I, 871. — STOLBA: Fr. 9, 95 (1877). — SZEBELLÉDY, L. u. J. GAÁL: Fr. 98, 255 (1934). — SZEBELLÉDY, L. u. ST. TAMÁY: Fr. 107, 26 (1937).

TANANAJEW, N. A. u. O. A. KULSKA: Ukrain. chem. J. 9, 1 (1934). — TANANAJEW, N. A. u. A. M. SCHAPOWALENKO: Fr. 100, 343 (1935). — TATARSKI, W. B.: Trav. Soc. Naturaliste Leningrad 63, 164 (1934); C. 1935 II, 1754. — TURNER bei CHAPMAN: Chem. N. 35, 36 (1877).

VELARDI: G. 36, I, 230 (1906). — VILLIERS u. FAYOLLE: Bl. (3) 13, 874 (1895). — VOLHASE: Ch. Z. 37, 312 (1913).

WADE, E. M. u. M. L. WADE: Am. Soc. 22, 618 (1900); Fr. 42, 771 (1903). — WEBER, H. C. u. R. D. JAKOBSON: Ind. eng. Chem. Anal. Edit. 10, 273 (1938). — WILCON, L. V.: Ind. eng. Chem. Anal. Edit. 2, 358 (1930). — WOLFRUM u. PINNOW: Z. Lebensm. 11, 144 (1906).

Aluminium.

Al, Atomgewicht 26,97; Ordnungszahl 13.

Von G. JANTSCH, Graz.

Mit 2 Abbildungen.

Inhaltsübersicht.

Aluminium.

Al, Atomgewicht 26,97; Ordnungszahl 13.

I. Vorkommen. Nach dem Sauerstoff und dem Silicium ist das Aluminium das verbreitetste Element in der Erdrinde, welche davon rund 7% enthält. Die Mineralien der Silicathülle bestehen zum größten Teile aus Aluminiumsilicaten. In den Erst- und Hauptkrystallisationen des Magmas, bis in die Ausscheidungen aus hydrothermalen Restlaugen, findet sich Aluminium. In den Erstkrystallisationen tritt es bei Kieselsäuremangel als saurer Bestandteil, in stark basischen Gesteinen als Spinell, $MgAl_2O_4$ auf. Sonst findet es sich in den Hauptkrystallisationen saurer Magmen in den Feldspäten, Glimmern, Hornblenden usw., welche den größten Teil der Erdoberfläche bedecken. Auch in den Restkrystallisationen ist es enthalten, und zwar bei Mangel an Kieselsäure einerseits in serpentinischen Pegmatiten als Al_2O_3, Korund und andererseits als Kryolith. In seltenen Fällen hat sich das Oxyd in durchsichtigen Krystallen abgeschieden, die, durch geringe Mengen Chrom rot gefärbt, als Rubin, durch Titan und Eisen blau gefärbt, als Saphir bezeichnet werden. Das in dichten Massen auskrystallisierte Aluminiumoxyd heißt Schmirgel.

Bei der Verwitterung der Aluminiumsilicate werden die Alkalien und die Erdalkalien herausgelöst und es bleiben Aluminiumhydrosilicate, z. B. der Kaolin $Al_2O_3 \cdot 2\,SiO_2 \cdot 2\,H_2O$, zurück. Auf diese Weise sind die verschiedenen, zahlreichen Tonlager entstanden, die, je nach ihrer Zusammensetzung und Reinheit, das Ausgangsmaterial für die Porzellanindustrie, für die anderen keramischen Industrien bis zur Ziegelerzeugung und für die Herstellung der Bleicherden liefern.

Reagieren Verwitterungslösungen von Aluminiumsilicaten alkalisch, so entsteht der Bauxit [im wesentlichen ein aus AlO(OH) bestehendes Mineral mit mehr oder weniger Eisen, geringen Mengen Kieselsäure und meist etwas Titan], welcher den wichtigsten Rohstoff für die Aluminiumgewinnung bildet. Andere krystallisierte, natürliche Aluminiumoxydhydrate sind der Diaspor AlO(OH) und der Hydrargillit $Al(OH)_3$.

Durch Einwirkung thermaler Wässer auf basaltische und andere vulkanische Gesteine haben sich die Zeolithe gebildet, die zu Austauschreaktionen z. B. in der Wasserreinigung (natürliche Permutite) Anwendung finden.

II. Wertigkeit und Verhalten des Aluminiums und seiner Verbindungen in analytischer Hinsicht. In seinen Verbindungen tritt das Aluminium stets 3wertig auf. Das Metall besitzt immer eine oxydische Schutzschicht, welche den Angriff durch die Atmosphärilien erschwert. Bei Einwirkung sowohl von stärkeren Säuren, als auch von Alkalien, geht es in Lösung. Die Salze mit farblosen Anionen sind farblos bzw. weiß, in der Regel nicht flüchtig.

Aluminiumhydroxyd zeigt amphoteren Charakter. Mit Säuren bildet es Salze, in welchen es als schwache Base auftritt und die in wäßriger Lösung hydrolytisch gespalten sind. Die Lösungen von Aluminiumsalzen starker und mittelstarker Säuren reagieren daher sauer. Starken Basen gegenüber reagiert dagegen das Hydroxyd sauer unter Bildung von Aluminaten. Die Lösungen derselben sind gleichfalls hydrolysiert und zeigen alkalische Reaktion.

Zum analytischen Nachweis dient in erster Linie das unlösliche, weiße Hydroxyd $Al(OH)_3$, das aus Aluminiumsalzlösungen mit Ammoniak, wenig Alkalihydroxyd, oder wenig Alkalicarbonat ausfällt. Aluminatlösungen geben auf Zusatz von geringen Mengen an Säuren, von Ammoniumchlorid, oder beim Einleiten von Kohlendioxyd gleichfalls einen Niederschlag von $Al(OH)_3$.

Bei starken Konzentrationen an Hydroxylionen, also bei Alkaliüberschuß, geht das Hydroxyd in Lösung, aus der es auf Zusatz von Säure wieder ausfällt:

$$Al^{\cdot\cdot\cdot} + 3\,OH' = Al(OH)_3$$
$$Al(OH)_3 + OH' = [Al(OH)_4]'$$
$$[Al(OH)_4]' + H^{\cdot} = Al(OH)_3 + H_2O.$$

Oxysäuren, wie Äpfel-, Wein- oder Citronensäure, auch andere Polyoxyverbindungen z. B. Zucker, verhindern die Ausfällung des Hydroxydes durch Alkalien. Auch Oxalsäure bildet alkalibeständige komplexe Salze.

Aluminiumsulfid ist in Wasser hydrolytisch gespalten. Deshalb fällt aus Aluminiumsalzlösungen mit Ammonsulfid $Al(OH)_3$ aus.

In Wasser schwerlöslich sind unter anderen das Phosphat, das Arsenat, das Silicat und das Borat.

Von den Doppelsalzen kommt den Alaunen $RAl(SO_4)_2 \cdot 12\,H_2O$ besondere Bedeutung zu. Mit steigender Ordnungszahl des Alkalielementes fällt deren Löslichkeit im Wasser. Caesiumalaun wird wegen seines guten Krystallisationsvermögens zum mikrochemischen Nachweis verwendet.

Die Fähigkeit des Aluminium-Ions mit zahlreichen organischen Hydroxylgruppen enthaltenden Farbstoffen charakteristisch gefärbte Farblacke zu bilden, ist für den Nachweis und die colorimetrische Bestimmung desselben von größter Wichtigkeit. Damit ermöglichen sich verschiedene Farb- und Tüpfelreaktionen, die, wegen ihrer leichten Ausführbarkeit und ihrer Empfindlichkeit, immer mehr den Reaktionen mit rein anorganischen Stoffen vorgezogen werden. Siehe § 6, Seite 36 bis 42.

III. Aufschlußverfahren. Metallisches Aluminium und seine Legierungen bringt man gewöhnlich mit 20%iger Natronlauge in Lösung. An Säuren verwendet man Salzsäure, der man zum Schluß etwas Kaliumchlorat zusetzt, oder Schwefelsäure unter Zusatz von etwas Salpetersäure. In besonderen Fällen, wie bei chromhaltigen Legierungen, hat sich das sogenannte Dreisäurengemisch [180 cm³ Schwefelsäure (1,6), 80 cm³ Salzsäure (1,19), 50 cm³ Salpetersäure (1,42) und 750 cm³ Wasser] bewährt. Schließlich kann man auch die Schmelze mit Ätznatron im Nickeltiegel anwenden.

Vgl. „Chemische Analysenmethoden (Schiedsanalysen) für Aluminium und Aluminiumlegierungen“, Aluminiumzentrale Berlin 1938, S. 27 u. 68.

Handelt es sich um in Säuren schwer- oder unlösliche Aluminiumverbindungen, so wird man, abgesehen von besonderen Fällen je nach der Zusammensetzung der Stoffe, wie folgt vorgehen:

a) Unlösliche Oxyde, wie Korund, Schmirgel und Kunstprodukte (Alundum, Corubin, Elektrorubin). Solche Stoffe setzen den gewöhnlichen Aufschlußmethoden besonderen Widerstand entgegen. Nach Hiller hat sich die Schmelze mit ungefähr 10 Teilen Borax bei 1000° bewährt. Auch die Schmelze mit 8 Teilen Ätznatron und 2 Teilen Natriumsuperoxyd, oder jene mit Kaliumbisulfat findet Anwendung. Voraussetzung für einen raschen und vollkommenen Aufschluß ist, daß die Probe äußerst fein gepulvert vorliegt.

b) Bauxit. Derselbe wird gewöhnlich in einem Gemisch von Königswasser und Schwefelsäure (1:1) im Verhältnis 3:1 gelöst. Für besonders schwerlösliche Sorten verwendet man den Aufschluß mit Natriumhydroxyd, seltener die Schmelze mit Bisulfat.

c) Natürliche oder künstliche Aluminiumsilicate, Tone, Kaoline, Bleicherden, keramische Produkte, Porzellan, Steinzeug, Steingut, Schamotte, Gläser usw. Bei solchen Stoffen wendet man gewöhnlich den Aufschluß mit Natrium-Kaliumcarbonat an. SHUKOWSKAJA und BALJUK empfehlen zum Aufschluß von Tonen, Schamotte und anderen keramischen Produkten Ätznatron.

d) Kryolith und andere Aluminiumfluoride, Schlacken von Elektrolysierbädern. Dieselben werden durch Abrauchen mit konzentrierter Schwefelsäure in Lösung gebracht, wobei sich, bei bariumhaltigen Schlacken, das Bariumsulfat beim Verdünnen mit Wasser ausscheidet. Ist zu wenig Schwefelsäure zugegen, so kann sich beim Erhitzen Aluminiumfluorid verflüchtigen. Kryolith löst sich auch in einem Gemisch von Aluminiumchlorid und Salzsäure.

e) Um Aluminium in Gegenwart von organischen Stoffen nachzuweisen, müssen diese vorerst zerstört werden, was am besten durch Glühen oder Schmelzen mit Soda und Salpeter erfolgt. Vgl. GROVES sowie WASSILJEW und FAKTOROWITSCH.

IV. Übersicht über die analytische Gruppe und Abtrennung des Aluminiums von seinen Begleitern. Bei den allgemein gebräuchlichen Trennungsgängen für Kationen verbleibt das Aluminium in saurer Lösung im Filtrate von der Fällung mit Schwefelwasserstoff. Aus demselben wird es zusammen mit Kobalt, Nickel, Eisen, Chrom, Mangan und Zink in der Regel nach ROSE mit Ammoniak und Schwefelammonium gefällt. Dabei geht es als Hydroxyd in den Gesamtniederschlag ein. Außer den genannten Elementen kann dieser Niederschlag noch folgende seltenere und seltene Elemente enthalten: Beryllium, Gallium, Indium, Titan, Zirkon, Hafnium, Thorium, die seltenen Erden, Scandium und Yttrium, Vanadin, Niob, Tantal, Wolfram und Uran. Die Abtrennung des Indiums und Galliums sowie des Niobs und Tantals vom Aluminium wird bei den betreffenden Elementen beschrieben.

Bei Anwesenheit von Fluoriden, Phosphaten, Vanadaten, Boraten, Oxalaten sowie von Kieselsäure fällt mit Ammoniak und Schwefelammonium auch ein Teil der Erdalkalielemente und des Magnesiums aus, auch bei der Weiterverarbeitung des Niederschlages können Störungen eintreten.

A. Abtrennung des Aluminiums von seinen Begleitern bei Abwesenheit von seltenen Elementen und von störenden Anionen. In solchen einfachen, aber gewöhnlich vorliegenden Fällen wird das saure Filtrat vom Schwefelwasserstoffniederschlag mit Ammoniak und farblosem Ammonsulfid gefällt. Ist viel Magnesium zugegen, so ist vor der Zugabe des Schwefelammoniums noch Ammonchlorid zuzusetzen. Vgl. BÖTTGER sowie VESTNER.

Nach einigem Stehen wird der Niederschlag der Sulfide und Hydroxyde mit Ammoniumchlorid und ammoniumsulfidhaltigem Wasser gewaschen und, um eine Oxydation der Sulfide zu vermeiden, sofort nachher mit 2 n-Salzsäure behandelt. Dabei bleiben Kobalt- und Nickelsulfid als schwarze Sulfide ungelöst.

Das Filtrat davon wird nach dem Verjagen des Schwefelwasserstoffes durch Kochen mit etwas Salpetersäure oder Kaliumchlorat oxydiert, abgekühlt und darauf mit überschüssiger 2 n-Natronlauge und 3%igem Wasserstoffsuperoxyd oder Bromwasser versetzt. Man läßt zunächst in der Kälte stehen und erwärmt darauf gelinde, bis die Sauerstoffentwicklung beendet ist. Dabei geht Aluminium als $[Al(OH)_4]'$, Chrom als CrO_4'' und Zink als $[Zn(OH)_3]'$ in Lösung, während die übrigen Elemente als Hydroxyde [Mangan als $MnO(OH)_2$] im Niederschlag verbleiben.

Zur Prüfung des Filtrates auf Aluminium wird dasselbe mit 2 n-Salzsäure angesäuert, mit einigen Kubikzentimetern Ammonchloridlösung und nach dem Erhitzen zum Sieden in kleinen Anteilen mit Ammoniak versetzt, bis die Flüssigkeit danach riecht oder Lackmuslösung bläut. Ein zu großer Überschuß an Ammoniak kann die Erkennung kleiner Mengen von Aluminium in Frage stellen. In zweifelhaften Fällen filtriert man den weißen, flockigen Niederschlag ab, löst ihn nach dem Auswaschen in 2n-Salzsäure und prüft ihn nach einer der im § 6 angegebenen Farb- bzw. Tüpfelreaktionen. Nach dieser Methode läßt sich das Aluminium bis zu etwa 0,1 mg neben der 100fachen Menge der anderen Elemente abtrennen.

Auch die Abscheidung als basisches Acetat wird angewandt. Hierzu wird die Aluminatlösung mit 2 n-Salzsäure angesäuert, darauf mit Ammoniak neutralisiert und kochend mit Natriumacetat gefällt.

Bemerkungen: Bei der Fällung mit Ammoniak und Ammonchlorid kann auch eine Abscheidung eventuell vorhandener Kieselsäurereste eintreten. Man wird hierauf durch den Umstand aufmerksam, daß Kieselsäure von Lauge oder Säure schwieriger gelöst wird. Um in einem derartigen Falle eine sichere Entscheidung zu treffen, wird die Fällung mit konzentrierter Salzsäure vom Filter gelöst und in einer Porzellanschale am Wasserbade unter wiederholtem Zusatz von Salzsäure zur Trockene eingedampft. Der Rückstand wird mit salzsäurehaltigem Wasser ausgezogen und die Lösung erneut auf Aluminium geprüft.

Um die große Menge der Sulfidniederschläge, die meist schwierig zu behandeln sind, zu vermeiden, schlagen FISCHER, DIETZ, BRÜNGER und GRIENEISEN in Anlehnung an einen Analysengang von CL. WINKLER vor, das Filtrat von der Fällung mit Schwefelwasserstoff nach Vertreiben des letzteren mit konzentriertem Ammoniak zu fällen (1. Ammoniakfällung). Es gehen dann Aluminium, Chrom, Eisen (Mangan, Kobalt, Nickel, Zink und die Erdalkalien teilweise) in den Niederschlag, während sich in dem Filtrate die Reste von Mangan, Kobalt, Nickel, Zink und den Erdalkalien sowie Magnesium und die Alkalien befinden. Nach dem Lösen des Niederschlages in verdünnter Salzsäure wird das Aluminium gemeinsam mit Chrom und Zink, wie bereits beschrieben, mit Natronlauge und Wasserstoffsuperoxyd abgetrennt. Bei diesem Verfahren, das sich auch bei Gegenwart von Wolfram, Titan, Vanadin, Uran und Phosphorsäure bewährt hat, liegen die Nachweisgrenzen ebenfalls bei 0,1 mg neben 100 mg eines anderen Elementes.

B. Abtrennung des Aluminiums von seinen Begleitern bei Gegenwart störender Anionen. Wie bereits erwähnt, stören folgende Anionen den eben beschriebenen Analysengang: PO_4''', C_2O_4'', BO_3''' und F'.

a) Bei Gegenwart von Phosphor- und Oxalsäure. Der Niederschlag von der Ammoniak-Ammonsulfidfällung wird in üblicher Weise mit 2 n-Salzsäure ausgezogen und die Lösung (F 1) nach dem Abfiltrieren vom Kobalt- und Nickelsulfid zum schwachen Sieden erhitzt, bis der Schwefelwasserstoff ausgetrieben ist.

α) Prüfung auf Oxalate. Ein kleiner Teil des Filtrates (F 1) wird zu einem großen Volumen siedender 2 n-Sodalösung gegeben. Durch Umschütteln und weiteres Erhitzen wird die Umsetzung gefördert. Nach 5 bis 10 Min. filtriert man ab, säuert das Filtrat mit Essigsäure an und versetzt mit einer Calciumchloridlösung. Eine feinkörnige Abscheidung von CaC_2O_4 zeigt die Gegenwart von Oxalat an.

β) Prüfung auf Phosphate. Ein anderer Teil des Filtrates (F 1) wird mit dem mehrfachen Volumen von Ammoniummolybdatlösung und konzentrierter Salpetersäure versetzt und auf etwa 40° erwärmt. Eine gelbe Abscheidung von Ammoniumphosphormolybdat zeigt die Gegenwart von Phosphaten an.

γ) Zersetzung der Oxalate. Ungefähr 60 bis 80 cm³ Sodalösung werden zum Sieden erhitzt. Dazu gibt man (F 1) und nachher noch einige Tropfen Wasserstoffsuperoxyd.

Unter lebhaftem Bewegen des Kolbens wird 5 bis 10 Min. im Kochen erhalten. Nach dem Erkalten werden Niederschlag (No) und Filtrat (Fo) getrennt weiter verarbeitet. Der gut ausgewaschene, nun oxalatfreie Niederschlag (No) wird in verdünnter Salzsäure gelöst, die Lösung mit Ammoniak und Schwefelammonium gefällt und die Fällung nach A aufgearbeitet.

Im Filtrate (Fo) können außer dem Oxalat noch Aluminium als Aluminat und Chrom zugegen sein. (Fo) braucht aber auf diese Bestandteile nur dann geprüft zu werden, wenn diese im Niederschlag (No) nicht gefunden worden sind. Man versetzt dann einen Teil von (Fo) mit dem gleichen Volumen einer Ammoniumchloridlösung und erwärmt einige Zeit. Gegebenenfalls entsteht eine weiße flockige Abscheidung von $Al(OH)_3$, die in zweifelhaften Fällen noch mit einer Farbreaktion zu prüfen ist.

Bei Gegenwart von Chrom ist die Fällung nicht weiß. Der Niederschlag wird dann abfiltriert, ausgewaschen und in wenig Salzsäure gelöst. Zu dieser Lösung gibt man Kalilauge bis zur Auflösung des zunächst ausfallenden Niederschlages, aber keinen Überschuß, verdünnt darauf die Lösung mit dem mehrfachen Volumen Wasser und kocht auf. Dabei fällt Chrom als $Cr(OH)_3$ aus, während Aluminium, wenigstens zum größten Teil, in Lösung bleibt. Die Prüfung auf dasselbe erfolgt in der oben angegebenen Weise.

Oxalate können auch durch Glühen zerstört werden. Der Rückstand wird in Salzsäure gelöst und in normaler Weise weiter verarbeitet.

δ) *Entfernung der Phosphorsäure.* Das Phosphat-Ion wird als Eisen(III)phosphat abgeschieden. Dazu muß das Filtrat von dem Schwefelwasserstoffniederschlag zunächst auf Eisen geprüft werden. Ist Eisen zugegen, so muß dieses durch Kochen mit etwas Salpetersäure zur Ferriform oxydiert werden.

Die Lösung wird mit 2n-Ammoniak versetzt, bis eine kleine, bleibende Trübung auftritt und darauf letztere mit 2n-Salzsäure zurückgenommen. Nun wird mit Wasser auf 100 bis 150 cm^3 verdünnt und mit so viel Eisen(III)chloridlösung versetzt, bis die Lösung schwach, aber deutlich gelb gefärbt erscheint. Beim Erhitzen zum Sieden, manchmal auch schon früher, fällt weißes Ferriphosphat aus. Tritt dabei Entfärbung der Lösung ein, so muß noch weiter Ferrichlorid hinzugefügt werden. Schließlich werden zur kochenden Flüssigkeit 10 bis 15 cm^3 Natriumacetatlösung hinzugefügt, und es wird 5 Min. weiter gekocht. Der Niederschlag (Np), der rot aussehen muß, wenn nicht Eisen(III)-Ion gefehlt hat, wird noch heiß durch ein Faltenfilter filtriert. Das nunmehr phosphorsäurefreie Filtrat (Fp) muß wasserhell sein und wird nun, wie unter A beschrieben, mit Ammoniak und Schwefelammonium gefällt und weiter behandelt.

Mit dem Eisenphosphat können auch etwas Chrom und Aluminium als Phosphate ausfallen. Man erhitzt deshalb einen Teil des Niederschlages (Np) mit Kalilauge und Wasserstoffsuperoxyd. Dabei geht Chrom als Chromat, Aluminium als Aluminat in Lösung. Zur Prüfung auf Aluminium wird dieselbe mit Ammonchlorid gekocht.

ε) *Verfahren bei Gegenwart von Oxalaten und Phosphaten.* Die Oxalate werden nach der unter γ) angegebenen Methode entfernt und der erhaltene Niederschlag (N_o^1) nach β) auf Phosphorsäure geprüft. Fällt diese Prüfung positiv aus, so wird (N_o^1) in verdünnter Salzsäure gelöst und aus der Lösung, nach vorheriger Prüfung auf Eisen mit Kaliumrhodanid, die Phosphorsäure nach δ) mit Ferrichlorid und Natriumacetat ausgefällt. Die Prüfung auf Aluminium im Filtrate und im Niederschlag geschieht wie bereits beschrieben.

b) Bei Gegenwart von Fluoriden. Dieselben können wie die Oxalate entfernt werden. Hat die Vorprüfung der Probe ergeben, daß Fluoride zugegen sind, so ist es jedoch vorteilhafter, diese bereits vor Beginn des Analysenganges durch Abrauchen mit konzentrierter Schwefelsäure zu entfernen.

c) Bei Gegenwart von Boraten. Die Gegenwart von Boraten wird man gewöhnlich auch bereits bei der Vorprüfung erkennen. Die Borsäure wird dann am besten als Methylester abdestilliert. Treten Borate im Gang der Analyse auf, so entfernt man dieselben durch Eindampfen mit konzentrierter Flußsäure und Salpetersäure (D 1,4), wobei sich BF_3 verflüchtigt. Natürlich muß darauf eine Verflüchtigung der überschüssigen Flußsäure vorgenommen werden.

C. Abtrennung des Aluminiums von seinen Begleitern bei Gegenwart von den seltenen Elementen und von Phosphaten. Hierfür wurden unter anderen Trennungsgänge ausgearbeitet von AUSTIN; AZZARELLO, ACCARDO und ABRAMO; ATO; NOYES und BRAY sowie von FISCHER, DIETZ, BRÜNGER und GRIENEISEN. Da in dem, von den zuletzt genannten Autoren ausgearbeiteten Analysengange alle Erfahrungen verwertet erscheinen, wird dieser nachfolgend, soweit es sich um die Abtrennung des Aluminiums handelt, an Hand eines Schemas besprochen (vgl. LOHRER).

Schema des Analysenganges von W. FISCHER, W. DIETZ, K. BRÜNGER und H. GRIENEISEN.

PO_4, W, Al, Be, Cr, V, U, Fe, Zr, Ti, Th, seltene Erden, Zn, Co, Ni, Mn, Erdalkalien und Alkalien
Prüfung auf Eisen V 1 $+ FeCl_3 + NH_3$ V 2

Niederschlag:	Filtrat:
PO_4, W, Al, Be, Cr, V, U, Fe, Ti, Zr, Th, seltene Erden (Zn, Co, Ni, Mn, Erdalkalien) + HCl und Äther V 3	Zn, Co, Ni, Mn, Erdalkalien, Alkalien

Ätherische Schicht:	Wäßrige Schicht:
$FeCl_3$ wird verworfen	PO_4, W, Al, Be, Cr, V, U, (Fe), Ti, Zr, Th, seltene Erden (Zn, Co, Ni, Mn, Erdalkalien) $+ NaOH + H_2O_2$ V 4

Filtrat:	Niederschlag:
PO_4, W, Al, Be, Cr, V, U, (Zn) + HCl $+ Na_2S_2O_4 + NaOH$ V 5	Ti, Zr, Th, seltene Erden (Fe, Co, Ni, Mn, Erdalkalien)

Niederschlag:	Filtrat:
Cr, V, U	PO_4, W, Al, Be $+ BaCl_2$ V 6

Niederschlag:	Filtrat:
PO_4, W	Al, Be $+ HCl + NH_3$ Niederschlag mit HCl teilen V 7

Al mit Alizarin S	Be mit Chinalizarin

Bei diesem Analysengange wird die sonst angewandte, recht umständliche Aufarbeitung der Aluminiumgruppe durch Trennung mit Ammoniumbicarbonat in einer Druckflasche und die Fällung des Chromat- bzw. Vanadat-Ions mit Bleisalzen vermieden.

Im einzelnen ergeben sich folgende Arbeitsvorschriften:

V 1. Das Filtrat von der Schwefelwasserstoffällung wird eingedampft bis es schwefelwasserstoffrei ist und zur Oxydation des Eisens mit etwas Salpetersäure aufgekocht. Darauf wird mit Kaliumrhodanid auf Eisen geprüft.

V 2. Die Lösung wird mit einer ausreichenden Menge von Eisen(III)chloridlösung versetzt (das Volumen soll dann ungefähr 25 cm^3 betragen), unter mehrfachem Aufkochen mit verdünntem, unbedingt carbonatfreiem Ammoniak tropfenweise gefällt, bis es schwach danach riecht und filtriert. Ein vollständiges Auswaschen des Niederschlages ist überflüssig. Das Filtrat wird sofort schwach angesäuert.

V 3. Der Niederschlag von (V 2) wird in einer möglichst kleinen, abgemessenen Menge (meist genügen 3 bis 5 cm^3) konzentrierter Salzsäure unter Erwärmen gelöst, weiter mit so viel konzentrierter Salzsäure bzw. Wasser versetzt, daß die insgesamt angewandte Menge Salzsäure mehr als die Hälfte (ungefähr 60%) des entstandenen Gesamtvolumens ausmacht und darauf abgekühlt. Nunmehr wird zur Entfernung des Eisens die Lösung mit dem gleichen Volumen Äther, der vorher mit halbkonzentrierter Salzsäure geschüttelt wurde, extrahiert. Der Ätherauszug, der die Hauptmenge des Eisens enthält, wird verworfen.

V 4. Die wäßrige Schicht von (V 3) wird, nach Entfernung des gelösten Äthers, durch Einkochen von der Hauptmenge der Säure befreit, etwas verdünnt und mit frischbereiteter Natronlauge nahezu neutralisiert. Man gießt dann die heiße Lösung, vorsichtig unter kräftigem Schütteln, zu einem Gemisch von Natronlauge und Wasserstoffsuperoxyd. Dabei bemißt man die Menge der Natronlauge so, daß die Endlösung 1,5 bis 2 normal an Natronlauge ist. Die Menge des Wasserstoffsuperoxydes wird nach der Chrommenge geregelt. Bei 100 bis 200 mg Substanz soll das Gesamtvolumen etwa 15 bis 20 cm³ betragen, bei kleineren Mengen entsprechend weniger. Die Lösung wird bis zu dem Verschwinden des Geruches nach Ammoniak gekocht, mindestens 1 Minute. Dabei ist die Absorption der CO_2 aus der Luft möglichst einzuschränken, weil sonst leicht Aluminium und Beryllium durch Hydrolyse ausfallen können.

V 5. Das Filtrat von (V4), welches nun nur noch PO_4, W, Al, Be, Cr, V, U, (Zn) enthält, wird mit Salzsäure versetzt, bis es eben sauer ist. Dabei kann, herrührend von Ti und Zr, eine leichte Trübung auftreten, die aber nicht stört. Es wird mit 3 cm³ 2 n-Salzsäure und wenig Schwefeldioxydlösung versetzt, bis die Lösung schwach danach riecht. Man kocht darauf bis die SO_2 verschwunden ist, kühlt und versetzt mit 0,5 g festem Natriumdithionit, schüttelt gut durch, fügt dann so viel feste NaOH zu, bis die Lösung 2 n ist, kocht kurz auf, wartet bei Wasserbadtemperatur, bis sich das Chrom vollständig abgeschieden hat und filtriert.

V 6. Das Filtrat von (V 5) wird mit 2 bis 3 Tropfen verdünnter $FeCl_3$-Lösung versetzt, aufgekocht und in einem Zuge durch ein engporiges Filter filtriert; Auswaschen überflüssig; der Niederschlag wird verworfen. Das Filtrat wird siedend mit gesättigter Bariumchloridlösung bis zur vollständigen Fällung versetzt, es genügen meist 3 bis 5 cm³, hierauf wird filtriert und gut gewaschen.

V 7. Das Filtrat von (V 6) wird mit ½ cm³ Perhydrol, zur Zerstörung des noch vor handenen Dithionits, kurze Zeit gekocht, mit Salzsäure abgestumpft, dann angesäuert und gekocht, vom ausgefällten Bariumsulfat abfiltriert und mit Ammoniak gefällt. Der Niederschlag wird durch ein möglichst engporiges Filter filtriert und in möglichst wenig halbkonzentrierter Salzsäure gelöst. Damit werden die Fremdsalze, die nachfolgend stören könnten, entfernt.

Ein Teil der Lösung wird, zur Vertreibung des Säureüberschusses, im Quarz- oder Platinschälchen zur Trockne verdampft und der Rückstand nach § 6, S. 37, mit Alizarin S auf Aluminium geprüft.

Im Rest der Lösung wird das Beryllium nach Zusatz von Natronlauge mit Chinalizarin nachgewiesen.

Nach diesem Analysengang gelingt, selbst bei nur 0,2 g Gesamtmenge, der Nachweis der einzelnen Kationen in Mengen von 0,1 bis 0,3%. Bei sehr kleinen Aluminiummengen müssen vorher alle Reagenzien, besonders die Natronlauge, auf dasselbe durch einen Blindversuch geprüft werden. Als Gefäße kommen dann nur solche aus Quarz bzw. Platin in Betracht.

Moser und Mitarbeiter, Ostroumow trennen Aluminium vom Beryllium nach der Tanninmethode. Vgl. § 4, S. 32.

Auch die Mikroreaktion mit Calciumeisen(II)cyanid kann nach Gaspar y Arnal Verwendung finden.

D. Andere Analysengänge. Analysengänge ohne Anwendung von Schwefelwasserstoff bzw. Schwefelammonium wurden ausgearbeitet von Hanofsky und Artmann; Lieber; Eichler; Stschigol und Doubinski sowie von Scheinkmann. Dieselben haben im allgemeinen noch wenig Bedeutung erlangt (vgl. D'Ans).

E. Weitere Methoden zum Nachweis und zur Trennung des Aluminiums in der Gruppe. 1. Mit Hexamethylentetramin. Zur Abtrennung der 3wertigen Ionen von den 2wertigen in der III. Gruppe, auch bei Gegenwart von Phosphorsäure, verwenden Charlot; Lehrman, Kabat und Weisberg, Hexamethylentetramin. Vgl. Rây und Chattopadhŷa. Die Fällung erfolgt zweckmäßig bei $p_H = 5{,}4$ in der Siedehitze bei Gegenwart von Ammoniumnitrat. Der Niederschlag enthält dann Eisen, Aluminium und Chrom, die nach bekannten Methoden weiter getrennt werden (vgl. W. Jander; Ardagh; Lohrer).

2. Mit Ammoniumbenzoat. Nach KOLTHOFF, STENGER und MOSKOWITZ sowie nach LEHRMAN und KRAMER soll sich zur Abtrennung der 3wertigen von den 2wertigen Ionen Ammoniumbenzoat besonders gut eignen. Die Fällung erfolgt in der Siedehitze aus schwach essigsaurer, Ammoniumchlorid enthaltender Lösung.

3. Trennung nach LEHRMAN, WEISBERG und KABAT. Dabei wird in der Schwefelammongruppe das Eisen-Ion zuerst durch Fällen mit Cupferron entfernt; dann werden die Ionen des Nickels, Kobalts und Zinks aus schwach essigsaurer Lösung mit Schwefelwasserstoff als Sulfide gefällt. In dem Aluminium, Chrom und Mangan enthaltenden Filtrate werden $Al(OH)_3$ und $Cr(OH)_3$ mit Hexamethylentetramin abgeschieden und in üblicher Weise nachgewiesen, Dabei soll der sichere Nachweis von 1 mg jedes einzelnen Ions in Gegenwart von 500 mg eines anderen Ions möglich sein.

4. Trennung nach FISCHER und SEIDEL. Die Abtrennung des Aluminiums erfolgt als $AlCl_3 . 6\,H_2O$ durch konzentrierte Salzsäure und Äther.

Nachweismethoden.

§ 1. Nachweis auf spektralanalytischem Wege.

Allgemeines.

Über die Bestimmung des Aluminiums in den verschiedensten Materialien oder über Untersuchungen von Aluminium und Aluminiumlegierungen mit Hilfe der spektralanalytischen Methode liegen sehr viele Arbeiten vor. Es ist in diesem Rahmen unmöglich, alle diese Arbeiten zu erwähnen, deren Zahl weit über 100 liegt. Dies läßt sich um so leichter rechtfertigen, da alle diese Arbeiten zeigen, daß der Nachweis des Aluminiums auf spektroskopischem Wege keinerlei Schwierigkeiten macht, sowohl was Nachweissicherheit als was Empfindlichkeit anlangt.

Der Bunsenbrenner ist zur Anregung des Spektrums nicht geeignet. Aluminiumpulver oder -späne verbrennen unter Ausstrahlung eines hellen, weißen, an ultravioletten Strahlen reichen Lichtes. Aluminiumsalze zeigen in der Flamme keine auffälligen Erscheinungen. Über Spektralaufnahmen mit der Bunsenflamme als Anregungsquelle liegen anscheinend keine Veröffentlichungen vor. In der Gebläseflamme gelingt es ohne weiteres die beiden stärksten Bogenlinien des Aluminiums anzuregen: 3944 und 3961,5 Å.

Der Bogen und der Funken sind zur Anregung des Aluminiums gleich geeignet. Es wird auch hier fast ausschließlich mit den beiden obengenannten Linien gearbeitet. Der Anfänger muß darauf achten, daß er die beiden Linien nicht mit den Funkenlinien des Calciums verwechselt, ein Fehler, der sich sogar in manche Veröffentlichungen eingeschlichen hat. Die beiden Aluminiumlinien liegen auf der Platte innerhalb der beiden Calciumlinien. Wenn dies einmal bekannt ist, kann die charakteristische Lage der beiden Linienpaare zueinander zu einer besonders schnellen Bestimmung benützt werden, da die beiden Calciumlinien auf jeder Spektralaufnahme zu finden sind und dadurch die Lage der Aluminiumlinien fixiert ist. Für sehr linienreiche Spektren wie das des Eisens trifft diese Vereinfachung nicht zu, da in der Nähe der Aluminiumlinien auch viele Linien des Eisens liegen. Neben 3944 und 3962 Å werden manchmal auch die Bogenlinien 3092 und 3082 Å zur Analyse herangezogen. Über die Verwendung dieser beiden genannten Linienpaare findet sich in den Tabellen von GERLACH-RIEDL folgendes:

Benützt man einen Quarzspektrographen, so ergibt sich ungefähre Intensitätsgleichheit für 3944,0 und 3092,7 Å, während 3082,2 Å schwächer und 3961,5 Å stärker, somit die empfindlichste Aluminiumlinie ist.

Koinzidenzen sind zu erwarten:

Bei 3961,5 mit Kobalt, Molybdän, Nickel, Osmium und Rhodium und einer diffusen Antimonfunkenlinie, ferner mit schwachen Linien von Strontium und Wolfram und einer sehr schwachen Eisenlinie. Calcium und Palladium zeigen an dieser Stelle starken Untergrund: Als starke Störungslinien sind die Bogenlinien von Chrom 3963,7, Palladium 3958,7, Rhodium 3958,8, Titan 3962,9 und 3958,2 genannt.

Verwendet man einen Glasspektrographen mit einer Dispersion von etwa 14 Å/mm, so ist einzig eine Koinzidenz mit Molybdän möglich, Antimon hat im Funken an dieser Stelle starken Untergrund.

Bei 3944,0 mit Kobalt, Chrom, Nickel, Rhodium, Vanadium und Verbreiterung durch Eisen oder Molybdän. Außerdem können schwache Linien von Barium und Ruthenium und sehr schwache Linien von Osmium und Wolfram koinzidieren. Als starke Störungslinien sind die Titanbogenlinien 3948,7 und 3947,8 genannt.

Bei Verwendung des erwähnten Glasspektrographen können nur Koinzidenzen mit Iridium, Nickel und einer schwachen Rutheniumlinie auftreten.

Bei 3092,7 mit Magnesium, Vanadium und sehr schwachen Linien von Eisen und Molybdän. Im Funken kann Verbreiterung durch eine schwache Goldlinie eintreten. Außerdem ist auf Verwechslung mit einer hier liegenden Bandenlinie zu achten. Als starke Störungslinie ist die im Funken empfindlichste Vanadiumlinie 3093,1 genannt, ferner die Eisenbogenlinie 3091,6. Bei 3082,2 mit einer diffusen Goldlinie (besonders im Funken) sowie mit Cadmium, Molybdän, Osmium, Vanadium und Wolfram; eine Kobaltlinie kann verbreitert werden, ebenso eine Bandenlinie bei der kleineren Dispersion des Quarzspektrographen für Chemiker. Als starke Störungslinien sind die Eisenbogenlinie 3083,7 und die Titanfunkenlinie 3078,6 genannt.

Nachweisverfahren.

I. Emissionsspektrum.

1. Nachweis in Lösungen. Bei Verwendung der Gebläseflamme z. B. nach LUNDEGÅRDH kann Aluminium mit 3944 und 3962 Å bestimmt werden. Es ist darauf zu achten, daß die Anwesenheit von Aluminiumsalzen in der Lösung die Nachweisempfindlichkeit anderer Elemente unter Umständen stark stört (MITCHELL und ROBERTSON). Zum Beispiel geht die Intensität einer Strontiumlinie durch Zugabe von $^1/_{5000}$ mol Aluminiumlösung auf die Hälfte zurück. Der Verfasser schlägt vor, diese Abschwächung zum Aluminiumnachweis zu benutzen. Der gleiche Effekt tritt für Calcium ein. Im allgemeinen dürfte es aber mehr zu empfehlen sein, zur Lösungsanalyse die Bogen- oder Funkenentladung zu benutzen. Es genügt, wenige Tropfen auf die untere Trägerelektrode zu geben, etwas eintrocknen zu lassen und die Entladung dann übergehen zu lassen. Besonders erwähnt sei die Methode von RIVAS, der neben anderen Elementen auch Aluminium in reinstem Eisen bestimmt, da hiermit auch gute quantitative Ergebnisse erzielt wurden. GAZZI berichtet über die Aluminiumbestimmung in Mineralwässern.

2. Nachweis in Pulvern und Salzen. Für diese Proben ist Funken- und Bogenentladung geeignet. Wenn es auf höchste Nachweisempfindlichkeit ankommt, ist der Bogen die geeignetere Anregungsform. Er hat auch den Vorteil, daß durch die Entladung das Analysengut von der Trägerelektrode nicht heruntergeschlagen wird. Aus dem gleichen Grund wird man auch feine Splitter lieber im Bogen analysieren. Zum Beispiel berichtet GERLACH über die Schadenursache an einer Lagerschale. Die festgestellten Narben und Risse waren durch Fremdkörper aus Eisen und Aluminium zu erklären. Die fraglichen Einschlüsse wurden aus der Probe herauspräpariert und im Bogen einzeln analysiert. BALZ weist Aluminium im Diamantstaub nach.

3. Nachweis in Metallen. Der Aluminiumnachweis in Metallen wird fast immer so durchgeführt, daß das Material als Elektrode dient. Es ist nicht notwendig, die Entladung besonders einzustellen, da die Anregung des Aluminiums keine Schwierigkeiten macht. Die Untersuchung von Aluminiumlegierungen oder Aluminiumproben selbst verdient noch Erwähnung, da bei Verwendung des Abreißbogens mit mechanischer Zündung wegen der Oxydation der Elektroden Zündschwierigkeiten auftreten können. Man benützt bequemer den Abreißbogen mit elektrischer Zündung (PFEILSTICKER). Im Funken tritt diese Schwierigkeit nicht auf, da die entstandene Oxydschicht von dem Funken durchschlagen wird. Aluminiumbeimengungen in anderer metallischer Grundsubstanz werden meist mit 3962 und 3944 durchgeführt. Aluminium wird bestimmt z. B. in Silber, Zink und Blei (WA. und WE. GERLACH), in Kupfer (BRECKPOT) (a), in Kobalt (BRECKPOT) (b), in Zinn (SMITH), in Zinklegierungen (WRIGHT). Mehrere Arbeiten befassen sich mit der Aluminiumbestimmung in Stahl. SCHLIESSMANN (a) bespricht eine visuelle Methode, die als Schnellanalyse sehr gute Ergebnisse bringt. Für Spuren und sehr geringe Mengen Aluminium in Stahl empfiehlt sich die Verwendung eines Glasspektrographen, da die Dispersion eines Quarzspektrographen bei 3950 Å noch sehr klein ist (GATTERER). Es muß dabei im Bogen gearbeitet werden. Für die üblichen Aluminiumkonzentrationen von einigen Zehntel oder Hundertstel Prozent genügt aber auch die Funkenentladung. Näheres berichtet darüber HOLZMÜLLER. Zur Bestimmung von Tonerde und metallischem Aluminium in Stahl beschreibt SCHLIESSMANN (b) eine besondere Methode. Die Probe wird in Salzsäure gelöst und durch Filtration die unlösliche Tonerde abgetrennt. Die Bestimmung der beiden Probeanteile wird auf Kohleelektroden im Funken durchgeführt.

4. Nachweis in organischer Substanz. Organisches Material wird im Funken, Bogen oder Hochfrequenzfunken untersucht. Zum Teil empfehlen die Bearbeiter eine chemische Vorbehandlung. LINDEMANN verascht Knochen und Gallensteine und analysiert dann im Dauerbogen auf Kupferelektroden. WA. und WE. GERLACH bestimmen Aluminium in Staublungen ohne chemische Vorbehandlung des Materials. SCOULAR führt Aluminium-Stoffwechseluntersuchungen spektralanalytisch durch. Es liegen noch zahlreiche weitere Untersuchungen vor, die aber analytisch keine Besonderheiten aufweisen. Man wird am bequemsten so arbeiten, daß man das Material ohne chemische Vorbehandlung trocknet und im Bogen auf Kohleelektroden analysiert. Diese Verfahren verbinden schnelles Arbeiten mit hoher Nachweisempfindlichkeit.

5. Nachweisempfindlichkeit. Über die Nachweisgrenzen finden sich nur unvollkommene Angaben. Es steht fest, daß Aluminium zu den sehr schnell nachweisbaren Elementen gehört. Im Bogen sind $10^{-4}\%$ bereits sicher analysierbar (RIVAS), im Funken ungefähr $10^{-3}\%$, z. B. weist SCHLIESSMANN (b) $10^{-3}\%$ Tonerde im Funken nach. Die Flamme arbeitet für Aluminium mit wesentlich geringerer Empfindlichkeit.

II. Absorptionsspektrum.

Aluminiumsalze mit farblosen Anionen geben im Sichtbaren kein Absorptionsspektrum. Dagegen bilden dieselben leicht Farblacke, die charakteristische Spektren aufweisen, die sowohl zum qualitativen Nachweis, als auch zur colorimetrischen Bestimmung dienen können. Diesbezügliche Untersuchungen liegen vor von H.W.VOGEL für die Farblackbildung mit Flieder- und Malventinktur, von O. VOGEL für jene mit Blauholzextrakt, von H. W. VOGEL sowie von v. LEPEL für das Spektrum des Farblackes mit Purpurin (1,2,4-Trioxyanthrachinon). Mit Alkannatinktur erhält man nach FORMÁNEK ein Absorptionsspektrum mit einem Hauptstreifen bei 586 mμ.

§ 2. Elektrographischer Nachweis.

Nach ARNOLD läßt sich Aluminium in Metallen nachweisen, wenn man diese als Anode schaltet und an die Kathode ein mit Schwefelnatrium und Alizarin oder mit Benzidin und ammoniakalischer Alizarinlösung getränktes Filtrierpapier bringt. Als Elektrolyt dient eine verdünnte Alkalichloridlösung. Die aus der Anode austretenden Aluminium-Ionen färben das Reagenspapier kirschrot.

§ 3. Nachweis auf trockenem Wege.

1. Perlenprobe.

In der Boraxperle geben Aluminiumoxyd liefernde Stoffe neben nadelförmigen Krystallen von Aluminiumborat auch hexagonale Krystalle von Al_2O_3. Ersteres geht bei der Behandlung mit Salzsäure, wenn nur schwach erhitzt wurde, in Lösung. Ähnlich ist das Verhalten in der Phosphorsalzperle.

2. Probe mit Kobaltsalzlösungen.

a) Auf der Kohle. Aluminium enthaltende Stoffe geben, auf der Kohle mit Soda in der Oxydationsflamme vor dem Lötrohr geglüht, ein schwer schmelzbares Oxyd ohne Beschlag. Wird dasselbe mit Kobaltnitrat- oder -sulfatlösung befeuchtet und nochmals geglüht, so tritt Bildung von blauem Kobaltaluminat (THÉNARDsblau) ein.

b) Mit Filtrierpapier. Tränkt man Filtrierpapierstreifen mit aluminiumsalzhaltigen Lösungen, die mit Kobaltnitrat- oder -sulfatlösungen versetzt wurden, so tritt nach dem Veraschen in der Platinspirale oder am Magnesiastäbchen ein blauer Rückstand auf. Erfassungsgrenze 0,2 mg Al.

Nach MIGLIACCI und CRAPETTA entstehen bei Verwendung von Chrom- oder Nickelsalzen an Stelle von Kobaltnitrat grüne bzw. grünblau gefärbte Aluminate.

Bemerkungen: Die blaue Masse muß unschmelzbar sein. Kieselsäure gibt, wenn auch in geringerem Maße, eine ähnliche Färbung. Eisen stört. Beryllium, Vanadin und Uran stören nur, wenn sie in großem Überschusse vorhanden sind.

§ 4. Nachweis auf nassem Wege.

Zum Nachweis des Aluminiums, besonders wenn es sich um sehr kleine Mengen handelt, sind Fällungsreaktionen mit anorganischen Reagenzien wenig geeignet, da in der Regel ungefärbte, wenig charakteristische, meist schleimige Niederschläge entstehen. Durch Oxalsäure und Oxycarbonsäuren, wie Wein- und Citronensäure, auch durch Zucker oder Dextrin werden die Fällungen verhindert, mindestens beeinträchtigt. (GROTHE; CURTMAN und DUBIN; SCHMITZ-DUMONT.) Man verwendet daher zum Aluminiumnachweis besser eine der in § 6 beschriebenen Farb- und Tüpfelreaktionen mit organischen Reagenzien.

Das Verhalten der Aluminiumsalze in wäßriger Lösung wird einerseits durch die starke Neigung zur hydrolytischen Spaltung beherrscht. Andererseits spielen Aggregationsvorgänge und Komplexsalzbildungen eine große Rolle. Diese Verhältnisse kann man sehr klar bei den Lösungen des Nitrates, Chlorates oder des Perchlorates durch das Studium des Ganges des Diffusionsvermögens oder der Änderung der Lichtabsorption in Abhängigkeit von dem p_H-Wert beobachten. Bei Lösungen des Chlorides, des Sulfates bzw. des Acetates ist die Neigung zur Komplexsalzbildung besonders ausgeprägt, wodurch sich die Verhältnisse komplizieren.

a) Fällung des Hydroxydes und Bildung von Aluminaten.

1. Einwirkung von Alkalien. Mit Natron- oder Kalilauge fällt zunächst gallertartiges Hydroxyd $Al(OH)_3$ aus, das sich unter Aluminatbildung $[Al(OH)_4]$ Me im Überschuß des Fällungsmittels löst.

Die Alkalialuminate in Lösung sind, je nach der Konzentration der Lauge, mehr oder weniger weitgehend hydrolytisch gespalten. Durch Erhitzen nach geeigneter Verdünnung oder auf Zusatz von Ammoniak, Ammoniumsalzen bzw. von Brom oder beim Einleiten von Kohlensäure werden die Aluminate zersetzt und es tritt Abscheidung des Hydroxydes ein.

2. Fällung mit Ammoniak. Ammoniak bildet in konzentrierteren Lösungen einen schleimigen Niederschlag. (Bei sehr verdünnten Lösungen bilden sich charakteristische kleine, weiße Flocken.) Derselbe ist in konzentriertem Ammoniak etwas löslich. Bei Gegenwart von Ammonsalzen wird die Löslichkeit herabgesetzt. Auch durch Kochen wird die Fällung begünstigt, da dann das überschüssige Ammoniak entweicht. Deshalb ist die Fällung stets bei Gegenwart von Ammonsalzen (Ammoniumchlorid) und in der Siedehitze vorzunehmen. Über die Löslichkeit des Aluminiumhydroxydes in Ammoniak siehe bei PRIDEAUX und HENNESS.

Ähnlich wie Ammoniak verhalten sich Hydrazin und Hydroxylamin bzw. organische Basen.

3. ***Fällungen mit Lösungen der Erdalkalihydroxyde.*** Hierbei zeigen sich analoge Erscheinungen wie bei der Einwirkung von Alkalilaugen. Es fällt zunächst das Hydroxyd, das bei Zugabe von überschüssigem Reagens in das Aluminat übergeht.

4. ***Fällungen mit Alkali- bzw. Ammoniumcarbonaten.*** Alkalicarbonate fällen zunächst basische Salze und darauf das Hydroxyd. Der Niederschlag ist im Überschuß von Alkalicarbonaten etwas, in überschüssigem Ammoniumcarbonat weniger löslich.

Auch Natriumbicarbonat fällt fast vollständig das Hydroxyd. Ammoniumbicarbonat fällt um so vollständiger, je länger man Zeit läßt. Nach 24 Std. ist die Fällung nahezu beendet. Vollständig wird dieselbe, wenn man bis zur neutralen Reaktion kocht.

5. ***Fällung mit Ammoniumsulfid.*** Infolge sofortiger Hydrolyse des Aluminiumsulfides zum Hydroxyd tritt bei Einwirkung von Ammoniumsulfid Abscheidung des Hydroxyds und Bildung von Schwefelwasserstoff auf.

Bei Gegenwart von Äpfel-, Wein- oder Citronensäure geben die unter 1 bis 5 genannten Reagenzien keine oder nur sehr unvollständige Abscheidungen.

6. ***Fällung mit Natriumthiosulfat.*** In der Kälte bildet sich zunächst Aluminiumthiosulfat, das beim Stehen, besonders leicht in der Wärme, unter Abscheidung von Schwefel zum Hydroxyd hydrolysiert:

$$2\,Al^{\cdot\cdot\cdot} + 3\,S_2O_3'' + 6\,HOH = 2\,Al(OH)_3 + 3\,S + 3\,H^{\cdot} + 3\,HSO_3'$$

(SEYEWETZ und CHICANDARD; CLENNELL.)

7. ***Einwirkung von Nitriten.*** Durch Nitrite wird, wie folgende Reaktionsgleichungen zeigen,

$$2\,Al^{\cdot\cdot\cdot} + 6\,X' + 6\,HOH = 2\,Al(OH)_3 + 6\,H^{\cdot} + 6\,X'$$

$$6\,Na^{\cdot} + 6\,NO_2' + 6\,H^{\cdot} = 6\,Na^{\cdot} + 3\,NO + 3\,NO_2 + 3\,H_2O$$

nach SCHIRM; CONGDON und CARTER, infolge Vernichtung von Wasserstoff-Ionen durch die sich zersetzende salpetrige Säure, die Hydrolyse zum $Al(OH)_3$ begünstigt.

8. ***Einwirkung von Natriumazid.*** Die von CURTIUS und DARAPSKY angegebene Reaktion der Fällung von $Al(OH)_3$ aus Aluminiumsalzlösungen bei Einwirkung von Natriumazid in der Siedehitze beruht gleichfalls auf der Begünstigung der Hydrolyse.

9. ***Einwirkung eines Gemisches von Kaliumjodid und -jodat.*** Läßt man nach STOCK auf Aluminiumsalzlösungen ein Gemisch von Kaliumjodid und -jodat einwirken, so wird, unter Freisetzung der entsprechenden Menge von Jod, infolge Begünstigung der Hydrolyse, Aluminiumhydroxyd niedergeschlagen:

$$2\,Al^{\cdot\cdot\cdot} + 6\,X' + 6\,HOH = 2\,Al(OH)_3 + 6\,H^{\cdot} + 6\,X'$$

$$6\,K^{\cdot} + 5\,J' + JO_3' + 6\,H^{\cdot} = 6\,K^{\cdot} + 3\,J_2 + 3\,H_2O.$$

Die Reaktion erfolgt bereits in der Kälte, ist aber dann, besonders in verdünnten Lösungen, auch nach mehreren Tagen nicht beendet. Wird das freiwerdende Jod mit Thiosulfat entfernt oder die Fällung in der Wärme vorgenommen, so tritt nach wenigen Minuten vollständige Ausfällung des Hydroxydes ein.

10. ***Einfluß von organischen Säuren auf die Hydroxydfällungen.*** Mit Oxalsäure bzw. Alkalioxalaten entstehen Oxalatokomplexe, aus welchen das Aluminiumhydroxyd durch Ammoniak nur unvollkommen gefällt wird.

Oxycarbonsäuren, besonders Wein- und Citronensäure, bilden mit Aluminium-Ionen gleichfalls recht stabile Komplexe, aus welchen die Fällung des Hydroxydes oder schwerlöslicher Salze, z. B. des Phosphates, verhindert oder erschwert wird.

b) Fällung mit Natriumphosphat.

Natriumphosphat fällt weißes Aluminiumphosphat, das sich in Alkalilaugen leicht löst. Geringer ist die Löslichkeit in Ammoniak. Bei Gegenwart von Ammoniumchlorid ist dieselbe aufgehoben.

Ein starker Gehalt von lyophilen Kolloiden (Gelatine) verhindert die Fällung. Bei geringem Gelatinegehalt tritt nach Ito die Abscheidung des $Al(OH)_3$ besonders langsam ein.

In verdünnten Mineralsäuren ist das Aluminiumphosphat löslich, dagegen nicht in Essigsäure. Weinsäure und Zucker verhindern die Fällung nicht, wohl aber Citronensäure.

Ähnliche Fällungen erhält man mit Natriumpyrophosphat, mit Arsenat und mit Borat. Der durch Natriumpyrophosphat entstehende Niederschlag löst sich im Überschuß des Fällungsmittels, ist aber unlöslich in einem Überschuß von Aluminium-Ionen. Der durch Arsenat bewirkte Niederschlag löst sich gleichfalls im Überschuß des Fällungsmittels.

c) Einwirkung von Natriumacetat.

In neutralen Aluminiumsalzlösungen erzeugt Natriumacetat in der Kälte keine Fällung, dagegen bildet sich beim Kochen ein voluminöser Niederschlag von komplexen, basischen Acetaten. Der p_H-Wert der Lösung soll nach Kling und Lassieur mindestens 5,2 betragen. Ammoniumformiat fällt nach Tower in der Hitze basisches Formiat vollständig.

d) Einwirkung von Alkalicyaniden und Ferrocyaniden.

Kaliumcyanid fällt bereits in der Kälte $Al(OH)_3$. Dasselbe ist im überschüssigen Reagens etwas löslich.

Kaliumeisen(II)cyanid erzeugt in der Kälte langsam, in der Wärme rascher, eine weiße Fällung, die bald grün wird.

e) Fällung mit Oxin (8-Oxychinolin).

Mit Oxin entsteht in essigsaurer Lösung auf Zugabe von Ammoniumacetat eine charakteristische gelbe Fällung. Nachweisgrenze 3γ Al/cm^3 (Kolthoff; Fox). Nach Berg ist die **Grenzkonzentration** in essigsaurer Lösung 1:310000, in ammoniakalischer Lösung 1:178000.

Allerdings geben Stoffe, wie Molybdän, Wolfram, Titan, Niob, Tantal und Vanadinsäure mit Oxin unter den gleichen Bedingungen ähnliche Niederschläge (vgl. Smith).

f) Fällung mit Tannin.

0,1%ige Tanninlösung gibt bei Anwesenheit von Natriumsulfat mit Tonerdelösungen beim Kochen eine flockige Fällung einer Adsorptionsverbindung des Tannins mit $Al(OH)_3$. Selbst wenn nur 0,01 mg Tonerde in 1 cm^3 vorhanden ist, tritt nach Stiasny die Fällung ein. Natriumacetat bewirkt bereits in der Kälte eine Ausflokkung (vgl. Moser und Mitarbeiter; Ostroumow).

§ 5. Nachweis auf mikrochemischem Wege.

A. Wichtige Fällungsreaktionen.

1. Abscheidung als Caesiumalaun. Caesiumsalze bewirken nach Behrens in nicht zu verdünnten Aluminiumsulfatlösungen die Entstehung von farblosen, gut ausgebildeten Oktaedern von Caesiumalaun, die 40 bis 90 μ messen. Lösungen, welche mehr als 1% Aluminiumsulfat enthalten, liefern dendritische Gebilde, hingegen geben Lösungen mit weniger als 0,2% Sulfat nur schwierig, gut ausgebildete Oktaeder. Arbeitet man mit Caesiumchlorid, so muß die Lösung etwas freie Schwefelsäure enthalten. Ein großer Überschuß davon ist jedoch nachteilig. Eisen ist ohne Einfluß auf die Reaktion. Empfindlichkeit 0,35 γ Al.

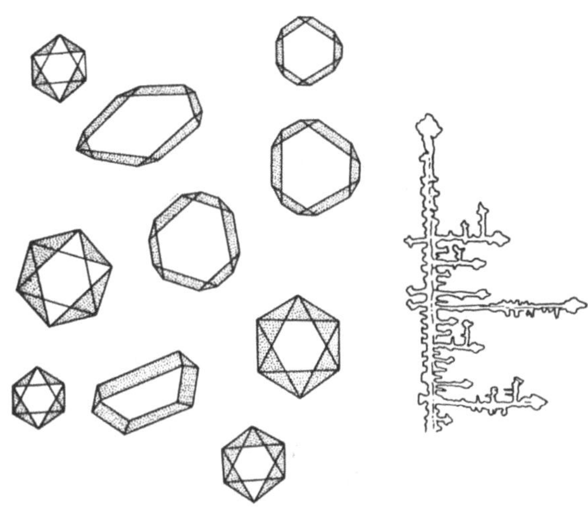

Abb. 1. Caesiumalaun.
Aus BEHRENS u. KLEY, Mikrochemische Analyse, I. Teil, 3. Aufl., S. 80.

Die von STRENG empfohlene Anwendung sauren Caesiumsulfates hat SCHOORL nicht befriedigt. Nach seinen Angaben bekommt man damit Oktaeder, die sich nicht sehr schön und zu Dendriten entwickeln. Vgl. WHITMORE und SCHNEIDER. Über die Erkennung unter dem Polarisationsmikroskop siehe bei REINISCH und mit Hilfe mikrophotographischer Apparate bei ROBIN. Nach KRATZMANN sowie YAGODA und PARTRIDGE ist die Reaktion zum Aluminiumnachweis in Pflanzenschnitten und Pflanzenaschen gut geeignet.

2. Nachweis als Kaliumalaun. Obwohl die Alaune des Caesiums und Rubidiums schwerer löslich sind, bevorzugt SCHOORL (vgl. auch STRENG, CUVELIER, EMICH) die Bildung des Kaliumalaunes, gegebenenfalls unter Impfen mit Caesiumalaun.

Ausführung. Die Lösung des Aluminiumsalzes (Chlorid, Nitrat, Acetat) wird am Objektträger zur Trockene verdampft. Mit dem Platindraht wird festes Kaliumbisulfat dazu gebracht und mit 1 Tropfen Wasser oder durch Anhauchen befeuchtet. Bei schwacher Vergrößerung beobachtet man unter dem Mikroskop sogleich an der Stelle, wo das $KHSO_4$ in Lösung geht, die Bildung von stark lichtbrechenden Oktaedern. Nach einiger Zeit fängt K_2SO_4 bzw. $KHSO_4$ vom Rande an in dünnen, 6seitigen Blättchen auszukrystallisieren, die man zunächst von den Alaunoktaedern noch gut unterscheiden kann. Aber nach dem Eintrocknen ist dies wegen schwachen Polarisationserscheinungen und der bekannten Anomalien, die der Alaun zeigt, nicht mehr möglich. Befeuchtet man mit Wasser, so kann es gelingen, die Alaunkrystalle wieder besser zu erkennen, doch tritt ihre anfängliche charakteristische Form nicht mehr hervor.

Die Alaunkrystalle sind meist mit den bekannten Rippenfiguren des Oktaeders versehen. Es kommen jedoch auch manchmal Formen vor, die mehr in einer Richtung entwickelt und dann schwerer zu identifizieren sind. Man hat dann hauptsächlich auf die lichtbrechenden Eigenschaften und auf die Art des Entstehens der Krystalle zu achten.

Weder Chrom- noch Eisensalze geben nach der beschriebenen Weise Krystalle. Allerdings können große Mengen an Eisen oder Chrom die Aluminiumreaktion verhindern, so daß deren vorherige Abscheidung erforderlich ist.

Größere Mühe verursacht die Gegenwart von Calcium, das auch in den Reagenzien anwesend sein kann. Es tritt dann an der Stelle, wo man die Krystallisation des Alauns erwartet, jene von Gips ein, was bei kleinen Aluminiummengen sehr störend wirkt. Man muß somit vorher das Calcium möglichst vollständig entfernen.

3. Nachweis mit Ammoniumfluorid. Aus neutralen oder schwach sauren Lösungen fällt Ammoniumfluorid blasse, gut ausgebildete Oktaeder von $(NH_4)_3[AlF_6]$.

Von Salpetersäure werden dieselben aufgelöst, Ammonacetat stellt sie wieder her. Das NH_4F ist im beträchtlichen Überschuß anzuwenden. Die Aluminiumlösung darf kein Natrium, Eisen oder Chrom enthalten, Essigsäure verzögert nach SCHOORL die Reaktion, liefert aber schließlich besonders gut ausgebildete Oktaeder. Empfindlichkeit 0,35 γAl.

4. Nachweis nach RATHGEN. Bei der Untersuchung von Silicaten auf Aluminium versetzt RATHGEN die Probe mit festem Ammoniumfluorid und etwas konzentrierter Schwefelsäure in einem kleinen Platintiegel und raucht zunächst ab. Darauf wird auf Rotglut erhitzt. Der Rückstand zeigt dann unter dem Mikroskop bei Anwesenheit von Aluminium farblose Sechsecke des Korunds. Gelbliche Krystalle sind eisenhaltig. Ist Magnesium zugegen, so entstehen Tetraeder. Bei Gegenwart von Calcium erhält man in die Länge gezogene Sechsecke von Anhydrit, die sich jedoch durch ihr Verhalten im polarisierten Lichte vom Korund leicht unterscheiden lassen.

5. Nachweis von Aluminium neben Eisen und Chrom. Bei Gegenwart von Eisen und von Chrom leistet die von NEUMANN vorgeschlagene Arbeitsweise gute Dienste. Dabei wird die Probe mit Barytwasser gekocht, das Filtrat mit Salzsäure angesäuert und mit Schwefelsäure heiß gefällt, nochmals filtriert und, wenn erforderlich, konzentriert. Wird darauf das Filtrat mit Ammoniak vorsichtig überschichtet, so bildet sich bei Gegenwart von Aluminium eine weiße Zone.

B. Weitere Mikroreaktionen.

1. Nachweis mit Ammoniummolybdat. Nach STAPLES sowie VAN ZIJP bilden Aluminiumsalze mit Ammoniummolybdat farblose rhombische Blättchen von

$$3\,(NH_4)_2 \cdot Al_2O_3 \cdot 12\,MoO_3 \cdot 19\,H_2O,$$

die gerade Auslöschung und eine Lichtbrechung von $n_s = 1{,}741$ und $n_f = 1{,}700 \pm 0{,}003$ zeigen. Nach KRAMER nehmen dieselben ein angeätztes Aussehen an.

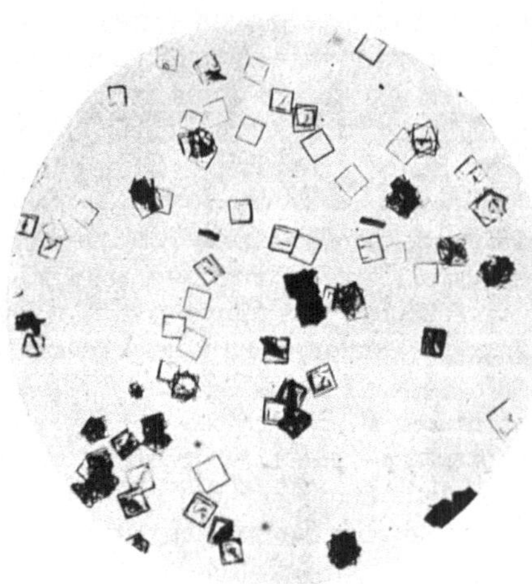

Abb. 2. Ammonium-Aluminiummolybdat. Aus G. KRAMER: Fr. 111, 169 (1937).

Die Reaktion wird am besten in salpetersaurer Lösung vorgenommen. Schwefelsäure darf nicht zugegen sein. Ammonium-Mangan(II)molybdat krystallisiert in Form rotbrauner Tafeln. Eisen(III)- und Kobalt(II)-Ionen stören, doch kann man dieselben leicht erkennen, da sie, im Gegensatz zu den Aluminium-Ionen, gefärbte Fällungen geben. Die **Erfassungsgrenze** beträgt 0,3 γ Al.

Nachweis von Beryllium s. KRAMER.

Sind Aluminium und Beryllium nebeneinander zugegen, so läßt sich durch Variation der Säurekonzentration leicht eine Unterscheidung treffen. Aus 0,5 n-Salpetersäure krystallisiert nur das Ammonium-Berylliummolybdat aus, umgekehrt krystallisiert nur das Aluminiumsalz, wenn die Säurekonzentration nicht höher ist als 0,2 n an Salpetersäure. Es läßt sich dann noch 1 Teil Al neben 100 Teilen Be sicher nachweisen.

2. Einwirkung von Kaliumfluorid auf Aluminiumhydroxyd. Die zum Aluminiumnachweis in allen seinen Salzen dienende Reaktion vollzieht sich nach der Gleichung:

$$Al(OH)_3 + 6\,KF = K_3\,[AlF_6] + 3\,KOH.$$

Durch das Auftreten von Hydroxyl-Ionen wird Phenolphthalein gerötet (MALAPRADE). Carbonate und Ammoniumsalze setzen die Empfindlichkeit herab. Bei Zusatz von Seignettesalz verläuft die Reaktion quantitativ. Es sollen sich noch 0,1 mg Al in 50 cm³ Lösung und 1 mg Al neben 100 mg Fe oder Cr nachweisen lassen.

3. Nachweis mit Calciumeisen(II)cyanid. GASPAR Y ARNAL verwendet eine wäßrig-alkoholische Lösung von Calciumferrocyanid (20 g des Salzes werden in 670 cm³ Wasser gelöst und zu der Lösung 400 cm³ 95%iger Alkohol zugefügt). Es sollen sich damit noch 0,02 mg Al in 1 cm³ nachweisen lassen.

Ausführung. Man versetzt die Probelösung mit dem Reagens, erhitzt zum Sieden und erhält einige Sekunden bei dieser Temperatur. Am zweckmäßigsten verwendet man Lösungen, die nicht mehr als 1 mg Al in 1 cm³ enthalten. Es entsteht ein weißer krystallinischer Niederschlag.

Bemerkung: Berylliumnitrat gibt mit dem Reagens gleichfalls eine Fällung, die aber, im Gegensatz zu jener, die mit Aluminium-Ionen erhalten wurde, beim Verdünnen mit Wasser in Lösung geht. Man kann daher durch Fällung in alkoholischer Lösung und anschließendes Verdünnen und Filtrieren Aluminium vom Beryllium trennen.

4. Nachweis mit Natriumsalicylat. Nach VAN ZIJP erhält man aus Aluminiumsalzlösungen durch Zugabe einer Natriumsalicylatlösung farblose Nädelchen, die sich zu Garben oder sternförmigen Gebilden oder Sphäroiden vereinigen. Caesiumchlorid begünstigt die Reaktion.

Ausführung. Man bringt je 1 Tropfen der Probelösung und einer Caesiumchloridlösung und nicht zu wenig Natriumsalicylat zusammen und läßt nach dem Mischen einige Minuten Dämpfe von Ammoniak einwirken. Es bildet sich dabei ein Niederschlag von Aluminiumhydroxyd, oder es lösen sich davon entstandene kleine Mengen wieder auf. Beim Eintrocknen an der Luft erscheinen bald die Krystalle. Bilden sich dabei keine Nadeln, so ist Aluminium nicht zugegen. Bei Gegenwart von Eisen entsteht zunächst eine Violettfärbung, die bei der Einwirkung des Ammoniaks nach Gelb umschlägt und die Nadeln kaum färbt. Bei der Anwesenheit von Chrom scheidet sich beim Eintrocknen des Tropfens grünes Chromhydroxyd ab. Größere Mengen an Calcium stören, kleinere sind belanglos.

C. Mikrochemischer Nachweis mit organischen Stoffen.

Über den mikrochemischen Nachweis mit organischen Reagenzien, insbesondere unter Bildung charakteristischer Farblacke, wird im § 6 berichtet.

D. Nachweis von freier Säure bzw. von basischen Verbindungen in Aluminiumsalzlösungen.

Wäßrige Lösungen von Aluminiumsalzen, wie jene vom Chlorid, Nitrat, Sulfat, reagieren bekanntlich infolge von Hydrolyse sauer. Auch basische Aluminiumverbindungen, z. B. essigsaure Tonerde, zeigen, trotzdem sie basische Gruppen enthalten, in Lösung saure Reaktion. Wie FEIGL und KRAUSS zeigten, kann man durch Zusatz neutraler Komplexsalzbildner das der Hydrolyse unterworfene Aluminium-Ion maskieren und durch Alkali-Ionen ersetzen. Damit tritt an Stelle des Aluminiumsalzes eine neutral reagierende Verbindung. Da bei diesem Umsatz lediglich Aluminium-Ionen, aber nicht Wasserstoff- bzw. Hydroxyl-Ionen beteiligt sind, kann man somit die Gegenwart von freier Säure neben dem Aluminiumsalz oder jene von basischen Gruppen erkennen. Als Komplexsalzbildner für das Aluminium-Ion eignet sich zu diesem Zwecke gut Alkalioxalat, gemäß folgenden Reaktionen:

$$AlCl_3 + 3\,Na_2C_2O_4 = Na_3[Al(C_2O_4)_3] + 3\,NaCl$$

$$AlOH \cdot (OOC \cdot CH_3)_2 + 3\,Na_2C_2O_4 = Na_3[Al(C_2O_4)_3] + 2\,NaOOC \cdot CH_3 + NaOH.$$

Es reagiert die Lösung eines Aluminiumsalzes nach Abmaskierung mit Kaliumoxalat neutral, sauer oder alkalisch, je nachdem, ob reine Salze, freie Säuren oder basische Aluminiumsalze zugegen waren.

Ausführung. Auf einer Tüpfelplatte werden 1 bis 2 Tropfen der zu prüfenden Lösung mit einem Kryställchen Natriumoxalat versetzt und dann mit Phenolphthalein auf freie Säure bzw. Lauge geprüft.

E. Mikrochemischer Nachweis in Mineralien und in Staub.

Darüber berichten LEMBERG; CANAVAL; WHERRY. Über den Nachweis von Aluminiumteilchen in Staub, Sand, Schlacken usw. siehe bei WARD.

F. Mikrochemische Trennung von den Alkalien und den Erdalkalien.

Siehe bei MALJAROFF. Die Trennung wird mit Oxalsäure durchgeführt.

§ 6. Nachweis durch Farb- oder Tüpfelreaktionen mit organischen Reagenzien.

1. Nachweis mit Morin. Der Farbstoff des Gelbholzes, das Morin, ein Tetraoxyflavonol bildet mit Aluminiumsalzen in neutraler oder essigsaurer Lösung, wie GOPPELSROEDER zuerst zeigte und später von EEGRIWE näher untersucht wurde, eine intensive gelbgrüne Fluorescenz, welche nach SCHANTL von einem Aluminiumsalz des Morins herrührt.

Morin

Ausführung. a) Um Aluminium neben anderen Metallen, welche mit Morin Farb- und Niederschlagsreaktionen geben, nachzuweisen, wird die zu prüfende Lösung mit 2 n-Kalilauge gefällt, 1 Tropfen des Filtrates auf eine schwarze Tüpfelplatte gebracht, mit 2 n-Essigsäure bis zur sauren Reaktion und darauf mit einer gesättigten, methylalkoholischen Morinlösung versetzt. Bei Anwesenheit von Aluminium tritt eine gelblichgrüne Fluorescenz auf. Die Anstellung eines Blindversuches ist zweckmäßig.

Erfassungsgrenze: 0,2 γ Al.
Grenzkonzentration: 1:250000.

SCHANTL konnte im EMICHschen Institute bei Beobachtung im Dunkelraum bei Verwendung von Bogenlicht und des Luminiskopes nach TSWETT noch eine Erfassungsgrenze von 0,0001 γ Al erreichen. Zufolge KOČSIS läßt sich die Empfindlichkeit der Reaktion unter Verwendung einer Uviollampe nach HAITINGER-REICHERT mit 0,001 γ Al angeben (vgl. HERZFELD).

b) Auf Filtrierpapier, das mit methylalkoholischer Morinlösung getränkt und darauf getrocknet wurde, bringt man 1 Tropfen der neutralen oder schwach salzsauren Probelösung und trocknet. Nach dem Betupfen mit 2 bis 3 Tropfen 2 n-Salzsäure erscheint unter der Analysenquarzlampe ein hellgrün fluorescierender Fleck (SCHANTL).

Erfassungsgrenze: 0,005 γ Al.
Grenzkonzentration: 1:10000000.

Ist Aluminium neben den Metallen der Schwefelammoniumgruppe nachzuweisen, dann müssen die nach obigen Verfahren entstehenden Morinverbindungen der anderen Kationen durch Aufbringen mehrerer Tropfen verdünnter Salzsäure weggespült werden. Auf Zusatz von Fluoriden verschwindet die Fluorescenz infolge Bildung von $[AlF_6]'''$ (OKÁČ).

Über den Aluminiumnachweis bis herab zu 0,3% Al in Zinklegierungen mit Morinpapier berichten PASSER und LEOPOLDI.

2. Nachweis mit Alizarinsulfosäure (Alizarin S.) Wie ATACK zeigte, gibt das Aluminium-Ion mit Alizarin S in ammoniakalischer Lösung einen roten Farblack, in welchem das Aluminium innerkomplex verbunden ist (vgl. dazu GAD und NAUMANN; GINSBERG; HELLER und KRUMHOLZ; MILLNER; MUSSAKIN; PRÄTORIUS; STOCK, PRÄTORIUS und PRIESS.

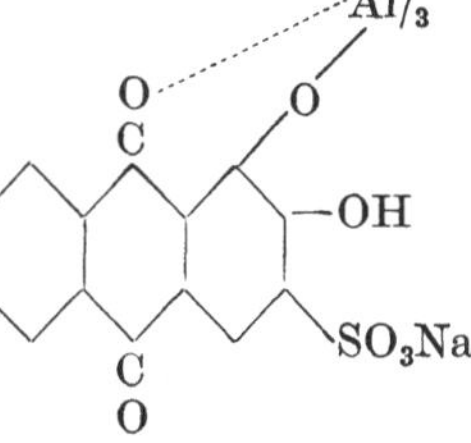

Aluminiumlack des Alizarin S

Der in alkalischer Lösung gebildete rote Farblack ist gegenüber verdünnter Essigsäure beständig, während die durch Alkalien bewirkte Violettfärbung der Alizarinsulfosäure beim Ansäuern unter Rückbildung des gelben Farbstoffes verschwindet.

Ausführung. a) 1 Tropfen der ätzalkalischen Probelösung wird mit 1 Tropfen einer 0,1%igen Lösung von Alizarin S versetzt, hierauf Essigsäure bis zum Verschwinden der Violettfärbung und darauf noch weiter Essigsäure hinzugefügt. Je nach der Aluminiummenge entsteht ein roter Niederschlag oder eine ebensolche Färbung, die beim Stehen an Stärke zunimmt.

Sind nur kleine Aluminiummengen zugegen, so muß, da die Lauge oft aluminiumhaltig ist, mit derselben ein Blindversuch angestellt werden.

Erfassungsgrenze: 0,65 γ Al.

Grenzkonzentration: 1:77000.

b) Nach CHIODI läßt sich die Empfindlichkeit der Reaktion steigern, wenn man die Mischung der Aluminiumsalzlösung mit Alizarin S und Ammoniak, nach dem Ansäuern mit Essigsäure, mit Äther ausschüttelt. Der Farblack sammelt sich dann an der Grenzfläche zwischen Äther und Wasser.

Wein- und Fluorwasserstoffsäure stören die Reaktion. Eisen-, Kobalt-, Kupfersalze und die seltenen Erden liefern mit Alizarin S ebenfalls Farblacke und müssen daher vorher entfernt werden. Dies geschieht am besten durch Fällen mit Natronlauge, wobei Aluminium in Lösung bleibt.

Zinksalze stören nicht. Erdalkalien geben in größeren Konzentrationen gleichfalls rote Alizarinlacke, was zu beachten ist.

Chromate stören durch ihre Eigenfärbung. Immerhin sind nach FEIGL (a) noch 2 γ Al neben der 120fachen Chromatmenge unter gleichzeitiger Ausführung eines Blindversuches deutlich erkennbar.

Aluminiumoxyd muß zunächst mit Bisulfat aufgeschlossen werden. In der wäßrigen Lösung der Schmelze werden die anderen vorhandenen Kationen mit Natronlauge ausgefällt und durch Zentrifugieren vom Aluminat getrennt (FEIGL).

Zur Feststellung des Rekrystallisationsgrades des Al_2O_3 behandelt man dasselbe nach SIEMENS u. HALSKE mit einer Alizarin S-Lösung. Völlig in α-Korund umgewandeltes Oxyd wird nicht mehr angefärbt. Die Farbtiefe ist dem Gehalte an β Korund entsprechend.

Die Fällung der Fremdmetalle soll höchstens mit normaler Natronlauge vorgenommen und diese nicht in großem Überschusse verwendet werden, da die Lauge fast stets aluminiumhaltig ist und so Aluminium in der Probe vortäuschen kann. Um Irrtümer zu vermeiden, ist ein Blindversuch stets am Platze.

3. Nachweis mit Alizarin. **a) Nachweis in einfachen Fällen.** Wie FEIGL und STERN zeigten, bilden, ebenso wie Alizarinsulfosäure, auch ammoniakalische Lösungen von Alizarin mit Aluminium-Ionen einen intensiv violettrot gefärbten Farblack. Bei der Einwirkung von Alizarin auf $Al(OH)_3$ bilden sich dagegen rotgefärbte Produkte, welche keine definierte Zusammensetzung aufweisen und wahrscheinlich, ähnlich wie beim Magnesium, Adsorptionsverbindungen sind.

Alizarin

Ausführung. Auf mit alkoholischer Alizarinlösung getränktes Filtrierpapier wird 1 Tropfen der Probelösung gebracht und über ein Schälchen mit Ammoniak gehalten. Dabei nimmt der Tüpfelfleck eine rotviolette Farbe an. Sind große Mengen von Aluminium zugegen, so ist die angetüpfelte Stelle schon jetzt himbeerrot gefärbt. Wird das Papier im Trockenschrank getrocknet, so verschwindet die vom Ammoniumalizarinat herrührende Violettfärbung, da dann dasselbe in Ammoniak und Alizarin zerfällt, und es tritt die rote Farbe des Aluminiumlackes hervor.

Erfassungsgrenze: 0,15 γ Al.

Grenzkonzentration: 1:333000 (vgl. GAD; KORENMAN).

Über die Bestimmung und den Nachweis von Aluminium in Wasser mit Alizarin berichtet ÖHMAN. PASSER und LEOPOLDI weisen Aluminium in Zinklegierungen mit Alizarinpapier nach.

b) Nachweis des Aluminiums bei Gegenwart störender Ionen. Außer Aluminium geben noch die Ionen des Eisens, Chroms, Urans, Mangans, Kobalts, Nickels, der seltenen Erden, des Zirkons und des Thoriums, um nur die wichtigsten zu nennen, gleichfalls farbige Alizarinlacke. Zwar findet in manchen Fällen nach dem Auftragen des Lösungstropfens auf das Alizarinpapier eine capillare Trennung der Lösungsbestandteile statt, so daß die verschiedenen Metallacke in verschiedenen Zonen entstehen, doch ist dieses Verfahren, mit Ausnahme der Aluminium-Urantrennung, nur innerhalb bestimmter Konzentrationsgrenzen brauchbar.

α) Unterscheidung des Aluminiums vom Eisen, Chrom und Mangan. Da das Aluminium-Ion im Gegensatz zu den Ionen der genannten Elemente mit Kaliumferrocyanid keine unlösliche Verbindung gibt, kann man nach FEIGL die letzteren so abtrennen, daß man deren Fällung auf einem mit Kaliumferrocyanid imprägnierten Papier als Tropfenreaktion vornimmt. Dabei erfolgt eine capillare Wanderung des unverbrauchten Aluminium-Ions in eine um den Niederschlagsfleck entstehende Rand- bzw. Wasserzone, in welcher dasselbe durch die Alizarinreaktion erkannt werden kann. Antimon und Zinn dürfen nicht zugegen sein (TANANAJEW und ROMANJUK).

Ausführung. Auf Kaliumferrocyanidpapier wird 1 Tropfen der neutralen oder schwach sauren Probelösung gebracht. Während alle anderen Kationen durch das Ferrocyanid ausgefällt und im Papier fixiert werden, bleibt das Aluminium-Ion in Lösung und breitet sich mit dem Wasser außerhalb des Metallferrocyanidfleckes aus. Durch Aufbringen eines Tropfen Wassers wird das Aluminium-Ion zum größten Teile in die äußere Zone gespült.

Wird nun mit 1 Tropfen ammoniakalischer Alizarinlösung angetüpfelt, über Ammoniak gehalten und darauf getrocknet, so erscheint um den Fleck der Ferrocyanide herum ein roter Ring des Alizarin-Aluminiumlackes. Um denselben noch deutlicher zu machen, kann man das Papier nach beendeter Reaktion 2 Min. in heißes Wasser legen. Dann werden die Ferrocyanide zum größten Teile weggeschwemmt, wobei eventuell verdeckter Aluminiumlack besser hervortritt.

Nach dieser Methode hat FEIGL (b) folgende **Erfassungsgrenzen** beobachtet:

4,0 γ Al	neben	808 γ Fe
3,0 γ ,,	,,	300 γ Fe und 750 γ Cr
1,4 γ ,,	,,	3912 γ Mn
0,6 γ ,,	,,	60 γ Fe und 372 γ Mn
0,6 γ ,,	,,	30 γ Fe und 180 γ Zn
0,1 γ ,,	,,	30 γ Zn und 180 γ Mn
0,5 γ ,,	,,	100 γ U
0,6 γ ,,	,,	30 γ Fe und 72 γ Co.

Bemerkungen. Ist neben Aluminium viel Eisen zugegen, so kann die im Tüpfelpapier vorhandene Menge Kaliumferrocyanid nicht ausreichen, um alles Eisen zu binden. Beim Auftragen des Wassertropfens würde dann unverbrauchtes Eisen(III)-Ion weiterwandern und der Berlinerblaufleck sich ausdehnen. Die Erkennung des Aluminiums würde damit erschwert. Es sollen daher nur so kleine Mengen der Probelösung verwendet werden, daß der durch sie erzeugte Fleck höchstens einen Durchmesser von 5 mm hat. Zweckmäßig ist auch ein Vergleichstüpfeln mit einer Eisenlösung auf dem gleichen Papier und gleiche Behandlung des entstehenden Fleckes.

β) Bei Gegenwart von seltenen Erden und von Thorium. Man verfährt dabei wie eben angegeben, oder man fällt die Erden und das Thorium zunächst als Oxalate und prüft nach dem Zerstören des Oxalatüberschusses durch Abrauchen mit konzentrierter Schwefelsäure und schwaches Glühen des Rückstandes.

γ) Handelt es sich um den Nachweis von viel Aluminium neben wenig Eisen und Chrom, dann empfiehlt es sich, das Ferrocyanidpapier außer mit der Probelösung noch mit einer aluminiumfreien Eisen-Chromlösung anzutüpfeln, nach der Alizarinbehandlung etwa 1 Min. in heißes Wasser zu legen und darauf zu trocknen. Hierbei wird das Papier durch das Weglösen des Kaliumferrocyanides weiß und der Tonerdefleck deutlich sichtbar, während die Kontrollflecke keine oder nur eine schwache Veränderung zeigen, was darauf beruht, daß das Chrom- bzw. Eisenferrocyanid weggewaschen wurde.

δ) Nachweis des Aluminiums neben Uran. 1. Wegen seiner schleimigen Beschaffenheit breitet sich, besonders wenn wenig Uran zugegen ist, der Uranferrocyanidfleck beim Antüpfeln mit Wasser weiter aus und erschwert bei kleinen Aluminiummengen die Erkennung des Alizarinlackes. Durch Tauchen des Papieres nach der Alizarinbehandlung in eine Ammoniumcarbonatlösung kann man das Uranferrocyanid unter Bildung von $(NH_4)_2[UO_2(CO_3)_2]$ lösen und damit den Tonerdelack freilegen.

2. Einfacher gestaltet sich die Unterscheidung durch capillare Trennung, die bei Al und U besonders ausgeprägt ist. Bringt man 1 Tropfen einer solchen Probelösung auf mit Alizarin imprägniertes Papier, so entsteht im Zentrum des Tüpfelfleckes der blaue Uranlack, während das Aluminium weiter wandert und nach der Entwicklung mit Ammoniak als roter Ring um den Uranfleck erscheint. Je nach dem Aluminiumgehalt ist dieser Ring von verschiedener Breite. Es läßt sich so noch 0,1 γ Al neben der 200fachen Menge Uran erkennen.

ε) Nachweis von Aluminium neben Kobalt und Nickel. Neben 140 γ Kobalt oder Nickel ist noch 0,1 γ Aluminium durch die Bildung des Alizarinlackes leicht erkennbar. Größere Mengen dieser Metalle beeinträchtigen die Empfindlichkeit des Aluminiumnachweises, teils durch Bildung farbiger Lacke, teils durch die Entstehung farbiger Amminsalze. In solchen Fällen wird 1 Tropfen der Probelösung auf Alizarinpapier gebracht, dieses über Ammoniak gehalten, getrocknet und hierauf in heiße 0,01 n-Salzsäure gelegt. Damit wird die Lack- bzw. Amminsalzbildung von Kobalt und Nickel unterbunden und der Tonerdelack kann nach dem abermaligen Entwickeln mit Ammoniak gut sichtbar gemacht werden.

4. Nachweis mit Purpurin (1,2,4-Trioxyanthrachinon). Nach KERSHNER und DUFF wird durch Fällung mit Ammoniak $Al(OH)_3$ ausgefällt und gut gewaschen. Darauf übergießt man den Niederschlag mit 5 cm³ 6 n-Ammoniak, filtriert und fügt zum Filtrate 10 cm³ 1 n-Ammonchloridlösung und 1 cm³ einer Lösung, bestehend aus 0,4 g Purpurin und 0,01 g Sandarakharz in 1 Liter Äther hinzu. Beim Schütteln gibt sich Aluminium durch Rotfärbung des Schaumes zu erkennen. Eisen und Chrom sollen nur wenig stören. Die **Erfassungsgrenze** soll bei 1 γ Al liegen.

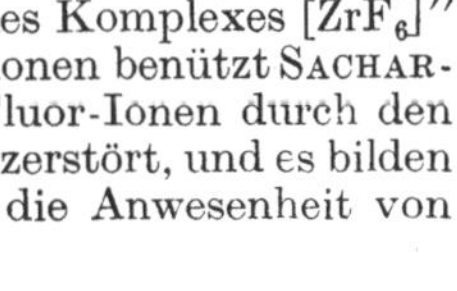

Purpurin

Wie bekannt, geben Zirkoniumsalze mit Oxyanthrachinonen (Alizarin, Purpurin Chinalizarin) farbige Lacke, welche durch Fluor-Ionen, infolge Bildung des Komplexes $[ZrF_6]''$ entfärbt werden. Diesen Komplex in Gegenwart von Oxyanthrachinonen benützt SACHARJEWSKI als Reagens auf Aluminium-Ionen. Infolge Bindung der Fluor-Ionen durch den stärkeren Aluminiumkomplex $[AlF_6]'''$ wird der Zirkoniumkomplex zerstört, und es bilden sich dann die entsprechenden Zirkoniumlacke, deren Erscheinen die Anwesenheit von Aluminium anzeigt.

5. Nachweis mit Chinalizarin(1,2,5,8-Tetraoxyanthrachinon). Nach HAHN bildet Chinalizarin mit Aluminium-Ionen einen rotvioletten oder roten Farblack.

Ausführung. Man bereitet sich Chinalizarinpapier durch Tränken von quantitativem Filtrierpapier mit einer Lösung von 10 mg Chinalizarin in 2 cm^3 Pyridin und 20 cm^3 Aceton. Auf dasselbe wird 1 Tropfen der Probelösung gebracht, das Papier kurz über konzentriertes Ammoniak und dann über Eisessig gehalten, bis die, zunächst durch die Bildung des Ammoniumsalzes des Chinalizarins entstandene Blaufärbung wieder verschwunden ist und das nicht angetüpfelte Papier braun (Farbe des freien Chinalizarins) erscheint. Je nach der Aluminiummenge hinterbleibt ein rotvioletter oder rötlicher Fleck.

HO CO OH
OH
HO CO

Chinalizarin

Erfassungsgrenze: 0,005 γ Al in 1 cm^3.
Grenzkonzentration: 1:2000000.

Bemerkung. Der Nachweis mit Chinalizarin ist besonders für die Erkennung des Aluminiums neben Magnesium bzw. Beryllium empfehlenswert. Das bei dieser Reaktion erreichbare Grenzverhältnis ist, wie bei vielen anderen Tüpfelnachweisen, von der Konzentration der Versuchslösung abhängig. Zum Beispiel

bei 1 γ Al/cm^3 Al:Mg = $6 \cdot 10^{-4}$ Erkennbarkeit eben noch gut.
bei 2 γ Al/cm^3 Al:Mg = $5 \cdot 10^{-4}$ Erkennbarkeit gut.
bei 2 γ Al/cm^3 Al:Mg = $1 \cdot 10^{-4}$ Erkennbarkeit sehr gut.

6. Nachweis mit dem Ammoniumsalz der Aurintricarbonsäure. Aurintricarbonsäure (Aluminon) gibt in essigsaurer Lösung bei Gegenwart von Aluminium-Ionen beim Erhitzen einen tiefroten Lack, der in Ammoniak unlöslich ist.

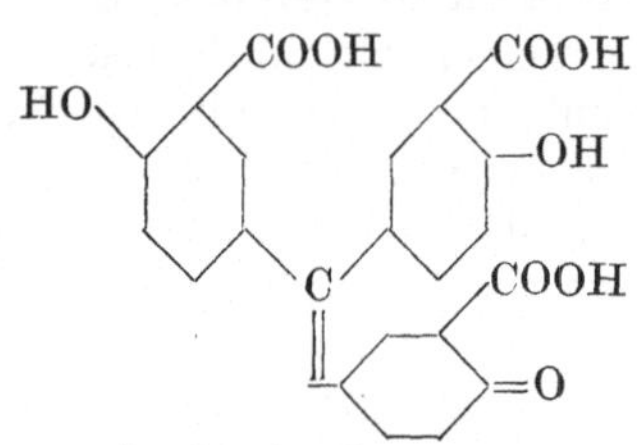

Aurintricarbonsäure

Die Empfindlichkeit beträgt nach HAMMETT und SOTTERY sowie LARSEN 10^{-6} Mol. Aluminium.

Ausführung. Nach THRUN stellt man sich durch Tränken von aschefreiem Filtrierpapier mit einer 1%igen Lösung von aurintricarbonsaurem Ammonium, die 1% Ammoniumacetat enthält, sogenanntes „Aluminonpapier" her. Auf dasselbe wird 1 Tropfen der Probelösung gebracht, dann einige Minuten über konzentriertes Ammoniak gehalten und darauf das Papier getrocknet. Nach 1 Std. ist, auch bei sehr kleinen Aluminiummengen, dasselbe an der viel tiefer roten Farbe des Tüpfelfleckes zu erkennen.

Bemerkungen. MIDDLETON, COREY, ROGERS sowie YOE zeigten, daß Chrom, Gallium, Indium, Thallium, Molybdän, Wolfram, Vanadium, Niob, Tantal und Beryllium ähnliche Farblacke geben, welche aber, mit Ausnahme des Chrom- und Berylliumlackes von Ammoniak oder Ammoncarbonatlösung gelöst und entfärbt werden (vgl. YOE und HILL). Nach SCHERRER und MOGERMAN stören ferner Eisen, Kobalt, Nickel und Zink, die vorher elektrolytisch entfernt werden können. Auch Magnesium stört. Salpetersäure, Sulfite, Sulfide und Fluoride müssen vorher durch Abrauchen mit konzentrierter Schwefelsäure entfernt werden. Zirkon stört nicht und wird daher zur Abtrennung des Berylliums und Magnesiums verwendet. Um ersteres zu entfernen, wird Zirkonlösung und 8-Oxychinolin zugefügt. Der Zirkonniederschlag reißt dann das Aluminium mit. Die Trennung vom Magnesium gelingt durch zweimalige Fällung mit Ammoniak unter Zugabe von Zirkonlösung. Auch hier wird das Aluminium von dem Zirkonniederschlag mitgerissen.

Nach HAMMETT und SOTTERY beträgt die Empfindlichkeit 0,027 mg Al/cm^3. Durch Vergleich mit einer Standardlösung kann bei p_H = 4,5 bis 5,5 der Aluminiumnachweis auch quantitativ geführt werden.

Über die Anwendung dieser Reaktion zum Aluminiumnachweis in organischen Substanzen und Nahrungsmitteln siehe bei COX, SCHWARTZE, HANN und UNANGST.

Darstellung von aurintricarbonsaurem Ammonium. Nach SCHERRER und SMITH gibt man zu 44 cm^3 Schwefelsäure (D = 1,84) nach und nach unter Kühlung 12 g Natriumnitrit und darauf unter dauerndem Rühren 12 g Salicylsäure, kühlt auf 3° herunter und fügt 3,5 cm^3 37%igen Formaldehyd hinzu. Nach längerem Stehen wird die Lösung in 2 Liter Wasser eingegossen und darauf der ausgeschiedene Niederschlag abfiltriert. Derselbe wird nach dem Auswaschen in Ammoniak gelöst und die Lösung am Wasserbade zur Trockne eingedampft.

7. Nachweis mit Eriochromcyanin R. Mit Eriochromcyanin R in alkalischer Lösung entsteht mit Aluminium-Ionen eine Blauviolettfärbung, die auf Zusatz von Essigsäure zunächst nach Gelb und dann nach Violettrosa umschlägt. Nach EEGRIWE ist diese Reaktion zum Nachweis von Aluminium neben Eisen besonders geeignet (vgl. GEAKE; ALTEN und Mitarbeiter; GINSBERG; MILLNER; MILLNER und KÚNOS).

Die **Erfassungsgrenze** beträgt 0,5 γ Al, die **Grenzkonzentration** ist 1:200000.

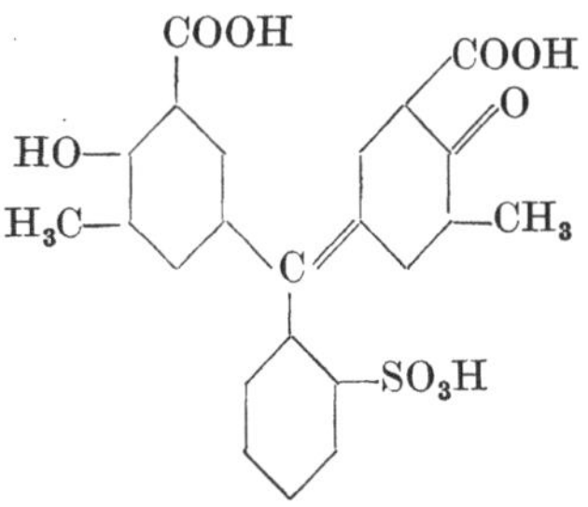

Eriochromcyanin R

Neben folgenden Stoffen ist noch 1 γ Aluminium nachweisbar: Silber, Blei, Quecksilber, Wismut, Cadmium, Antimon(III), Zinn(IV), seltenen Erden, Thorium, Wolframsäure, Molybdänsäure, Uranyl, Titan und Zirkonium, den Erdalkalien, den Alkalien, Thallium und Ammonium. Gestört wird der Nachweis durch Kupfer, Vanadium und Thallium(III).

Neben Beryllium kann man das Aluminium wie folgt nachweisen: Der Zusatz von 2 n-Essigsäure erfolgt tropfenweise zur erwärmten alkalischen Lösung. Nach dem Abkühlen vergleicht man die Färbung einer Lösung, die nur Beryllium enthält, mit einer solchen, die daneben auch Aluminium enthält. Die Erfassungsgrenze beträgt 1 γ Al neben der 500fachen Menge von Beryllium.

Der Nachweis des Aluminiums gelingt weiter neben der 100fachen Menge folgender Anionen: Sulfat, Sulfit, Thiosulfat, Sulfid, Rhodanid, Nitrit, Nitrat, Borat, Carbonat, Chlorid, Bromid, Jodid, Chlorat, Bromat, Arsenat, Ferrocyanid. Besonders behindert bzw. gestört wird der Nachweis durch Phosphat, Oxalat, Fluorid, Tartrat, Silicat, Fluoroborat, Fluorosilicat, Ferricyanid und Chromat.

Gallium und Indium geben eine ähnliche Reaktion.

Wird die Reaktion, wie beim Nachweis des Aluminiums, nicht sofort beobachtet, sondern erst nach einiger Zeit, dann kann auch Chrom(III) zugegen sein.

8. Weitere Nachweisverfahren. Ergänzend wird nachfolgend eine Reihe von Nachweisverfahren angeführt, die gelegentlich Verwendung finden, aber eigentlich für den Aluminiumnachweis nicht besonders charakteristisch sind.

a) Goldsol. Dasselbe gibt mit Aluminium-Ionen eine gelbbraune Fällung (FONTANA).

b) Benzopurpurinpapier liefert nach KOČSIS einen lebhaft rötlichbraunen Fleck.

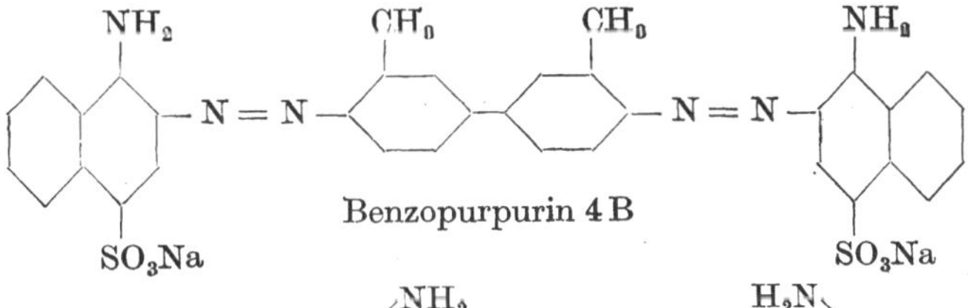

Benzopurpurin 4 B

c) Kongorotpapier gibt nach BEHRENS und KLEY einen blutroten, wasserbeständigen Lack.

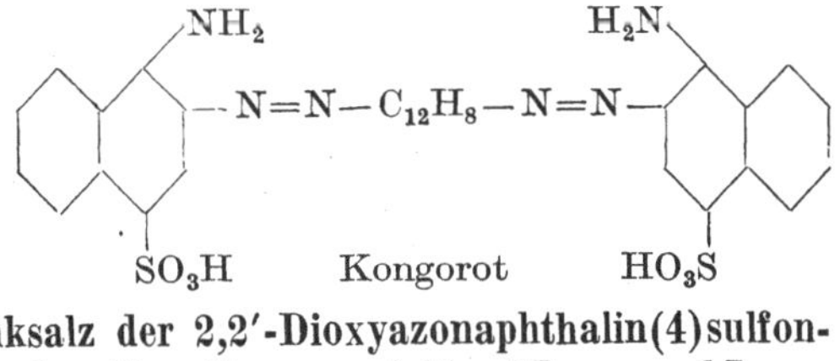

Kongorot

d) Pontachrome Blue Black R. [Zinksalz der 2,2'-Dioxyazonaphthalin(4)sulfonsäure.] Zum Nachweis des Aluminiums neben Beryllium empfehlen WHITE und LOWE Pontachrome Blue Black R. Dasselbe gibt mit Aluminium-Ionen eine, bei Bestrahlung mit Ultraviolettlicht erscheinende, orangerote Fluorescenz. Es soll sich damit noch 1 Teil Aluminium in 5 Millionen Teilen Wasser erkennen lassen.

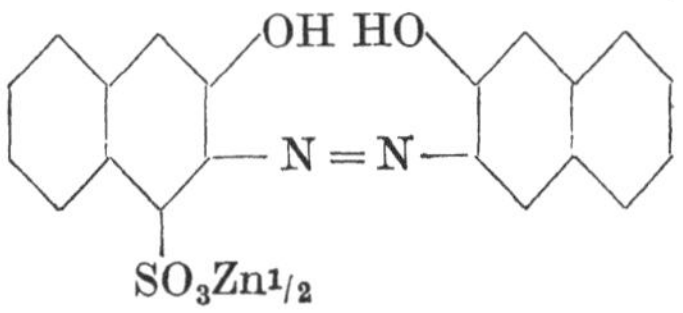

Pontachrome Blue Black R

Ausführung. Die alkoholische Lösung des Farbstoffes wird mit Essigsäure angesäuert und mit 0,5 cm^3 der Probe versetzt. Bei Verdünnungen bis zu 1:100000 ist die Fluorescenz bei Bestrahlung mit UV-Licht sofort zu erkennen, bei verdünnteren Lösungen erst nach einiger Zeit.

Bemerkungen. Keinen störenden Einfluß üben aus: Silber, Quecksilber, Blei, Cadmium, Arsen(III), Wismut, Antimon(III), Zinn(IV), Zink, Gallium, die seltenen Erden, Indium, die Erdalkalien, Alkalien, Thallium, Chlorid, Nitrat, Sulfat, Phosphat und Tartrat. Gefärbte Ionen, wie jene des Kupfers, Chroms, Eisens, Kobalts und Nickels müssen vorher durch Fällen mit Natronlauge entfernt werden. Fluoride werden durch Fällung mit Calciumchlorid, Chromate durch Reduktion unschädlich gemacht.

e) Alkannatinktur soll nach Estill und Nugent in ammoniakalischer Lösung einen purpurroten Farblack geben, der in Säuren löslich ist. **Erfassungsgrenze:** 5 γ Al. Zufolge Dubský und Wagner soll Alkannin in 0,05%iger Lösung mit Aluminium-Ionen bei Gegenwart von Ammoniak einen violetten Niederschlag bilden.

OH O / OH O

Naphthazarin

f) Naphthazarin gibt nach Dubský und Wagner in 0,03%iger Lösung mit Aluminiumsalzen auf Zusatz von Ammoniak einen violetten Niederschlag. Mit Magnesiumsalzen ohne Ammoniak ist derselbe kornblumenblau gefärbt. Es sollen sich noch 50 γ Aluminium neben der 50fachen Menge an Zink erfassen lassen.

CO, NH_2, —COOK, CO

(1)Aminoanthrachinon(2)-carbonsaures Kalium

g) Mit (1) Aminoanthrachinon (2) carbonsaurem Kalium entsteht nach Dubský und Hrdlička ein rotvioletter Niederschlag. Die **Erfassungsgrenze** soll 9 γ Al in 3 cm^3 betragen.

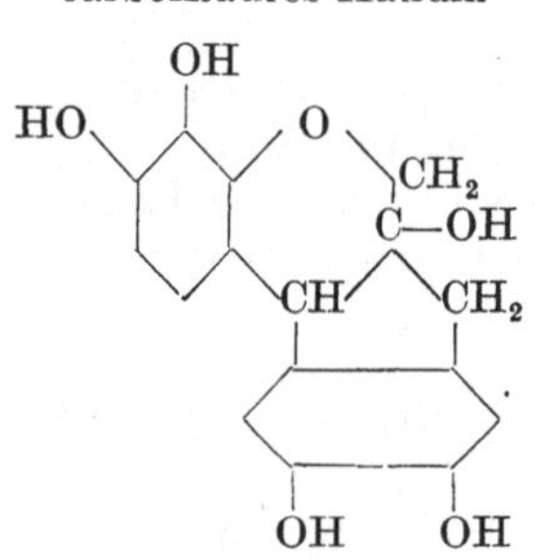

Hämatoxylin

h) Blauholztinktur gibt nach Lemberg mit Aluminium-Ionen eine Violettfärbung. Hatfield hat für den Nachweis und die Bestimmung von Aluminium in Wässern eine Methode mit **Hämatoxylin** ausgearbeitet. Den störenden Einfluß von Eisen vermeidet dabei Naumann durch Zusatz von Kaliumcyanid (vgl. Ginsberg sowie Gad).

i) Auszüge von Pernambukholz sollen nach Canaval sowie Emich gleichfalls charakteristische Farblacke geben.

k) Auszüge von Rhamnusbeeren bzw. Tagetesblättern weisen zufolge Potapow eine außerordentliche Empfindlichkeit gegenüber Aluminium-Ionen auf. Bei Verwendung der ersteren entsteht eine gelbe Fällung, während mit Tagetesblätterauszügen der Niederschlag blau ist. Grenzverhältnis 1:1000000.

NHC_6H_5 — CS — NHC_6H_5

Diphenylthioharnstoff

l) Diphenylthioharnstoff. Eine 5%ige alkoholische Lösung desselben gibt mit Aluminiumsalzen einen grünlichweißen, in Säuren unlöslichen Niederschlag, der mit Alkalien zunächst weiß wird und sich dann orangegelb färbt. Mit Essigsäure soll derselbe rot und schließlich violett werden (Pozzi-Escot).

$(H_3C)_2N—C_6H_4—N=N—C_6H_4—SO_3H$

Dimethylaminoazobenzolsulfosäure

m) Dimethylaminoazobenzolsulfosäure. Gibt nach Pozzi-Escot mit Aluminium-Ionen kleine prismatische Krystalle in Stäbchenform von schwarzvioletter Farbe.

Literatur.

Alten, F., H. Weiland u. E. Knippenberg: Fr. **96**, 91 (1934). — Alten, F. P., Wandrowski u. E. Hille: Angew. Ch. **48**, 273 (1935). — Aluminiumzentrale Berlin: Chemische Analysenmethoden (Schiedsanalysen) für Aluminium und Aluminiumlegierungen **1938**, 27 u. 69. — D'Ans, J.: Chem. techn. Untersuchungsmethoden Ergänzgsbd. I. Teil,

S. 7 und II. Teil, S. 406 u. 468. — ARDAGH, E. G. R. u. Mitarbeiter: Fr. **66**, 287 (1925). — ARNOLD, R.: Chem. Listy **25**, 76 (1933); C. **1933 I**, 2846. — ATACK, F. W.: J. Soc. chem. Ind. **34**, 986 (1915); C. **1916 I**, 176. — ATO, S.: Sci. Pap. Inst. Tôkyô **14**, 287 (1930); C. **1931 I**, 1484. — AUSTIN, G. J.: Analyst **65**, 335 (1940). — AZZARELLO, E., A. ACCARDO u. F. ABRAMO: Aluminium-Nonferrous Rev. **2**, 210 (1937); C. **1937 II**, 3783.

BALZ, G. W.: Vortrag Jena 29. 9. 1938. — BEHRENS, H.: Fr. **30**, 159 (1891). — BEHRENS, H. u. P. D. C. KLEY: Mikrochem. Analyse, I. Teil, Leipzig 1921, S. 80 u. 160. — BERG, R.: Pharm. Z. **74**, 1364 (1929). — BÖTTGER, W.: Qualitative Analyse, Leipzig 1925, S. 441 u. f. — BRECKPOT, R.: (a) Natuurwetensch. Tijdschr. **16**, 139 (1934).

CANAVAL, R.: Z. geolog. Ges. **18**, 460 (1910). — CANAVAL, R. u. F. EMICH in F. EMICH: Lehrbuch der Mikrochemie, München 1926, S. 165. — CHARLOT, G.: Bl. (5) **4**, 676, 1235, 1247 (1937). — CHARMANDARJAN, M. O.: Fr. **79**, 90 (1930). — Chemisch-technische Untersuchungsmethoden 8. Aufl., II. Teil, S. 1037. — CHIODI, O. R.: Rev. Fac. Cienc. quim. (La Plata) **12**, 117 (1937); C. **1939 I**, 3422. — CLENNELL, J. E.: Ind. Metals **28**, 253 (1922). — CONGDON, L. A. u. J. A. CARTER: Chem. N. **128**, 98 (1924). — COREY, R. B. u. H. W. ROGERS: Am. Soc. **49**, 216 (1927). — COX, G. J., E. W. SCHWARTZE, R. M. HANN u. R. B. UNANGST: Ind. eng. Chem. **24**, 403 (1932). — CURTIUS, TH. u. A. DARAPSKY: J. pr. (2): **61**, 408 (1900). — CURTMAN, L. J. u. H. DUBIN: Am. Soc. **34**, 1485 (1912). — CUSHMAN, A. R.: Am. Soc. **19**, 606 (1897). — CUVELIER, B. V. J.: Natuurwetensch. Tijdschr. **14**, 41 (1932).

DUBSKÝ, J. V. u. M. HRDLIČKA: Mikrochem. **22**, 116 (1937). — DUBSKÝ, J. V. u. E. WAGNER: Mikrochem. **17**, 186 (1935).

EEGRIWE, E.: Fr. **76**, 440 u. 438 (1929); **108**, 268 (1937). — EICHLER, H.: Fr. **96**, 22 u. 98 (1934). — EMICH, F.: Mikrochem. Prakt., 2. Aufl., München 1931, S. 91. — ESTILL, H. W. u. R. L. NUGENT: Am. Soc. **48**, 168 (1926).

FEIGL, F., Qualitative Analyse mit Hilfe von Tüpfelreaktionen, 2. Aufl., Leipzig 1935 (a) S. 238, (b) S. 240. — FEIGL, F. u. G. KRAUSS: B. **58**, 398 (1925). — FEIGL, F. u. R. STERN: Fr. **60**, 9 (1921). — FEUSSNER, O.: Arch. Eisenhüttenw. **6**, 551 (1932/33). — FISCHER, W., W. DIETZ, K. BRÜNGER u. H. GRIENEISEN: Angew. Ch. **49**, 719 (1936). — FISCHER, W. u. W. SEIDEL: Z. anorg. Ch. **247**, 358 (1941). — FONTANA, C. G.: Atti Accad. Lincei Roma Rend. (6) **6**, 232 (1927). — FORMANEK, J.: Fr. **39**, 416, 425 u. 428 (1900). — FOX, J.: J. Oil Colour Chemists' Assoc. **12**, 38 (1929); C. **1929 I**, 2904.

GAD, G.: Kl. Mitteil. Ver. Wasser, Boden, Lufthyg. **15**, 126 (1939). — GAD, G. u. K. NAUMANN: Gas- und Wasserfach **80**, 58 (1937) u. **81**, 164 (1938). — GASPAR Y ARNAL, T.: An. Españ. **32**, 868 (1934); C. **1935 I**, 2051. — GATTERER, A. u. G. JUNKES: Spec. Astron. Vaticana, Com. 6, 1938. — GAZZI, V.: Ann. Chim. applic. **24**, 226 (1934). — GEAKE, A. J.: Textile Ind. Trans. **23**, 290 (1932). — GENILL, RR., R. BRAKETT u. C. R. MC CROSKY: Am. Soc. **51**, 1165 (1929). — GERLACH, WA.: Sitzungsber. Bayr. Akad. Wiss. **1933**, 227; C. **1934 I**, 2793. — GERLACH, WA. u. E. RIEDL: Chemische Emissionsspektralanalyse, III. Teil, 1942, S. 25. — GERLACH, WA. u. WE. GERLACH: Chemische Emissionsspektralanalyse, Bd. II, Leipzig 1933, S. 113, 165, 175, 179 u. 181. — GILMORE, R.: Chem. N. **113**, 1 u. 13 (1916). — GINSBERG, H.: Angew. Ch. **51**, 663 u. 665 (1936). — GOPPELSROEDER, F.: Fr. **7**, 195 (1868). — GROTHE, H.: J. pr. (1) **92**, 177 (1864). — GROVES, R. C.: J. agric. sci. **23**, 519 (1933); C. **1934 I**, 1868.

HAHN, L.: Mikrochem. **11**, 33 (1932). — HAMMETT, L. P. u. C. T. SOTTERY: Am. Soc. **47**, 142 (1925). — HANOFSKY, K. u. T. ARTMANN: Kurze Anleitung der qualitativen Analyse nach dem Schwefelnatriumgang, Wien 1910. — HATFIELD, W. D.: Ind. eng. Chem. **16**, 233 (1924). — HELLER, K. u. P. KRUMHOLZ: Mikrochem. **7**, 221 (1929). — HERZFELD, E.: Fr. **115**, 131 (1938). — HILLER, H.: Angew. Ch. **37**, 255 (1924). — HOLZMÜLLER, W.: Fr. **115**, 85 (1938).

ITO, T.: Z. anorg. Ch. **170**, 99 (1928).

JANDER, W.: Lehrbuch für das anorg. chem. Praktikum, Leipzig 1939, S. 201.

KERSHNER, K. u. R. D. DUFF: J. chem. Educ. **9**, 1271 (1932). — KLING, A. u. A. LASSIEUR: C. r. **178**, 1551 (1924). — KOČSIS, E. A.: Mikrochem. **27**, 180 (1939). — KOLTHOFF, I. M.: Chem. Weekbl. **24**, 667 (1927). — KOLTHOFF, I. M., V. A. STENGER u. B. MOSKOWITZ: Am. Soc. **56**, 812 (1934). — KORENMAN, I. M.: J. Chim. appl. (russ). **13**, 1722 (1940); C. **1941 I**, 3264. — KRAEMER, W.: Fr. **97**, 89 (1934); **97**, 402 (1934); **98**, 240 (1934). — KRAMER, G.: Fr. **111**, 169 (1937/38). — KRATZMANN, C.: Pharmac. Post **47**, 101 u. 109 (1914).

LAMPITT, L. H. u. N. D. SILVESTER: Analyst **57**, 418 (1932). — LARSEN, L. M.: Ind. eng. Chem. Anal. Edit. **2**, 416 (1930). — LEHRMAN, L., E. A. KABAT u. H. WEISBERG: Am. Soc. **55**, 3509 (1933). — LEHRMAN, L. u. J. KRAMER: Am. Soc. **56**, 2648 (1934). — LEHRMAN, L., H. WEISBERG u. E. A. KABAT: Am. Soc. **56**, 1836 (1934). — LEMBERG, J.: Z. geolog. Ges. **52**, 488 (1900). — LEPEL, F. v.: B. **9**, 1845 (1876). — LIEBER, R.: Qualitative Analyse nach dem Schwefelnatriumgang, Wien 1933. — LINDEMANN, R.: Diss. Techn. Hochschule Berlin 1935 u. Z. Phys. **95**, 6 (1935). — LUNDEGÅRDH: H.: Die quantitative Spektralanalyse der Elemente, Jena 1934. — LOHRER, W.: Fr. **124**, 1 (1942).

MALAPRADE, L.: Congr. Chim. Ind. Nancy 18, I, 115 (1938); C. 1939 II, 4036. – MALJAROFF, K. L.: Mikrochem. 6, 92 (1928). – MIDDLETON, A. R.: Am. Soc. 48, 2125 (1926). – MIGLIACCI, D. u. C. CRAPETTA: Ann. Chim. applic. 17, 66 (1927). – MILLNER, T.: Fr. 113, 83, 102 u. 96 (1938). – MILLNER, T. u. F. KÚNOS: Fr. 92, 253 (1933). – MITCHELL, R. L. u. I. M. ROBERTSON: J. Soc. chem. Ind. 55, 269 (1936). – MOSER, L. u. M. NIESSNER: M. 48, 113 (1927). – MOSER, L. u. J. STERN: M. 48, 673 (1927). – MUSSAKIN, A. P.: Fr. 105, 351 (1936).

NAUMANN, E. u. K.: Ch. Z. 57, 315 (1933). – NEUMANN, G.: M. 15, 53 (1894). – NOYES, A. A. u. W. C. BRAY: A System of qualitative Analysis, New York 1927. – NOYES, A. A., W. C. BRAY u. E. D. SPEAR: Am. Soc. 30, 482 u. 544 (1908).

ÖHMAN, V.: Tekn. Tidskr. 71, Nr. 28, Kemi 56 (1941); C. 1942 I, 912. — OKÁČ, A.: Coll. Trav. Chim. Tchécosl. 10, 177 (1938); C. 1938 II, 1999. – OSTROUMOW, E. A.: Seltene Metalle (russ.) 2, Nr. 5, 25 (1933); C. 1934 I, 2796. – OTTO, C.: Am. Soc. 48, 1604 (1926).

PANGANIBAN, E. H. u. F. A. SOLIVEN: Am. Soc. 50, 2427 (1928). – PARRI, W.: Giorn. Farm. Chim. 73, 212 (1924). – PASSER, M. u. G. LEOPOLDI: Metallwirtschaft 19, 651 (1940). — PFEILSTICKER, K.: Z. El. Ch. 43, 719 (1937). – POTAPOW, A. I.: C. R. Acad. URSS. 1, 589 (1934); C. 1935 I, 2717. – POZZI-ESCOT, M. E.: Bl. (4) 9, 26 (1911). – PRAETORIUS, P.: Festgabe für HANS GOLDSCHMIDT bei O. Neuss, Leipzig 1921, S. 55. — PRIDEAUX, E. B. R. u. J. R. HENNESS: Analyst 65, 83 (1940).

RATHGEN, F.: Fr. 53, 33 (1924). – RAŶ, P. u. K. K. CHATTOPADHŶA: Z. anorg. Ch. 169, 99 (1928). – REINISCH, H.: B. 14, 2327 (1881). – RIVAS, A.: Angew. Ch. 50, 903 (1937). – ROBIN, F.: Rev. Met. 7, 903 (1910). – RÖLL, J.: Fr. 74, 342 (1928). – ROY-MOTT, W.: Trans. Am. elektrochem. Soc. 37, 674 u. 687 (1920).

SACHARJEWSKI, W. A.: Betriebslab. 8, 33 (1939); C. 1940 II, 2928. – SCHANTL, E.: Mikrochem. 2, 174 (1924). – SCHEINKMANN, A. J.: Betriebslab. 4, 425 (1935); C. 1936 II, 509. – SCHERRER, J. A. u. W. D. MOGERMAN: J. Res. nat. Bur. Standards 21, 105 u. 113 (1938); C. 1938 II, 3279. – SCHERRER, J. A. u. W. H. SMITH: J. Res. nat. Bur. Standards 21, 113 (1938); C. 1938 II, 3279. — SCHIRM: Ch. Z. 33, 877 (1909). — SCHLIESSMANN, O.: (a) Arch. Eisenhüttenw. 8, 159 (1934); (b) Techn. Mitt. Krupp 3, 235 (1940). – SCHMITZ-DUMONT, O.: Metallwirtschaft 7, 281 (1928). – SCHOORL, N.: Fr. 48, 215 (1909); 50, 266 (1910). – SCOULAR, FL. I.: J. Nutrit 17, 393 (1939). – SEYEWETZ u. G. CHICANDARD: Bl. (3) 13, 15 (1895). – SHUKOWSKAJA, S. S. u. S. T. BALJUK: Betriebslab. 4, 397 (1935); C. 1936 II, 343. – SIEMENS u. HALSKE A.-G.: Amer. P. 2,058,178; C. 1937 I, 964. – SMITH, ST.: Analyst 64, 577 (1940); International Tin Res. Development Council. Techn. Publ. Ser. A. 46, 3. – STAPLES, L. W.: J. amer. Mineralogist 21, 613 (1936); C. 1937 I, 1210. – STIASNY, E.: Collegium 1908, 348 u. 357. – STOCK, A.: B. 33, 548 (1900); Fr. 40, 480 (1901). – STOCK, A., P. PRAETORIUS u. O. PRIESS: B. 58, 1578 (1925). – STRENG, A. N.: Jb. Mineral. 1885, 21; B. 18, 86 (1885). – STRIGANOW, A. R.: Betriebslab. 6, 1088 (1937); C. 1939 I, 193. – STSCHIGOL, M. B. u. N. DOUBINSKI: Ann. Chim. applic. (3) 18, 257 (1936).

TANANAJEW, N. A. u. ROMANJUK: Chem. J., Ser. B., J. angew. Ch. (russ.) 10, 1624 (1937); C. 1938 II, 1643. – TOWER, O. F.: Am. Soc. 32, 953 (1910). – THRUN, W. C.: J. Chem. Education 14, 281 (1937); C. 1937 II, 2040. – TSWETT, M.: Ph. Ch. 36, 450 (1901). – TWYMAN: Wawelength tables for spektrum analysis, A. Hilger London 1931.

VESTNER: Diss. München 1909, S. 37. – VOGEL, H. W.: B. 8, 1539 (1875); 9, 1641 (1876); 10, 157 u. 374 (1877); Fr. 17, 89 (1878). – VOGEL, O.: Z. anorg. Ch. 5, 52 (1894).

WAGENAAR: Pharm. Weekbl. 50, 278 (1913). – WARD, T. J.: Analyst 58, 28 (1933). – WASSILJEW, K. A. u. B. A. FAKTOROWITSCH: Light Metals (russ.) 5, Nr. 2, 1 (1936); C. 1937 II, 1052. – WENGER, P. u. J. WUHRMANN: Ann. Chim. anal. (2) 8, 337 (1919). – WHERRY, E. O.: Smithosiam Inst. U. S. nat. Museum 65, Nr. 5, 1 (1915); C. 1915 II, 1445. – WHITE, C. E. u. C. S. LOWE: Ind. eng. Chem. Analyt. Edit. 9, 430 (1937). – WHITMORE, W. F. u. F. SCHNEIDER: Ind. eng. Chem. Analyt. Edit. 2, 173 (1930). – WRIGHT, T. A.: Metals and alloys 6, 229, 289 (1935).

YAGODA, H. u. H. M. PARTRIDGE: Am. Soc. 52, 3579 (1930). – YOE, J. M.: Am. Soc. 54, 1022 (1932). – YOE, J. M. u. W. L. HILL: Am. Soc. 49, 2395 (1927).

ZIJP VAN, C.: Pharm. Weekbl. 58, 694 (1921); 72, 714 (1935).

Gallium.

Ga, Atomgewicht 69,72; Ordnungszahl 31.

Von **FRIEDRICH WEIBKE**, Stuttgart.

Inhaltsübersicht.

Gallium.

Ga, Atomgewicht 69,72; Ordnungszahl 31.

In der Natur findet sich das Gallium einerseits als steter Begleiter des Aluminiums getarnt in dessen Gesteinen, da die beiden Metalle krystallchemisch nahe verwandt sind. Mengenmäßig ist dieses Vorkommen indessen von untergeordneter Bedeutung, da der Gehalt der Aluminiumminerallen an Gallium nur selten ein Atomverhältnis Ga:Al von 1:4000 übersteigt. Im technisch dargestellten Aluminium ist das Gallium angereichert, gelegentlich bis auf einige hundertstel Prozent. Neben dieser lithophilen Verbreitung findet sich Gallium chalkophil hauptsächlich in Zinkblende und einigen anderen sulfidischen Mineralien. Das galliumreichste Mineral ist der fahlerzartige Germanit mit bis zu 1,85% Ga, der früher fast ausschließlich zur Gewinnung des Metalles diente. Heute isoliert man es nach FEIT aus Nebenprodukten bei der Verarbeitung von Mansfelder Kupferschiefer. Eigene Galliummineralien existieren nicht, sofern man den Germanit nicht als solches ansehen will. Die Massenhäufigkeit des Galliums in der Erdrinde wird von I. und W. NODDACK mit $5 \cdot 10^{-6}$ angegeben.

Gemäß seiner Stellung im periodischen System der Elemente ist für das Gallium die Dreiwertigkeit die Hauptstufe, sie wird sogar in wäßriger Lösung ausschließlich gebildet und kommt demzufolge auch nur für die Nachweisreaktionen in Betracht. Wie das Aluminiumhydroxyd neigt auch das Galliumhydroxyd sehr zur Bildung von Farblacken mit organischen Reagenzien. Wenn auch Gallium aus saurer Lösung allein durch Schwefelwasserstoff nicht gefällt wird, so kann in Gegenwart anderer Elemente, vor allem von Zink, Silber, Kupfer, Mangan, Eisen oder Arsen, aus schwach saurer Lösung mit diesem Reagens vollständige Abscheidung eintreten (vgl. u. a. HILLEBRAND und LUNDELL). Im übrigen überwiegt aber die Ähnlichkeit des Galliums mit dem Aluminium. So zeigen die Salze des Galliums beim Kochen mit Wasser Neigung zur hydrolytischen Spaltung. Mit Carbonaten und Ammoniumsulfid wird aus Galliumsalzlösungen das Hydroxyd ausgefällt, zum mindesten beim Erwärmen.

Im Gange der chemischen Analyse findet sich das Gallium in der Ammoniakgruppe; auf die Möglichkeit des Mitreißens durch Schwefelwasserstoff bei Gegenwart bestimmter hiermit fällbarer Elemente wurde bereits hingewiesen. Von Indium, Eisen, Titan und ähnlichen Elementen kann es durch deren Fällung mit Natronlauge abgetrennt werden. Gallium läßt sich nach CROOKES durch Fällung mit Kupfer(II)-hydroxyd von zahlreichen Elementen (Pb, Cd, Co, Ni, Mn, Zn, Fe, Tl, Be, U, seltene Erden) trennen. Besondere Bedeutung kommt der Fällung des Galliums mit Kaliumferrocyanid zu, die in schwach salzsaurer Lösung dessen Abtrennung von Aluminium, Chrom, Mangan, Cadmium, Quecksilber, Blei, Wismut und Thallium ermöglicht, nicht dagegen von Zink, Zirkonium und Indium. Von Aluminium, Indium und Beryllium läßt sich Gallium auch leicht durch Ausäthern der salzsauren (6 n) Lösung isolieren (HILLEBRAND und LUNDELL; SWIFT).

Nachweismethoden.

§ 1. Nachweis auf spektralanalytischem Wege.

Allgemeines.

Da ein spezifisches Reagens auf Gallium nicht bekannt ist, läßt sich das Element am sichersten auf spektralanalytischem Wege nachweisen. Hinzu kommt, daß Gallium sich leicht anregen läßt und ein klares Spektrum liefert; der Nachweis kann in der Flamme, im Bogen und im Funken geführt werden. Die Hauptnachweislinien haben die Wellenlängen 4172,1 Å, 4033,0 Å, 2943,7 Å und 2874,2 Å und sind sämtlich Atomlinien.

Nach EINECKE rührt die fahl-violette Färbung der entleuchteten Bunsenflamme durch flüchtige Galliumverbindungen von der Linie $\lambda = 4172{,}1$ Å her, während die Intensivierung der Färbung in der Wasserstoff-Flamme, besonders nach deren Beladung mit Chlorwasserstoff dem zusätzlichen Auftreten der Linie $\lambda = 4033{,}0$ Å zuzuschreiben ist. Für den Nachweis des Galliums durch visuelle Beobachtung des Spektrums kommen nur diese beiden Linien in Betracht.

Eine Verwechslung mit den Linien anderer Elemente ist bei den üblicherweise in Frage kommenden Analysen hauptsächlich bei Gegenwart von Mangan zu erwarten, da die Linie $\lambda = 4033{,}0$ Å des Galliums von dem Mangantriplett $\lambda = 4034{,}6$ Å; $\lambda = 4033{,}1$ Å; $\lambda = 4030{,}8$ Å verdeckt wird (DE GRAMONT; GERLACH und RIEDL). Bei einiger Übung ist aber trotz Anwesenheit von Mn eine Analyse auf Ga mit 4033 möglich. Wenn nämlich 4033 die stärkste Linie des Tripletts ($4034{,}5 < 4033 < 4031$) ist, so muß diese Linie durch Ga verstärkt sein. GERLACH und RIEDL (a) haben alle überhaupt denkbaren Störmöglichkeiten geprüft und tabellarisch zusammengestellt.

Brauchbare Analysenlinien sowie Koinzidenzen. Nach GERLACH und RIEDL (a) sind die Analysen- bzw. Hauptnachweislinien des Galliums im Bogen: $\lambda = 4172{,}1$ Å; $\lambda = 4033{,}0$ Å; $\lambda = 2943{,}7$ Å; $\lambda = 2874{,}2$ Å. Bei Verwendung eines Quarzspektrographen nimmt die Intensität dieser Linien in der genannten Reihenfolge, also mit fallender Wellenlänge, ab.

Koinzidenzen sind zu erwarten (GERLACH und RIEDL) bei $\lambda = 4172{,}1$ Å mit Linien von Gold (besonders im Funken), Chrom, Eisen, Iridium, Mangan, Silicium (besonders im Bogen), Titan und Vanadin sowie bei kleiner Dispersion des Spektrographen mit Linien von Osmium, Palladium, Rhodium und Wolfram; auch schwächere Linien von Kobalt, Molybdän, Ruthenium, Scandium und eine Bande können bei kleiner Dispersion des Spektrographen Koinzidenz verursachen. Das Auftreten der Osmiumlinie $\lambda = 4172{,}6$ Å kann zu einer Linienverbreiterung führen. Weiterhin ist auf die Möglichkeit einer Verwechslung mit einer starken Störungslinie des Osmiums $\lambda = 4173{,}2$ Å zu achten.

Bei $\lambda = 4033{,}0$ Å mit Linien von Kobalt, Chrom, Eisen, Osmium, Antimon und mit schwächeren Linien von Indium (diffus), Molybdän, Ruthenium und Vanadin. Bei kleiner Dispersion des Spektrographen kommen auch noch die Linien von Iridium, Molybdän, Rhodium, Ruthenium, Strontium, sowie schwächere von Titan und Wolfram in Betracht. Als Störungslinien können vor allem die Linien des Mangantripletts $\lambda = 4034{,}5$, $4033{,}1$ und $4030{,}8$ Å sowie die Iridiumlinie $\lambda = 4033{,}8$ Å und die Vanadinlinie $\lambda = 4035{,}6$ Å auftreten.

Bei $\lambda = 2943{,}7$ Å mit Linien von Wismut, Magnesium, Kobalt, Iridium, Nickel und Ruthenium sowie sehr schwachen Linien von Chrom und Eisen. Im Funken verursacht Mangan starken Untergrund. Folgende Störungslinien sind zu beachten: Eisen $\lambda = 2944{,}4$ und $2941{,}3$ Å, Iridium $\lambda = 2943{,}2$ Å, Ruthenium $\lambda = 2945{,}7$ Å, Titan $\lambda = 2942{,}0$ Å, Vanadin $\lambda = 2944{,}6$ und $2941{,}4$ Å, Wolfram $\lambda = 2947{,}0$ und $2944{,}4$ Å.

Bei $\lambda = 2874{,}2$ Å mit Linien von Silber, Blei, Eisen, Rhodium und Ruthenium sowie mit einer schwachen Linie von Kupfer (besonders im Bogen) und einer sehr schwachen Linie von Titan (besonders im Funken) und Vanadin. Starke Störungslinien sind: Eine der stärksten Linien von Antimon $\lambda = 2877{,}9$ Å, ferner Chrom $\lambda = 2876{,}0$ Å, Eisen $\lambda = 2874{,}2$ Å, Iridium $\lambda = 2877{,}7$ und $2876{,}0$ Å, Molybdän $\lambda = 2871{,}5$ Å, Blei $\lambda = 2873{,}3$ Å, Ruthenium $\lambda = 2875{,}0$ Å und Titan $\lambda = 2877{,}4$ Å.

Nachweisverfahren.

1. Nachweis in Lösungen. Zum Nachweis des Galliums in Lösungen eignet sich besonders die Flamme; am bequemsten ist die Anwendung in der von LUNDEGÅRDH oder WAIBEL ausgearbeiteten Form, bei der die zu untersuchende Lösung in eine

Acetylen-Luft-Flamme gestäubt wird. DE GRAMONT verwendet die Acetylen-Sauerstoff-Flamme, HARTLEY und RAMAGE (a) benutzen eine Wasserstoff-Sauerstoff-Flamme, in der sie die in Filtrierpapier aufgesaugte Lösung verbrennen. Die Temperatur des Bunsenbrenners reicht zur Anregung des Galliums für dessen spektroskopischen Nachweis nur bei flüchtigen Verbindungen aus.

Nach HARTLEY und MOSS sind zum Hervorrufen der violetten Galliumlinien in der Knallgas-Flamme mindestens 0,01 mg Ga notwendig. Genauere Angaben über die Empfindlichkeitsgrenzen beim spektralanalytischen Nachweis des Galliums in der Flamme fehlen. LUNDEGÅRDH gibt für die von ihm verwendete Arbeitsweise die Linien $\lambda = 4172{,}1$ Å und $\lambda = 4033{,}0$ Å als „stark" und den Nachweis als „empfindlich" an.

Neben der Methode des Einblasens der Lösung in die Flamme hat LUNDEGÅRDH die Analyse im Tauchfunken vorgenommen, bei der Kohleelektroden periodisch in eine Lösung aus dem zu untersuchenden Material eingetaucht und während des Funkenüberganges herausgezogen werden. Für die Erfassung des Galliums kommen hierbei die Linien $\lambda = 4033{,}0$, 2944,2, 2943,6, 2874,2, 2780,2, 2719,7, 2659,9, 2500,2 und 2450,1 Å in Betracht, von denen die ersten vier die empfindlichsten sind.

SCHLEICHER bevorzugt gegenüber dem unmittelbaren Nachweis des Galliums im Flammenspektrum seiner Lösungen dessen vorherige kathodische Abscheidung an Kupfer oder Kohle, die sodann im Abreißbogen geprüft wird.

Sehr empfindlich wird der Nachweis, wenn man die Lösung auf Trägerelektroden auftropft und nach dem Eintrocknen im Bogen oder Funken analysiert.

2. Nachweis in Metallen. Soll Gallium in metallischen Proben nachgewiesen werden, so empfiehlt sich die unmittelbare Verwendung der Analysensubstanz als Elektroden und die Aufnahme des Spektrums im Bogen oder Funken. GERLACH und RIEDL (b), BRECKPOT bestimmen z. B. Ga in vielen Al-Sorten, sowie HAMMERSCHMID, LINSTRÖM und SCHEIBE in Fe. Liegt nur wenig Material vor, so benutzt man wie bei der Untersuchung von Pulvern und Salzen zweckmäßig Hilfselektroden aus Kohle (LECOQ DE BOISBAUDRAN (a); HARTLEY und RAMAGE (b); JEWELL; EXNER und HASCHEK; URBAIN; LLORD Y GAMBOA; UHLER und BROWNING; PAPISH und HOLT; GOLDSCHMIDT und PETERS). Bei kleiner Dispersion des Spektrographen ist zu berücksichtigen, daß die Linie $\lambda = 4172{,}1$ Å mit einer — nicht näher gekennzeichneten — relativ scharfen Bande verwechselt werden kann [GERLACH und RIEDL (a)].

3. Nachweis in Pulvern und Salzen. Für den Nachweis in Pulvern gilt das gleiche wie für den Nachweis in Metallen. Bei leichtflüchtigen Salzen wird man die Prüfung bereits in der Flamme vornehmen können, sonst empfiehlt sich die Untersuchung im Bogen oder Funken auf Kohleelektroden. Am empfindlichsten wird der Nachweis, wenn die Methode von MANNKOPFF und PETERS zur Anwendung kommt.

4. Nachweisgrenzen der verschiedenen Methoden. Die Angaben über die Nachweisempfindlichkeiten der einzelnen Linien sind nicht ganz einheitlich; diese hängen u.a. von der Beobachtungsart (subjektiv, photographisch) und von der Spektrographenbauart und Plattensorte ab. Nach SCHEIBE sind für Ga die „letzten Linien" im Bogen und Funken die gleichen. Beim Nachweis im Bogen liegen nach PAPISH und HOLT die empfindlichsten Linien im Ultravioletten bei $\lambda = 2943{,}7$ und 2874,2 Å; mit ihrer Hilfe sind noch 10^{-4}% Ga auf der photographischen Platte nachweisbar. Für die Linien $\lambda = 4172{,}1$, 4033,0, 2944,2, 2719,7, 2659,9 und 2500,7 Å liegt die Empfindlichkeitsgrenze bei 10^{-3}% und für die Linie $\lambda = 2450{,}1$ Å bei 10^{-2}% Ga. Bei Betrachtung des Spektrums mit dem Auge lassen sich an den Linien $\lambda = 4172{,}1$ und 4033,0 Å noch Mengen unter 0,1 γ nachweisen (PAPISH und HOLT). Nach SMITH ist für den Nachweis des Galliums in Aluminium die Bogenmethode empfindlicher als die Funkenmethode. MANNKOPFF und PETERS weisen in Silicat noch 2×10^{-4}% Ga nach.

SCHLEICHER scheidet aus 0,1 cm^3 einer ammoniakalischen Gallatlösung das Gallium zunächst an einer Kupfer- bzw. Kohlekathode ab und weist sodann im Spektrum des Abreißbogens an den Linien $\lambda = 4172,1$ und 4033,0 Å das Gallium in Mengen bis herunter zu 0,1 γ nach.

Im Funken ist nach DE GRAMONT bei photographischem Nachweis die Linie $\lambda = 4172,1$ Å, bei Beobachtung mit bloßem Auge die Linie $\lambda = 4033,0$ Å empfindlicher (vgl. hierzu PAPISH und HOLT). DENNIS und BRIDGEMAN wiesen im Funkenspektrum mit Hilfe der Linie $\lambda = 4172,1$ Å noch 1 γ und mit Hilfe der Linie $\lambda = 4033,0$ Å 14 γ Ga nach. 4,6 γ Ga sind an der Linie $\lambda = 4172,1$ Å im Funken noch mit bloßem Auge zu erkennen. Indium stört nicht. So lassen sich ohne Schwierigkeiten 3 γ Ga noch in 1,63 mg In nachweisen. Da Ga nach allen Erfahrungen zu den sehr empfindlich nachweisbaren Elementen gehört, können folgende Zahlen als Anhaltspunkt gelten. Im Bogen: 10^{-4}% (10^{-3} bis 10^{-2} γ). Im Funken: 10^{-3}% (10^{-2} bis 10^{-1} γ). In der Flamme: (10^{-3} bis 10^{-2} γ).

5. Beeinflussung der Nachweisgrenzen. Eine Störung der Anregung durch Einwirkung anderer in der Probe enthaltener Elemente ist nicht bekannt geworden.

6. Nachweisbare Grenzkonzentration. Die nachweisbare Grenzkonzentration ist abhängig davon, ob mit oder ohne chemische oder elektrolytische Anreicherung gearbeitet wird, und deshalb nicht generell angebbar.

7. Nachweis in besonderen Fällen (spezielle Beispiele und besondere Nachweismethoden). a) Verfahren nach MANNKOPFF und PETERS. MANNKOPFF und PETERS beobachteten, daß man die an sich geringe Empfindlichkeit des Galliumnachweises im Bogen steigern kann, wenn man nicht in üblicher Weise das Bild der Elektroden bei der Aufnahme abblendet, sondern wenn man die von der Kathode ausgehende Glimmschicht untersucht. Es zeigt sich hier nämlich eine vielfache Verstärkung der Atomlinien, und es gelang den Autoren auf diese Weise, in Silicaten noch 0,0002 At.-% Ga nachzuweisen, das entspricht bei einer verdampften Menge von etwa 1 mg 0,003 γ Ga.

Die Aufnahmetechnik besteht in der Abbildung des Kathodenbrennfleckes auf dem Spalt des Spektrographen. Die Substanz wird in eine Bohrung der Kathode von 0,5 bis 0,7 mm Durchmesser und einigen Millimetern Tiefe eingedrückt. Die negative Kohle von 5 mm Durchmesser befindet sich unten, ihre Form ist von untergeordneter Bedeutung. Um hinreichend gleichmäßigen Abbrand beider Elektroden zu erreichen, genügt es, die positive doppelt zu nehmen. Die Stromstärke soll etwa 12 Amp. betragen. Für die Aufnahme muß ein Spektrograph mit hoher Auflösung verwendet werden, um stets vorhandene Bandenlinien nach Möglichkeit zu trennen. MANNKOPFF und PETERS benutzten einen HILGER-Quarzspektrographen mit einer Dispersion von 3 bis 10 Å pro Millimeter in dem in Frage kommenden Wellenlängenbereich. Die Spektralkohlen reinigt man vor dem Gebrauch zweckmäßig nach HEYNE durch einstündiges Glühen im Kohlerohrofen bei 2700 bis 2800° C.

b) Verfahren nach ROSE und BÖSE. ROSE und BÖSE erhitzen zum Nachweis kleinster Mengen Gallium die Probe in einem einseitig geschlossenen evakuierten Röhrchen auf 1200° und prüfen die sich in getrennten Ringen absetzenden Sublimationsprodukte funkenspektrographisch.

8. Röntgenspektroskopischer Nachweis.

Nach DE BROGLIE läßt sich Gallium im Spektrum sekundärer Röntgenstrahlen, die von der von Primärstrahlen getroffenen Substanz emittiert werden, leicht photographisch nachweisen. Das Verfahren ist von Bedeutung in Fällen, in denen es auf eine völlige Erhaltung der Substanz ankommt. EISENHUT und KAUPP untersuchten eine eingedickt auf Papier aufgetragene Lösung von Galliumchlorid röntgenspektroskopisch mittels einer Glühkathodenröhre mit Aluminiumfenster; die Antikathode mit der Versuchsprobe befand sich bei dieser Anordnung außerhalb der eigentlichen Röhre. STENVIK bestimmte röntgenspektroskopisch Gallium in Mineralien mit einem Gehalt unter 0,01 %. Die Ergebnisse dieser Bestimmungsmethode werden durch bogenspektroskopische Untersuchungen bestätigt (MANNKOPFF und PETERS; GOLDSCHMIDT und PETERS).

§ 2. Nachweis auf trockenem Wege.

1. Verhalten beim Erhitzen (in der Perle). **a) In der Oxydationsflamme.** Nach EINECKE entsteht beim Glühen einiger Galliumsalze (Nitrat, Sulfat, Sulfid u.a.) weißes unschmelzbares Oxyd, das intensives bläuliches Licht ausstrahlt. Nach dem Betupfen mit Kobalt(II)nitratlösung bilden sich beim Wiederholen des Vorganges blaue bis olivgrüne Doppeloxyde. Die *Nachweisgrenze* liegt bei $< 0{,}1$ mg Gallium.

b) In der Reduktionsflamme. NICHOLS, HOWES und WILBER erhitzen Gallium(III)-oxyd in der Boraxperle in der Wasserstoff-Flamme. Bis 1365° bleibt die Perle klar; dann trübt sie sich, um bei 1375° wieder klar zu werden. Dabei tritt gleichzeitig eine blauweiße Färbung auf.

2. Verhalten mit Soda auf Kohle. Nach EINECKE entsteht bei Erhitzen von Galliumsalzen mit Soda auf Holzkohle vor dem Lötrohr nach einiger Zeit eine unschmelzbare rote Schlacke.

§ 3. Nachweis auf nassem Wege.

Vorbemerkung.

Wie bereits erwähnt, kommt für den Nachweis des Galliums auf nassem Wege ausschließlich die 3wertige Stufe in Betracht. Gallium(III)-Ionen sind farblos. Verbindungen des Galliums mit niederer Wertigkeitsstufe sind nur in fester Form isoliert worden, beim Lösen oxydieren sie sich zum 3wertigen Ion. Ein spezifisches Reagens für den Galliumnachweis ist nicht bekannt.

A. Wichtige Nachweisreaktionen des Gallium-Ions.

1. Nachweis mit Chinalizarin (1,2,5,8-Tetraoxyanthrachinon). Die empfindlichste Nachweisreaktion für Gallium in wäßriger Lösung ist die mit Chinalizarin (1,2,5,8-Tetraoxyanthrachinon) nach PIETSCH und ROMAN (vgl. auch PIETSCH, SEUFERLING, ROMAN und LEHL). Sie beruht auf der Absorption des in Ammoniak mit violetter Farbe löslichen Chinalizarins durch Galliumhydroxyd, wobei die Frage nach einer eventuell direkten Verbindungsbildung offen bleibt.

Ausführung. 1 cm³ der neutralen Versuchslösung wird mit 1 cm³ gesättigter Ammoniumchloridlösung versetzt; saure Lösungen stumpft man vorher mit Ammoniak bis zur Neutralität ab. Zu der Lösung fügt man 5 bis 20 Tropfen des durch Auflösen von 0,5 g Chinalizarin in 10 cm³ konzentriertem Ammoniak erhaltenen Reagenses von blauvioletter Farbe; die Tropfenzahl richtet sich nach der nachzuweisenden Menge. Je nach der Konzentration der Metall-Ionen tritt entweder sofort oder nach einer für die jeweilige Menge charakteristischen Zeit ein feiner blauvioletter Niederschlag auf. Bei geringen Metallmengen ist die Beobachtung des Niederschlages in der Kuppe des Reagensglases nicht eindeutig möglich; man verwendet deshalb zweckmäßig zylinderförmige Trögchen mit planer Bodenfläche (2,5 cm Durchmesser), die bis zu einer Höhe von 0,7 cm gefüllt werden. Als Beleuchtungsquelle benutzten PIETSCH und ROMAN eine 80 Watt-Tageslichtlampe, die in einen Kasten mit kreisförmigem Ausschnitt für den Lichtaustritt eingeschlossen war. Zwischen Trog und Lichtaustrittsöffnung befindet sich eine Kühlküvette mit Mattscheibe; im Gebiet sehr geringer Konzentrationen beobachtet man mit einer Lupe; die Niederschlagsteilchen sind besonders beim Bewegen des Trögchens im Lichtkegel leicht erkennbar.

Erfassungsgrenze. Sofort nach dem Reagenszusatz können 8 γ Ga im Kubikzentimeter nachgewiesen werden. Bei noch geringerer Menge erfolgt die Niederschlagsbildung zeitlich verzögert; 0,02 γ Ga im Kubikzentimeter sind noch sicher nach etwa 6 bis 7 Min. nachweisbar. Nitrat- und Acetat-Ionen verzögern den Nachweis.

Bei Abwesenheit von Ammoniumchlorid liegt die Erfassungsgrenze wesentlich ungünstiger, sie beträgt für den sofortigen Nachweis 805 γ Ga im Kubikzentimeter. Nach 1stündigem Stehen lassen sich noch 300 γ Ga im Kubikzentimeter feststellen. Äthylamin begünstigt die Niederschlagsbildung ähnlich wie Ammoniumchlorid, Pyridin hemmt sie.

Um Gallium in Gegenwart größerer Mengen von Aluminium nachzuweisen, gibt man bei sonst gleichen Versuchsbedingungen an Stelle von 1 cm³ Ammoniumchloridlösung 1 cm³ 2%ige wäßrige Äthylaminlösung *vor* dem Chinalizarinzusatz zu. Die Versuchslösung darf sicher 2 mg Al im Kubikzentimeter enthalten, ohne daß dieses bei der Zugabe des Reagenses ausfällt. Es lassen sich so noch 0,2 γ Ga im Kubikzentimeter neben 1000 γ Al nach etwa 10 Min. nachweisen.

Zum Nachweis des Galliums neben Zink wird das Zink durch Pyridin komplex in Lösung gehalten. Man setzt zu der Ammoniumchloridlösung noch die gleiche Menge an Pyridin; neben 370 γ Zn lassen sich dann noch etwa 30 γ Ga im Kubikzentimeter nach etwa 15 Min. erkennen.

2. Nachweis mit Alizarin. POLUEKTOFF verwendet den mit Alizarin in Gegenwart von Galliumhydroxyd entstehenden hellroten Farblack zum Nachweis dieses Elementes.

Ausführung. Die schwach saure Galliumsalzlösung wird mit einigen Tropfen einer alkoholischen Alizarinlösung und danach mit 1 Tropfen Ammoniak und etwas Ammoniumchlorid versetzt. Der entstandene rote Niederschlag läßt sich durch Schütteln der Fällungslösung mit Äther an der Trennungsfläche Äther-Wasser anreichern.

Erfassungsgrenze: 0,5 γ Ga im Kubikzentimeter.

Grenzkonzentration: 1:2000000.

Der Nachweis ist empfindlich, aber wenig spezifisch, da auch mit anderen Metall-Ionen, vor allem Aluminium, Eisen, Indium, Chrom, Mangan, Kobalt, Nickel und Zink, wenn auch zum Teil anders gefärbte Niederschläge gebildet werden.

3. Nachweis mit Morin. Morin zeigt in alkoholischer Lösung in Gegenwart von Galliumsalzen eine intensiv grüne Fluorescenz; nach Versuchen von EINECKE und von REICHEL mit $NH_4Ga(SO_4)_2 \cdot 12\,H_2O$ liegt die Erfassungsgrenze bei Tageslicht bei 10 γ Ga im Kubikzentimeter und bei ultravioletter Bestrahlung bei $\sim$ 0,05 γ Ga im Kubikzentimeter. Neuerdings hat BECK den Nachweis des Galliums mit Morin, auch auf seine Anwendbarkeit in Gegenwart von Aluminium-Ionen geprüft, wobei er zu noch günstigeren Zahlen gelangte.

Ausführung. 1 cm³ der neutralen Versuchslösung wird mit 3 Tropfen 5%iger Morinlösung und 3 Tropfen Eisessig versetzt. Bei Anwesenheit von Gallium tritt grüne Fluorescenz ein, die durch den Essigsäurezusatz verstärkt wird.

Erfassungsgrenze. Bei Betrachtung im Sonnenlicht gegen eine schwarze Unterlage 0,17 γ Ga im Kubikzentimeter, entsprechend einer *Grenzkonzentration* von 1:6000000. Bei Betrachtung im ultravioletten Licht läßt sich die Erfassungsgrenze sogar auf 0,003 γ Ga im Kubikzentimeter herabsetzen.

Störungen durch Aluminium lassen sich durch Zusatz von Natriumfluorid beseitigen, da dieses dann seine Fähigkeit zur Fluorescenz verliert, während Gallium sie behält. So zeigt 1 cm³ einer Aluminiumsulfatlösung mit 0,15% Al nach Zusatz von 3 Tropfen 5%iger Morinlösung, 3 Tropfen Eisessig, 3 Tropfen 10%iger Schwefelsäure und 0,5 cm³ 5%iger Natriumfluoridlösung keine Fluorescenz. Nach Zugabe von

1 cm^3 einer Lösung mit 0,04‰ Ga tritt im Sonnenlicht sofort Fluorescenz auf. Im ultravioletten Licht läßt sich Gallium so noch neben der 1000fachen Aluminiummenge nachweisen.

Erfassungsgrenze für Gallium neben Aluminium: Im Tageslicht 400 γ Ga im Kubikzentimeter, im ultravioletten Licht 8 γ.

Während der Nachweis durch Morin im Tageslicht unter diesen Bedingungen für Gallium (und Indium) spezifisch zu sein scheint, sind im ultravioletten Licht Störungen durch zahlreiche Elemente möglich (Li, Be, Mg, Ca, Sr, Ba, Zn, Cd, Sc, Y, La, Si, Ti, Zr, Th, Sn, As, Sb, Ni). Durch Natriumfluorid wird die Fluorescenz bei Be, Sc, In, Ti, Zr beseitigt, nach Zusatz von 10%iger Schwefelsäure bleibt sie nur noch bei Zr, Ti, Th, Sn, As, Sb bestehen. In einem Zinkblende-Arsenopyrit-Mischerz wurden mit Hilfe von Morin 0,0007% Ga nachgewiesen.

4. Nachweis mit Kaliumeisen(II)cyanid. Nach Lecoq de Boisbaudran (b) fällt aus Galliumsalzlösungen mit Kaliumeisen(II)cyanid ein weißer Niederschlag aus, der erst in sehr starker siedender Salzsäure und in Alkalien löslich ist. Eine häufig beobachtete Verfärbung nach Hellbläulich ist auf Spuren Ferrisalz zurückzuführen (vgl. auch Fricke und Blencke). In neutraler Lösung verschwindet die Fällung bei Zugabe eines Überschusses des Fällungsmittels, in schwach salzsaurer Lösung löst sich der Niederschlag beim Erwärmen und fällt nach dem Abkühlen in einigen Stunden wieder aus (Oberhauser und Ripolt).

Ausführung. Die salzsaure Lösung des Galliumsalzes wird mit 10%iger Ferrocyankaliumlösung versetzt und schwach erwärmt; wegen der Schwerlöslichkeit des Galliumferrocyanides in Salzsäure setzt man der Lösung ein Viertel bis ein Drittel ihres Volumens an konzentrierter Salzsäure zu. Der entstehende Niederschlag ist sehr voluminös. Ohne Zusatz von Salzsäure ist die Reaktion wenig empfindlich (Grenzkonzentration 1:3000); in Lösungen, die ohne Salzsäurezusatz keinen Niederschlag ergeben, entsteht beim Versetzen mit Salzsäure sofort eine starke Fällung.

1 g des Minerals wird fein gepulvert, mit 5 cm^3 konzentrierter Salpetersäure aufgeschlossen und das Ganze zur Trockene gedampft. Nach schwachem Glühen liegt das Zinn als SnO_2 und das Quecksilber als Metall vor. Man nimmt mit 5 bis 10 cm^3 verdünnter Salzsäure auf und kocht 2 bis 3 Min. Wenn viel Blei zugegen ist, wird es hier als Chlorid abgeschieden. Man filtriert, fügt 1 bis 2 g Ammoniumchlorid und Ammoniak bis zum schwachen Geruch hinzu, kocht auf und filtriert den Niederschlag, der Ga, In, Pb, Fe und möglicherweise Mn enthält, ab. Nach Wiederholung des Vorganges nach dem Lösen in verdünnter Salzsäure und Reduzieren des Mangans mit Natriumsulfit löst man den nunmehr sicher Mn- und Zn-freien Niederschlag wiederum in verdünnter Salzsäure und macht die Lösung mit konzentrierter Natronlauge stark alkalisch. Nach mindestens 2 Min. langem Kochen wird der Niederschlag (In und Fe) von der Lösung (Ga und Pb) getrennt. Dann säuert man das Filtrat an, raucht mit Schwefelsäure zur Entfernung des Bleies ab und kann das Gallium mit Kaliumeisen(II)cyanid nachweisen.

Erfassungsgrenze: 20 γ im Kubikzentimeter (Browning und Porter (a); Putnam, Roberts und Selchow). Reichel hält den Nachweis für wenig empfindlich.

Grenzkonzentration: 1:200000 [Lecoq de Boisbaudran (b)].

Störungen treten nach Browning und Porter (a) bei Gegenwart von Nitrat-Ionen ein. Auch zahlreiche Kationen geben mit Ferrocyankalium Niederschläge (Zn!), die allerdings zum größten Teil in stärkerer Salzsäure löslich sind. Putnam, Roberts und Selchow haben für den Nachweis des Galliums in Sphalerit ein Verfahren ausgearbeitet, das bei Gegenwart von Zn, Cd, Fe, Mn, Pb, Hg, Sn und In anwendbar ist. Die Anwesenheit von Cu, Co, Ni, Mg, Ca stört den Nachweis nicht.

5. Nachweis mit 8-Oxychinolin. Nach MOSER und BRUKL (b) liefert 8-Oxychinolin mit Gallium-Ionen in essigsaurer Lösung ähnlich wie Aluminium und Zink einen schwach grünlich gefärbten Niederschlag. Die näheren Bedingungen für den Nachweis des Galliums auf diesem Wege legten GEILMANN und WRIGGE fest. Galliumoxychinolat ist in Mineralsäuren und auch in stärkeren Alkalien löslich, die Fällung erfolgt deshalb zweckmäßig aus annähernd neutraler Lösung.

Ausführung. Die schwach mineralsaure Galliumsalzlösung wird mit 5%iger alkoholischer Oxychinolinlösung versetzt und nach schwachem Erwärmen mit Ammoniak neutralisiert. Ein geringer Ammoniaküberschuß schadet nichts. Bei Gegenwart geringer Galliummengen ist der Niederschlag erst nach längerem Stehen auf dem Wasserbade (bis zu 24 Std.) gut zu erkennen.

Nachweisgrenze. 0,002 mg Ga im Kubikzentimeter nach 2stündigem Stehen, 0,0004 mg Ga im Kubikzentimeter nach 24 Std.

Grenzkonzentration: 1:1000000.

Störungen. Die Reaktion ist nicht spezifisch, da auch andere Metalle (u. a. In, Al, Zn, Mg) mit 8-Oxychinolin ähnliche Niederschläge ergeben. Nach BRUKL kann man Gallium durch Fällung mit Oxychinolin von Vanadin, Wolfram und Molybdän abtrennen.

B. Weitere Reaktionen des Gallium-Ions.

a) Fällungsreaktionen.

1. Fällung mit Tannin (Gallusgerbsäure). Nach MOSER und BRUKL (a) läßt sich Gallium durch Fällung mit Tannin (Gallusgerbsäure) nachweisen.

Ausführung. Man versetzt die schwach essigsaure Lösung des Galliumsalzes mit Ammoniumnitrat, bis der Gehalt der Lösung daran 2% beträgt, und erhitzt zum Sieden. Beim Hinzugeben einer 10%igen Tanninlösung bildet sich ein weißer Niederschlag aus einer unlöslichen Adsorptionsverbindung von Galliumhydroxyd mit Tanninhydrosol. Nach 2stündigem Erwärmen auf dem Wasserbade lassen sich so noch 0,2 mg/Liter an dem Auftreten weißer Flocken sicher nachweisen.

Grenzkonzentration. 1:5000000.

Störungen. Da auch eine Reihe anderer Elemente mit Tannin unlösliche Adsorptionsverbindungen bildet, ist die Reaktion nicht spezifisch. Dagegen ist das Reagens in Gegenwart von Cadmium, Beryllium, Thallium, Zink, Nickel, Kobalt und Mangan zum Nachweis des Galliums verwendbar.

2. Fällung mit Camphersäure. Fügt man zur etwa 0,6 n essigsauren Lösung eines Galliumsalzes Camphersäure in fester Form oder alkoholischer Lösung, so entsteht eine Fällung; man kann diese Reaktion ebenfalls zum Nachweis von Gallium benutzen (ATO). Durch 10 Min. langes Erwärmen auf dem Wasserbade wird das Absitzen des Niederschlages beschleunigt. Mineralsaure Lösungen sind vor dem Nachweis zur Trockene zu dampfen und mit Essigsäure wieder aufzunehmen.

Die **Empfindlichkeit** des Nachweises ist nicht untersucht.

Störungen. Indium, Eisen und andere Metalle werden durch Camphersäure ebenfalls gefällt. Dagegen gelingt auf diesem Wege die Abtrennung des Galliums von Zn, Cd, Pb, Mn, Ni, Co, Mg, Ca, Sr, Ba, La, Ce, Pr und Nd.

3. Fällung mit Cupferron (Ammoniumnitrosophenylhydroxylamin). Die Fällung des Galliums mit Cupferron (Ammoniumnitrosophenylhydroxylamin) in schwefelsaurer Lösung, wie sie von MOSER und BRUKL (c) zur Abtrennung dieses Elementes von 3- und 4wertigen Metallen (außer Eisen) angewendet wurde, eignet sich auch zu dessen Nachweis. Die neutrale Galliumsalzlösung wird mit verdünnter Schwefelsäure angesäuert und bei Zimmertemperatur mit einer 6%igen Lösung von Cupferron versetzt. Es fällt ein weißer, flockiger Niederschlag.

Störungen. SCHERRER verwendet die Fällung des Galliums mit Cupferron zu dessen Nachweis und Bestimmung in Aluminium. SCHWARZ VON BERGKAMPF setzt der Lösung, aus der er Eisen und Titan vorher abgeschieden hat, zur Abtrennung des Galliums vom Aluminium Weinsäure zu; auch betont dieser Autor, daß die Lösung nur sehr schwach schwefelsauer sein darf. Von viel Eisen läßt sich wenig Gallium trennen, indem man die Lösung mit Sulfosalicylsäure (1:10) und dann mit Ammoniak bis zur schwachen Rötung und Klärung versetzt und das Eisen dann als Eisen(II)sulfid fällt. Bei Gegenwart von viel Gallium neben wenig Eisen kann man letzteres mit Ammoniak fällen, wobei das Gallat in Lösung bleibt.

4. Fällung als Galliumhydroxyd. Mit Alkalihydroxyden und Ammoniak fällt aus Galliumsalzlösungen weißes voluminöses Galliumhydroxyd, das auch durch hydrolytische Spaltung zahlreicher Verbindungen des Galliums in Lösung, vor allem beim Erhitzen, gebildet wird. Die Fällung als Hydroxyd ist vornehmlich zur quantitativen Bestimmung des Galliums verwendet worden, für den qualitativen Nachweis ist sie ohne weiteres nicht sehr geeignet. Das liegt sicherlich nicht an einer zu geringen Empfindlichkeit der Fällung, denn sie bildet ja letzten Endes die Grundlage des Galliumnachweises durch Farblacke, wie er bereits geschildert wurde. Vielmehr dürfte die Ursache für die Nichtanwendung der Hydroxydfällung zur Erkennung des Galliums wohl überwiegend in der Unspezifität des Nachweises liegen (vgl u. a. FRICKE).

b) Farbreaktionen mit organischen Reagenzien.

1. Nachweis mit Aluminon (aurintricarbonsaurem Ammonium). Nach COREY und ROGERS läßt sich Gallium durch Aluminon (aurintricarbonsaures Ammonium) an der Bildung einer roten Lösung bzw. eines roten Farblackes nachweisen.

Ausführung. Man fügt zu 1 cm^3 Galliumchloridlösung (= 1 mg Ga) 5 cm^3 n-HCl, 5 cm^3 3 n-Ammoniumacetat- und 5 cm^3 0,1%ige Reagenslösung. Nach gutem Durchmischen werden 3 cm^3 6 n-NH_4OH zugesetzt; die Lösung färbt sich dann rot, ohne daß zunächst ein Niederschlag eintritt. Läßt man indessen 10 Min. stehen, so wird die Lösung deutlich trübe, und nach Zusatz von weiterem Ammoniak entsteht ein roter Niederschlag, der sich rasch absetzt. Die Fällung scheint unvollständig zu sein, da die überstehende Lösung deutlich rot gefärbt bleibt. Bei Zusatz von Ammoniumcarbonat verschwindet die Fällung nach einiger Zeit, während die Rotfärbung bestehen bleibt.

Die **Empfindlichkeit** des Nachweises ist nicht bestimmt.

Störungen können eintreten durch die Ionen von Aluminium und Scandium, die ähnlich gefärbte Lacke bilden. Diese entstehen jedoch wesentlich rascher. Indium, Thallium und Germanium liefern mit Aluminon unter den gleichen Bedingungen rotgefärbte Lösungen ohne Niederschläge.

2. Nachweis mit Resorcin. Gallium-Ionen geben nach LEVADITI, BARDET, TCHAKIRIAN und VAISMAN mit einer ammoniakalischen Resorcinlösung eine blauviolette Färbung. Die Intensität der Färbung hängt allerdings nicht von der vorhandenen Galliummenge, sondern von der Menge des verwendeten Resorcins ab. Als Maß für die Galliumkonzentration dient bei gleicher Resorcinmenge die Geschwindigkeit des Auftretens der Färbung.

Nachweisgrenze: 10 γ Ga.

§ 4. Mikrochemische Nachweisreaktionen.

Die mikrochemischen Krystallreaktionen des Galliums sind unspezifisch und deshalb für die praktische Analyse von untergeordneter Bedeutung; am sichersten und schnellsten läßt sich Gallium spektralanalytisch nachweisen.

1. Fällung als Ammoniumgalliumfluorid $(NH_4)_3GaF_6$. Der empfindlichste mikrochemische Nachweis für Gallium ist nach EINECKE der als komplexes Fluorid $(NH_4)_3GaF_6$, das man beim Zusatz von Ammoniumfluorid zur Galliumsalzlösung erhält. Die Krystallform des Salzes ist oktaedrisch; da Glas durch Fluoride angeätzt wird, verwendet man Objektträger aus Celluloid.

Erfassungsgrenze: $< 0{,}1$ mg Ga im Kubikzentimeter.

Die Anwendbarkeit des Nachweises wird dadurch sehr eingeschränkt, daß mit Aluminiumsalzlösungen die gleichen glasklaren Oktaeder erhalten werden (GEILMANN).

2. Fällung als Caesiumgalliumalaun $CsGa(SO_4)_2 \cdot 12\,H_2O$. Nach DENNIS und BRIDGEMAN, GEILMANN sowie YAGODA erhält man beim Zusatz von Caesiumchlorid oder besser Caesiumbisulfat zu schwefelsauren Galliumsalzlösungen oktaedrische Krystalle des Caesiumgalliumsulfates $CsGa(SO_4)_2 \cdot 12\,H_2O$, das zum mikrochemischen Nachweis des Elementes geeignet ist.

Ausführung. BENEDETTI-PICHLER und SPIKES empfehlen zur Identifizierung des Galliums als Caesiumgalliumalaun folgende Arbeitsweise: Das Galliumhydroxyd wird in 2 molarer Schwefelsäure gelöst und auf einem Objektträger mit etwas Caesiumchlorid, das eine Spur $KAl(SO_4)_2 \cdot 12\,H_2O$ enthält, vermischt. GEILMANN bevorzugt den Zusatz von Caesiumbisulfat zu Galliumchloridlösungen ohne Kalialaun, aber unter eventuell teilweisem Eindunsten der Lösung. Der Galliumalaun krystallisiert in der gleichen Form wie der Aluminiumalaun.

Die Empfindlichkeit des Nachweises ist wegen der größeren Löslichkeit des Caesiumgalliumalauns in Wasser geringer als die des Nachweises als komplexes Ammoniumgalliumfluorid.

Erfassungsgrenze: ~ 4 mg Ga im Kubikzentimeter.

Da in alkoholischer Lösung die Löslichkeit des Doppelsulfates um mehr als zwei Zehnerpotenzen verringert wird, läßt sich durch Zusatz von etwa 50% Alkohol zur Fällungslösung die Erfassungsgrenze wesentlich herabsetzen.

Erfassungsgrenze: $\sim 0{,}01$ mg Ga im Kubikzentimeter.

Nach UHLER und BROWNING ist der Caesiumgalliumalaun vorzüglich zur Abtrennung des Galliums von Indium und auch von Zink, Kupfer und Blei geeignet.

3. Fällung als Ammoniumgalliumalaun $NH_4Ga(SO_4)_2 \cdot 12\,H_2O$. Auch der Ammoniumgalliumalaun $NH_4Ga(SO_4)_2 \cdot 12\,H_2O$ kann zum mikrochemischen Nachweis des Galliums herangezogen werden (DENNIS und BRIDGMAN; GEILMANN). Er entsteht aus schwefelsauren Galliumsalzlösungen beim Zusatz von Ammoniumchlorid; seine Löslichkeit ist allerdings wesentlich größer als die des entsprechenden Caesiumgalliumalauns und der Nachweis entsprechend weniger empfindlich.

Erfassungsgrenze: ~ 100 mg Ga im Kubikzentimeter.

Durch Alkoholzusatz wird infolge der außerordentlich starken Verringerung der Löslichkeit die Empfindlichkeit des Nachweises gesteigert, besonders günstig ist die Verwendung einer 70% Alkohol enthaltenden Lösung. LECOQ DE BOISBAUDRAN (c) trennte Indium und Gallium auf diesem Wege (vgl. auch UHLER und BROWNING), da ein ähnlich schwerlöslicher Caesiumindiumalaun nicht besteht.

Erfassungsgrenze: $\sim 0{,}03$ mg Ga im Kubikzentimeter für die Lösung mit 70% Alkohol.

§ 5. Nachweis durch Tüpfelreaktion.

Nach POLUEKTOFF ist Gallium an seiner induzierenden Wirkung auf die Fällung von rotbraunem Mn(II)Fe(III)- bzw Mn(III)Fe(II)cyanid leicht nachweisbar. Am empfindlichsten ist dieser Nachweis als Tüpfelreaktion.

Ausführung. 1 Tropfen der zu prüfenden Lösung wird in einem Porzellanschälchen mit 4 Tropfen 0,5%iger $MnCl_2$-Lösung in 6 n-HCl und 1 Tropfen 2,5%iger $K_4Fe(CN)_6$-Lösung, die auf 20 cm^3 10 Tropfen 0,1 n-$KBrO_3$-Lösung enthält, versetzt. Ein rötlichbrauner Niederschlag oder eine Trübung zeigt die Anwesenheit von Gallium an.

Erfassungsgrenze: 0,5 γ Ga in 0,04 cm^3.

Grenzkonzentration: 1:8000.

Störungen werden durch alle Metall-Ionen verursacht, die in saurer Lösung schwerlösliche Ferrocyanide bilden. Aluminium und Indium hindern den Nachweis nicht. Zur Abtrennung des Galliums von den begleitenden Elementen wird das Ausäthern der salzsauren Lösung und die Fällung des in der Ätherschicht angereicherten Galliums mit 8-Oxychinolin nach GEILMANN und WRIGGE empfohlen. In 0,5 g Zinkblende oder Bleiglanz lassen sich so noch 0,01 bis 0,02% Ga nachweisen.

§ 6. Polarographischer Nachweis.

Entgegen den Angaben von TAKAGI läßt sich mit dem Polarographen nach HEYROVSKÝ Gallium in salzsauren, salpetersauren oder ammoniakalischen Lösungen bis zu Konzentrationen von $1,3 \cdot 10^{-5}$ Äquivalent-Liter nachweisen; zur Prüfung werden nicht mehr als Bruchteile eines Kubikzentimeters benötigt (ZELTZER).

Literatur.

ATO, S.: Sci. Pap. Inst. Tôkyô **12**, 225 (1930); durch C. **1930 I**, 3467; Sci. Pap. Inst. Tôkyô **15**, 289 (1931); durch C. **1931 II**, 1033.

BECK, G.: Mikrochemie **20** (N.F. 14), 194 (1936). — BENEDETTI-PICHLER, A. A. u. W. F. SPIKES: Mikrochemie **21** (N.F. 15), 268 (1937). — BOISBAUDRAN, LECOQ DE, s. LECOQ DE BOISBAUDRAN. — BRECKPOT, R.: Natuurwetensch. Tijdschr. **16**, **139** (1934). — DE BROGLIE, M.: C. r. **158**, 1785 (1914); **159**, 304 (1915). — BROWNING, PH. E. u. L. E. PORTER: (a) Am. J. Sci. (4) **44**, 221 (1917); (b) Am. Soc. **43**, 126 (1921). — BRUKL, A.: M. **52**, 593 (1929).

COREY, R. B. u. H. W. ROGERS: Am. Soc. **49**, 216 (1927). — CROOKES, W.: Select Methods in Chemical Analysis. London u. New York 1894.

DENNIS, L. M. u. J. A. BRIDGEMAN: Am. Soc. **40**, 1531 (1918).

EINECKE, E.: Das Gallium. Leipzig 1937. — EISENHUT, O. u. E. KAUPP: Z. Phys. **54**, 429 (1927). — EXNER, F. u. E. HASCHEK: Sitz.-Ber. Akad. Wiss. Wien (IIa) **108**, 1073 (1899); durch E. EINECKE: Das Gallium. Leipzig 1937.

FEIT, W.: Angew. Ch. **46**, 216 (1933). — FRICKE, R.: Z. anorg. Ch. **144**, 267 (1925). — FRICKE, R. u. W. BLENCKE: Z. anorg. Ch. **143**, 187 (1925), Fußnote 2.

LLORD Y GAMBOA, R.: An. Españ. **21**, 281 (1923). — GEILMANN, W.: Bilder zur qualitativen Mikroanalyse anorganischer Stoffe. Leipzig 1934. — GEILMANN, W. u. F. W. WRIGGE: Z. anorg. Ch. **209**, 133 (1932); **212**, 32 (1933). — GERLACH, W. u. E. RIEDL: (a) Die chemische Emissions-Spektralanalyse. III. Teil. Tabellen zur qualitativen Analyse. Leipzig 1936; (b) S. B. bayr. Akad. Wiss. **1933**, 227. — GOLDSCHMIDT, V. M. u. C. PETERS: Nachr. Götting. Ges., Math.-Naturw. Kl. **1931**, S. 165. — DE GRAMONT, A.: C. r. **176**, (1104 1923).

HAMMERSCHMID, H., C. F. LINSTRÖM u. G. SCHEIBE: Wiss. Veröffentl. Gutehoffnungshütte Konz. **3**, 223 (1935). — HARTLEY, W. N. u. H. RAMAGE: (a) Pr. Roy. Soc. London Ser. A **60**, 36 (1896/97); (b) Astrophys. Journ. **9**, 214 (1899); Proc. Roy. Soc. Dublin **8**, 703 (1899); durch E. EINECKE: Das Gallium. Leipzig 1937. — HARTLEY, W. N. u. H. W. MOSS: Pr. Roy. Soc. London Ser. A **87**, 39 (1917). — HEYNE, G.: Angew. Ch. **43**, 711 (1930). — HEYROVSKÝ, J.: Polarographie in W. BÖTTGER: Physikalische Methoden der analytischen Chemie. Leipzig 1936, Bd. 2, S. 260. — HILLEBRAND, W. F. u. G. E. F. LUNDELL: Applied Inorganic Analysis. New York 1929.

JEWELL: Astrophys. Journ. **9**, 229 (1899); durch E. EINECKE: Das Gallium. Leipzig 1937.

KAYSER, H. u. R. RITSCHL: Tabellen der Hauptlinien der Linienspektren aller Elemente. 2. Aufl. Berlin 1939.

LECOQ DE BOISBAUDRAN: (a) A. Ch. (5) **10**, 103, 117 (1877); Chem. N. **35**, 149, 158 (1877); (b) A. Ch. (5) **10**, 124 (1877); C. r. **93**, 815 (1881); **99**, 526 (1884); (c) C. r. **95**, 410 (1882). — LEVADITI, C., J. BARDET, A. TCHAKIRIAN u. A. VAISMAN: C. r. **193**, 117

(1931). — LÖWE, F.: Atlas der Analysen-Linien der wichtigsten Elemente. 2. Aufl. Dresden u. Leipzig 1936, S. 17. — LUNDEGÅRDH, H.: Die quantitative Spektralanalyse der Elemente. 2. Teil. Jena 1934.

MANNKOPFF, R. u. C. PETERS: Z. Phys. **70**, 444 (1931). — MOSER, L. u. A. BRUKL: (a) M. **50**, 181 (1928); (b) M. **51**, 75 (1929); (c) M. **51**, 325 (1929).

NICHOLS, E. L., H. L. HOWES u. D. T. WILBER: J. opt. Soc. Am. **14**, 206, 209, 215 (1927). — NODDACK, I. u. W.: Angew. Ch. **49**, 2 (1936).

OBERHAUSER, F. u. P. RIPOLT: Univ. Chile An. Facultad Fil. Educación Secc. Quim. **1**, 75, 76 (1934).

PAPISH, J. u. D. A. HOLT: J. physic. Chem. **32**, 142 (1928). — PIETSCH, E. u. W. ROMAN: Z. anorg. Ch. **220**, 219 (1934). — PIETSCH, E., F. SEUFERLING, W. ROMAN u. H. LEHL: Z. El. Ch. **39**, 583 (1933). — POLUEKTOFF, N. S.: Mikrochem. **19** (N. F. **13**), 248 (1936). — PUTNAM, P. C., E. M. ROBERTS u. D. H. SELCHOW: Am. J. Sci. (5) **15**, 425 (1928).

REICHEL, E.: Fr. **87**, 321 (1932). — ROSE, H. u. R. BÖSE: Naturwiss. **23**, 354 (1935).

SCHEIBE, G.: Chemische Spektralanalyse, in W. BÖTTGER: Physikalische Methoden der analytischen Chemie, Bd. 1, Leipzig 1933. — SCHERRER, J. A.: J. Res. Nat. Bureau of Standards **15**, 585 (1935). — SCHLEICHER, A.: Fr. **101**, 244 (1935). — SCHWARZ VON BERGKAMPF, E.: Fr. **90**, 333 (1932). — SMITH, D. M.: Journ. Inst. Metals London **56**, 257 (1935). — STENVIK, K. durch GOLDSCHMIDT, V. M. u. C. PETERS: Nachr. Götting. Ges., Math.-Naturw. Kl. **1931**, S. 165. — SWIFT, E. H.: Am. Soc. **46**, 2375 (1924).

TAKAGI, S.: Soc. **1928**, 306.

UHLER, H. S. u. PH. E. BROWNING: Am. J. Sci. (4) **42**, 389 (1916). — URBAIN, G.: C. r. **149**, 602 (1909).

WAIBEL, F.: Wiss. Veröffentl. Siemens-Konzern **14**, H. 2, 32 (1935).

YAGODA, H.: Chemist-Analyst **23**, Nr. 1, 4 (1934); durch C. **1934 I**, 2949.

ZELTZER, S.: Coll. Trav. chim. Tchécosl. **4**, 319, 322 (1932).

Indium.

In, Atomgewicht 114,76; Ordnungszahl 49.

Von **Friedrich Weibke**, Stuttgart.

Inhaltsübersicht.

Indium.

In, Atomgewicht 114,76; Ordnungszahl 49.

Wenn auch die geochemischen Eigenschaften des Indiums noch nicht vollständig bekannt sind, so ist doch bereits zu bemerken, daß seine chalkophile Natur wesentlich stärker ausgeprägt ist als beim Gallium. Demgegenüber tritt der lithophile Charakter weniger in Erscheinung. Das entspricht auch beispielsweise dem metallchemischen Verhalten des Indiums; die Legierungen des Indiums zeigen weit weniger Ähnlichkeit mit denen des Gruppenhomologen Gallium als mit denen des Nachbars Zinn. In der Natur findet sich das Indium angereichert hauptsächlich in Zinkblenden und anderen sulfidischen Mineralien, die gelegentlich Gehalte bis zu 1%, meist aber nur bis zu 0,1% aufweisen. Bei der Verhüttung geht es in das gewonnene Zink über. In den Sulfidmineralien tritt das Indium wahrscheinlich in der 2wertigen Stufe auf. Als Indium(III)oxyd wäre es nach den Gitterabmessungen am ehesten in den Mineralien der Yttererden zu erwarten (GOLDSCHMIDT, BARTH und LUNDE), wo es auch tatsächlich gefunden wurde. In geringen Mengen kommt das Indium auch wie das Gallium getarnt in Aluminiumsilicaten vor (BERG). Eigene Indiummineralien existieren nicht. Die Häufigkeit des Indiums wird von I. NODDACK mit $1,61 \cdot 10^{-8}$ angegeben.

Entsprechend seiner Stellung im periodischen System der Elemente ist für das Indium die Dreiwertigkeit die Hauptstufe, sie wird sogar in wäßriger Lösung ausschließlich gebildet und kommt folglich auch nur für die Nachweisreaktionen in Betracht. Wie das Aluminium- und Galliumhydroxyd neigt auch das Indiumhydroxyd zur Bildung von Farblacken mit organischen Reagenzien. Während nun allerdings Gallium allein aus sauren Lösungen mit Schwefelwasserstoff nicht fällbar ist, wird Indium aus essigsaurer bzw. schwach salzsaurer Lösung durch dieses Reagens abgeschieden, ähnlich wie Thallium. Die Neigung zur hydrolytischen Spaltung ist auch bei den Salzen des Indiums weit weniger ausgeprägt als bei denen des Galliums.

Im systematischen Analysengang findet sich das Indium in der Ammoniakgruppe; die Verflüchtigung von Indium bei der Veraschung der Hydroxydfällung ist nach THIEL und KOELSCH auf die Dissoziation des In_2O_3 in flüchtiges In_2O und O_2 zurückzuführen. Durch Fällung mit Ammoniumsulfid-Weinsäure kann Indium von Aluminium, Titan, Zirkonium und ähnlichen Metallen abgetrennt werden. Zur Scheidung von Zink, Mangan, Nickel und Kobalt eignet sich die Fällung des Indiums mit frischbereitetem Bariumcarbonat oder auch das Acetatverfahren. Durch überschüssiges Zink wird das Indium in seinen Salzen in schwefelsauren Lösungen zum Metall reduziert, ähnlich wie Kupfer, Cadmium, Zinn und Thallium. Da indessen Gallium, Aluminium und Zirkonium nicht reduziert werden, kann die Methode zur Abtrennung des Indiums von diesen Elementen dienen (HILLEBRAND und LUNDELL).

Nachweismethoden.

§ 1. Nachweis auf spektralanalytischem Wege.

Allgemeines.

Der sicherste und bequemste Nachweis des Indiums ist der auf spektralanalytischem Wege; er kann in der Flamme, im Bogen und im Funken ausgeführt werden. Das Indium ist leicht anregbar und liefert ein klares Spektrum. Die Hauptnachweislinien haben die Wellenlängen 4511,4 Å, 4101,8 Å, 3256,1 Å und 3039,4 Å. Bei der spektroskopischen Prüfung ist zu beachten, daß Indium in der Lichtquelle verhältnismäßig leicht verdampft; man muß deshalb darauf bedacht sein, besonders auch den ersten Moment des Leuchtens zu erfassen.

Der visuelle Nachweis kann am besten mit der indigoblauen Linie $\lambda = 4511{,}4$ Å geführt werden, aber auch die Linie $\lambda = 4101{,}8$ Å ist zur Auffindung des Indiums geeignet. Begünstigt wird der subjektive Nachweis dadurch, daß das menschliche Auge für das violette und blaue Gebiet eine große Empfindlichkeit besitzt [DE GRAMONT (a)].

Bei Anwendung des Bogens empfiehlt es sich nicht, Kohleelektroden zu verwenden, da gerade im Gebiet der empfindlichsten Linie des Indiums $\lambda = 4511{,}4$ Å eine starke Cyanbande (Maximum bei $\lambda = 4514{,}9$ Å) liegt, die diese verdeckt (PAPISH und HOLT).

Eine Verwechslung mit den Linien anderer Elemente ist bei den im allgemeinen in Frage kommenden Analysen nicht zu erwarten. Eine Zusammenstellung aller überhaupt denkbaren Störmöglichkeiten findet sich in den Tabellen von GERLACH und RIEDL.

Sie finden bei Verwendung eines Quarzspektrographen, daß die Intensität der Analysenlinien in folgender Reihenfolge abnimmt: $\lambda = 4511{,}4$, $4101{,}8$, $3256{,}1$, $3039{,}4$ Å.

Koinzidenzen sind zu erwarten: Bei $\lambda = 4511{,}3$ Å mit Linien von Aluminium (besonders im Funken), Chrom, Platin, Ruthenium sowie einer schwächeren Linie von Vanadin und sehr schwachen Linien von Mangan und Magnesium (besonders im Funken). Bei kleiner Dispersion des Spektrographen kommen auch noch Linien von Kupfer, Blei (hauptsächlich im Bogen), Molybdän, Titan und Wolfram sowie schwächere Linien von Calcium und Osmium in Betracht. Die Spektren von Aluminium und Beryllium rufen an der Stelle dieser Linie einen starken Untergrund hervor. Starke Störungslinien sind: Rhenium $\lambda = 4513{,}3$ Å und Titan $\lambda = 4512{,}7$ Å. Über die Überlagerung der Linie durch eine Cyanbande vgl. unter „Störungen".

Bei $\lambda = 4101{,}8$ Å mit Linien von Molybdän, Ruthenium und Vanadin sowie mit schwächeren Linien von Eisen, Osmium und Wolfram und endlich mit einer sehr schwachen Linie von Nickel. Bei kleiner Dispersion des Spektrographen kommen auch Linien von Chrom, Eisen, Iridium, Mangan, Osmium, Silicium und Wolfram in Frage. An Störungslinien kommen weiter eine der stärksten Linien des Niobs $\lambda = 4101{,}0$ Å und Vanadin $\lambda = 4102{,}2$ und $4099{,}8$ Å sowie Wolfram $\lambda = 4102{,}7$ Å in Betracht.

Bei $\lambda = 3256{,}1$ Å mit Linien von Wismut (besonders im Funken), Mangan, Molybdän, Platin, Ruthenium, Scandium und Wolfram sowie mit sehr schwachen Linien von Eisen und Iridium. Auf die Möglichkeit der Verwechslung mit den starken Störungslinien des Cadmiums $\lambda = 3261{,}1$ Å (eine der stärksten Linien dieses Elementes) und des Titans $\lambda = 3254{,}3$ Å ist zu achten.

Bei $\lambda = 3039{,}4$ Å mit Linien von Kobalt, Germanium, Iridium und Antimon, sowie mit schwächeren Linien von Quecksilber, Eisen und Wolfram. An Störungslinien kommen weiter in Betracht: Germanium $\lambda = 3039{,}1$ Å als die zweitstärkste Linie dieses Elementes, Chrom $\lambda = 3040{,}9$ Å, Eisen $\lambda = 3037{,}4$ Å, Iridium $\lambda = 3039{,}3$ Å, Nickel $\lambda = 3037{,}9$ Å, Osmium $\lambda = 3040{,}9$ Å und Platin $\lambda = 3042{,}6$ Å.

Nachweisverfahren.

1. Nachweis in Lösungen. Zum Nachweis des Indiums in Lösungen eignet sich am besten die Flamme, besonders in der von LUNDEGÅRDH ausgebildeten Form, bei der die zu untersuchende Lösung in eine Acetylen-Luft-Flamme gestäubt wird. Auch RUSSANOW und KUMINA berichten über den In-Nachweis nach dieser Methode für Mineralien, die in Lösung gebracht wurden. Die Flamme des Bunsenbrenners wird durch Indiumsalze intensiv indigoblau gefärbt [REICH und RICHTER (a); BUNSEN]. Die Flammenfärbung ist besonders deutlich bei Verwendung des Chlorids; da sie indessen nur kurze Zeit andauert, bevorzugen REICH und RICHTER (b) die Verwendung des

Oxyds oder Sulfids. DE GRAMONT (b) benutzt zur Anregung des Indiumspektrums die Acetylen-Sauerstoff-Flamme.

Für die ebenfalls von LUNDEGÅRDH ausgearbeitete Analyse im Tauchfunken, bei der Kohleelektroden periodisch in eine geeignete Lösung der Versuchsprobe eingetaucht und während des Funkenüberganges herausgezogen werden, benutzt dieser Autor die Linien λ = 4511,4, 3258,1, 3256,1, 4101,8, 3039,4, 2941,2 und 2710,3 Å, von denen die ersten drei die empfindlichsten sind.

SCHLEICHER scheidet das Indium elektrolytisch auf Kupfer oder Kohle ab und untersucht die Abscheidung im Abreißbogen.

RUSSANOW schlägt das Indium zunächst auf Zink nieder und weist es darauf funkenspektroskopisch nach. Die Nachweisempfindlichkeit wird hierbei durch Kupfer herabgesetzt, da dieses sich mit auf dem Zink abscheidet. Zusammen mit BODUNKOW berichtet der gleiche Verfasser über die Untersuchung von In-Lösungen im Funken.

Nach CLARK erhält man eine rosenrote Färbung, wenn man indiumhaltige Lösungen außen an ein mit Wasser gefülltes Reagensglas bringt und dieses erhitzt.

2. Nachweis in Metallen. Soll Indium in metallischen Proben nachgewiesen werden, so ist es am einfachsten, die Analysensubstanz unmittelbar als Elektroden zu verwenden und die Aufnahme des Spektrums im Bogen oder Funken auszuführen. BRECKPOT hat so das In in Cu (zusammen mit MEVIS) in Pb (mit SEMPELS) und in Zn (mit KÖRBER) nachgewiesen (vgl. hierzu auch CLAYDEN und HEYCOCK; CAPPEL). Liegt nur wenig Material vor, so benutzt man, wie bei der Untersuchung von Pulvern und Salzen, Hilfselektroden. Die im allgemeinen übliche Kohle ist hierfür nicht sehr geeignet wegen der Cyanbande in der Nähe der empfindlichsten Indiumlinie λ = 4511,4 Å (s. S. 60).

3. Nachweis in Pulvern und Salzen. Für den Nachweis in Pulvern und Salzen gilt das gleiche wie für den Nachweis in Metallen. Für die qualitative Schnellanalyse ist auch die Flamme geeignet. RUSSANOW und ALEXEJEWA blasen den Mineralstaub in die Flamme ein. Im übrigen wird man die Untersuchung im Bogen oder Funken auf Hilfselektroden vornehmen. PREUSS bestimmt In nach der Methode MANNKOPFF-PETERS in Mineralien. BREWER und BAKER untersuchen die Lösung von Mineralien im Bogen auf Kohleelektroden.

Nach GEILMANN und STEUER gelingt der Nachweis des Indiums in *Gläsern* am schnellsten und sichersten, wenn man das Bogenspektrum eines Glassplitterchens aufnimmt. Die stärksten Linien des Indiums λ = 4101,8, 3256,1 und 3039,4 Å treten auch bei den geringsten Mengen deutlich hervor, während bei etwas größeren Gehalten zusätzlich die Linien λ = 4511,4, 2753,9 und 2110,3 Å erscheinen.

4. Nachweisgrenzen der verschiedenen Methoden. Aus der *Flammenfärbung* bestimmt WLEUGEL noch 3γ In (vgl. auch CAPPEL). HARTLEY und MOSS finden in der Knallgasflamme noch die Linien 4511 und 4102 Å, wenn 10γ In verdampfen. RUSSANOW und SSOLODOWNIK messen $2 \cdot 10^{-2}$%ige Lösungen noch quantitativ nach visueller Methode in der Flamme (s. später). GEILMANN und STEUER beobachten bei 50γ In eine starke blauviolette Färbung der Flamme, bei 10γ noch ein kurzes aber deutliches Aufblitzen. LUNDEGÅRDH bezeichnet bei seiner Methode 4102 als „sehr starke" Linie, 3256 und 3039 als „starke" Linien. Der Nachweis ist sehr empfindlich.

Im *Bogen* weisen PAPISH und HOLT noch $0,1\gamma$ mit 3256 und 3139 Å nach. FESEFELDT bestimmt bei dieser Entladung noch $0,01\gamma$. DENNIS und BRIDGEMAN können 0,005% Indiumchlorid in Galliumchlorid mit 4102 gerade noch erkennen. SCHLEICHER bestimmt $0,1\gamma$ In in 0,1 cm³ Lösung. Im *Funken* können nach DENNIS und BRIDGEMAN mit 4511 Å $1,3\gamma$ Indium noch bestimmt werden. RUSSANOW und BODUNKOW arbeiten mit $8 \cdot 10^{-4}$% in Lösungen noch quantitativ.

Die etwas uneinheitlich erscheinenden Angaben lassen erkennen, daß das Indium die üblichen Erfahrungen über die Empfindlichkeit der spektralanalytischen Methode bestätigt. Im Bogen sind etwa $10^{-3}\,\gamma$, im Funken $10^{-2}\,\gamma$, in der Flamme 10^{-2} bis $10^{-1}\,\gamma$ feststellbar bei Konzentrationen von etwa 10^{-4}% im Bogen, 10^{-3}% im Funken und 10^{-3} bis 10^{-2}% in der Flamme.

5. Nachweisbare Grenzkonzentration. Die nachweisbare Grenzkonzentration ist abhängig davon, ob mit oder ohne chemische oder elektrolytische Anreicherung gearbeitet wird und deshalb nicht generell angebbar.

6. Nachweis in besonderen Fällen (spezielle Beispiele und besondere Nachweismethoden). **a) In Gläsern[1] nach Geilmann und Steuer.** 0,1 bis 0,2 g Glas werden mit Fluß- und Schwefelsäure aufgeschlossen; den Rückstand behandelt man mit 5 bis 10 cm³ Wasser und fällt die Lösung, evtl. nach dem Filtrieren, mit Ammoniak in geringem Überschuß. Mit dem Eisen- und Aluminiumhydroxyd wird auch das Indium als Hydroxyd abgeschieden. Der Niederschlag wird durch ein kleines Filter abgetrennt, mit ammoniumchloridhaltigem Wasser (2 g NH_4Cl und 5 Tropfen konzentriertes NH_3 pro 100 cm³) gewaschen und anschließend in wenigen Tropfen starker Salzsäure gelöst. Diese Lösung wird bis zur Salzkruste eingeengt und Teile davon werden am Platindraht oder Magnesiastäbchen in die Flamme des Bunsenbrenners gebracht.

Bei Verwendung von 0,1 g Glas sind 0,025% In noch mit Sicherheit nach dem geschilderten Verfahren zu erkennen. Durch Erhöhung der Einwage ist eine entsprechende Steigerung der Empfindlichkeit ohne weiteres zu erreichen, so daß bei Glasmengen von 0,5 g noch Gehalte von 0,01% nachweisbar werden. Für die meisten praktischen Fälle dürfte das Verfahren ausreichend sein. Stehen nur sehr kleine Substanzmengen zur Verfügung oder sollen die geringsten Indiumspuren (etwa 0,001%) ermittelt werden, so ist allein die spektrographische Untersuchung mit einem leistungsfähigen Spektrographen anwendbar. Völlig unsicher ist bei den in Gläsern zu erwartenden kleinen Mengen der Indiumnachweis auf nassem Wege, einschließlich des Nachweises durch mikrochemische Krystallreaktionen, da alle diese Reaktionen durchweg wenig charakteristisch sind und durch Begleitstoffe leicht überdeckt werden, so daß ohne umständliche und sorgfältige Trennungen keine sicheren Aussagen möglich sind.

b) Nachweis nach Mott. Mott gibt an, daß Indium im vergrößerten Bild des Kohlebogens an einem violetten Bogenkern und am Auftreten von Metallkügelchen zu erkennen ist. Da das indessen auch bei anderen Elementen (z. B. B, Al, Ca, Si, Os, Ir) der Fall ist, dürfte dieser Nachweis ohne weiteres wenig charakteristisch sein.

c) Nachweis nach Russanow. Russanow und Ssolodownik arbeiten die Flammenanalyse zu einer einfachen halbquantitativen Methode aus. Sie schalten vor das Spektroskop eine verschiebbare keilförmige Küvette und bestimmen, bei welcher Dicke der Absorptionsschicht die beobachtete Linie 4511 verschwindet. Es können 0,002%ige Lösungen noch quantitativ erfaßt werden.

d) Nachweis im Absorptionsspektrum von Alkannatinktur. Nach Formánek färbt sich Alkannatinktur bei Zugabe einer nicht zu verdünnten wäßrigen Lösung von Indiumchlorid allmählich rotviolett. Das Absorptionsspektrum der Lösung weist drei charakteristische Streifen auf, einen stärkeren bei $\lambda = 5961$ Å und zwei schwächere bei $\lambda = 5537$ und 5168 Å. Das Absorptionsspektrum der gebildeten Indium-Alkannaverbindung ändert sich auch nach längerem Stehen der Lösung nicht. Zusatz von sehr wenig Ammoniak bewirkt ebenfalls keine Änderung, bei Überschuß von Ammoniak scheidet sich ein Niederschlag ab.

§ 2. Nachweis auf trockenem Wege.

1. Verhalten beim Erhitzen in der Perle. Beim Erhitzen von Indiumoxyd mit Borax oder Phosphorsalz in Gegenwart von Zinn erhält man eine graue Perle [Reich und Richter (c)].

[1] Indiumoxyd findet ähnlich wie Cadmiumoxyd zur Gelbfärbung von Gläsern Verwendung. Bereits Zusätze von weniger als 0,1% sollen genügen, um einem aus sulfathaltigem Gemenge erschmolzenen Glase eine starke Gelbfärbung zu erteilen.

2. Verhalten beim Erhitzen mit Soda auf Kohle. Beim Erhitzen von Indiumsalzen auf Kohle mit Soda vor dem Lötrohr entstehen nach REICH und RICHTER (a); (c) bleigraue Metallkügelchen und gelbliche Oxydbeschläge. BUNSEN fand, daß die bei der Reduktion von Indiumverbindungen am Kohle-Sodastäbchen gebildeten silberweißen, duktilen Metallkügelchen in Salzsäure langsam löslich sind.

3. Beschlagproben. a) Einen **Metallbeschlag** erhält man nach BUNSEN, wenn man die Probe an einem Asbestfaden in die obere Reduktionsflamme bringt und eine außen glasierte kalte Porzellanschale dicht darüber hält. Der so erzeugte Metallbeschlag ist schwarz mit braunem Anflug und in Salpetersäure leicht löslich.

b) Einen gelblich-weißen **Oxydbeschlag** erhält man nach BUNSEN an einer mit kaltem Wasser gefüllten Porzellanschale (vgl. auch BRALY). Durch Erhitzen mit Kobaltsalzlösung wird die Farbe des Oxydbeschlages nicht verändert [REICH und RICHTER (a)]. Mit Jodwasserstoffdämpfen entsteht gelbes Indiumjodid (BUNSEN).

c) Ein rotbrauner **Sulfidbeschlag** entsteht aus dem Oxydbeschlag mit Ammoniumsulfid (BUNSEN).

d) FLETCHER erzeugt Beschläge, indem er in einem Mikroofen die auf Indium zu prüfende Substanz (Legierung, Mineral) auf einem elektrisch erhitzten Kohlestab auf hohe Temperaturen bringt und die flüchtigen Stoffe auf einer Glas- oder Quarzglasplatte auffängt. Bei Gegenwart von Indium erhält er einen gelben Oxydbeschlag, der mit Schwefelwasserstoff in den rotbraun gefärbten Sulfidbeschlag übergeht. Bei Anwesenheit von sublimiertem Jod entsteht auf der Platte gelbes Indiumjodid.

§ 3. Nachweis auf nassem Wege.

Vorbemerkung.

Für den Nachweis des Indiums auf nassem Wege kommt, wie bereits erwähnt, ausschließlich die 3wertige Stufe in Betracht. Indium(III)-Ionen sind farblos. Verbindungen, in denen eine niedrigere Wertigkeitsstufe des Indiums vorliegt, sind nur in fester Form isoliert worden, in wäßriger Lösung oxydieren sie sich leicht zum 3-wertigen Ion. Ein spezifischer Nachweis für Indium auf nassem Wege ist nicht bekannt.

A. Wichtige Nachweisreaktionen des Indium-Ions.

1. Nachweis mit Chinalizarin (1,2,5,8-Tetraoxyanthrachinon). Die empfindlichste Nachweisreaktion für Indium in wäßriger Lösung ist die mit Chinalizarin (1,2,5,8-Tetraoxyanthrachinon) nach PIETSCH und ROMAN (vgl. auch PIETSCH, SEUFERLING, ROMAN und LEHL sowie den Nachweis mit Chinalizarin durch Tüpfelreaktion nach KOMAROWSKY und POLUEKTOFF, S. 68). Sie beruht auf der Adsorption des in Ammoniak mit violetter Farbe löslichen Chinalizarins durch Indiumhydroxyd, wobei wie beim Gallium die Frage nach einer eventuellen direkten Verbindungsbildung nicht entschieden ist.

Ausführung. 1 cm³ der neutralen Versuchslösung wird mit 1 cm³ gesättigter Ammoniumchloridlösung versetzt; saure Lösungen neutralisiert man vorher mit Ammoniak. Zu der Lösung fügt man 5 bis 20 Tropfen des durch Auflösung von 0,5 g Chinalizarin in 10 cm³ konzentriertem Ammoniak erhaltenen Reagenses von blauvioletter Farbe. Die Tropfenzahl richtet sich nach der nachzuweisenden Menge. Je nach der Konzentration der Indium-Ionen tritt entweder sofort oder nach einer für die jeweilige Menge kennzeichnenden Zeit ein feiner, blauvioletter Niederschlag auf. Bei geringen Metallmengen ist die Beobachtung der Fällung in der Kuppe des Reagensglases erschwert; man verwendet deshalb zweckmäßig zylinderförmige Trögchen mit planer Bodenfläche von 2,5 cm Durchmesser, die bis zu einer Höhe von 0,7 cm gefüllt werden. Als Beleuchtungsquelle dient eine 80 Watt-Tageslichtlampe, die in einen Kasten eingeschlossen ist, dessen Deckel lediglich einen kreisförmigen Ausschnitt für den Lichtaustritt aufweist. Zwischen Trog und Lichtaustrittsöffnung befindet sich eine Kühlküvette, die durch eine Mattglasscheibe abgeschlossen ist. Im Gebiet sehr geringer Konzentrationen beobachtet man mit einer Lupe; die Niederschlagsteilchen sind besonders beim Bewegen des Trögchens im Lichtkegel leicht zu erkennen.

Erfassungsgrenze. Sofort nach Zugabe des Reagenses können eindeutig noch 0,7 γ In im Kubikzentimeter nachgewiesen werden. Bei geringeren Indiummengen erfolgt die Niederschlagsbildung erst nach einiger Zeit. So können sicher nach etwa 4 bis 5 Min. noch 0,05 γ In im Kubikzentimeter erkannt werden. Bei noch kleineren Konzentrationen ist der Nachweis unsicher. Sulfat-, Nitrat- und Acetat-Ionen verzögern den Nachweis, ohne ihn indessen grundsätzlich zu stören.

Bei Abwesenheit von Ammoniumchlorid liegt die Erfassungsgrenze wesentlich ungünstiger, sie beträgt für den sofortigen Nachweis 30 γ In im Kubikzentimeter. Äthylamin wirkt ähnlich begünstigend auf die Niederschlagsbildung wie Ammoniumchlorid, Pyridin dagegen stark hemmend. Es lassen sich etwa 25 γ In im Kubikzentimeter bei Gegenwart von 0,33 cm^3 Pyridin und 0,33 cm^3 gesättigter Ammoniumchloridlösung in insgesamt 1 cm^3 Versuchslösung nach einigen Minuten nachweisen.

Um Indium in Gegenwart größerer Mengen von Aluminium zu erkennen, gibt man bei sonst gleichen Versuchsbedingungen an Stelle von 1 cm^3 Ammoniumchloridlösung 1 cm^3 2%ige wäßrige Äthylaminlösung *vor* dem Chinalizarinzusatz zu. Die Versuchslösung darf 2 mg Aluminium im Kubikzentimeter enthalten, ohne daß dieses bei der Zugabe des Reagenses ausfällt. Es lassen sich so noch 0,2 γ In im Kubikzentimeter neben 1000 γ Al nach etwa 10 Min. nachweisen.

Zum Nachweis des Indiums neben Zink wird dieses durch Pyridin komplex in Lösung gehalten. Man fügt zu der Ammoniumchloridlösung noch die gleiche Menge an Pyridin; neben 370 γ Zink im Kubikzentimeter lassen sich dann noch etwa 25 γ In im Kubikzentimeter nach etwa 15 Min. auffinden. In Gegenwart von etwa 550 γ Zn im Kubikzentimeter beträgt die Erfassungsgrenze etwa 35 γ In im Kubikzentimeter nach der gleichen Zeit.

2. Nachweis mit Morin. Ähnlich wie Aluminium, Gallium und Scandium bildet Indium mit Morin eine intensiv fluorescierende Verbindung. BECK hat eine Methode zur Unterscheidung des Indiums von diesen anderen Metallen ausgearbeitet. Danach liegt Aluminium oder Scandium vor, wenn die Fluorescenz auf Zusatz von Natriumfluorid verschwindet. Bleibt sie bestehen, so prüft man auf Gallium mit Schwefelwasserstoff in schwach saurer Lösung. Indium wird durch diesen ausgefällt und die Fluorescenz verschwindet somit, Gallium bleibt in Lösung und diese behält ihre Fluorescenz bei.

Erfassungsgrenze: Bei Betrachtung im ultravioletten Licht 0,02 γ.

3. Nachweis mit Oxin(8-Oxychinolin). Nach GEILMANN und WRIGGE läßt sich Indium ähnlich wie Aluminium, Gallium und Zink mit 8-Oxychinolin nachweisen. Stärkere Säuren, selbst starke Essigsäure, lösen den Niederschlag auf; in schwach mineralsaurer oder schwach essigsaurer Lösung ist die Fällung dagegen vollständig. Der Nachweis erfolgt also zweckmäßig in annähernd neutraler Lösung.

Ausführung. Die von überschüssiger Säure befreite Indiumsalzlösung wird verdünnt, mit wenig Natriumacetat und einigen Tropfen Eisessig versetzt und auf 70 bis 80° erwärmt. Auf Zusatz von 5%iger alkoholischer Oxychinolinlösung fällt ein gelblichgrüner Niederschlag. Zum Nachweis geringer Indiummengen ist es zweckmäßig, die mit Oxychinolin versetzte Lösung längere Zeit (bis zu 16 Stdn.) stehen zu lassen.

Nachweisgrenze. 0,004 mg In im Kubikzentimeter nach dem Erkalten, 0,0004 bis 0,0003 mg In im Kubikzentimeter nach 16stündigem Stehen.

Grenzkonzentration: 1:5000000.

Störungen. Die Reaktion ist nicht spezifisch, da auch andere Metalle, wie Ga, Al, Zn, Mg, mit 8-Oxychinolin ähnlich gefärbte Niederschläge ergeben.

4. Nachweis als basisches Sulfit. Nach BAYER (vgl. auch HILLEBRAND und LUNDELL) bildet sich ein unlösliches basisches Sulfit der Formel $In_2(SO_3)_3 \cdot 2\,In(OH)_3 \cdot 5\,H_2O$, wenn eine nahezu neutrale Lösung eines Indiumsalzes mit einer Lösung von Natriumbisulfit gekocht wird. Die Reaktion kann zum Nachweis von Indium dienen, ihre Empfindlichkeit ist nicht angegeben; sie ist nicht spezifisch, da auch andere Elemente, wie Zinn, Titan oder Zirkonium, so fällbar sind.

B. Weitere Reaktionen des Indium-Ions.

a) Fällungsreaktionen.

1. Fällung als Molybdat. RENZ fand, daß sich Indium aus wäßrigen Lösungen mit Ammoniummolybdat als Indiummolybdat $In_2(MoO_4)_3 \cdot 2\,H_2O$ abscheiden läßt; der weiße, voluminöse Niederschlag geht beim Trocknen in eine hornartige Masse über. Die Reaktion kann zur Trennung des Indiums von Zink benutzt werden.

Ähnliche weiße bzw. gelbe Fällungen entstehen mit Natriumwolframat, -uranat und -vanadinat.

2. Fällung als Hydroxyd. Die Abscheidung des Indiums als Hydroxyd kann unmittelbar durch Fällung mit anorganischen oder organischen Basen oder durch Hydrolyse geeigneter Salze erfolgen. Für den Nachweis werden diese Verfahren indessen weniger in Frage kommen als für die quantitative Bestimmung. MOSER und SIEGMANN fällen Indium aus seinen Lösungen mit einem Überschuß von Ammoniak in der Siedehitze; der zunächst flockige Niederschlag wird beim Heißhalten der Fällungsflüssigkeit bald dicht.

Von organischen Basen fällen Dimethylamin, Guanidin, Piperidin (RENZ), Hexamethylentetramin und Pyridin (MOSER und SIEGMANN) das Indium aus seinen Lösungen in der Hitze vollständig, während die Fällung bei Verwendung von Anilin und Phenetidin nicht quantitativ verläuft (MOSER und SIEGMANN). In analoger Weise lassen sich Zink, Magnesium und Kupfer abscheiden.

Zur Fällung des Indiums als Hydroxyd durch Hydrolyse eignet sich am besten eine 10%ige Kaliumcyanatlösung. Man fügt hiervon so viel hinzu, bis die Farbe der mit Methylorange versetzten, verdünnten, kalten Indiumsalzlösung nach Gelb umschlägt; beim Erhitzen der Lösung scheidet sich das Hydroxyd ab (MOSER und SIEGMANN). Weiterhin wurden als Reagenzien verwendet: Ammoniumnitrit (MOSER und SIEGMANN), 5%ige Natriumcarbonatlösung (ATO), Jodid-Jodatgemisch (THIEL und KOELSCH).

Die Ansichten über die Möglichkeit einer Abtrennung des Indiums von Gallium durch Hydroxydfällung sind geteilt. Während ATO angibt, die Fällung des Indiums mit 5%iger Natriumcarbonatlösung als Indiumhydroxyd verlaufe quantitativ und das Gallium bleibe unter diesen Bedingungen in Lösung, betonen HILLEBRAND und LUNDELL die Unvollkommenheit der Trennung dieser beiden Metalle mit siedender Alkalihydroxydlösung. Es bleibe stets ein wenig Indium ungefällt und etwas Gallium gehe in den Niederschlag (vgl. dazu auch DENNIS und BRIDGEMAN).

3. Fällung als Sulfid. Aus sehr schwach sauren Indiumsalzlösungen wird durch Schwefelwasserstoff Indiumsulfid In_2S_3 als schleimiger Niederschlag mit gelber bis oranger Färbung abgeschieden [REICH und RICHTER (c); WINKLER (a); (b)]. Der mit Ammoniumsulfid aus tartrathaltiger ammoniakalischer Lösung entstehende weiße Niederschlag ist wahrscheinlich Indium(III)hydrosulfid [REICH und RICHTER (c)]. Dieser weiße Niederschlag entsteht auch aus gelbem Indiumsulfid in Gegenwart von Ammoniumsulfid bzw. beim Einleiten von Schwefelwasserstoff in eine mit Ammoniumcarbonat übersättigte Indiumsalzlösung [WINKLER (a); (b)].

b) Farbreaktionen mit organischen Reagenzien.

Nachweis mit Aluminon (aurintricarbonsaurem Ammonium). Nach COREY und ROGERS läßt sich Indium durch Aluminon (aurintricarbonsaures Ammonium) an der Bildung einer roten Lösung nachweisen.

Ausführung. Man fügt zu 1 cm^3 Indiumchloridlösung (= 1 mg In) 5 cm^3 n-HCl, 5 cm^3 3 n-Ammoniumacetat- und 5 cm^3 0,1%ige Reagenslösung. Nach gutem Durchmischen werden 3 cm^3 6 n-NH_4OH zugesetzt; die Lösung färbt sich dann ohne Abscheidung eines Niederschlages rot. Eine Fällung tritt auch nach längerem Stehen nicht ein. Auf Zusatz von Ammoniumcarbonat verschwindet die Rotfärbung.

Die **Empfindlichkeit** des Nachweises ist nicht bekannt.

Störungen können eintreten durch die Ionen von Thallium und Germanium, die ebenfalls rotgefärbte Lösungen ohne Niederschläge ergeben. Aluminium, Gallium und Scandium bilden mit Aluminon rote Farblacke.

§ 4. Mikrochemische Nachweisreaktionen.

Nach GEILMANN sind die mikrochemischen Krystallreaktionen des Indiums für die praktische Analyse von untergeordneter Bedeutung, da die außerordentlich empfindliche und charakteristische indigoblaue Flammenfärbung die schnellste und sicherste Erkennung, auch in Salzgemischen, gestattet. YAGODA betont demgegenüber, daß speziell mit Caesiumsalzen der Nachweis des Indiums spezifisch wird, sofern u. a. ein bestimmter p_H-Wert der Lösung eingehalten wird.

A. Als Mikroreaktionen in erster Linie brauchbare Nachweise.

1. Fällung als Rubidiumindiumchlorid Rb_3InCl_6 (?). Nach KLEY (vgl. auch GEILMANN) erhält man nach Zusatz eines Körnchens Rubidiumchlorid zu einer stark salzsauren Indiumsalzlösung farblose Krystalle eines Doppelchlorides, wahrscheinlich der Formel Rb_3InCl_6. Die 10 bis 70 μ großen Krystalle erscheinen zwar oktaederförmig, zeigen jedoch lebhafte Doppelbrechung und gehören dem rhombischen System an. Ammoniak und Ammonsalze bewirken eine Verkleinerung der Krystalle und sind daher zweckmäßig vor der Fällung zu entfernen.

Nachweisgrenze. 0,24 γ (KLEY). Über einen Vergleich der Empfindlichkeiten des Nachweises als Rubidium- und Caesiumindiumchlorid s. unter 2., S. 67.

Störungen. Da auch mehrere andere Elemente mit Rubidiumchlorid schwer lösliche Doppelchloride bilden, ist der Nachweis nicht spezifisch, und das Indium muß erst möglichst isoliert werden. Das geschieht am einfachsten durch Ammoniakfällung, da das Indiumhydroxyd am Objektträger haftet und dort bequem ausgewaschen werden kann. Gegenwart von Aluminium und Zink stört die Reaktion nicht; bei weniger als 50% Zink in der Lösung ist dessen vorherige Abtrennung nicht erforderlich.

2. Fällung als Caesiumindiumchlorid $2\,CsCl \cdot InCl_3 \cdot 2\,H_2O$. In ganz entsprechender Weise wie mit Rubidiumchlorid erhält man nach Zusatz eines Körnchens Caesiumchlorid zu einer stark salzsauren (5 n) Indiumsalzlösung farblose Krystalle des Doppelchlorides $2\,CsCl \cdot InCl_3 \cdot 2\,H_2O$ (KLEY; PUTNAM, ROBERTS und SELCHOW; GEILMANN). Das ebenfalls bekannte, tetragonale Doppelchlorid $3\,CsCl \cdot InCl_3$ tritt nach GEILMANN beim mikrochemischen Nachweis kaum auf. In stark eingeengten wäßrigen Lösungen von Indiumsulfat mit wenig freier Schwefelsäure entsteht mit Caesiumchlorid nach KLEY ebenfalls $2\,CsCl \cdot InCl_3 \cdot 2\,H_2O$. Auch diese Krystalle zeigen Doppelbrechung und sind rhombisch, erscheinen aber auf den ersten Blick oktaederförmig. Je nach der Konzentration der Lösung können drei Ausbildungsformen auftreten: In konzentrierten Lösungen (1 bis 0,01 mol) bilden sich anisotrope, oktaederähnliche Formen von bis zu 20 μ Durchmesser, die nur, wenn sie sehr klein sind, an Rhomben erinnern. In verdünnten Lösungen (0,01 bis 0,001 mol) sind isotrope, sechseckige Platten von 20 μ Durchmesser bevorzugt zu finden. In 0,01 mol. Lösungen beobachtet man außerdem noch Variationen dieser Form, bei denen das Sechseck an zwei Ecken abgeschrägt ist. Derartige Krystalle sind anisotrop (PUTNAM, ROBERTS und SELCHOW).

Nachweisgrenze. 0,02 γ In (KLEY; PUTNAM, ROBERTS und SELCHOW). Beim Vergleich der Empfindlichkeiten der beiden Nachweise des Indiums mit Caesiumchlorid bzw. Rubidiumchlorid ist zu berücksichtigen, daß die erstere Fällung zwar empfindlicher ist, daß aber die Krystalle des Caesiumindiumchlorids kleiner sind als die des entsprechenden Rubidiumsalzes. KLEY bevorzugt deshalb die Fällung als Rubidiumindiumchlorid, während nach PUTNAM, ROBERTS und SELCHOW der Vorteil der größeren Empfindlichkeit des Nachweises als Caesiumsalz überwiegt.

Störungen. Da zahlreiche Elemente wie das Indium mit Caesium schwer lösliche Doppelchloride bilden, ist eine sorgfältige Trennung vor dem Nachweis erforderlich. PUTNAM, ROBERTS und SELCHOW haben ein Verfahren zum Nachweis des Indiums in Sphalerit ausgearbeitet, das in Gegenwart von Zn, Cd, Fe, Mn, Pb, Hg, Sn und Ge anwendbar ist. Die Anwesenheit von Cu, Co, Ni, Mg und Ca ist unbedenklich.

Der Aufschluß des Minerals mit Salpetersäure und die Abtrennung der durch Ammoniak fällbaren Elemente geschehen in der früher geschilderten Art. Nach der Trennung des Indiums und Eisens einerseits von Gallium und Blei andererseits durch Fällung der ersteren mit Natronlauge wird der gut mit Wasser ausgewaschene Niederschlag in Salzsäure gelöst und mit einem Körnchen Caesiumchlorid auf Indium geprüft. Die Gegenwart größerer Mengen Eisen ist der Reaktion hinderlich; man entfernt sie, indem man zu der Salzsäurelösung Ammoniumrhodanid hinzufügt und bis zur Entfärbung mit Äther extrahiert. Dabei ist darauf zu achten, daß stets ein Überschuß an Ammoniumrhodanid und an Salzsäure zugegen ist. Wenn durch die Entfernung des Eisens das Volumen der Lösung sehr zugenommen hat, empfiehlt sich vor dem Nachweis des Indiums dessen Fällung mit Ammoniak und Wiederauflösung in wenig Salzsäure. Geringe Eisenmengen stören den Nachweis nicht. Ohne Umfällung eventuell mit abgeschiedene, wenige Ammoniumrhodanidkrystalle können leicht an ihrer würfelähnlichen, anisotropen Form erkannt und von den Krystallen des Caesiumindiumchlorids unterschieden werden.

3. Fällung als Caesiumindiumalaun $CsIn(SO_4)_2 \cdot 12\,H_2O$. HUYSSE hat zum mikrochemischen Nachweis des Indiums dessen Fällung als Caesiumindiumalaun $CsIn(SO_4)_2 \cdot 12\,H_2O$ vorgeschlagen. Er glaubte, diesen bei der Zugabe eines Körnchens Caesiumchlorid zu der schwefelsauren Lösung von Indiumsalzen in Form von gut ausgebildeten, farblosen Oktaedern erhalten zu haben. KLEY macht demgegenüber darauf aufmerksam, daß diese Reaktion zur Bildung des Doppelchlorids $2\,CsCl \cdot InCl_3 \cdot 2\,H_2O$ führt, und daß HUYSSE hier offenbar eine Verwechslung der Krystallformen unterlaufen ist. Dagegen gelingt die Alaunreaktion nach KLEY mit Caesiumnitrat in stark konzentrierter Lösung von Indiumsulfat bei Gegenwart von wenig freier Schwefelsäure. Da indessen die Anwesenheit von Aluminium stört, ist die Anwendbarkeit des Nachweises stark eingeschränkt.

4. Fällung als Ammoniumindiumfluorid $(NH_4)_3InF_6$. Nach Zusatz von Ammoniumfluorid entstehen in Indiumsalzlösungen glasklare, gut ausgebildete Oktaeder von $(NH_4)_3AlF_6$. Da jedoch Aluminium und Gallium sowie Eisen in ganz der gleichen Weise reagieren, ist der Wert des Nachweises stark vermindert (HUYSSE; KLEY; GEILMANN).

B. Unsichere Reaktionen.

1. Fällung als Quecksilberindiumrhodanid. HUYSSE gibt an, daß Quecksilber(II)rhodanid aus Indiumsalzlösungen schon bei beträchtlicher Verdünnung farblose Krystalle eines Doppelrhodanids ausfällt. KLEY hat diese sonst nur für 2wertige Metalle bekannte Reaktion selbst in konzentrierten Lösungen nicht bestätigen können. Dieser Autor hält eine Verwechslung mit der entsprechenden Zinkverbindung durch HUYSSE durchaus für möglich.

2. Fällung als Indiumoxalat $In_2(C_2O_4)_3 \cdot 6H_2O$. HUYSSE gibt an, daß das durch Fällung von wäßrigen Indiumsalzlösungen mit Oxalsäure oder Ammoniumoxalat erhaltene Indiumoxalat $In_2(C_2O_4)_3 \cdot 6\,H_2O$ zum mikrochemischen Nachweis von Indium geeignet ist. KLEY betont demgegenüber, daß die Fällung nur in ammoniakalischer Lösung zuverlässig ist; auch ist sie nicht anwendbar, wenn wenig Indium vorliegt. Indiumoxalat ist zum Unterschied von Zinkoxalat, mit dessen Krystallen es Ähnlichkeit hat, in Ammoniak unlöslich.

3. Fällung mit Urotropinsulfat. Eine mit Urotropinsulfat versetzte Indiumsalzlösung scheidet auf Zusatz von 1 Tropfen einer gesättigten Ammoniumrhodanidlösung rötlich-weiße Krystalle ab, die zum mikrochemischen Nachweis von Indium geeignet sind (MARTINI).

Ausführung. Zu 1 Tropfen, der auf die Mitte eines Objektträgers gebrachten Indiumchloridlösung (1:100) fügt man einen gleichen Tropfen gesättigter Urotropinsulfatlösung und mischt beide mittels eines Glasstäbchens. Darauf läßt man an die Ränder des Tropfens Spuren einer gesättigten Ammoniumrhodanidlösung fließen und wartet vor dem Auflegen des Deckglases einige Augenblicke. Der entstehende Niederschlag weist unter dem Mikroskop Krystalle und Wachstumsformen von rötlich-weißer Farbe auf.

Die **Empfindlichkeit** des Nachweises ist nicht bekannt. Die Reaktion tritt auch mit zahlreichen anderen Metall-Ionen (Co, Cu, Zn, Fe, V, Mo) ein, die Niederschläge sind indessen zum Teil anders gefärbt.

§ 5. Nachweis durch Tüpfelreaktionen.

Nachweis mit Alizarin bzw. Chinalizarin. Nach KOMAROWSKY und POLUEKTOFF läßt sich Indium mittels Alizarin- oder Chinalizarinpapier in sehr empfindlicher Tüpfelreaktion nachweisen (vgl. auch den makrochemischen Nachweis mit Chinalizarin nach PIETSCH und ROMAN, S. 63). Zur Bildung der Farblacke setzt man die mit der Indiumsalzlösung befeuchteten Reagenspapiere Ammoniakdämpfen aus; Alizarinpapier färbt sich rot, Chinalizarinpapier violett.

Ausführung. Das Alizarinpapier bereitet man sich, indem man dickes Filtrierpapier mit einer gesättigten alkoholischen Alizarinlösung tränkt und trocknet. Chinalizarinpapier stellt man nach KOLTHOFF durch Tränken von Filtrierpapier mit einer Lösung von Chinalizarin in einer Mischung von Pyridin und Aceton (0,01 g Chinalizarin in 2 cm^3 Pyridin auf 20 cm^3 mit Aceton verdünnt) und anschließendes Trocknen her. Zum Nachweis des Indiums bringt man aus einer Capillare 1 Tropfen der neutralen oder schwach essigsauren Probelösung auf das Reagenspapier und setzt den erhaltenen Fleck Ammoniakdämpfen aus. Bei Anwesenheit von Indium erscheint auf dem Alizarinpapier der rote Fleck des Indiumfarblackes, anderenfalls entsteht lediglich die violette Färbung des Ammoniumalizarinats. Auf dem Chinalizarinpapier bildet sich bei Gegenwart von Indium ein mehr oder weniger intensiv lila gefärbter Fleck auf rosa Untergrund. Bei sehr kleinen Indiummengen ist die Erkennung des Farblackes durch die Untergrundfärbung erschwert. Man kann diese durch Eintauchen des Papiers in gesättigte Borsäurelösung zum Verschwinden bringen und damit die Empfindlichkeit des Nachweises steigern.

Erfassungsgrenze in beiden Fällen: 0,05 γ In in 0,025 cm^3.

Grenzkonzentration: 1:500000:

Ausführung in Gegenwart störender Ionen. Da auch zahlreiche andere Metall-Ionen ähnliche Farbreaktionen mit Alizarin bzw. Chinalizarin geben, wäre die praktische Anwendbarkeit des Nachweises ohne die Möglichkeit einer Maskierung dieser Elemente stark eingeschränkt. Diese von KOMAROWSKY und POLUEKTOFF ausgearbeiteten Maskierungen erlauben eine einwandfreie Identifizierung des Indiums ohne langwierige Trennungen.

Neben **Aluminium** läßt sich Indium nachweisen, indem man 1 Tropfen der Probelösung in einem Porzellanschälchen mit 3 bis 4 Tropfen einer gesättigten Lösung von Natriumfluorid vermischt; das in das komplexe Anion $(AlF_6)'''$ überführte Aluminium reagiert weder mit Alizarin noch mit Chinalizarin.

Erfassungsgrenze: 1 γ In.

Grenzverhältnisse: In:Al = 1:375.

Zink, Nickel und **Kobalt** stören den Nachweis des Indiums mit Alizarin nicht unmittelbar, erschweren ihn aber, da bei ihrer Gegenwart die Färbung des Ammoniumalizarinats mit Borsäurelösung nicht verschwindet. Den Nachweis mit Chinalizarin stören diese Elemente indessen durch die Bildung gefärbter Farblacke. Man führt sie deshalb mittels je 1 Tropfens 5%iger Kaliumcyanidlösung, die man vor und nach der Prüfung auf das Reagenspapier bringt, in komplexe Cyanide über.

Erfassungsgrenze: 0,13 γ In in 0,025 cm^3 neben Zink.
0,06 γ In neben Nickel.
0,1 γ In neben Kobalt.

Grenzverhältnis: In:Zn = 1:2200; In:Ni = 1:5900; In:Co = 1:2400.

Neben **Mangan,** das mit Alizarin einen violetten Farblack bildet, läßt sich Indium ebenfalls nach Zusatz von Kaliumcyanid leicht nachweisen; das Verfahren ist das gleiche wie beim Zink, Nickel und Kobalt. Bei Gegenwart von Mangan erfordert die Entfärbung des Untergrundes mit Borsäurelösung ungefähr 10 Min.

Erfassungsgrenze: 0,6 γ In.

Grenzverhältnis: In:Mn = 1:550.

Salze des 3wertigen **Chroms** reagieren mit Alizarin nicht, ihre Gegenwart bewirkt indessen eine diffuse Verteilung des Indiums über den ganzen Fleck und damit eine Herabsetzung der Empfindlichkeit des Nachweises. Dieser Mangel läßt sich beheben, indem man auf das Reagenspapier zunächst 1 Tropfen 0,5 n-NaOH oder -KOH und erst dann die Versuchslösung bringt. Das Indiumhydroxyd bildet dann mit dem Alizarin den Farblack, während das ebenfalls gebildete Chromit zum Rande des Fleckes wandert.

Erfassungsgrenze: 0,6 γ In.

Grenzverhältnis: In:Cr = 1:800.

Eisen in der 2- und in der 3wertigen Form stört den Indiumnachweis mit Alizarin bzw. Chinalizarin infolge der Bildung intensiv gefärbter Lacke. Zur Maskierung wird das 2wertige Eisen mit 6 bis 8 Tropfen 5%iger Kaliumcyanidlösung komplex gebunden und bis zur Lösung des Niederschlages erwärmt; liegt das Eisen in der 3wertigen Form vor, so wird es mit konzentrierter Natriumthiosulfatlösung reduziert, bis keine Violettfärbung mehr entsteht; zu der Lösung fügt man noch ein Körnchen Thiosulfat.

§ 6. Polarographischer Nachweis.

Durch polarographische Verfolgung des Abscheidungsvorganges an der Quecksilbertropfelektrode läßt sich Indium nachweisen, bei salzsaurer Lösung beträgt die Grenzkonzentration 10^{-5} Mol $InCl_3$ im Liter (TAKAGI; vgl. auch HEYROVSKÝ).

Literatur.

Ato, S.: Sci. Pap. Inst. Tôkyô **24**, 270 (1934); durch C. **1935 I**, 1423.

Bayer, K. J.: A. **158**, 372 (1871). – Beck, G.: Mikrochim. A. **2**, 287 (1937); durch C. **1938 II**, 3281. – Berg, G.: Vorkommen und Geochemie der mineralischen Rohstoffe, Leipzig 1929, S. 263. – Braly, A.: C. r. **170**, 662 (1920). – Breckpot, R. u. W. Körber: Ann. Soc. Sci. Bruxelles (B) **56**, 384–403 (1936). – Breckpot, R. u. A. Mevis: Ann. Soc. Sci. Bruxelles (B) **55**, 266–92 (1935). – Breckpot, R. u. G. Sempels: Bl. Soc. chim. Belg. **46**, 619–51 (1937). – Brewer, F. M. u. E. Baker: Soc. **1936**, 1286–90. – Bunsen, R.: A. **138**, 269, 282 (1866); Fr. **5**, 361, 370 (1866).

Cappel, E.: Pogg. Ann. **139**, 631 (1870). – Clark, A. R.: J. chem. Education **13**, 383 (1936). – Clayden, A. W. u. C. T. Heycock: Phil. Mag. (5) **2**, 387 (1876); durch Fr. **16**, 473 (1877). – Corey, R. B. u. H. W. Rogers: Am. Soc. **49**, 216 (1927).

Dennis, L. M. u. J. A. Bridgeman: Am. Soc. **40**, 1531 (1918).

Fesefeldt, H.: Verh. phys. Ges. (3) **18**, 31 (1937). – Fletcher, A. L.: Soc. **103**, 2099 (1913). – Formánek, J:. Fr. **39**, 673 (1900).

Garret, W. M.: Pr. Roy. Soc. London Ser. A **114**, 290 (1927). – Geilmann, W.: Bilder zur qualitativen Mikroanalyse anorganischer Stoffe. Leipzig 1934. – Geilmann, W. u. E. Steuer: Glastechn. Ber. **19**, 40 (1941). – Geilmann, W. u. Fr. W. Wrigge: Z. anorg. Ch. **209**, 129 (1932). – Gerlach, W. u. E. Riedl: Die chemische Emissions-Spektralanalyse. III. Teil. Tabellen zur qualitativen Analyse. Leipzig 1936. – Goldschmidt, V. M., Th. Barth u. G. Lunde: Skr. Akad. Oslo **1925**, Nr. 7, S. 20, 57. – de Gramont, A.: (a) C. r. **171**, 1107 (1920); (b) C. r. **176**, 1104 (1923).

Hartley, W. N. u. H. W. Moss: Pr. Roy. Soc. London A **87**, 39 (1912). – Heyrovský, J.: Polarographie, in W. Böttger: Physikalische Methoden der analytischen Chemie. Leipzig 1936, Bd. 2, S. 301. – Hillebrand, W. F. u. G. E. F. Lundell: Applied Inorganic Analysis. New York 1929. – Huysse, A. C.: Fr. **39**, 10 (1900); Nederl. Tijdschr. Pharm. **11**, 355 (1899).

Kley, P.: Ch. Z. **25**, 563 (1901). – Kolthoff, I. M.: Mikrochem. (2) **3**, 33 (1932). – Komarowsky, A. S. u. N. S. Poluektoff: Mikrochem. (2) **10**, 228 (1934/35).

Löwe, F.: Atlas der Analysen-Linien der wichtigsten Elemente. 2. Aufl. Dresden u. Leipzig 1936. – Lundegårdh, H.: Die quantitative Spektralanalyse der Elemente. 2. Teil. Jena 1934.

Mannkopff, R. u. Cl. Peters: Z. Phys. **70**, 444 (1931). – Martini, A.: Mikrochem. **6**, 30 (1928). – Moser, L. u. F. Siegmann: M. **55**, 16 (1930). – Mott, W. R.: Trans. Am. elektrochem. Soc. **37**, 665 (1920).

Noddack, I.: Angew. Ch. **49**, 839 (1936).

Papish, J. u. D. A. Holt: Z. anorg. Ch. **192**, 90 (1930). – Pietsch, E. u. W. Roman: Z. anorg. Ch. **220**, 219 (1934). – Pietsch, E., F. Seuferling, W. Roman u. H. Lehl: Z. El. Ch. **39**, 583 (1933). – Preuss: Z. angew. Mineral. **1**, 168 (1938). – Putnam, P. C., E. J. Roberts u. D. H. Selchow: Am. J. Sci. (5) **15**, 427 (1928).

Reich, F. u. Th. Richter: (a) J. pr. **89**, 442 (1863); (b) J. pr. **90**, 174 (1863); (c) J. pr. **92**, 482 (1864). – Renz, C.: B. **34**, 2763 (1901). – Russanow, A.: Mineral. Rohstoffe (russ.) **6**, 1027 (1931); durch C. **1932 II**, 2691. – Russanow, A. K. u. W. M. Alexejewa: Betriebslab. **9**, 66–69 (1940). – Russanow, A. K. u. B. I. Bodunkow: Betriebslab. **7**, 573–79 (1938). – Russanow, A. K. u. S. J. Kumina: Betriebslab. **6**, 836–840 (1937). – Russanow, A. K. u. S. M. Ssolodownik: Rare Metals (Russl.) **6**, Nr. 5/6, 29–31 (1937).

Scheibe, G.: Chemische Spektralanalyse, in W. Böttger: Physikalische Methoden der analytischen Chemie. Bd. 1, Leipzig 1933. – Schleicher, A.: Fr. **101**, 244 (1935).

Takagi, S.: Soc. **1928**, 305. – Thiel, A. u. H. Koelsch: Z. anorg. Ch. **66**, 293 (1910).

Winkler, Cl.: (a) J. pr. **94**, 8 (1865); (b) J. pr. **102**, 294 (1867). – Wleügel, S.: Fr. **20**, 115 (1881).

Yagoda, H.: Chemist-Analyst **23**, Nr. 1, 4 (1934); durch C. **1934 I**, 2949.

Thallium.

Tl, Atomgewicht 204,39; Ordnungszahl 81.

Von **Horstmar Hecht**, Greifswald.

Mit 7 Abbildungen.

Inhaltsübersicht.

Thallium.

Tl, Atomgewicht 204,29; Ordnungszahl 81.

Das Thallium tritt in der Natur einerseits in sulfidischen Erzen des Eisens, Kupfers und Zinks als mengenmäßig zwar untergeordneter, aber sonst weit verbreiteter Begleiter auf. Man findet es daher angereichert im Flugstaub der beim Bleikammerverfahren abgerösteten Kiese; teilweise wird es von den Gasen auch bis in die Bleikammer mitgeführt, wo es sich in Form seines Sulfates im Bleikammerschlamm anreichert. Diese technischen Abfallprodukte eignen sich zur Aufarbeitung auf Thallium bzw. Thalliumverbindungen. Andererseits begleitet es gerne die Alkalimetalle, besonders Kalium, Rubidium und Caesium in Silicaten und tritt auch in Kalisalzen und Salzsolen, wenn auch in geringerer Menge als in den Kiesen, auf. Eigentliche Thalliummineralien kommen nur in ganz untergeordnetem Maße vor.

Außer in der 3wertigen Stufe, die dem Thallium gemäß seiner Gruppenzugehörigkeit zukommt, tritt es auch noch in der 1wertigen Stufe auf. Diese Wertigkeitsstufe ist sogar die beständigere. Für den größten Teil der chemischen Nachweismethoden des Thalliums werden daher Reaktionen der 1wertigen Thalliumverbindungen angewendet. Die Doppelnatur, die sich schon im natürlichen Vorkommen bemerkbar macht, tritt auch im chemischen Verhalten des Elementes hervor. So erweist es sich einerseits in gewissen Verbindungen dem Blei und Silber sehr ähnlich, z. B. in der Schwerlöslichkeit der Halogenide, des Chromats, Azids und des Sulfids der 1wertigen Stufe, Salze, die ja auch für den analytischen Nachweis eine Rolle spielen; andererseits zeigt es in seinen Eigenschaften Ähnlichkeiten mit den Alkalimetallen Kalium, Rubidium und Caesium. So bildet es nicht nur ein ebenfalls schwerlösliches, sondern auch dem Kaliumsalz isomorphes Thallochloroplatinat. Auch in vielen anderen Salzen (z. B. Alaunen) kann das 1wertige Thallium das Kalium, Rubidium und Caesium isomorph vertreten. Das Thallocarbonat ist auch im Gegensatz zu den Carbonaten der Schwermetalle ziemlich leicht löslich. Thallohydroxyd ist ebenfalls eine starke Base. Das 3wertige Thallium-Ion zeigt Ähnlichkeit mit dem 3wertigen Eisen- und Aluminium-Ion. Analytische Bedeutung haben der Schwerlöslichkeit wegen von den Halogeniden besonders das Jodid, dann das Chromat, das Thiocarbonat, das Thallium-Calciumferrocyanid bzw. Thallium-Magnesiumferrocyanid und das Thallium-Phosphormolybdat.

Da das Thallochlorid verhältnismäßig schwerlöslich ist, fällt das Thallium, welches wegen der Unbeständigkeit der 3wertigen Stufe meistens 1wertig vorliegen wird, zum größten Teil in der Salzsäuregruppe aus. Normalerweise wird der Rest des Thalliums oder in chloridfreier Lösung die Gesamtmenge in der Ammoniumsulfidgruppe ausgefällt. Nur bei Anwesenheit von Arsen, Antimon, Zinn, Kupfer und Quecksilber ist eine Fällung des Thalliums in der Schwefelwasserstoffgruppe zu erwarten. Das

Thallosulfid, welches für gewöhnlich in saurer Lösung nicht ausfällt, neigt nämlich dazu, mit den Sulfiden der genannten Elemente feste Lösungen oder Doppelsulfide zu bilden und in dieser Form mit in den Schwefelwasserstoffniederschlag zu gehen (C. R. FRESENIUS (a) sowie BRUNER und ZAWADZKI). Auch ist in diesem Falle zu berücksichtigen, daß die Gegenwart von Thallum die vollkommene Auflösung der Sulfide der Arsengruppe in überschüssigem Schwefelammonium verhindern kann. In der Schwefelammoniumgruppe bleibt das Thallium bei den Elementen der Zink-Eisengruppe, von denen es als Hydroxyd oder Carbonat, die beide löslich sind, abgetrennt werden kann.

Besonders für die Nachweise auf trockenem Wege soll folgende Tabelle einige Eigenschaften des Thalliums und einiger seiner wichtigsten Verbindungen bringen:

Tabelle 1. Übersicht über einige Eigenschaften des Thalliums und seiner Verbindungen.

	Smp.	Sdp.
Tl	302°	1306°
Tl_2O	~300°	—
Tl_2O_3	717,5°	—
TlJ	431°	~806°
Tl_2S	448°	—

Bildungswärmen der Oxyde:

2 Tl, $^1/_2$ O_2: 42,24 Kcal/Mol; 2 Tl, $1^1/_2$ O_2, 3 H_2O: 86,34 Kcal/Mol (THOMSON).

Normalpotential: $Tl = Tl^{\cdot} + \ominus = -0,336$ V.

Stellung in der Spannungsreihe:

— Fe, Cd, In, **Tl**, Co, Ni, Pb, H +.

Nachweismethoden.

§ 1. Nachweis auf spektralanalytischem Wege.

Allgemeines.

Das Thallium läßt sich am besten spektroskopisch nachweisen, da es sich sehr leicht anregen läßt und ein sehr klares Spektrum besitzt. Die Hauptnachweislinien haben die Wellenlängen 5350,5 Å, 3775,7 Å, 3519,2 Å und 2767,9 Å. Alle genannten Linien sind Atomlinien. Bei allen spektroskopischen Untersuchungsarten ist zu beachten, daß Thallium in der Lichtquelle sehr leicht verdampft. Es muß deshalb bei visueller und photographischer Aufnahmemethode der Augenblick der ersten Lichtanregung unbedingt erfaßt werden. Nach FRESENIUS (a) ist z. B. die grüne Thalliumlinie auch bei Gegenwart von viel Natriumchlorid erkennbar, wenn man die Substanz feucht in die Flamme bringt und das zuerst auftretende Spektrum beobachtet.

Für die visuelle Beobachtung kommt nur die grüne Linie 5350,5 Å in Betracht. Ihre Wellenlänge fällt beinahe in das Maximum der Augenempfindlichkeit, was den visuellen Nachweis begünstigt. Für photographische Aufnahmen liegt bei fast allen Plattensorten hier eine Stelle verminderter Empfindlichkeit, bei nicht panchromatischem Material sogar ein ausgesprochenes unempfindliches Gebiet der photographischen Platte. Die Entscheidung, welche der angegebenen Linien die empfindlichste für den Nachweis ist, hängt auch noch davon ab, mit welchem Spektralapparat gearbeitet wird. Glasspektrographen zeigen im allgemeinen für die Wellenlänge 3775,7 Å schon sehr starke Absorption. Nur bei der Verwendung besonders leichter Gläser kann mit einem Glasspektrographen diese Linie beobachtet werden. Eine Empfindlichkeitsangabe muß also bei Thallium wegen dieser beiden Einflüsse immer die Angabe der benützten Plattensorte und des Spektrographen enthalten.

Bei Anwendung des Bogens empfiehlt es sich nicht, Kohleelektroden zu verwenden, da die Kohle gerade im Gebiet der Linie 3775,7 Å sehr starke Banden aussendet (Cyan). GERLACH, ROLLWAGEN und INTONTI verwenden mit Erfolg Kupferhilfselektroden. Die Grenzempfindlichkeit ist für diese Anordnung nicht bestimmt; bei Verwendung der Kohleelektroden läßt sich wegen der Cyanbande die Linie 3775,7 Å zum Nachweis nicht benützen, außer man brennt den Bogen nicht in Luft, sondern in CO_2 (GERLACH und ROLLWAGEN). Thallium ist so mit 3775,7 Å bis zu 0,05 γ sicher nachweisbar. Starke Schwächung der Cyanbande ist zu erreichen, wenn man Kohleelektroden benützt, die mit einer konzentrierten Na-Salzlösung getränkt sind (ROLLWAGEN).

Eine Verwechslung mit den Linien anderer Elemente ist bei den im allgemeinen in Frage kommenden Analysen nicht zu erwarten. Eine Zusammenstellung aller überhaupt denkbaren Störmöglichkeiten findet sich in den GERLACH-RIEDL-Tabellen.

Brauchbare Analysenlinien sowie Koinzidenzen nach GERLACH-RIEDL. WA. GERLACH und RIEDL geben für Thallium folgende *Analysenlinien* an: $\lambda = 5350{,}5$ Å; $\lambda = 3775{,}7$ Å; $\lambda = 3519{,}2$ Å. Bei Verwendung des Glasspektrographen (Gl. 12) von ZEISS und einer Superrapidplatte ist die Intensität von $\lambda = 3775{,}7$ Å bedeutend stärker als die von $\lambda = 5350{,}5$ Å; beim Quarzspektrographen ist $\lambda = 3775{,}7$ Å die stärkste Linie vor 3519,2 Å und der schwachen Bogenlinie von 2767,9 Å.

Koinzidenzen sind zu erwarten:

Bei $\lambda = 5350{,}5$ Å mit Linien von Barium, Calcium, Chrom und Mangan sowie schwachen Linien von Kobalt, Osmium, Titan und Wolfram und im Funken mit einer sehr schwachen Siliciumlinie. Bei kleiner Dispersion des Spektrographen (Glas 12) kommen auch noch Linien von Kobalt, Nickel, Palladium und Vanadin sowie eine schwache Eisen- und eine sehr schwache Rhodiumlinie in Betracht. Die Spektra von Aluminium und Beryllium rufen an der Stelle dieser Linie einen starken Untergrund hervor.

Bei $\lambda = 3775{,}7$ Å mit einer Linie von Antimon (besonders im Bogen); ferner mit Linien von Nickel, Rhodium und Titan, schwachen Linien von Eisen und Vanadin und sehr schwachen Linien von Molybdän und Wolfram. Osmium ruft an dieser Stelle einen starken Untergrund hervor. Auf die Möglichkeit der Verwechslung mit der Nachweislinie $\lambda = 3774{,}3$ Å des Yttriums ist zu achten.

Bei $\lambda = 3519{,}2$ Å mit Linien von Kupfer, Nickel, Osmium, Rhodium und Ruthenium, schwachen Linien von Chrom und Eisen sowie einer sehr schwachen Manganlinie (nur im Bogen). Durch Kobalt wird ein starker Untergrund an dieser Stelle hervorgerufen. Auf die möglicherweise störende Analysenlinie von Nickel $\lambda = 3515{,}1$ Å ist zu achten.

Nachweisverfahren.

1. Nachweis in Lösungen. Zum Nachweis in Lösungen eignet sich am besten die Flamme, besonders in der von LUNDEGÅRDH, WAIBEL und SCHUHKNECHT ausgebildeten Form. LUNDEGÅRDH weist noch 2×10^{-5} molare Lösung nach, WAIBEL kommt bei einem Verbrauch von nur 1 cm^3 Lösung auf eine Nachweisgrenze von 10^{-5} molar. RUSSANOW (b) beschreibt ein Verfahren für quantitative Zwecke, wobei die Lösung in die Flamme des Acetylenbrenners (Apparatur nach LUNDEGÅRDH) eingeblasen wird. Beobachtet wird visuell. Der störende Einfluß anderer Elemente wird untersucht. SCHLEICHER scheidet das Thallium elektrolytisch auf einer Metallelektrode aus und untersucht den Niederschlag im Abreißbogen. Ein sehr empfindlicher Nachweis läßt sich durchführen, wenn man die Lösung auf einer Elektrode eintrocknet und im Bogen oder Funken spektrographiert (SPÄTH).

GORONCY und BERG lassen die zu untersuchende Flüssigkeit durch eine axiale Bohrung der Kohleelektroden durch eine Funkenstrecke tropfen. Bei ihrer Versuchsanordnung erreichen sie eine untere Nachweisgrenze von etwa 1 γ Thallium im Kubikzentimeter bei Beobachtung der Linien $\lambda = 5350{,}5$ Å und $\lambda = 2767{,}9$ Å. Bei Anwesenheit anderer Kationen wird die Nachweisgrenze allerdings heraufgesetzt.

HARTLEY verbrennt Filtrierpapier, welches mit Thalliumnitratlösung getränkt wurde, im heißesten Teil der Wasserstoff-Sauerstoff-Flamme. Mit Hilfe der photographischen Platte kann so noch 0,1 mg Thallium an den Linien $\lambda = 5350{,}5$ Å und besonders $\lambda = 3775{,}7$ Å sowie 0,01 mg an der sehr schwachen Linie von $\lambda = 3775{,}7$ Å erkannt werden.

2. Nachweis in Metallen. Wenn Thallium in Metallen nachgewiesen werden soll, empfiehlt es sich, bei genügend vorhandenem Analysenmaterial dieses selbst als Elektroden zu benützen und im Bogen oder Funken das Spektrum aufzunehmen. Bei wenig Material kommt Cu (GERLACH, ROLLWAGEN) oder Ag (SPÄTH) als Hilfselektrode in erster Linie in Frage, sofern nicht gerade auf diese Elemente eine gleichzeitige Analyse durchzuführen ist. Die im allgemeinen benützte Kohle kommt wegen der Cyanbanden erst in zweiter Linie in Betracht (s. S. 75). BRECKPOT und MEVIS berichten über die quantitative Bestimmung von Thallium in Kupferoxyd, wobei sie $\lambda = 3575{,}75$ Å als empfindlichste Linie angeben. Über Bestimmung des Thalliums in Zink siehe BRECKPOT und KÖRBER sowie SEITH und HERRMANN, in Blei siehe BRECKPOT sowie GUENTHER.

3. Nachweis in Pulvern und Salzen. Für den Nachweis in Pulvern gilt das gleiche, was soeben für wenig metallisches Material gesagt wurde. RUSSANOW (a) bläst den Analysenstaub in die Flamme ein. Für qualitative Schnellanalyse ist auch hier die Flamme besonders geeignet. Häufig ist die Anwesenheit von Thallium schon an der intensiven Grünfärbung der Flamme zu erkennen. LAMY behauptet, daß das kleinste Stückchen Thallium oder Thalliumsalz die grüne Linie mit solchem Glanze auftreten läßt, daß sie weiß erscheint. Nach Schätzung kann er noch 0,02 γ Thallium nachweisen.

Beim Nachweis des Thalliums in Mineralien verfährt PREUSS so, daß er die flüchtigen Metalle in einem elektrisch geheizten Kohlerohrofen verdampft. Durch allmähliche Temperaturerhöhung erreicht er eine Fraktionierung der verschieden flüchtigen Metalle, deren Dämpfe durch ein Ansatzrohr aus Kohle, welches zugleich Kathode ist, in einen Lichtbogen geführt werden. Thallium verdampft fast vollständig noch vor den Alkalien bei $\sim 1500^{0}$ C. Bei Beobachtung der Linie $\lambda = 2767{,}88$ Å wird die Grenzkonzentration 0,000003% bei Einwage von 1 g Substanz erreicht.

4. Nachweis in organischer Substanz. Zum Nachweis in organischer Substanz benützen GERLACH und ROLLWAGEN den Hochfrequenzfunken, in dem das Material ohne chemische Vorbereitung verarbeitet werden kann. Die hier nicht zu vermeidenden Cyanbanden sind von wesentlich geringerer Intensität als im Bogen, so daß die Analyse mit der Linie 3775,7 Å lediglich erschwert, aber nicht unmöglich ist. Die Nachweisgrenze liegt für die gleiche Linie bei etwa 2 γ. Ein sicherer Nachweis gelingt, wenn die Linien mit einem Registrierphotometer aufgezeichnet werden. So kann der Nachweis noch bei 0,25 γ geführt werden. Die Nachweisgrenze ist wegen der Lage in den Cyanbanden auch apparatabhängig, da in diesem Fall die Dispersion des Apparates starken Einfluß hat. Die hier gemachten Angaben beziehen sich auf den Spektrographen Gl. 12 von ZEISS. Für Haarmaterial[1] empfehlen die gleichen Verfasser eine nasse Veraschung und Untersuchung des Aschenrückstandes im Abreißbogen auf Cu-Elektroden. Diese Methode wurde mit Erfolg für gerichts-medizinische Fragen eingesetzt.

5. Nachweisgrenzen der verschiedenen Methoden. Die Nachweisgrenze liegt für die Bogenentladungen (dazu gehören Abreißbogen nach GERLACH, Dauer-

[1] Tl ist häufig in der Hornsubstanz zu finden.

bogen, Abreißbogen nach PFEILSTICKER, Flammenbogen nach DUFFENDACK) bei ungefähr $10^{-3}\,\gamma$ bis $10^{-2}\,\gamma$. (Eine experimentelle Grenzbestimmung liegt vor von GERLACH und ROLLWAGEN mit $0{,}05\,\gamma$ im Kohlebogen in CO_2-Atmosphäre.) Die günstigsten Werte sind zu erwarten bei Benützung einer Abreißbogenentladung (Vermeidung der zu großen Erhitzung der Elektroden) und Elektrodenmaterials, das keine Cyanbanden ergibt mit der Linie 3775,7 Å bei Benützung eines Quarzspektrographen oder eines Glasspektrographen mit leichten Gläsern (z. B. Glas 12, ZEISS).

Für die Funkenentladung liegt die Nachweisgrenze um ungefähr eine Zehnerpotenz niedriger. SPÄTH hat $10^{-2}\,\gamma$ (s. oben) gefunden. In der Flamme will LAMY visuell noch $0{,}02\,\gamma$ Thallium nachgewiesen haben. HARTLEY findet $10\,\gamma$ mit 3775,7 Å, wenn er das mit der Lösung getränkte Filterpapier in die Bunsenflamme hält, WAIBEL $2\,\gamma$ bei 1 cm^3 Lösungsverbrauch.

6. Beeinflussung der Nachweisgrenze. Die Nachweisgrenze kann beeinflußt werden:

a) Durch störende Koinzidenzen, so daß die empfindlichste Linie nicht zur Analyse benutzt werden kann. Das ist für Thallium im allgemeinen nicht zu erwarten.

b) Durch Störung der Anregung wegen der Einwirkung der übrigen in der Probe enthaltenen Elemente; z. B. behaupten NICKLÈS, MARMÉ, SCHULER eine Herabsetzung der Nachweisgrenze bei Anwesenheit von Na (HULTGREN). CROOKES bestreitet eine solche Beeinflussung (bei visueller Beobachtung).

c) Die Störung der Nachweisempfindlichkeit durch die vorbereitende Behandlung. Z. B. SCHLEICHER: bei der elektrolytischen Anreicherung lagert sich das Thallium anodisch und kathodisch ab.

7. Nachweisbare Grenzkonzentration. Die nachweisbare Grenzkonzentration ist davon abhängig, ob mit oder ohne chemische Anreicherung gearbeitet wird, deshalb sind keine bindenden Zahlen angebbar. LUNDEGÅRDH weist noch $2 \cdot 10^{-6}$ molare Tl-Konzentration nach. Elektrolytische Anreicherung ergibt noch erhöhte Empfindlichkeit.

8. Nachweis in besonderen Fällen (spezielle Beispiele und besondere Nachweismethoden). **a) In Kalisalzen nach BÖTTGER.** Liegt nur wenig Thallium neben viel Kalisalzen vor, so fällt BÖTTGER (b) die Platindoppelchloride und kocht sie mit wenig Wasser aus, bis die Kaliumlinien zurücktreten; wegen der größeren Schwerlöslichkeit des Thalloplatinchlorids wird Thallium im Rückstand angereichert und kann nun nachgewiesen werden [s. auch BUNSEN (b)].

b) In Schwefel und kupferhaltigen Kiesen. In rohem Schwefel wies CROOKES (a) das Thallium folgendermaßen nach: Ein Stück nicht größer als eine Erbse wurde im Platindrahtöhr angezündet und, nachdem der größte Teil weggebrannt war, die Flamme ausgeblasen und der Rückstand in die Flamme des Spektroskopes gebracht. Bei negativem Ausfall der Reaktion wird empfohlen, mit Schwefelkohlenstoff auszuziehen und den Rückstand auf Thallium zu prüfen.

In kupferhaltigen Kiesen weist der Autor Thallium dadurch nach, daß er das Mineral pulvert und etwas davon auf einem befeuchteten Platindraht in der Flamme erhitzt und die grüne Linie spektroskopisch beobachtet. Beim Erhitzen des gepulverten Minerals auf Rotglut unter möglichstem Abschluß der Luft erhält CROOKES ein Sublimat von Schwefelthallium mit etwas freiem Schwefel, welches die Thalliumlinie ausgezeichnet gibt.

c) In Zinksulfat. RUSSANOW (b) weist u. a. Elementen Thallium folgendermaßen nach: Durch innere Elektrolyse wird das Metall auf kleine Streifen reinen Zinks niedergeschlagen und zusammen mit dem Zink verdampft und spektroskopisch geprüft.

Darstellung des reinen Zinks: Zinksulfatlösung wird mit Zinkstaub 24 Std. geschüttelt. Hierbei schlägt sich möglicherweise anwesendes Thallium oder Cadmium auf dem Zink nieder. Aus der so gereinigten Zinksalzlösung wird das Zink elektrolytisch abgeschieden.

Ausführung. Ein Streifen von 9 mm² dieses Metalles wird in die zu prüfende Lösung getaucht. Innerhalb von 24 Std. scheidet sich dann anwesendes Thallium auf ihm ab. Man wendet Lösungen mit einem Gehalt von 0,0001 bis 10 mg Thallium in 10 cm³ an. Beobachtet wird die Linie 5350,5 Å des Thalliums. Den Funken läßt man zwischen dem Zinkstreifen und einem Kupferstab überspringen.

Wenn in 10 cm³ 1 γ Thallium gelöst ist, kann gerade noch die grüne Thalliumlinie kurze Zeit beobachtet werden. Zweckmäßigerweise wird die Zinkelektrode während des Abfunkens verschoben, um noch sehr kleine Thalliummengen erkennen zu können (auf dem photographierten Spektrum).

Störungen können durch Kupfer hervorgerufen werden. Um sie auszuschalten, löst man den Zinkstreifen in 20%iger Salzsäure, filtriert das ungelöste Kupfer ab und scheidet nach Neutralisation mit Ammoniak das Thallium erneut auf einem frischen Zinkstreifen ab. Der Autor konnte so Thallium in Zinksulfatpräparaten, Zinkblenden und einer großen Anzahl von uralischen Pyriten nachweisen.

d) Nachweismethode von Todd. Für den raschen spektroskopischen Nachweis gibt Todd die folgende Methode an:

Ausführung. Benutzt wird ein Tauchelektrodenapparat, bei dem die Platinelektroden in die zu prüfende, wäßrige Lösung eintauchen. Es wird mit einer Spannung von 110 V und einem Wechselstrom der Frequenz 60 gearbeitet. Unter diesen Bedingungen gerät die mit geringerer Oberfläche in die Flüssigkeit eintauchende Elektrode in Glut. Diese Strahlung, die schwächer als die des Funkens und Bogens ist, wird spektroskopisch beobachtet.

0,5—0,005 g der Substanz werden in $\sim$3 cm³ an Salpetersäure 10%iger Lösung untersucht, nachdem man den Apparat vorher mit den Wasserstofflinien geeicht hat.

Thallium kann an der Linie $\lambda = 5350{,}5$ Å noch mit einer Erfassungsgrenze von 0,1 mg im Kubikzentimeter visuell nachgewiesen werden.

Alkali- und Erdalkalimetalle überdecken die Linien ziemlich stark und werden bei Anwesenheit großer Mengen vorher durch Fällung der zu untersuchenden Substanz mit Ammoniak abgetrennt.

e) Nachweismethode von Mott. Mott gibt ein Verfahren an, nach dem Thallium in allen Arten von festem Material unmittelbar geprüft werden kann, möglicherweise nach einer Alkalicarbonatschmelze.

Ausführung. Thallium ist im vergrößerten Bild des Kohlebogens an einem intensiv grünen Bogenkern erkennbar. Die zu prüfende Substanz wird in die Höhlung der unteren (positiven) Kohle gebracht. Bei Anwesenheit von Thallium sendet die entstehende Metallperle bei Stromunterbrechung einen dunklen Rauch aus, während auf der oberen Elektrode an der Seite schwarze Beschläge entstehen. Ist Thallojodid vorhanden, so treten gelb-orange Beschläge auf.

Die Empfindlichkeit ist weniger groß als beim Nachweis mit Hilfe der grünen Thalliumlinie. Es sollen mindestens 10 mg Thallium vorhanden sein; bei komplizierter zusammengesetzten Substanzen das Mehrfache davon.

Silber, Kupfer, Gold und Nickel geben auch einen grünen Bogenkern, können aber durch Legieren mit Blei ausgeschaltet werden. Der Nachweis kann so neben zahlreichen anderen Metallen geführt werden, insbesondere auf Grund der fraktionierten Destillation des Materials zwischen den Elektroden.

f) Nachweis im Absorptionsspektrum von Alkannatinktur. Wird zu Alkannatinktur eine wäßrige Thalliumnitratlösung zugegeben, so tritt keine Veränderung ein. Bei Zusatz eines Tropfens Ammoniak wird die Lösung blau. Im Spektrum treten zwei Absorptionsstreifen auf, und zwar ein starker bei $\lambda = 6288$ Å und ein schwacher bei $\lambda = 5770$ Å. Ein kleiner Überschuß von Ammoniak hat keinen Einfluß auf die Thallium-Alkannaverbindung (FORMÁNEK). Bei Anwesenheit nur kleiner Thalliummengen kann das Spektrum sich verändern. Wenn der Absorptionsstreifen von $\lambda = 6288$ Å nicht der stärkere ist, muß die Lösung auf höhere Konzentration eingeengt werden.

§ 2. Nachweis auf trockenem Wege.

1. Nachweis durch Flammenfärbung. Der äußerst empfindliche Nachweis durch die Grünfärbung der Flamme wurde schon in § 1 behandelt.

2. Verhalten in der Boraxperle. **a) In der Oxydationsflamme.** SORBY gibt an, daß Thalliumoxyde beim Schmelzen mit Borax eine klare, farblose Perle geben. Hält man diese längere Zeit auf einer wesentlich unter Rotglut liegenden Temperatur, so nimmt die Perle infolge Bildung von Thallium(III)oxyd an den Rändern eine tiefbraune Färbung an. Bei höherem Erhitzen verschwindet die Färbung wieder, gleichzeitig treten kleine Blasen von Sauerstoff auf.

b) In der Reduktionsflamme. BRINTZINGER gibt ein Verfahren zur Reduktion von Thalliumverbindungen in einer Reduktionsschmelze an.

Ausführung. Die zu untersuchende Substanz wird im Porzellantiegel mit der 2- bis 3fachen Menge einer Mischung von 2 Gewichtsteilen Natriumoxalat, 2 Gewichtsteilen Kaliumoxalat und 1 bis $1\frac{1}{2}$ Gewichtsteilen Borax verrieben. Das Gemenge wird mit Hilfe eines erhitzten Magnesiastäbchens in den heißen Reduktionsraum der Gasflamme gebracht. Ist gerade glattes Schmelzen eingetreten, so wird die entstandene Perle, in deren Spitze das glühende Metallkorn sichtbar ist, im dunklen Flammenkegel abgekühlt und anderweitig identifiziert.

3. Verhalten am Kohlesodastäbchen. Nach BUNSEN erhält man am Kohlesodastäbchen ein weißes, duktiles Metallkorn, das an der Luft schnell anläuft und von Salzsäure schwer angegriffen wird.

4. Beschlagproben. a) Einen **Metallbeschlag** erhält BUNSEN, indem er die Probe an einem Asbestfaden in die obere Reduktionsflamme bringt und eine außen glasierte, kalte Porzellanschale dicht darüber hält. Der schwarze Metallbeschlag mit kaffeebraunem Anflug wird von kalter 20%iger Salpetersäure nur wenig angegriffen.

b) Den **Oxydbeschlag** erzeugt BUNSEN an einer mit kaltem Wasser gefüllten Porzellanschale. Es entsteht ein farbloser Beschlag von Thalliumoxyd. Mit einem Tropfen Zinnchlorür tritt keine Reduktion ein, auch bei Zugabe von Natronlauge nicht. Mit Silbernitrat erhält man ebenfalls keine Einwirkung. Beim Räuchern mit Jodwasserstoffsäure entsteht citronengelbes Thallojodid, welches beim Anblasen mit ammoniakhaltiger Luft beständig ist. Nach CARNOT erhält man beim Erhitzen von Thalliumverbindungen auf Kohle einen weißen, leicht vertreibbaren Beschlag. Gelegentlich kann man auch in der Nähe der Probesubstanz einen braunen Beschlag erkennen.

b) Der **Sulfidbeschlag,** welcher aus dem Oxydbeschlag mit Ammoniumsulfid entsteht, ist schwarz mit blaugrauem Anflug und in Ammoniumsulfid unlöslich (BUNSEN).

d) Beschlagproben nach FLETCHER. FLETCHER erzeugt Beschläge, indem er in einem Mikroofen die zu untersuchenden Substanzen auf einem elektrisch erhitzten Kohlestab auf hohe Temperaturen bringt und die flüchtigen Stoffe auf einer darüber befindlichen Glas- oder Quarzglasplatte auffängt. Bei Gegenwart von Thallium erhält er einen roten und weißen Beschlag, der bei Gegenwart von Schwefelwasserstoff schwarz, rot oder braun ist. Befindet sich auf der Platte sublimiertes Jod, so ist der Beschlag orangebraun.

5. Nachweis nach MIGLIACCI *und* CRAPETTA. MIGLIACCI und CRAPETTA geben ein Verfahren an, womit Thallium durch Verbrennen eines mit der zu prüfenden

Lösung und mit Chromnitrat getränkten Filtrierpapiers und Beobachtung der auftretenden Färbung nachgewiesen wird.

Ausführung. Die Lösung, die auf Thallium geprüft werden soll (am besten liegt Thallium als Nitrat vor!), wird mit Chromnitratlösung vermischt, so daß ungefähr ein Verhältnis Chrom:Thallium = 1:5 zustande kommt. Ein Streifen Filtrierpapier wird mit der Lösung getränkt, getrocknet und verbrannt. Ist Thallium in Mengen von 0,5 bis 1% zugegen, so erhält man eine gelb-moosgrüne Asche.

Arsen gibt unter diesen Bedingungen eine ähnliche Färbung. Bei Verwendung von Nickelnitrat erhält man ebenfalls eine Färbung, aber nicht mit Kobaltnitrat.

§ 3. Nachweis auf nassem Wege.

Vorbemerkung. Wie bereits oben erwähnt, spielen fast nur die Reaktionen des Thallo-Ions eine Rolle für den Nachweis des Thalliums. Im Normalfalle wird das Thallium auch in dieser Form vorliegen. Will man eine der brauchbaren Reaktionen des Thalli-Ions anwenden, so kann das Thallo-Ion durch Oxydation mit Chlor leicht in das 3wertige Thalli-Ion übergeführt werden. Die wichtigen Reaktionen des Thalli-Ions beruhen hauptsächlich auf seiner Oxydationswirkung gegenüber organischen Substanzen.

I. Nachweisreaktionen des Thallo-Ions.

A. Wichtige analytische Reaktionen.

1. Nachweis mit Thionalid. Auch den höchsten Anforderungen entspricht der Nachweis mit Thionalid = Thioglykolsäure-β-aminonaphthalid ($C_{10}H_7NH \cdot CO \cdot CH_2SH$) (Berg).

$C_{10}H_7$—NH · C(=O)—CH_2—S ; O ...... Tl

Thallium-Thionalat

Ausführung. Das Reagens wird in 5%iger Lösung in Aceton angewendet. 5 Tropfen gibt man zu 5 cm^3 der heißen zu untersuchenden Lösung, die außerdem 0,5 cm^3 überschüssige 2 n-Natronlauge und je 1 Tropfen einer kalt gesättigten Ammoniumtartratlösung sowie einer 10%igen Kaliumcyanidlösung enthält. Thallium fällt als schwerlösliche, krystalline, citronengelbe Komplexverbindung. Bei sehr verdünnten Lösungen erscheint die Fällung erst beim Erkalten.

Erfassungsgrenze: 0,1 γ/cm^3.

Grenzkonzentration: 1:10000000; bei Abwesenheit von Tartrat 1:40000000. Der Nachweis ist bei Einhaltung obiger Bedingungen auch bei Gegenwart aller anderen Metalle spezifisch. Quecksilber, Blei und Wismut stören nur bei Konzentrationen über 5 mg im Kubikzentimeter. Oxydationsmittel (auch $Fe^{\cdots}$) müssen wegen der Empfindlichkeit der Sulfhydrylgruppe mit Hydroxylamin oder Schwefeldioxyd vorher zerstört werden.

O OH ; OH ; SO_3Na ; O

Natriumalizarinsulfonat

2. Nachweis mit Natriumalizarinsulfonat. Germuth und Mitchell beschreiben u. a. eine Reaktion von Thalliumnitratlösung mit Natriumalizarinsulfonat, wobei ein körniger, dunkelblauer Niederschlag entsteht. Da das Alizarinsulfonat aber mit vielen anderen Kationen ebenfalls unter Niederschlagsbildung, wenn auch von anderer Farbtönung reagiert, so ist die Spezifität des Nachweises nicht weitgehend.

Ausführung. Zu 100 cm^3 der zu untersuchenden Lösung werden 2 Tropfen einer 0,5%igen Natriumalizarinsulfonatlösung und 0,1 cm^3 5%iger Ammoniaklösung gegeben. Der dunkelblaue Niederschlag ist in 1%iger Essigsäure unlöslich.

Grenzkonzentration: 1:1000000.

Auch Aluminium, Titan, Chrom, Eisen, Uran, Kupfer, Platin, Wismut und Quecksilber geben Niederschläge von allerdings anderer Farbe.

3. Nachweis durch Fällung als Thallojodid. Durch lösliche Jodide, für gewöhnlich Kaliumjodid, wird 1wertiges Thallium als unlösliches Thallojodid abgeschieden. Nach WERTHER (a) fällt das Thallojodid aus konzentrierten Lösungen bei heißer Fällung orangerot aus. Die Farbe geht in Citronengelb über, wie sie bei Fällung aus verdünnten Lösungen gleich auftritt. Diese Erscheinung ist durch die Existenz zweier Modifikationen bedingt. Bei Gegenwart von Kaliumacetat behält der Niederschlag seine orangerote Farbe bei und bildet mikroskopische Krystalle von Würfel- oder Oktaederform.

Verdünnte Schwefel- und Salzsäure sowie Alkalien wirken auf Thallojodid nicht ein; jedoch tritt mit verdünnter Salpetersäure beim Kochen, mit konzentrierter schon in der Kälte, Zersetzung unter Jodabscheidung ein (HEBBERLING). Nach WERTHER (b) ist Thallojodid in verdünnten Alkalien und in Ammoniak sehr wenig löslich. Auch in Gegenwart von Natriumthiosulfat findet WERTHER (a) keine größere Löslichkeit als in Wasser. Ein Überschuß an löslichem Jodid setzt gemäß dem Massenwirkungsgesetz die Löslichkeit noch bedeutend herab; ebenso wird die Löslichkeit bei zunehmender Konzentration an Alkohol geringer. Beim Erhitzen steigt die Löslichkeit etwas.

Empfindlichkeit. Der Nachweis läßt sich in saurer, alkalischer und neutraler Lösung führen. NOYES und BRAY geben an, daß in ungefähr 12 cm^3 einer an Schwefelsäure 1 n Lösung beim Zugeben von 1 bis 2 cm^3 1 n Kaliumjodidlösung noch 0,1 bis 0,2 mg Thallium als Jodid in Form eines feinen Niederschlages ausfallen. Nach HEBBERLING gibt eine neutrale Lösung, die im Kubikzentimeter 0,0105 mg Thallosulfat enthält, noch eine sichtbare Fällung. Ist die Lösung sauer, so tritt nur Gelbfärbung auf, bei alkalischer Reaktion unterbleibt auch diese. GORONCY und BERG geben an, daß in reinen Thalliumsalzlösungen in 10 cm^3 Gesamtvolumen nach 1stündiger Wartezeit noch 0,036 mg, nach 24stündiger Wartezeit noch 0,013 mg Thallium nachweisbar sind. Größere Konzentrationen an Alkalichlorid können die Nachweisempfindlichkeit bedeutend herabsetzen. Kaliumsulfat hat keinen Einfluß auf die Empfindlichkeit. CROOKES (b) gibt an, daß Thallojodid auch in Gegenwart eines Überschusses an Eisensalz gefällt werden kann, wenn man 3wertiges Eisen vorher mit Schwefeldioxyd reduziert. In ungefähr 0,6 g Pyrit weist er noch 1 Teil Thallium in 3000000 Teilen Erz nach. Nachweis durch Tüpfelreaktion s. S. 94.

Grenzkonzentration. 1:330000.

Störungen können durch Kationen entstehen, die schwerlösliche Jodide bilden, wie Quecksilber, Blei, Silber und 1wertiges Kupfer. Mit Natriumthiosulfatlösungen können die schwerlöslichen Jodide des Bleies, Silbers und Kupfers in lösliche Komplexverbindungen überführt werden. Über Vermeidung einer Schwefelausscheidung und etwaiges Ausfallen von AgJ s. Ausführung als Tüpfelreaktion S. 94. Bei Gegenwart von viel Blei neben einer kleinen Menge Thallium fügt WERNER vor Zugabe des Jodids Natriumthiosulfat bis zur Wiederauflösung der zuerst eintretenden Fällung zu.

4. Nachweis durch Fällung als Thallochromat. Alkalichromate fällen aus Thallosalzlösungen schwerlösliches, gelbes Thallochromat. Der Niederschlag ist auch in mäßig konzentrierter Essigsäure, verdünnter Salpetersäure und verdünnter Ammoniaklösung in der Kälte schwer, in der Wärme nur etwas mehr löslich. Nach CARSTANJEN bildet sich mit verdünnter Salzsäure der Niederschlag teilweise zu Chlorid um.

Empfindlichkeit. Nach der Thalliumjodidreaktion ist die Chromatreaktion der empfindlichste Nachweis mit anorganischen Reagenzien. Nach GORONCY und BERG sind bei einem Gesamtvolumen von 10 cm^3 in reiner Thalliumsalzlösung bei einer

Wartezeit von 1 Std. noch 0,053 mg Thallium, bei 24 Std. Wartezeit noch 0,022 mg Thallium nachweisbar. Die Gegenwart auch größerer Alkalichloridmengen sowie auch Alkalisulfat haben keinen merklichen Einfluß auf die Empfindlichkeit der Reaktion.

Störungen werden durch Kationen, die schwerlösliche Chromate bilden, verursacht; z. B. durch $Ag^{\cdot}$, $Hg^{\cdot}$, $Bi^{\cdot\cdot\cdot}$, $Pb^{\cdot\cdot}$ und $Ba^{\cdot\cdot}$, während $Cu^{\cdot\cdot}$ nicht stört (GORONCY und BERG). In Gegenwart von $Cd^{\cdot\cdot}$ versetzt man die saure Lösung mit einigen Tropfen von Kaliumchromat- und Kaliumbichromatlösungen und einem Überschuß an Ammoniak. Nach Erhitzen bis zum Sieden fällt Thalliumchromat aus. Nach CROOKES (c) kann 1 Teil Thallium neben 800 Teilen Cadmium nachgewiesen werden.

Nach VEIL kann ein Thalliumchromatniederschlag von Chromatniederschlägen des Zinks, Cadmiums, Bleis, Bariums und Strontiums dadurch unterschieden werden, daß man ihn in Gelatine entstehen läßt. Wird je ein Tropfen der zu untersuchenden Lösung sowie von der Chromatlösung auf eine Gelatineschicht nebeneinander aufgetragen, so bilden sich bei Anwesenheit von Thallium einzelne Krystalle, die man unter dem Mikroskop gut beobachten kann. Die anderen störenden Ionen zeigen derartige Effekte nicht.

5. Nachweis mit Brom und Alkalihydroxyd. Wird eine Thallosalzlösung durch Brom oxydiert, so fällt bei Zugabe von Alkalihydroxyd Thallium quantitativ als schwarz (manchmal braun) gefärbtes Thallihydroxyd aus.

$$Tl^{\cdot} + Br_2 \rightarrow Tl^{\cdot\cdot\cdot} + 2\,Br'$$
$$Tl^{\cdot\cdot\cdot} + 3\,(OH)' = Tl(OH)_3.$$

Aus Thallosalzlösungen wird durch Alkalihydroxyd oder -carbonat kein Tl(OH) bzw. Tl_2CO_3 wegen der hohen Löslichkeit dieser Verbindungen gefällt.

Ausführung. BROWNING gibt zur bromhaltigen Thalliumsalzlösung einen leichten Überschuß an Alkalihydroxyd [s. a. DENIGÈS (b)].

Empfindlichkeit. Es gelingt, noch 0,1 mg Thallium in 10 cm^3 als schwarz gefärbtes Thallihydroxyd nachzuweisen, also Grenzkonzentration 1:100000.

Störungen werden natürlich durch diejenigen Metalle verursacht, die mit Ammonium- und Alkalihydroxyd unlösliche Schwermetallverbindungen bilden. Natriumperoxyd ist zur Fällung weniger geeignet.

6. Nachweis als Thallothiocarbonat. Nach PICON eignet sich das Thallothiocarbonat wegen der geringen Wasserlöslichkeit als spezifische Nachweisform.

Ausführung. 1 bis 2 cm^3 der zu untersuchenden Lösung werden mit einigen Tropfen Schwefelkohlenstoff und mit Ammoniak in geringem Überschuß versetzt. Dann wird etwas Ammoniumsulfid zugegeben und leicht bis zum Sieden des Schwefelkohlenstoffs erwärmt. Nach einer anfänglichen braunen Fällung von Thallosulfid erscheint dann bald die prächtig rote Farbe des Thallothiocarbonats nach:

$$Tl_2S + CS_2 = Tl_2CS_3.$$

Grenzkonzentration. In einer Verdünnung von 1:50000 läßt sich Thallium noch durch eine rötliche Trübung erkennen.

Störungen. Die mit anderen Metallen erhaltenen unlöslichen Sulfide (des Cadmiums, Molybdäns, Vanadins, Silbers, Quecksilbers, Bleis, Wismuts, Platins, Palladiums, Osmiums, Golds, Eisens und Nickels) zeigen keine Farbänderungen in Schwefelkohlenstoff und stören folglich nicht. Der Uranniederschlag ist bei Gegenwart von überschüssigem Ammoniak rötlichgelb und gelartig.

7. Nachweis durch Fällung mit Erdalkaliferrocyaniden. GASPAR Y ARNAL (b) schlägt als Reagens für Thallo-Ion Calciumferrocyanid vor. Er verwendete ursprünglich (a) ein Gemisch von Natriumferrocyanid und Calciumacetat, befand aber später das Calciumferrocyanid für geeigneter. Der in wäßriger Lösung entstehende weiße Niederschlag von $Tl_2Ca\,[Fe(CN)_6]$ entsteht bei neutraler, ammoniakalischer oder schwach essigsaurer Reaktion. In Gegenwart von Mineralsäuren fällt die Verbindung nicht aus, da sie in denselben löslich ist.

Die Abscheidung ist so vollständig, daß im Filtrat mit Kaliumjodid kein Thallium mehr nachweisbar ist. Der Autor erhält positive Reaktionen bis zu einem Gehalt von 0,025 mg Thallium im Kubikzentimeter.

Störungen verursachen Rubidium und Caesium, deren analoge Verbindungen ebenfalls aus wäßriger Lösung ausfallen. Kalium und Ammonium werden nur aus wäßrig alkoholischer Lösung gefällt. Natrium und Lithium geben keine Niederschläge.

Magnesiumferrocyanid fällt aus Thallosalzlösungen $Tl_2Mg[Fe(CN)_6]$. Caesium und der Hauptanteil des Rubidiums fallen in der Kälte gleichfalls aus, während der Rest des Rubidiums und ein großer Teil des Ammoniums erst in der Hitze ausfallen. Kalium wird nicht gefällt.

In der Kälte bildet Bariumferrocyanid nur mit Thallo-Ionen einen Niederschlag. Ammonium wird erst in der Hitze abgeschieden. Hierdurch können Thallium und Ammonium von Kalium, Rubidium und Caesium getrennt werden. Es muß allerdings eine an Thallium mindestens 1%ige Lösung vorliegen; bei geringerer Konzentration ist Alkohol zuzufügen.

8. Nachweis mit Phosphormolybdänsäure. Thallo-Ionen bilden mit Phosphormolybdänsäure in salpetersaurer Lösung einen gelben Niederschlag von Thallophosphormolybdat. Bei Gegenwart von überschüssigem Reagens bleibt diese Verbindung jedoch kolloid in Lösung und ist in diesem Zustand weder zentrifugierbar noch filtrierbar. Das Thalliumphosphormolybdat-Sol ist in Salzsäure in der Wärme löslich, ebenso in Alkalien und in Alkalicarbonat. Nach POLUEKTOW wird der gelbe Niederschlag durch konzentrierte Lauge unter Bildung eines grünblauen Niederschlages zersetzt. PAVELKA und MORTH haben diese Reaktion für die Bestimmung kleiner Thalliummengen verwendet.

40 γ erzeugen nach einigen Minuten noch eine deutliche gelbe Trübung, die beim Verdünnen nicht verschwindet.

$Pb^{\cdot\cdot}$, $Bi^{\cdot\cdot\cdot}$, $Hg^{\cdot\cdot}$ und $Cd^{\cdot\cdot}$ reagieren in Gegenwart von Salpetersäure nicht mit dem Reagens, $Hg^{\cdot}$ gibt in schwach salpetersaurer Lösung einen Niederschlag, der sich bei weiterem Zusatz der Säure wieder löst. Kalium- und Ammoniumsalze, die bekanntlich ebenfalls unlösliche, gelbe Niederschläge geben, dürfen nicht anwesend sein.

Ausführung als Tüpfelreaktion s. S. 93.

B. Weitere Reaktionen des Thallo-Ions.

Folgende Reaktionen spielen für den Nachweis des Thalliums erst in zweiter Linie eine Rolle:

a) Fällungsreaktionen.

1. Fällung als Thallobromid. Bromwasserstoffsäure sowie lösliche Bromide fällen aus Thallosalzlösungen käsiges, gelblichweißes Thallobromid. Die Löslichkeit ist größer als die des Jodids, aber kleiner als die des Chlorids. Der Niederschlag löst sich in der Wärme bedeutend leichter und krystallisiert beim Erkalten wieder aus (HEBBERLING). Über die Abtrennung von Thalliumbromid vom Silber- und Bleibromid s. BENEDETTI-PICHLER und SPIKES.

2. Fällung als Thallochlorid. Chlorwasserstoffsäure oder Alkalichloride geben mit Thallosalzlösungen eine weiße, schwere, käsige Fällung von TlCl, die dem Silberchlorid sehr ähnlich ist (nach HEBBERLING färbt sich das Thallochlorid am Licht ebenfalls violett), sich aber im Gegensatz zu diesem beim Zugeben von Ammoniak nicht löst. Bei Gegenwart überschüssiger Chlor-Ionen ist der Niederschlag noch schwerer löslich als in reinem Wasser. Alkohol löst den Niederschlag auch nicht (CARSTANJEN).

Aus heißer Lösung scheidet sich der Niederschlag krystallin ab; die Würfelform ist unter dem Mikroskop erkennbar (HEBBERLING).

Im Gegensatz zum Thallojodid wirkt Natriumthiosulfat auf Thallochlorid unter Bildung einer komplexen Verbindung lösend ein (Wi. Ostwald).

Die Empfindlichkeit ist bedeutend geringer als bei der Jodidreaktion; in zu verdünnten Lösungen versagt die Reaktion.

Grenzkonzentration. 1:60000.

*3. **Fällung als Thallochloroplatinat.*** Aus Thallosalzlösungen wird mit Platinchlorwasserstoffsäure sehr schwer lösliches Thallochloroplatinat von hellgelber Farbe gefällt. Der Niederschlag setzt sich schwer ab und geht leicht durch das Filter (Hebberling). Die Bedeutung dieser Reaktion liegt hauptsächlich in der mikroskopischen Beobachtung; s. S. 87.

Kalium-, Ammonium-, Rubidium- und Caesiumsalze geben die Reaktion ebenfalls. Das Thalliumsalz ist zwar am schwersten löslich und kann nach Böttger in den zuerst ausfallenden Anteilen angereichert und so anderweitig identifiziert werden.

*4. **Fällung mit Schwefelwasserstoff oder Ammoniumsulfid bzw. Alkalisulfid.*** Schwefelwasserstoff oder Ammonium- bzw. Alkalisulfid fällt aus Thallosalzlösungen braunschwarzes Thallosulfid, welches sich bei leichtem Erwärmen zu wenigen großen Klümpchen zusammenballt. Schon von verdünnten Säuren wird es zersetzt; am empfindlichsten ist die Reaktion deshalb in ammoniakalischer oder alkalischer Lösung. Bei Gegenwart starker Säuren findet also keine Fällung des Sulfides statt. Wenn man Schwefelwasserstoff in eine kalte, nicht zu verdünnte und nur mit einer Spur von Schwefelsäure angesäuerte Lösung von Thallosulfat einleitet, so scheidet sich das Sulfid in der schwarzen, *krystallinischen Modifikation* aus, welche kleine, prachtvoll glänzende, schwarzblaue Blättchen bildet. Unter dem Mikroskop sollen Tetraeder und dessen Zwillingsform erkennbar sein. In dieser Form ist das Sulfid längere Zeit an der Luft beständig. Aus alkalisch reagierenden Lösungen wird *amorphes Thalliumsulfid* gefällt, welches sich sehr leicht zum Sulfat oxydiert. In überschüssigem Ammoniumsulfid, Alkalihydroxyd- und Alkalicarbonat- und Kaliumcyanidlösungen ist das Sulfid unlöslich (Hebberling). In Alkalipolysulfidlösungen nimmt die Löslichkeit des Sulfids mit steigender Menge an gelöstem Schwefel zu (Hawley). Luftsauerstoff oxydiert den Niederschlag ziemlich rasch zum Sulfat [Crookes (d)].

Über die Fällung des Thalliumsulfids bei Gegenwart von Arsen, Antimon, Zinn, Kupfer und Quecksilber s. S. 73. Neben viel Kupfer weist Crookes (d) Thallium in geringer Menge mit Ammoniumsulfid nach, indem er ersteres durch Ammoniak und Kaliumcyanid komplex bindet. Wismut trennt er bei Gegenwart von Kaliumcyanid als Carbonat ab.

Denigès (b) unterscheidet das Thalliumsulfid von Bleisulfid wie folgt: Zu 5 cm^3 Ammoniak gibt er 1 cm^3 der Probelösung und 1 cm^3 5%iger Natriumsulfidlösung. Nach Umschütteln wird 1 cm^3 Essigsäure zugegeben. Hierbei wird der Niederschlag der schwarzbraunen Sulfide im Falle des Thalliums beim Kochen gelöst, bei Vorliegen von Blei nicht.

*5. **Fällung mit Natriumkobaltinitrit.*** Von Tanatar und Petrow wird das Natriumkobaltinitrit als Reagens auf Thallium empfohlen. Auch aus ziemlich verdünnter, schwachsaurer Lösung fällt ein feinkrystalliner, roter Niederschlag von $Tl_3[Co(NO_2)_6]$.

Löslichkeit des Niederschlages in Wasser: 1:10000 (nach Rosenbladt 1:23810).

Störungen. Kalium, Rubidium und Caesium fallen ebenfalls aus. Auch Blei gibt einen Niederschlag, der zwar von gelber Farbe und löslicher ist.

*6. **Fällung mit Antimon(III)chlorid und Kaliumjodid.*** Ephraim gibt eine Reaktion von Antimon(III)chlorid und Kaliumjodid mit Thalloverbindungen an, die zu einem orange bis zinnoberroten Niederschlag von der Formel $3\,TlJ \cdot 2\,SbJ_3$ führt

Ausführung. Antimontrioxyd löst man in verdünnter Salzsäure und verdünnt soweit mit Wasser, daß bei Zusatz von etwas weiterem Wasser noch kein Niederschlag von Oxychlorid entsteht. Dann gibt man festes Kaliumjodid zu, welches sich unter Gelbfärbung der Lösung auflöst. Dieses Reagens gibt mit jeder sauren oder neutralen Thallosalzlösung die äußerst charakteristische Fällung. Um das Doppelsalz rein zu erhalten, ist ein Überschuß an Reagens notwendig, da anderenfalls gleichzeitig Thallojodid ausfällt.

Noch in einer Verdünnung von 1:20000 ist die Fällung wahrnehmbar. In Thallosalzlösungen, die mit Kaliumjodid zuerst nur noch eine Gelbfärbung hervorrufen, tritt eine deutliche Trübung ein.

*7. **Fällung als Thalliumbichromat.*** Kaliumbichromat fällt aus Thallosalzlösungen orangerotes $Tl_2Cr_2O_7$. Nach CARSTANJEN verhält sich der Niederschlag dem Thallochromat sehr ähnlich, setzt sich aber besser ab als dieser. Mikrochemische Reaktion mit Ammoniumbichromat s. S. 89.

*8. **Abscheidung durch metallisches Zink.*** Aus Thalliumsalzlösungen scheidet Zink metallisches Thallium ab (CHAMOT und MASON).

b) Farbreaktionen mit organischen Reagenzien.

*1. **Nachweis mit Chinalizarin (1,2,5,8-Tetraoxyanthrachinon).*** PIETSCH und ROMAN geben einen Nachweis für Thallium mit Chinalizarin (1, 2, 5, 8-Tetraoxyanthrachinon) an, der zwar für Indium und Gallium empfindlicher, aber auf Thallium auch noch anwendbar ist. Das Reagens gibt mit Thallo-Ion einen intensiv blauvioletten, lackartigen Niederschlag.

OH O OH
OH
OH O

Chinalizarin

Ausführung. Die Reagenslösung wird hergestellt durch Auflösen von 0,5 g Chinalizarin in 10 cm^3 konzentrierter Ammoniaklösung; sie muß frisch hergestellt werden, da nach einigen Stunden Zersetzung eintritt. Ist die zu untersuchende Lösung sauer, so wird sie mit Ammoniak neutralisiert. Da der Niederschlag in der gefärbten Lösung nur bei guter Beleuchtung einwandfrei erkennbar ist, wird er in kleinen zylinderförmigen Trögchen mit planer Bodenfläche (Durchmesser etwa 2,5 cm) beobachtet. Beleuchtet wird mit einer 80 Watt-Tageslichtlampe, die sich in einem Kasten mit kreisförmigem Ausschnitt im Deckel befindet. Über diesem Ausschnitt wird nach Zwischenschaltung einer Kühlcüvette mit Mattglasscheibe der Niederschlag in dem Trögchen in Aufsicht beobachtet. 1 cm^3 der neutralen Lösung versetzt man mit der gleichen Menge konzentrierter Ammoniumchloridlösung und gibt dann je nach der nachzuweisenden Menge 5 bis 20 Tropfen Chinalizarinlösung hinzu. Je nach der Konzentration tritt der Niederschlag etwas verzögert auf (Wartezeit 1 bis 2 Min.). Er geht allmählich in metallisches Thallium über, aber nicht bei Abwesenheit von Ammoniumchlorid. In diesem Falle verschiebt sich aber auch die Erfassungsgrenze zu bedeutend ungünstigeren Werten.

Erfassungsgrenze. 1 mg Tl/cm^3.

*2. **Nachweis mit Diphenylthiocarbazon (Dithizon).*** Die Lösung des Dithizons in Tetrachlorkohlenstoff gibt bei Einhaltung eines p_H-Bereiches von 9 bis 12 mit Thalloverbindungen eine rote Färbung. Der Komplex ist bei $p_H = 11$ am beständigsten. Wie bei Blei, Wismut und 2wertigem Zinn können die übrigen Metalle durch Cyanid-Ion getarnt werden (FISCHER sowie FISCHER und WEYL).

SC
NH—N
H
N = N

Dithizon

Die Empfindlichkeit des Nachweises ist noch nicht ermittelt.

II. Nachweisreaktionen des Thalli-Ions.

Wie oben schon erwähnt, stehen die Reaktionen des Thalli-Ions in ihrer analytischen Bedeutung für den qualitativen Nachweis hinter den Reaktionen des Thallo-Ions zurück. Jedoch können die Nachweise mit Rhodamin B, Hexamminchromichlorid und α-Naphthol + Dimethyl-p-phenylendiamin nicht nur für 3wertiges Thallium empfohlen werden, sondern auch für die gewöhnlich vorliegenden Thalloverbindungen, nachdem man sie durch Oxydation mit Chlorwasser (oder Königswasser) in Thalliverbindungen überführt hat.

In erster Linie kommen in Betracht:

1. Nachweis mit Tetraäthylrhodaminchlorhydrat (Rhodamin B). EEGRIWE beschreibt das Rhodamin B als Reagens auf 3wertiges Thallium, welches als Thallichlorid vorliegt. Hierbei treten in der rosaroten, gelblichrot fluorescierenden Lösung des Farbstoffes beim Hineintropfen der Thallichloridlösung violette bis blauviolette Schlieren auf, die durch Oxydationsvorgänge und offenbar auch durch Niederschlagsbildung hervorgerufen werden.

$(C_2H_5)_2N$ … O … $N(C_2H_5)_2Cl$ / Cl … C … COOH

Rhodamin B

Ausführung. Die Reagenslösung enthält 0,05 g Rhodamin B auf 500 cm^3 Wasser. 1 Tropfen der Thallichloridlösung wird zu 5 cm^3 der Reagenslösung gegeben. 1wertiges Thallium wird vorher am besten mit einigen Tropfen chlorhaltiger Salzsäure oxydiert.

Erfassungsgrenze. 1,5 γ im Tropfen (in schwach salzsaurer Lösung).

Störungen können auftreten durch Antimonpentachlorid, Mercurichlorid, Gold(III)chlorid, Wismutoxychlorid, Molybdat und Wolframat, sowie durch größere Mengen Ferrichlorid.

2. Nachweis mit Hexamminchromichlorid. G. SPACU und POP fanden, daß Thallichlorid mit dem Hexamminchromichlorid $[Cr(NH_3)_6]Cl_3$ einen schwerlöslichen gelben Niederschlag bildet, der sich auch zum qualitativen Nachweis des Thalliums verwenden läßt. Das 1wertige Thallium wird zuvor durch Kaliumchlorat und Salzsäure zur Thallistufe oxydiert. Die Zusammensetzung des Niederschlages entspricht der Formel: $[Cr(NH_3)_6]\,(TlCl_6)$.

Ausführung. 2 bis 4 cm^3 der verdünnten Thallosalzlösung werden bis zum Sieden erhitzt. Dann gibt man einige Krystalle von Kaliumchlorat und 1 cm^3 konzentrierte Salzsäure hinzu und läßt noch 1 bis 2 Min. sieden. Nach dem Erkalten gibt man zu dieser Lösung 1 cm^3 einer wäßrigen Lösung von Hexamminchromichlorid (Darstellung nach SPACU und VOICHESCU). Es entsteht sofort ein citronengelber krystallinischer Niederschlag von der oben genannten Zusammensetzung.

Grenzkonzentration. 1:330000.

Die Reaktion wird als genügend spezifisch bezeichnet.

3. Nachweis mit α-Naphthol + Dimethyl-p-phenylendiamin. 3wertiges Thallium oxydiert nach MARINO in alkalischer Lösung α-Naphthol und Dimethyl-p-phenylendiamin zu blauem Indophenol:

$$\text{OH}\text{–}C_{10}H_7 + NH_2\text{–}C_6H_4\text{–}N(CH_3)_2 \xrightarrow{Tl^{\cdots}}$$

$$\text{OH}\text{–}C_{10}H_6\text{–NH–}C_6H_4\text{–}N(CH_3)_2 \longrightarrow O{=}C_{10}H_6{=}N\text{–}C_6H_4\text{–}N(CH_3)_2$$

Indophenolblau

Ausführung. Die zu untersuchende Lösung, die Thallium in der 3wertigen Stufe enthält, wird mit Kalilauge alkalisch gemacht, eine gesättigte Lösung von α-Naphthol sowie eine sehr kleine Menge von Dimethyl-p-phenylendiaminchlorhydrat zugegeben. Die intensive Blaufärbung tritt auch bei gleichzeitiger Anwesenheit von Thalloverbindungen auf.

Grenzkonzentration. 1:30000 (geschätzt).

Natrium-, Kalium- und Ammoniumsalze stören nicht, andere oxydierend wirkende Substanzen wie Ferrisalze, Ammoniumpersulfat usw. stören jedoch natürlich.

Folgende Reaktionen sind weniger gebräuchlich:

1. Färbung mit α-Naphthylamin. Nach RENZ bildet sich bei Zusatz einer alkoholischen Thallichloridlösung zu einer alkoholischen Lösung von α-Naphthylamin nach kurzem Stehen eine schöne tiefviolette Farbe. Nach mehrtägigem Stehen fällt ein violett gefärbter Niederschlag. Die Färbung rührt wahrscheinlich von Oxydationsprodukten des α-Naphthylamins her.

2. Reaktion mit Morphiumsalzen. 3wertiges Thallium gibt mit Morphiumchlorid in ammoniakalischer Lösung einen gallertartigen gelben Niederschlag (SCHEMJAKIN und WOLKOWA).

§ 4. Mikrochemische Nachweisreaktionen.

I. Reaktionen des Thallo-Ions.

A. Als Mikroreaktionen in erster Linie brauchbare Nachweise.

1. Fällung mit Platinchlorwasserstoffsäure. Platinchlorwasserstoffsäure fällt aus sauren Lösungen besonders große Krystalle, die den gelben, scharf ausgebildeten Oktaedern des $Cs_2(PtCl_6)$ sehr ähnlich sind, aber nur halb so groß (1,5 bis 2 μ) werden. Sehr große Krystalle erhält man auch durch Eindunsten sehr verdünnter Lösungen. Als Reagens dient 10%ige Platinchloridlösung.

Erfassungsgrenze. 0,008 γ Tl/cm³ (BEHRENS).

Störungen treten durch Kalium, Ammonium, Rubidium und Caesium auf. S. makroskopischer Nachweis S. 84.

2. Fällung mit Kaliumjodid. Nach BEHRENS-KLEY ist die Krystallform des Thallojodids die gleiche wie die des Thallochlorids. Die dunkelgelben Krystalle sind nur kleiner, die größten Rosetten haben einen Durchmesser von 20 μ. Sie sind beinahe undurchsichtig. Man kann aus heißem Wasser oder besser aus sehr verdünnter Essigsäure umkrystallisieren. HAUSHOFER beobachtet bei einem mit sehr verdünnter Thallosulfatlösung und Kaliumjodid im Reagensglas erhaltenen Niederschlag im allgemeinen keine gut ausgebildeten Krystalle. Durch Umkrystallisieren aus siedendem Wasser entsteht ein scharlachrotes Krystallpulver, welches hauptsächlich aus durchsichtigen roten Rhombendodekaedern besteht, die nach einigen Tagen blaßgelb werden.

Erfassungsgrenze. 0,03 γ Tl in 0,01 cm³.

Störungen siehe beim makroskopischen Nachweis S. 81.

3. Fällung mit Kaliumquecksilberjodid. Thallosalze bilden mit Kaliumquecksilberjodid schwerlösliches Thalloquecksilberjodid, welches bei der Arbeitsweise von JURÁNY eine charakteristische Krystallform aufweist und an dieser unter dem Mikroskop erkannt werden kann.

Herstellung des Reagenses: 3,3 g Mercurijodid und 2,7 g Kaliumjodid werden in 3 bis 4 cm³ heißem Wasser gelöst und die Lösung wird mit Wasser auf 15 cm³ aufgefüllt.

Ausführung. Da zur Bildung guter Krystalle eine reichliche Verdünnung erforderlich ist, wird der Nachweis in einem Mikrobecherglas von 3 bis 5 cm³ Inhalt ausgeführt. Von der neutralen oder schwachsauren Lösung gibt man 1 Tropfen in das Becherglas (liegt Thallosulfid vor, so löst man es in möglichst wenig verdünnter Salpetersäure), verdünnt mit 2 cm³ Wasser und erhitzt zum Sieden. Nun wird tropfenweise die Kaliumquecksilberjodidlösung zugegeben, bis die überstehende Lösung einen gelblichen Ton angenommen hat. Um gut ausgebildete Krystalle zu erhalten, ist ein größerer Überschuß an Reagens möglichst zu vermeiden. Bei Vorhandensein von Thallium entsteht eine gelblich-orangefarbene Trübung. Beim langsamen Abkühlen setzt sich ein feiner gelber Bodensatz ab. Falls bereits in der Siedehitze starke Niederschlagsbildung eintritt, ist entsprechend zu verdünnen und erneut zu erhitzen. Unter dem Mikroskop können gelbe quadratische Prismen, Klötzchen oder Stäbchen, Kreuze, Büschel mit gerader Auslöschung und Additionsfarben (γ-längs) beobachtet werden (s. Abb. 1). Liegt nur sehr wenig Thallium vor, so wird die Reaktion auf dem Objektträger wie folgt ausgeführt: Zu 1 Tropfen der zu prüfenden Lösung gibt man 1 großen Tropfen Wasser und erhitzt über der Mikroflamme zum Sieden. Mit einer kleinen Glasfadenöse gibt man eine Spur der Kaliumquecksilberjodidlösung hinzu. Bei etwa 200facher Vergrößerung beobachtet man am Rande des Tropfens die allmähliche Bildung von winzigen gelben Stäbchen (6 bis 12 μ), die zwischen gekreuzten Nicols oder im auffallenden Licht gut an ihrem gelben Leuchten zu erkennen sind. Das Auftreten der beschriebenen Krystalle zeigt die Anwesenheit von Thallium, das im Zweifelsfall noch spektralanalytisch identifiziert werden kann (grüne Linie von 5350,5 Å).

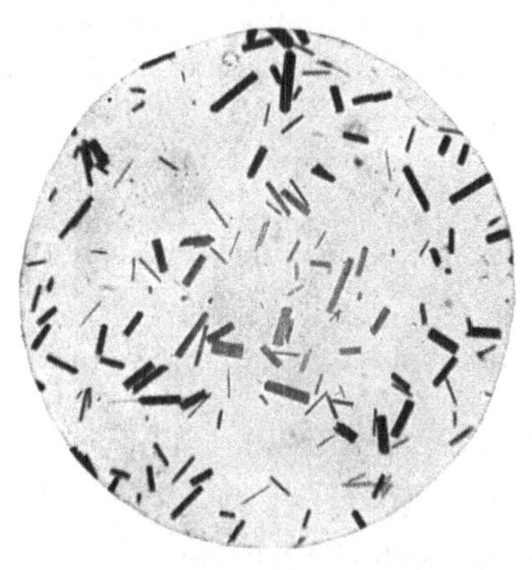

Abb. 1.
Fällung mit Kaliumquecksilberjodid.

Erfassungsgrenze. 0,1 γ Tl (auf dem Objektträger).

Grenzkonzentration. 1:200000 (gelbliche Trübung).

Störungen verursachen Ag˙, As˙˙˙, Sn˙˙ und Pb˙˙. Cu˙˙ und Phosphat stören nicht. Bereits gefälltes TlCl und TlJ lassen sich in heißer Lösung mit Kaliumquecksilberjodid glatt zu der besprochenen Thalliumquecksilberjodidverbindung umsetzen. Hierin besteht eine Möglichkeit der zusätzlichen Identifizierung von TlCl und TlJ.

*4. **Fällung mit Dipikrylamin.*** Nach SCHEINZISS gibt das Thallo-Ion mit

$$\mathrm{NO_2}\langle\overset{\mathrm{NO_2}}{\underset{\mathrm{NO_2}}{\bigcirc}}\rangle\mathrm{{-}NH{-}}\langle\overset{\mathrm{NO_2}}{\underset{\mathrm{NO_2}}{\bigcirc}}\rangle\mathrm{NO_2}$$

Hexanitrodiphenylamin (Dipikrylamin) gelb-orange Quadrate und Rechtecke, selten Rhomben, manchmal mit abgerundeten Ecken, häufig mit dunklen, schief über den Krystall laufenden Doppelstreifen mit dunklen Dreiecken, die sich meistens an den Schmalseiten befinden und die Spitzen einander zukehren (rhombisch; Größe 30 bis 40 μ).

Als Reagens dient eine 2%ige Lösung von Natriumdipikrylaminat.

Erfassungsgrenze. 0,05 bis 0,1 γ in 1 mm³.

Störungen können durch Kalium, Rubidium und Caesium eintreten. Die größeren Krystalle des Kaliumsalzes fallen aber erst später aus als die des Thalliumsalzes; das Rubidiumsalz fällt aber bedeutend rascher und zunächst feinpulveriger als dieses aus. Neben Caesium ist der Nachweis nicht möglich. Sonst bilden nur noch Blei und Quecksilber charakteristische Krystalle. Andere Metallsalzlösungen und Säuren bringen die freie Base zum Auskrystallisieren.

*5. **Fällung mit Chloriden.*** **a) Verfahren nach BEHRENS-KLEY.** Mit Salzsäure oder löslichen Chloriden fällt schwerlösliches Thallochlorid, welches durch ein starkes

Lichtbrechungsvermögen sowie durch gute Krystallisationsfähigkeit ausgezeichnet ist. Nach BEHRENS-KLEY fallen aus verdünnten Lösungen sowie nach Umkrystallisieren aus heißem Wasser farblose Würfel von 10 bis 15 μ. Im Normalfall entstehen aber Sternchen und Rosetten von 50 bis 100 μ, die im auffallenden Licht weiß und stark glänzen, im durchfallenden Licht dagegen fast schwarz erscheinen (GEILMANN) (s. Abb. 2). Eine lösende Einwirkung von verdünnter Schwefelsäure oder Salpetersäure kann durch Natriumacetat beseitigt werden. Um den Niederschlag von Blei(II)chlorid unterscheiden zu können, behandeln CHAMOT und MASON die Fällung mit Kaliumjodid, wobei nicht, wie bei Anwesenheit von Blei, gelbe hexagonale Platten entstehen. Bei Zugabe von Schwefelsäure bildet sich kein unlösliches Sulfat.

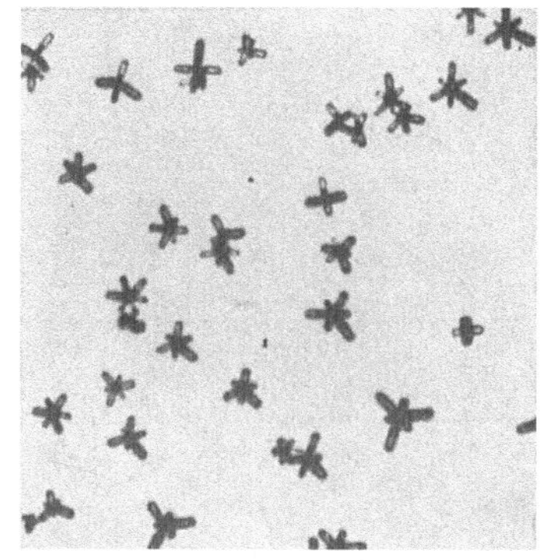

Abb. 2. Thallochlorid (GEILMANN).

b) Verfahren nach KRAMPR. Durch einen geringen Zusatz von verdünnter Salpetersäure erreicht KRAMER eine Verzögerung der Reaktion und Entstehung größerer Krystalle. Man versetzt 1 Tropfen 0,01 n Salzsäure mit 1 Tropfen 0,005 n Salpetersäure und mit 1 Körnchen Thallonitrat. Es bilden sich ziemlich große Rosetten und auf der Spitze stehende Würfel von Thallochlorid. Ebenso kann man von der 0,01 n Lösung eines Chlorids ausgehen. Dabei bilden sich allerdings kleinere Krystalle.

Erfassungsgrenze. 0,16 γ Tl in 1 mm^3 (BEHRENS).

Thallichlorid kann sich bei Gegenwart oxydierender Stoffe auf Zusatz von Salzsäure abscheiden. Es ist aber viel löslicher als das Thallochlorid und erscheint nur beim Eindunsten in dreieckigen oder sechseckigen Krystallen.

6. Fällung mit Ammoniumbichromat bzw. Kaliumchromat. Aus salpetersauren Lösungen von Thalloverbindungen fallen auf Zusatz von Ammoniumbichromat sofort schöne, gelbe, sternförmige Aggregate spießförmiger Krystalle aus [ROSENTHALER (b) sowie STEENHAUER] (Abb. 3).

Erfassungsgrenze. 1 γ Tl.

Grenzkonzentration. 1:50000.

Mit Kaliumchromat erhält man aus verdünnten Lösungen von Thallosulfat ein hellgelbes Pulver, das sich rasch zu prächtigen Nadeln und Spießen von $Tl_2Cr_2O_7$ umwandelt (BEHRENS-KLEY sowie HAUSHOFER).

Abb. 3. Fällung mit Ammoniumbichromat.

B. Weitere Mikroreaktionen des Thalliums.

1. Fällung mit Kupferbleinitrat. Die Tripelnitritreaktion ist allerdings auf Thallium sehr empfindlich. Die entstehenden schwarzen Würfel sind aber doch im Gegensatz zu den mit Kalium, Rubidium, Caesium und Ammonium erhaltenen Krystallen sehr fein und nur schwer erkennbar.

Ausführung. Man arbeitet nach BEHRENS-KLEY mit einer frisch hergestellten Lösung von 20 g Natriumnitrit, 9,1 g Kupferacetat, 16,2 g Bleiacetat und 2 cm^3 Essigsäure in 150 cm^3 Wasser, die nur kurze Zeit in einer gut schließenden kleinen Flasche aufbewahrt werden kann. Einen Tropfen dieses Reagenses läßt man auf ein

Körnchen der zu untersuchenden Substanz einwirken. Bei Gegenwart von Thallium bilden sich scharfe schwarze Würfel, die bei genügender Dünne dunkelrot durchscheinen.

Erfassungsgrenze. 0,001 γ Tl.

2. Fällung mit Natriumazid. Die Stickstoffwasserstoffsäure bildet mit denselben Kationen schwerlösliche Niederschläge, wie die Halogenwasserstoffsäuren. So benutzt ROSENTHALER (a) ein schwerlösliches Thalliumazid zum mikrochemischen Nachweis des Thalliums.

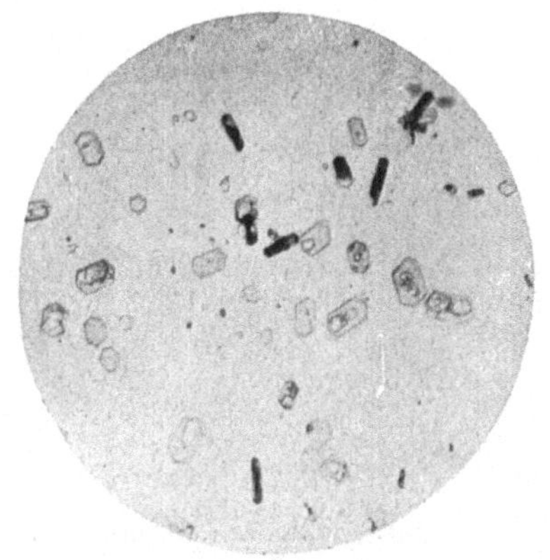

Abb. 4. Fällung mit Ammoniumrhodanid.

Ausführung. Zu der auf dem Objektträger sich befindenden Lösung, welche auf Thallium zu prüfen ist, gibt man festes Natriumazid. ROSENTHALER erhält mit Thalliumsulfatlösung in einer Verdünnung von 1:1000 spieß- und würfelförmige Krystalle. Mit Lösungen von der Verdünnung 1:2500 erhält er keine Fällung mehr.

Störungen geben $Ag^{\cdot}$, $Hg^{\cdot}$, $Pb^{\cdot\cdot}$, mit denen auch Fällungen auftreten.

3. Fällung mit Ammoniumrhodanid. Nach STEENHAUER fällt Ammoniumrhodanid aus Thalliumsalzlösungen Nadeln und prismatische Krystalle mit starker Lichtbrechung. In verdünnten Lösungen bilden sich Sechsecke, die im auffallenden Licht Interferenzfarben zeigen (s. Abb. 4).

4. Fällung mit Mercurirhodanid. Wird zu einer Lösung von Thalliumsalzen Mercurirhodanid zugesetzt, so entsteht sofort eine feinkrystalline Fällung. Beim Stehen oder schneller beim Reiben mit einem Platindraht wandelt sie sich in Prismen um, die meistens schiefe Endflächen besitzen. Sehr oft befinden sich an den Enden der Krystalle ungleichseitige Dreiecke, die mit einer scharfen Spitze nach der Mitte der Krystalle hin verlaufen. Die Krystalle polarisieren stark mit gerader Auslöschung (STEENHAUER) (s. Abb. 5).

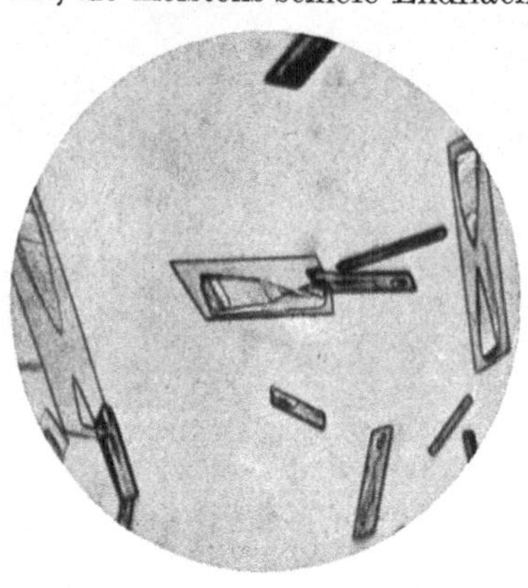

Abb. 5. Fällung mit Mercurirhodanid.

5. Fällung mit Weinsäure. Aus Thallosalzlösungen fällt Weinsäure sehr schöne Prismen mit Domaflächen und vierseitige Prismen. Die Krystalle polarisieren lebhaft und zeigen gerade Auslöschung. Starke Säuren stören (STEENHAUER) (Abb. 6).

6. Fällung mit Phosphormolybdänsäure. Die Kryställchen der Phosphormolybdänsäurefällung in salpetersaurer Lösung sind denjenigen, die man bei der Fällung mit Platinchlorwasserstoffsäure erhält, sehr ähnlich; aber die Empfindlichkeit der Reaktion ist wesentlich geringer. Ein Körnchen Alkalihydroxyd verwandelt den Niederschlag in farblose, 6seitige Blättchen von Tl_2MoO_4, die lebhafte Interferenzfarben zeigen (BEHRENS-KLEY sowie BEHRENS). Nach GEILMANN sowie STEENHAUER entsteht dieser Niederschlag auch bei Einwirkung von Thallosalzen auf schwach alkalische Lösungen von Alkali- oder Ammoniummolybdat. Bringt man festes Thallonitrat in eine Ammoniummolybdatlösung, so bildet sich nach VAN ZIJP um den Krystall ein dichter, körniger Niederschlag, an dem sich außen nadelförmige Krystalle abscheiden.

7. Fällung mit Ammoniummolybdat. Nach CHAMOT und MASON entsteht mit Ammoniummolybdat eine dichte, weiße, körnige Fällung, die bald in moosartige Massen und radial angeordnete Nester und Scheiben von nadelförmigen Krystallen übergeht. Später bilden sich hexagonale Platten und sechsstrahlige Sterne und Rosetten.

C. Unsichere Reaktionen.

Folgende Reagenzien geben mit Thallosalzen Krystallfällungen, die zwar in der Literatur beschrieben sind, aber zum Nachweis wegen ihrer geringen Sicherheit von weniger großer Bedeutung sind:

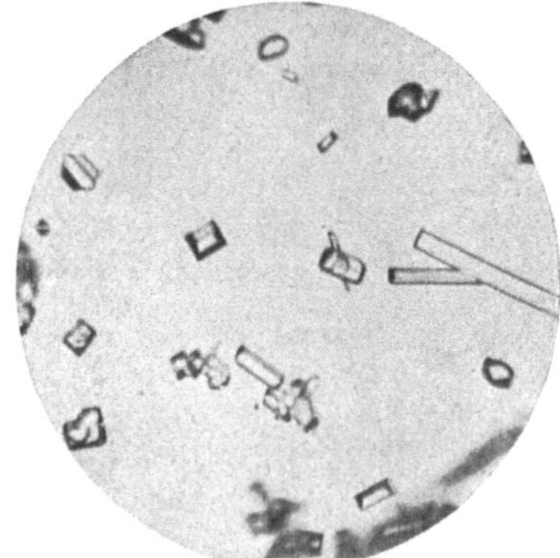

Abb. 6. Fällung mit Weinsäure.

1. Fällung von Thalloalaun, $TlAl(SO_4)_2 \cdot 12\,H_2O$. Nach TREADWELL entstehen bei Zugabe von Aluminiumsulfat zu einer Thallosulfatlösung beim Auskrystallisieren glänzende, farblose Oktaeder von Thalliumalaun.

2. Fällung mit Pikrinsäure. Nach STEENHAUER bilden sich bei Zusatz von Pikrinsäure zu Thallosalzlösungen schöne, gelbe Nadeln, Prismen und Kanten. Starke Säuren beeinträchtigen die Reaktion.

3. Fällung mit Natriumthiosulfat. Mit Natriumthiosulfat erhält STEENHAUER in einer Lösung von Thalliumacetat farblose Würfel und kreuzförmige Rosetten mit starker Lichtbrechung, ähnlich dem Thallochlorid. Die Krystalle lösen sich in einem Überschuß an Thiosulfat und sind aus heißem Wasser umkrystallisierbar.

4. Fällung von Oxalsäure. Nach HAUSHOFER erhält man mit einem Überschuß von Oxalsäure farblose Tafeln von rhombischem Umriß mit einem Winkel von 94°. In verdünnter Lösung erscheinen sie erst beim Verdunsten.

5. Fällung mit Ammoniumsiliciummolybdat. Eine gesättigte Lösung von Ammoniumsiliciummolybdat gibt mit Thallo-Ionen einen feinen gelblichen Staub. Mit Caesium und Ammonium entstehen größere Körner. Mit Kalium, Natrium und Lithium entsteht keine Fällung.

6. Fällung mit α-Naphthylaminsulfosäure. α-Naphthylaminsulfosäure erzeugt nach ROSENTHALER (a) Krystalle von Kreuz- und Sternform.

7. Fällung mit Jodsäure. Mit 10%iger Jodsäurelösung erhält ROSENTHALER (a) skelettartige Gebilde und Kreuze. Diese und die vorige Reaktion sind aber weniger empfindlich.

II. Mikrochemischer Nachweis für das Thalli-Ion.

Nachweis mit 2,4 Dinitro-α-naphthol (Martiusgelb). MARTINI erhält bei Einwirkung von Martiusgelb auf $Tl^{\cdots}$-haltige Lösungen einen krystallinen Niederschlag, der zum mikrochemischen Nachweis des Thalli-Ions dienen kann.

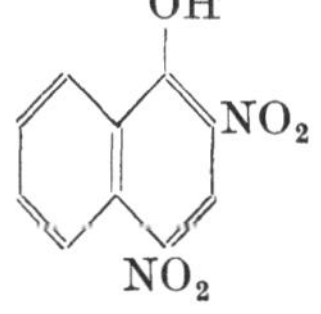

Ausführung. Wegen der geringen Wasserlöslichkeit von Martiusgelb stellt man sich eine konzentrierte Lösung des Farbstoffes in Pyridin her, die man mit 3 Teilen destilliertem Wasser verdünnt. Zu einem Mikrotropfen (0,01 cm^3) der Thallinitratlösung (der Autor verwendete eine Lösung der Verdünnung 1:1000) auf einem Objektträger gibt man einen gleichen Tropfen des Reagenses zu und bringt die Mischung mit einem Glasstäbchen rasch in Bewegung. Nach wenigen Augenblicken scheidet sich vom Rand ausgehend bis zur Mitte der Flüssigkeit eine Menge orangegelber Partikelchen aus, die sich unter dem Mikroskop als nadelförmige Prismen, die in Garben- oder Sternform angeordnet sind, erweisen (s. Abb. 7).

Erfassungsgrenze. 0,04 γ Tl.

Grenzkonzentration. 1:100000.

Setzt man zu dem Tropfen etwa 10%ige wäßrige Kochsalzlösung hinzu, so sieht man bei mikroskopischer Betrachtung, wie sich längs der nadelförmigen Prismen kleine farblose Würfel von Thallochlorid bilden, die wie Perlen eines Rosenkranzes aneinandergereiht sind. Bei diesem Vorgang verschwinden allmählich die Nadeln (topochemische Reaktion).

Bei sehr geringer Thalli-Ionen-Konzentration empfiehlt der Verfasser die Methode des Kollodiumeinschlusses anzuwenden. Hierbei wird folgendermaßen verfahren: Die zu untersuchende Lösung wird auf den Objektträger aufgebracht, über einer kleinen Flamme eingedunstet und abgekühlt. Dann wird reines Kollodium (4%ig von MERCK) darüber aufgetragen. Ohne Erwärmung läßt man das Lösungsmittel abdunsten und trägt das Reagens auf diese Schicht von Kollodium auf. Bei dieser Arbeitsweise kann man eine bessere Ausbildung der Krystalle erzielen.

Abb. 7. Fällung mit Martiusgelb.

Mit Kobalt wird auch ein krystalliner Niederschlag, jedoch von gänzlich anderer und nicht zu verwechselnder Form gefällt.

§ 5. Nachweis durch Tüpfelreaktionen.

Unter den Tüpfelnachweisen finden sich auch Reaktionen, die sich im Grunde auf das Thalli-Ion beziehen. Da das Thallo-Ion aber im Gange der Ausführung leicht zum Thalli-Ion oxydierbar ist, sind diese Reaktionen, z. B. die mit Leukonitrodiamantgrün und Benzidin, wegen ihrer Bedeutung als allgemeiner Thalliumnachweis überhaupt hier angeführt.

1. Nachweis mit Leukonitrodiamantgrün. KUHLBERG (a) beschreibt einen Nachweis mit Tetraäthyldiamino-o-nitrotriphenylmethan (Leukonitrodiamantgrün).

$$\left[(C_2H_5)_2N\text{-}C_6H_4\right]_2CH\text{-}C_6H_4\text{-}NO_2$$

Diese Leukoverbindung kann in saurer Lösung durch Thalli-Ionen zu einem blaugrünen Farbstoff oxydiert werden. (Der Farbstoff wird nach FISCHER und SCHMIDT dargestellt.)

$$\text{Leukoverbindung} + HX + Tl^{\cdot\cdot\cdot} \rightarrow (C_2H_5)_2N\text{-}C_6H_4\text{-}C(C_6H_4NO_2){=}C_6H_4{=}N(C_2H_5)_2X + 2\,H^{\cdot} + Tl^{\cdot}$$

Thallosalze müssen erst zum 3wertigen Thallium oxydiert werden. Dies wird durch Kaliumferricyanid in alkalischer Lösung bewirkt. Es bildet sich dabei Thallihydroxyd nach der Gleichung:

$$5\,Tl^{\cdot} + 2\,[Fe(CN)_6]''' + 3\,(OH)' = Tl(OH)_3 + 2\,[Fe(CN)_6]''''.$$

Ausführung. Zu der zu untersuchenden Lösung gibt man 5 bis 6 Tropfen Lauge und 3 Tropfen einer gesättigten Lösung von Kaliumferricyanid. Das ausfallende braune Thallihydroxyd wird in einem Trichter auf einem Knopf nach WILLSTÄTTER gesammelt, 3- bis 4mal mit Wasser gewaschen und auf dem Filter mit dem Reagens (Lösung von 0,1 g der Leukoverbindung in 5 cm^3 80%iger Essigsäure) angetüpfelt. Bei Gegenwart von Thallium entsteht eine intensive blaugrüne Färbung. Es können noch 0,01 γ Thallium in 0,1 cm^3 in einer Verdünnung 1:10000000 erkannt werden.

Abtrennung des Thalliums. Da das Thallohydroxyd löslich ist, kann es von einem großen Teil gleichzeitig anwesender, störender metallischer Kationen abgetrennt werden; nur das Blei-Ion ist als Sulfat zu entfernen, um eine Überführung in oxydables Natriumplumbit zu vermeiden. Alle übrigen Kationen, die ebenfalls lösliche Hydroxyde bilden, stören die Reaktion nicht.

Ausführung. 0,2 bis 0,3 cm^3 der zu untersuchenden Lösung versetzt man zur Fällung von Blei mit 0,2 cm^3 2 n Natriumsulfatlösung, filtriert den Niederschlag ab und gibt zum Filtrat 0,5 cm^3 einer 2 n-Lösung von Natriumhydroxyd hinzu. Nach Filtration durch ein kleines Filter werden dem Filtrat in einem Tiegel 2 bis 3 Tropfen der gesättigten Kaliumferricyanidlösung zugesetzt. Der Niederschlag wird wie oben gesammelt, 5- bis 8mal gewaschen und mit 1 Tropfen Reagens angetüpfelt.

Spuren von Thallium können so in Anwesenheit von Erdalkali-, Magnesium-, Aluminium-, Mangan-, Nickel-, Kobalt-, Blei-, Chrom-, Eisen-, Kupfer-, Zink-, Silber-, Wismut-, Thorium-, Uranyl-, Cer-, Antimon- und Zinnsalzen sowie von Arsenat nachgewiesen werden.

0,25 γ Thallium konnten im Gemenge mit 0,5 mg Zink, Chrom, Cer, Kobalt, Kupfer und Uranyl leicht nachgewiesen werden.

2. Nachweis mit Phosphormolybdänsäure und Bromwasserstoffsäure. Phosphormolybdänsäure fällt aus Thallosalzlösungen schwerlösliches Thallophosphormolybdat. Durch Behandlung des Thallophosphormolybdates mit Bromwasserstoffsäure gestaltete POLUEKTOW diese Reaktion zu einem empfindlichen qualitativen Nachweis für das Thallo-Ion [s. gleichfalls FEIGL (b)]. Das Brom-Ion wirkt als Überträger von positiver Ladung von Mo(VI) auf Tl(I). Der Grund für diese Fähigkeit des Brom-Ions liegt vielleicht in der räumlichen Nähe der dem Wertigkeitswechsel unterliegenden Metalle im Thallophosphormolybdat. Das Tl(I) wird zum Tl(III) oxydiert, während die Reduktion des Mo(VI) an der Bildung von Molybdänblau zu erkennen ist.

Ausführung. Man trägt auf Filtrierpapier 1 Tropfen einer gesättigten Lösung von Phosphormolybdänsäure auf und bringt in die Mitte des Fleckes mittels einer Capillare die zu untersuchende Lösung, die von dem Papier aufgesogen wird. Dann gibt man 1 Tropfen einer 50%igen Bromwasserstoffsäure zu, wobei je nach der anwesenden Thalliummenge ein tief- oder lichtblauer Fleck entsteht.

Erfassungsgrenze [nach FEIGL (b)]. 0,13 γ Tl (in 0,025 cm^3).

Grenzkonzentration. 1:200000.

Störungen. Reduzierende Verbindungen, die mit Molybdän im Phosphormolybdat reagieren, dürfen nicht zugegen sein, z. B. Verbindungen des 2wertigen Zinns, des 3wertigen Antimons, des 2wertigen Eisens und des 1wertigen Quecksilbers. Die gegebenenfalls störende Wirkung von $Cu^{\cdot\cdot}$-Ion kann durch Zusatz von Ammoniumoxalat zum Fleck beseitigt werden.

Darstellung der Phosphormolybdänsäure: Ammoniumphosphormolybdat (durch Fällung von Alkaliphosphat mit überschüssigem Ammoniummolybdat in warmer salpetersaurer Lösung erhalten) wird in heißes Königswasser eingetragen und bis zur völligen Lösung gekocht. Hierauf wird eingedampft, der Trockenrückstand in Wasser gelöst und 2mal daraus umkrystallisiert. Das trockene Präparat ist in braunem Pulverglas aufzubewahren.

3. Nachweis mit Benzidin. Die Oxydierbarkeit des Benzidins zum „Benzidinblau“, einer teilchinoiden Verbindung der Formel:

$$NH_2\langle\ \rangle\!-\!\langle\ \rangle NH_2$$

Benzidin

$$\left[NH_2\langle\ \rangle\!-\!\langle\ \rangle NH_2 \cdot HN{=}\langle\ \rangle{=}\langle\ \rangle{=}NH\right] \cdot 2\,HX$$

(X = 1wertiger Säurerest)

benutzt FEIGL (b) zum Nachweis von Thallium in der 3wertigen Stufe. Oxydierend wirkt das Thallihydroxyd bzw. Oxydhydrat in alkalischer und auch das leicht reduzierbare Thalli-Ion in saurer Lösung. Auch alkoholische Lösungen von Thallisalzen bläuen Benzidin.

Ausführung. Die Reagenslösung wird durch Lösen von Benzidin in verdünnter Essigsäure unter Erwärmen und folgendem Filtrieren hergestellt. PEARSON gibt eine 0,05%ige Lösung von Benzidin in 10%iger Essigsäure an.

FEIGL (a) macht 50 bis 150 cm^3 der zu untersuchenden Lösung mit Kalilauge oder Natronlauge alkalisch, erwärmt zum Sieden, filtriert und betupft das Filter mit der Reagenslösung. Die Blaufärbung ist sehr intensiv; nur bei sehr geringen Mengen an Metall ist sie schwach und verschwindet. Thallosalze werden vorher mit Königswasser oxydiert.

Bei der Ausführung als Tüpfelprobe wird wie folgt verfahren: Das Tüpfelpapier wird mit 1 Tropfen Ammoniak befeuchtet, 1 Tropfen der zu untersuchenden Lösung zugegeben und mit 1 Tropfen der Reagenslösung angetüpfelt. Bei Gegenwart von Thalliverbindungen entsteht je nach Konzentration ein blauer Fleck oder Ring.

Über die Verwendung von o-Toluidin anstatt Benzidin s. KUHLBERG (b).

Erfassungsgrenze. 0,3 γ Tl.

Grenzkonzentration. 1:166000.

Störungen werden verursacht durch Oxydationsmittel, die ebenfalls auf Benzidin unter Blaufärbung einwirken, sowie Co-, Ce(IV)- und Silbersalze. $Fe(OH)_2$ stört nicht, in stark saurer Lösung auch 3wertiges Eisen nicht, auch nicht, wenn es in Form von $Fe(OH)_3$ vorliegt.

4. Nachweis mit Kaliumjodid. **a) Verfahren nach FEIGL.** Die Fällung des Thallojodids mit Kaliumjodid kann nach FEIGL (a) auch als Tüpfelreaktion ausgeführt werden.

Ausführung. FEIGL versetzt auf einem auf schwarzer Unterlage sich befindenden Uhrglas 1 Tropfen der schwach sauren Probelösung mit 1 Tropfen Kaliumjodidlösung (10%ig). Nach dem Entstehen der Fällung setzt er 1 Tropfen 2%iger Natriumthiosulfatlösung zu. Bleibt eine unlösliche gelbe Fällung zurück, so ist die Anwesenheit von Thallium erwiesen.

Der Autor gibt eine **Erfassungsgrenze** von 0,6 γ Thallium sowie eine **Grenzkonzentration** von 1:80000 an.

Die **Störung** durch Silber und Blei kann durch Zugabe von Thiosulfat vermieden werden.

b) Verfahren nach RIENÄCKER und SCHIFF. Nach RIENÄCKER und SCHIFF ist der Nachweis nicht eindeutig und störungsfrei, da sich gelblicher Schwefel ausscheiden kann, und auch die Ausscheidung von Silberjodid nicht unterbunden wird. Sie arbeiten darum mit neutraler Probelösung und unter Verwendung eines großen Überschusses an Thiosulfat.

Ausführung. Die Mineralprobe wird durch Lösen in 1 Tropfen Salpetersäure aufgeschlossen; zu der mit einer Capillare vom Rückstand getrennten Lösung gibt man auf dem Uhrglas wenig überschüssiges Ammoniak, vertreibt den Überschuß durch Eindampfen bis fast zur Trockne, filtriert nötigenfalls (gegebenenfalls Filtercapillare!) und versetzt auf dem Uhrglas auf schwarzer Unterlage mit je 1 Tropfen 10%iger Kaliumjodidlösung und gesättigter Natriumthiosulfatlösung. Eine gelbe Fällung zeigt die Gegenwart von Thallium an. Eine mikroskopische Betrachtung erübrigt sich.

Als **Erfassungsgrenze** wird 1 γ Thallium angegeben.

Die Anwesenheit von Begleitelementen, insbesondere Kupfer, Silber, Selen und Quecksilber, sollen die Reaktion nicht stören.

VEIL läßt den Jodidniederschlag auf einer Gelatineschicht durch Diffusion entstehen und beobachtet die Fällung unter dem Mikroskop.

5. Nachweis mit Gold(III)chlorid und Palladium(II)chlorid. Thallosalze geben nach TANANAJEW mit Gold(III)palladium(II)chloridlösung eine zimtbraune Fällung von der vorläufig angenommenen Formel $Tl_2AuPdCl_7$. Der Nachweis wird in Form einer Tüpfelreaktion ausgeführt.

Ausführung. Als Reagenslösung benutzt TANANAJEW eine äquimolekulare Lösung von Goldchlorid und Palladochlorid, am besten in möglichst konzentrierter Lösung; doch genügt meistens eine 1%ige Lösung, die wie folgt bereitet wird: 1,97 g metallisches Gold und 1,06 g Palladium werden in Königswasser gelöst und die Lösung zur Trockne eingedampft, die Salpetersäure wird durch wiederholtes Eindampfen mit Salzsäure entfernt und der Rückstand in so viel Salzsäure gelöst, wie zur Lösung erforderlich ist. Dann wird mit Wasser auf 100 cm³ aufgefüllt. Beim Nachweis sehr geringer Mengen wendet man besser eine 10%ige Lösung an. Auf Papier gibt man dann 1 Tropfen der Thallosalzlösung und darauf einen der Reagenslösung, wobei ein zimtbrauner Fleck entsteht. Mit Natronlauge verschwindet die Färbung nicht, sondern wird im Gegenteil intensiv schwarz, verursacht durch die Oxydation des 1wertigen Thalliums zu 3wertigem, wobei das Gold und Palladium nach:

$$2\,Au^{\cdot\cdot\cdot} + 3\,Tl^{\cdot} = 2\,Au + 3\,Tl^{\cdot\cdot\cdot}$$

und

$$Pd^{\cdot\cdot} + Tl^{\cdot} = Pd + Tl^{\cdot\cdot\cdot}$$

zum Metall reduziert werden und durch ihre dunkle Farbe in feiner Verteilung die Schwarzfärbung bewirken. 3wertiges Thallium scheidet sich als $Tl(OH)_3$ ab. Das entsprechende Caesiumsalz löst sich zum Unterschied von Thallium in Natronlauge farblos auf. Liegen Rubidium und Caesium vor, so verfährt man folgendermaßen: Auf das Filtrierpapier bringt man 1 Tropfen Salzsäure, 1 Tropfen der zu untersuchenden Lösung und noch 1 Tropfen Salzsäure. Aus einer Capillare gibt man in die Mitte des Tropfens etwas Reagenslösung. Bei Gegenwart von Thallo-Ion bildet sich ein dunkelzimtbrauner Fleck, der sich gegenüber Natronlauge, wie oben angegeben, verhalten muß.

Erfassungsgrenze. 0,4 γ Tl in 0,001 cm³.

Quecksilber(I)verbindungen müssen vorher oxydiert werden.

6. Fluorescenznachweis des Thallo-Ions. Im ultravioletten Licht besitzt das Thallo-Ion die Fähigkeit, die gelbgrüne Fluorescenz von Uranylsulfat in neutraler oder schwach salpetersaurer Lösung zum Verschwinden zu bringen. Auf Zusatz von Thallo-Ionen hört also die Fluorescenz des Uranylsulfates auf (GOTÔ).

Erfassungsgrenze. 1 γ (in 0,05 cm³).

Grenzkonzentration. 1:50000.

Silber-Ionen geben dieselbe Reaktion.

7. Fluorescenznachweis des Thalli-Ions. GOTÔ empfiehlt das Thalli-Ion dadurch nachzuweisen, daß die rote Fluorescenz einer Lösung von Rhodamin B, die man im ultravioletten Licht beobachtet, in neutraler und saurer Lösung bei Anwesenheit von Thalli-Ion verschwindet.

Erfassungsgrenze. 0,5 γ (in 0,05 cm³).

Grenzkonzentration. 1:100000.

§ 6. Chromatographischer Nachweis.

1. Allgemeiner Nachweis. Thallium ist auch durch die chromatographische Analyse auffindbar. Bei Anwendung von Aluminiumoxyd als Adsorptionsmittel und Wasser als Waschflüssigkeit sowie Ammoniumsulfid als Entwickler liegt die Thalliumzone unter der Mischzone von Kobalt, Nickel, Cadmium und 2wertigem Eisen sowie über der Manganzone. Die Abtrennung der Schichten ist jedoch nicht scharf. Bei

Anwendung von Natriumnitrat als Waschflüssigkeit rückt die Thalliumzone unter die Manganzone, wodurch eine bessere Trennung erzielt wird (SCHWAB und JOCKERS).

Ausführung. In ein HESSEsches Mikrorohr von 4 bis 7 mm Durchmesser wird die Suspension des Aluminiumoxyds (BROCKMANNsches Standardpräparat von MERCK) als Adsorptionsmittel möglichst dicht eingefüllt. Die nicht zu saure Analysenlösung läßt man, am besten ohne zu saugen und ohne das Adsorptionsmittel aufzuwirbeln, einlaufen. Gewaschen (nicht nur angefeuchtet!) wird mit Natriumnitratlösung, entwickelt mit Ammoniumsulfidlösung. SCHWAB und JOCKERS erhalten so eine gute Trennung von Cadmium, Kobalt, Nickel, Eisen und ebenfalls von Zink. Auch von Mangan tritt eine scharfe Trennung ein. Die schwarze Thallosulfidzone erscheint unter der Mangansulfidzone.

2. Nachweis innerhalb der analytischen Gruppe. In einer weiteren Arbeit geben SCHWAB und GOSH (a) den chromatographischen Nachweis des Thalliums innerhalb der analytischen Gruppe, also neben Blei und Silber, an.

Ausführung. Die Metalle liegen in Form der Nitrate vor. Adsorbiert wird wie oben an Aluminiumoxyd, gewaschen mit Wasser und mit Kaliumchromatlösung entwickelt. Es bildet sich nun folgendes Chromatogramm:

gelbe Zone $Pb^{\cdot\cdot}$
rote Zone $Ag^{\cdot}$ ($Tl^{\cdot}$)
gelbe Zone $Tl^{\cdot}$

Die Trennung von Thallium und Silber ist nicht vollständig, es bleibt ein wenig Thallium im Silber hängen, das man wie folgt feststellen kann. Es wird mit Ammoniumsulfid entwickelt, wobei folgendes Chromatogramm entsteht:

tiefschwarze Zone $Pb^{\cdot\cdot}$
graue Zone $Ag^{\cdot}$
schwarze Zone $Tl^{\cdot}$

Dabei wird mit verdünnter Salpetersäure eluiert. Die Bleizone bleibt unverändert, dagegen wird die Silberzone aufgehellt und darunter läuft die tiefschwarze Thalliumsulfidzone schnell nach unten.

Vom $Hg^{\cdot}$ abgesehen ist die Salzsäuregruppe der chromatographischen Trennung gut zugänglich.

3. Mikronachweis bei alleiniger Anwesenheit von Thallium. Bei Anwesenheit von Thallium allein kann eine besonders empfindliche Arbeitsweise von SCHWAB und GOSH (b) angewendet werden. Hierbei wird mit engen Röhrchen von 1 bis 2 mm Durchmesser gearbeitet. Bei Anwendung von Ammoniumsulfid als Entwickler erhält man einen schwarzen Ring.

Erfassungsgrenze. 1,2 γ Tl.

Wird mit Kaliumjodidlösung entwickelt, so bildet sich ein gelber Ring.

Erfassungsgrenze. 0,12 γ Tl.

§ 7. Toxikologischer Nachweis.

Allgemeines. Da sich Thallium sowie seine Verbindungen als äußerst giftig erwiesen haben, spielt der toxikologische Nachweis des Thalliums in der Gerichtsmedizin eine bedeutende Rolle. Als Bestandteil mehrfacher handelsüblicher Präparate, so z. B. der Zeliokörper und der Zeliopaste zur Schädlingsbekämpfung und somit heute weitgehend zugänglich, muß das Thallium bei der Untersuchung von Metallvergiftungen auch im toxikologischen Nachweisgang berücksichtigt werden. Der chemische Nachweis beschränkt sich in solchen Fällen hauptsächlich auf die Kaliumjodid- und auf die Chromatreaktion. Als empfindlichster Nachweis spielt natürlich der spektroskopische die größte Rolle. Im übrigen sei auf den äußerst spezifischen Nachweis mit Thionalid hingewiesen, der sicher auch in der forensischen Chemie weitgehend Eingang finden wird. Im übrigen bringt die Literatur über den forensischen Thalliumnachweis vom chemischen Standpunkt gesehen nichts prinzipiell Neues, so daß an dieser Stelle auf die forensisch-pharmazeutische Fachliteratur verwiesen werden kann. Als Beispiel seien nur einige Arbeitsgänge angeführt, die besonders die verschiedenen Aufschlußmöglichkeiten und die Mineralisierung der organischen Substanz hervortreten lassen sollen.

1. Bekannte Verfahren zum Aufschluß der organischen Substanz. Einen kritischen Vergleich des Aufschlußverfahrens organischer Substanz nach DENIGÈS (a) und nach FRESENIUS und v. BABO zum Zwecke des Thalliumnachweises geben GORONCY und BERG.

a) Aufschluß nach DENIGÈS. Die genannten Autoren geben dem Aufschluß nach DENIGÈS (a), also mit Schwefel- und Salpetersäure, den Vorzug. Als Vorteil führen sie an, daß bei diesem Verfahren die Aufschlußsäuren durch Abrauchen leicht entfernt werden können und so das Endvolumen gering gehalten werden kann, daß anwesendes Blei als unlösliches Sulfat gleichzeitig mit abgeschieden wird und vom leichtlöslichen Thalliumsulfat getrennt werden kann und daß der sehr empfindliche chemische Nachweis des Thalliums durch die Jodidreaktion vom Sulfat-Ion nicht beeinflußt wird. Ein Nachteil ist allerdings die Langwierigkeit des Aufschlusses.

Ausführung. Das zu untersuchende Material wird nach DENIGÈS aufgeschlossen. [Behandlung mit Salpetersäure (D 1,4) und etwas 2%iger Kaliumpermanganatlösung; später Zugabe von konzentrierter Schwefelsäure und weiterer Zusatz von Salpetersäure.] Es wird auf ein möglichst kleines Volumen eingedampft, mit Wasser verdünnt, mit Natriumsulfit reduziert, mit Ammoniak bis zur bleibenden Trübung versetzt und dann wiederum schwach mit Schwefelsäure angesäuert und mit Ammoniumacetat aufgekocht. Alle durch Basen fällbaren Metalle fallen in Form ihrer Hydroxyde aus, während Thallium in das Filtrat geht. Um jedoch die Gesamtmenge des Thalliums zu erfassen, ist es erforderlich, eine gegebenenfalls wiederholte Umfällung des Thalliums vorzunehmen. Die erhaltenen Filtrate werden zusammengegeben und auf ein kleines Volumen eingedampft. In dieser Lösung können mit überschüssigem Kaliumjodid außer Thallium nur noch Blei und Kupfer gefällt werden, da Quecksilber komplex in Lösung geht. Nach 24stündigem Stehen zentrifugiert man; der Niederschlag wird mehrmals mit destilliertem, kaltem, kaliumjodidhaltigem Wasser unter erneutem Zentrifugieren gewaschen und schließlich mit 2%iger Thiosulfatlösung (0,1 n-$Na_2S_2O_3$) behandelt, um die Jodide des Bleies, Silbers und Kupfers als komplexe Thiosulfate in Lösung zu bringen. Das Thallojodid kann als goldgelber Niederschlag identifiziert werden.

b) Aufschluß nach FRESENIUS und v. BABO. Der Aufschluß nach FRESENIUS und v. BABO [FRESENIUS (b)] eignet sich weniger für den Fall, daß Thallium als Jodid nachgewiesen werden soll, da die hierbei anwesenden Kaliumchloridmengen die Empfindlichkeit der Reaktion wesentlich herabsetzen. Wird der Nachweis als Chromat geführt, so kann dieses Aufschlußverfahren jedoch ohne weiteres angewendet werden. Es nimmt zwar nicht so viel Zeit in Anspruch wie der vorige Aufschluß, doch ist das Endvolumen durch die Anwesenheit der Chloride etwas groß.

Ausführung. Die Substanz wird mit Salzsäure-Kaliumchlorat aufgeschlossen und man verfährt wie unter a). Anstatt mit Kaliumjodid fällt man das Thallium als Chromat.

Spezifisch ist die Reaktion nur bei Abwesenheit von Silber, Quecksilber, Wismut, Blei und Barium.

KLUGE gibt ein Verfahren für quantitative Zwecke an, in dem er nach Aufschluß mit Salzsäure-Kaliumchlorat das Thallichlorid mit Äther extrahiert und im Extrakt

Thallium als Jodid fällt. Da dies Verfahren möglicherweise auch für qualitative Zwecke benutzt werden kann, soll es an dieser Stelle erwähnt werden.

2. Verfahren nach IVANOFF. IVANOFF gibt einen Analysengang zum Nachweis giftiger Metalle an, indem er das Thallium als Thallojodid nachweist.

Ausführung. Die Flüssigkeit mit der zerstörten organischen Substanz wird filtriert und das Chlor durch einen Kohlendioxydstrom vertrieben. Dann entfernt man die ungelösten Fettstoffe. Ein Drittel des Filtrates wird mit gesättigter Sodalösung alkalisch gemacht. Nun setzt man 12 bis 15 cm^3 einer 20%igen Natriumsulfidlösung hinzu, filtriert und wäscht so lange mit warmem Wasser nach, bis dieses farblos abläuft. Das Filtrat wird beiseite gestellt und der auf dem Filter verbliebene Niederschlag mit 8 cm^3 warmer verdünnter Salpetersäure behandelt und mit 4 cm^3 siedendem Wasser gewaschen. Die beiden Filtrate werden dann vereinigt und ein Teil folgendermaßen auf Thallium geprüft. Mit konzentriertem Ammoniak wird alkalisch gemacht; darauf werden 5 cm^3 10%ige Thiosulfatlösung und 3 cm^3 20%ige Ammoniumrhodanidlösung zugesetzt. Nach einigen Minuten wird abfiltriert und etwas Kaliumjodidlösung zugegeben. Bei Gegenwart von Thallium erhält man einen gelben Niederschlag oder eine Trübung von Thallojodid. Es können so noch Milligramme in 300 g Fleisch nachgewiesen werden.

3. Verfahren nach BERGE *und* PATZSCH. BERGE und PATZSCH weisen Thallium in mit Zelioweizen vergifteten Rebhühnern nach Isolierung des Elementes als Sulfid spektroskopisch nach.

Ausführung. Die Gewebeteile werden mit Salpetersäure (D 1,48) abgeraucht und nochmals mit Salzsäure eingedampft. Der Rückstand wird mit Wasser aufgenommen und die erhaltene Lösung auf 750 cm^3 verdünnt. Man gibt 10 cm^3 0,5%ige Ferrichloridlösung zu, macht ammoniakalisch und leitet 24 Std. Schwefelwasserstoff ein. Das ausfallende Ferrosulfid schließt das Thalliumsulfid ein. Im abfiltrierten Niederschlag wird Thallium spektroskopisch nachgewiesen.

4. Verfahren nach MARMÉ. Durch elektrolytische Abscheidung isoliert MARMÉ das Thallium zum toxikologischen Nachweis.

Ausführung. Die zu untersuchenden festen Teile werden mit angesäuertem Wasser ausgezogen, die Lösung wird, wenn nötig, entfärbt und von den organischen Stoffen befreit. Die eingeengte Lösung wird elektrolysiert. Anwesendes Thallium scheidet sich auf dem Platindraht ab. Die anhängende Flüssigkeit wird vorsichtig mit destilliertem Wasser abgespült; dann werden die Elektroden spektroskopisch untersucht. Es ist sowohl Anode als auch Kathode zu prüfen.

So konnten noch 0,001 γ Thalliumsulfat in 100 cm^3 Harn nachgewiesen werden. Diese Empfindlichkeit wurde aber später nicht bestätigt, wie auch von GORONCY und BERG angegeben wird.

5. Verfahren nach STUZZI. STUZZI zerstört die organische Substanz, in der Thallium nachgewiesen werden soll, durch abwechselndes Erwärmen mit Salpeter- und Schwefelsäure und anschließendes Trocknen und Verkohlen. Die erkaltete Masse wird pulverisiert und mit Schwefelsäure enthaltendem Wasser ausgezogen. Hierin kann das Thallium mit den üblichen Reagenzien nachgewiesen werden.

Literatur.

BEHRENS, H.: Fr. **30**, 138 (1891). — BEHRENS, H. u. P. D. C. KLEY: Mikrochemische Analyse, 3. Aufl., S. 40. Leipzig 1915. — BENEDETTI-PICHLER, A. A. u. W. F. SPIKES: Mikrochemie **19**, 239 (1936). — BERG, R.: Fr. **115**, 207 (1938/39). — BERG, R. u. W. ROEBLING: Angew. Ch. **48**, 430 (1935); B. **68**, 404 (1935). — BERGE, R. u. H. PATZSCH: Dtsch. tierärztl. Wschr. **43**, 20 (1935); durch Fr. **109**, 47 (1937). — BÖTTGER, R.: (a) A. **128**, 243 (1863); (b) J. pr. **90**, 479 (1863). — BRECKPOT, M. R.: Ann. Soc. Sci. Bruxelles,

Ser. I, **57**, 129 (1937). — BRECKPOT, M. R. u. W. KÖRBER: Ann. Soc. Sci. Bruxelles, Ser. B **56**, 384 (1936). — BRECKPOT, M. R. u. A. MEVIS: Ann. Soc. Sci. Bruxelles, Ser. B **55**, 16 (1935). — BRINTZINGER, H.: Fr. **76**, 149 (1929). — BROWNING, P. E.: Ind. eng. Chem. Anal. Edit. **4**, 417 (1932); durch C. **1933 I**, 2283. — BRUNER, L. u. J. ZAWADZKI: Z. anorg. Ch. **65**, 139 (1910). — BUNSEN, R.: Pogg. Ann. **155**, 371 (1875).

CARNOT, A.: Traité d'Analyse des Substances Minérales, Bd. I, S. 56. Paris 1898. — CARSTANJEN: J. pr. **102**, 135 u. 141 (1867). — CHAMOT, E. M. u. C. W. MASON: Handbook of Chemical Microscopy II. London 1931. — CROOKES W.: (a) A. **124**, 212 (1862); s. a. Chem. N. **6**, 3 (1862); **3**, 193 (1861); (b) Chem. N. **7**, 195 (1863); (c) **7**, 147 (1863); (d) **7**, 109 u. 133 (1863); (e) **9**, 54 (1864).

DENIGÈS, G.: (a) Bl. (3) **25**, 945 (1901); s. a. J. GADAMER: Lehrbuch der chemischen Toxikologie, 2. Aufl., S. 109. Göttingen 1924; (b) Bl. Soc. Pharm. Bordeaux **78**, 5 (1940). — DUFFENDACK, O. S. u. R. WOLFE: Ind. eng. Chem. **10**, 161 (1938).

EEGRIWE, E.: Fr. **70**, 402 (1927). — EPHRAIM, F.: Z. anorg. Ch. **58**, 353 (1908).

FEIGL, F.: (a) Ch. Z. **44**, 689 (1920); (b) Qualitative Analyse mit Hilfe von Tüpfelreaktionen. 3. Aufl., S. 226. Leipzig 1935. — FISCHER, H.: Angew. Ch. **42**, 1026 (1929); **46**, 442 (1933); **47**, 685 (1934); **50**, 926 (1937). — FISCHER, O. u. C. SCHMIDT: B. **17**, 1889 (1884). — FISCHER, H. u. W. WEYL: Wiss. Veröffentl. Siemens-Konzern **14**, II, 48 (1935). — FLETCHER, A. L.: Soc. **103**, 2099 (1913). — FORMÁNEK, J.: Fr. **39**, 680 (1900). — FRESENIUS, C. R.: Anleitung zur qualitativen chemischen Analyse, 17. Aufl. (a), S. 675, 679, 730, 734; (b) S. 669. Braunschweig 1919; s. a. J. GADAMER; (c) Fr. **4**, 112 (1865).

GADAMER, J.: Lehrbuch der chemischen Toxikologie, 2. Aufl., S. 104. Göttingen 1924. — GASPAR Y ARNAL, T.: (a) An. Españ. **24**, 153 (1926); durch C. **1926 II**, 618; (b) An. Españ. **30**, 398 (1932); durch C. **1932 II**, 1207. — GEILMANN, W.: Bilder zur qualitativen Mikroanalyse anorganischer Stoffe. Tafel 19. Leipzig 1934. — GERLACH, WA. u. E. RIEDL: Die chemische Emissions-Spektralanalyse, Bd. 3, S. 131. Leipzig 1936. — GERLACH, WA. u. W. ROLLWAGEN: Metallwirtsch. **16**, 1061, 1090 (1937). — GERLACH, WA., W. ROLLWAGEN u. R. INTONTI: Virchows Arch. **301**, 588 (1938). — GERMUTH, F. G. u. C. MITCHELL: Am. J. Pharm. **101**, 46 (1929). — GORONCY, K. u. R. BERG: Dtsch. Z. ges. gerichtl. Med. **20**, 223 (1933). — GOTÔ, H.: Sci. Rep. Tôhoku **29**, 204 (1940); durch C. **1941 I**, 1068. — GRAMONT, A. DE: C. r. **171**, 1106 (1920). — GUENTHER, A.: Z. anorg. Ch. **200**, 409 (1931).

HARTLEY, W. N.: Trans. Dublin Soc. (2) **9**, 127 (1905/09); s. a. W. N. HARTLEY u. H. W. MOSS: Pr. Roy. Soc. London, Ser. A **87**, 39, 45 (1912). — HAUSHOFER, K.: Mikroskopische Reaktionen. Braunschweig 1885. — HAWLEY, L. F.: Am. Soc. **29**, 1011 (1907). — HEBBERLING, M.: A. **134**, 13, 18, 19 (1865). — HULTGREN, R.: Am. Soc. **54**, 2326 (1932).

IVANOFF, E.: J. Pharm. Belg. **18**, 59, 79 (1936); durch Fr. **115**, 302 (1938/39).

JURÁNY, H.: Mikrochemie **27**, 8 (1939).

KRAMER, G.: Mikroanalytische Nachweise anorganischer Ionen, S. 27. Leipzig 1937. — KLUGE: Z. Lebensm. **76**, 156 (1938). — KUHLBERG, L.: (a) Mikrochemie **19**, 183 (1936); Betriebslab. (russ.) **4**, 1215 (1935); durch C. **1936 I**, 4599; (b) Betriebslab. (russ.) **7**, 905 (1938); durch C. **1940 II**, 1477.

LAMY, A.: A. **124**, 217 (1862); s. a. C. r. **54**, 1256 (1862). — LUNDEGÅRDH, H.: Die quantitative Spektralanalyse der Elemente, Bd. 2, S. 66. Jena 1934.

MARINO, L.: G. **37**, 55 (1907). — MARMÉ, W.: Schmidts Jb. d. ges. Med. **135**, 286; Nachr. Götting. Ges. **1867**, 407. — MARTINI, A.: Mikrochemie **25**, 9 (1938); **7**, 239 (1929). — MIGLIACCI, D. u. C. CRAPETTA: Ann. Chim. applic. **17**, 66 (1927); durch Fr. **74**, 212 (1928). — MOTT, W. R.: Trans. Am. electrochem. Soc. **37**, 665 (1920).

NICKLÈS, J.: C. r. **58**, 132 (1864). — NOYES, A. A. u. W. C. BRAY: A System of qualitative Analysis for the Rare Elements, S. 124, 372. New York 1927.

OSTWALD, WI.: Grundlinien der anorganischen Chemie, 4. Aufl., S. 742. Dresden u. Leipzig 1919.

PAVELKA, F. u. H. MORTH: Mikrochemie **11**, 30 (1932). — PEARSON, I. G.: Chem. eng. min. Rev. **28**, 108 (1936). — PFEILSTICKER: Z. El. Ch. **43**, 719 (1937). — PICON, M.: C. r. **195**, 1274—1276 (1932); Bl. **53**, 252 (1933). — PIETSCH, E. u. W. ROMAN: Z. anorg. Ch. **220**, 219 (1934). — POLUEKTOW, N. S.: Seltene Metalle (russ.) **1933**, Nr. 4, 41; durch C. **1934 I**, 3240. — PREUSS, E.: Z. f. angew. Min. **3**, 8 (1940).

RENZ, C.: B. **35**, 1110 (1901). — RIENÄCKER, G. u. W. SCHIFF: Zbl. Min. Geol. Paläont. Abt. A **1934**, 56. — ROLLWAGEN, W.: Spectr. Acta **1**, 66 (1939). — ROSENBLADT, TH.: B. **19**, 2535 (1886). — ROSENTHALER, L.: (a) Mikrochemie **23**, 194 (1937); (b) Toxikologische Mikroanalyse. Berlin 1935. — RUSSANOW, A. K.: (a) Z. anorg. Ch. **214**, 77 (1933); (b) Mineral. Rohstoffe (russ.) **6**, 1027 (1931); durch Fr. **118**, 345 (1940).

SCHEE, J.: Beitr. gerichtl. Med. **7**, 15 (1928). — SCHEINZISS, O. G.: Betriebslab. (russ.) **4**, 1049 (1935); durch Fr. **109**, 197 (1937); s. a. M. I. SCHAPIRO: Betriebslab. (russ.) **7**, 790 (1938). — SCHEMJAKIN, F. M. u. W. A. WOLKOWA: Chem. J. Ser. A (russ.) **7** (69), 1553 (1937); durch C. **1938 I**, 1410. — SCHLEICHER, A.: Fr. **101**, 245 (1935). — SCHUHKNECHT, W.:

Angew. Ch. 50, 299 (1937). — SCHULER, W.: Ann. Phys. (4) 5, 939 (1901). — SCHWAB, G. M. u. A. N. GOSH: (a) Angew. Ch. 52, 667 (1939); (b) 53, 39 (1940). — SCHWAB, G. M. u. K. JOCKERS: Angew. Ch. 50, 548 (1937); s. a. G. M. SCHWAB: Chromatographische Methoden der anorganischen Chemie, in W. BÖTTGER: Physikalische Methoden der analytischen Chemie, 3. Teil, S. 63. Leipzig 1939. — SEITH, W. u. J. HERRMANN: Spectr. Acta 1, 548 (1939). — SPACU, G. u. A. POP: Bl. Acad. Roum. 33, 297 (1941). — SPACU, G. u. P. VOICHESCU: Z. anorg. Ch. 243, 289 (1940). — SPÄTH, W.: M. 61, 115 (1932). — SORBY, H. C.: Chem. N. 19, 309 (1869); durch B. 2, 337 (1869). — STEENHAUER, A. J.: Mikrochemie, PREGL-Festschrift S. 315 (1929). — STUZZI, F.: Boll. chim. farm. 1896, 673; durch Fr. 38, 541 (1899).

TANANAJEW, N. A.: Fr. 88, 343 (1932). — TANATAR, S. u. S. PETROW: J. Russ. phys. chem. Ges. 42, 94 (1910); durch C. 1910 I, 1291. — TODD, F.: J. chem. Education 15, 241 (1938). — THOMSON, J.: Thermochemische Untersuchungen, Bd. 3, S. 354. Leipzig 1883. — TREADWELL, F. P.: Kurzes Lehrbuch der analytischen Chemie I, S. 525. Leipzig u. Wien 1930.

VEIL, S.: C. r. 199, 611 (1934).

WAIBEL, F.: Wiss. Veröffentl. Siemens-Konzern 14 II, Nr. 2, 38 (1935). — WERNER, E. A.: Chem. N. 53, 51 (1896). — WERTHER, G.: (a) J. pr. 91, 394 (1864); (b) Fr. 3, 1 (1864).

ZIJP, C. VAN: Pharm. Weekbl. 72, 414 (1935); durch Fr. 109, 196 (1937).

Scandium, Yttrium und die Elemente der seltenen Erden.
(Lanthan bis Cassiopeium.)

Von G. JANTSCH, Graz.

Mit 2 Abbildungen.

Inhaltsübersicht.

[1] Mitbearbeitet von J. van Calker, Münster (Westf.).

[1] Mitbearbeitet von J. VAN CALKER, Münster (Westf.).

[1] Mitbearbeitet von J. van Calker, Münster (Westf.).

[1] Mitbearbeitet von J. van Calker, Münster (Westf.).

[1] Mitbearbeitet von J. van Calker, Münster (Westf.).

Scandium, Yttrium und die Elemente der seltenen Erden.
(Lanthan bis Cassiopeium.)

Die Elemente der seltenen Erden, die man auch als Lanthanide bezeichnet, nehmen unter den chemischen Grundstoffen eine Sonderstellung ein, die durch die außerordentlich nahe Verwandtschaft bedingt ist, welche diese Elemente untereinander, mit dem Yttrium und teilweise auch mit dem Scandium aufweisen. Dieselbe kommt besonders in den großen Ähnlichkeiten der krystallographischen und der chemischen Eigenschaften zum Ausdruck. In der Natur kommen diese Elemente stets gemeinsam vor. Wenn gleiche Wertigkeitsstufen vorliegen, dann sind die Unterschiede in der Basizität und in den Löslichkeiten der Salze nur sehr gering. Damit im Zusammenhang steht das nahezu gleiche analytische Verhalten. Die Trennung dieser Elemente voneinander und ihre Reindarstellung begegnet, besonders wenn es sich um die selteneren Glieder der Reihe handelt, recht erheblichen Schwierigkeiten. Das Yttrium ordnet sich in seinem Verhalten zwischen Holmium und Dysprosium ein, während das Scandium, als das am schwächsten basische Element, in manchen Eigenschaften den Übergang bildet zu den Elementen der vierten Untergruppe, besonders zum Thorium.

---

[1] Mitbearbeitet von J. van Calker, Münster (Westf.).

In Tabelle 1 sind die hierher gehörigen Elemente, ihre Ordnungszahlen und Atomgewichte angegeben.

Tabelle 1.

Name	Symbol	Ordnungszahl	Atomgewicht
Scandium	Sc	21	45,10
Yttrium	Y	39	88,92
Lanthan	La	57	138,92
Cer	Ce	58	140,13
Praseodym	Pr	59	140,92
Neodym	Nd	60	144,27
Element 61	—	61	—
Samarium	Sm	62	150,43
Europium	Eu	63	152,0
Gadolinium	Gd	64	156,9
Terbium	Tb	65	159,2
Dysprosium	Dy	66	162,46
Holmium	Ho	67	164,94
Erbium	Er	68	167,2
Thulium	Tm	69	169,4
Ytterbium	Yb	70	173,04
Cassiopeium	Cp	71	174,99

Die einwandfreie Auffindung des Elementes 61 ist noch nicht gelungen. Dasselbe gehört jedenfalls zu den allerseltensten Grundstoffen und die Schwierigkeiten, die seinen sicheren Nachweis bisher verhindert haben, hängen wahrscheinlich damit zusammen, daß es sich hier um ein sehr kurzlebiges, radioaktives Atom handelt.

Nach der Häufigkeit in den Vorkommen und nach den Erfahrungen bei den Trennungen hat man bereits frühzeitig die Lanthaniden in zwei Gruppen gesondert, und zwar:

1. In die Gruppe der Ceriterden, welche die Elemente Lanthan bis Europium umfaßt und

2. in die Gruppe der Yttererden, zu welcher neben Yttrium die Elemente Gadolinium bis Cassiopeium gehören.

Diese zunächst mehr konventionelle Systematik hat durch die Arbeiten der letzten Jahre, besonders durch die Ergebnisse der Forschungen auf atomtheoretischem Gebiete, ihren tieferen Sinn erhalten. Da sich, wie bereits betont, die Eigenschaften dieser Elemente nicht sprunghaft, sondern nur allmählich ändern, ist es verständlich, daß obige Einteilung keine scharfen Grenzen beinhalten kann. Die letzten Glieder der ersten Gruppe und die Anfangsglieder der zweiten Gruppe weisen vielmehr Übergangscharakter auf.

Bei den Yttererden kann man noch folgende Untergruppen unterscheiden:

a) Terbinerden: Gadolinium und Terbium;

b) Erbinerden: Dysprosium, Holmium, Erbium und Thulium;

c) Ytterbinerden: Ytterbium und Cassiopeium.

Die Ionen einzelner seltener Erdelemente zeigen charakteristische Färbungen. Man unterscheidet deshalb auch zwischen farblosen und bunten Erden.

Tabelle 2. Die Ionenfärbungen der seltenen Erden.

Ion	Färbung	Ion	Färbung	Ion	Färbung
Sc^{3+}	farblos	Sm^{2+}	rotbraun	Ho^{3+}	hell gelb
Y^{3+}	farblos	Sm^{3+}	topasgelb	Er^{3+}	rosa
La^{3+}	farblos	Eu^{2+}	farblos	Tm^{3+}	schwach grün
Ce^{3+}	farblos	Eu^{3+}	schwach rosa	Yb^{2+}	grünlich
Ce^{4+}	gelb bis orangegelb	Gd^{3+}	farblos	Yb^{3+}	farblos
Pr^{3+}	lauchgrün	Tb^{3+}	farblos	Cp^{3+}	farblos
Nd^{3+}	bläulichrosa bis rotviolett	Dy^{3+}	weingelb bis grünlich		

Die bunten Erden zeigen eigentümliche, zarte Nuancen, wie man sie sonst bei einfachen anorganischen Verbindungen nicht antrifft. Dies ist durch die Eigenart der Lichtabsorption bedingt. Die Absorptionsspektren der Verbindungen dieser Erden weisen nämlich über das ganze Gebiet des Sichtbaren meist linienartige, engbegrenzte Absorptionsbanden in charakteristischer Verteilung auf, eine Erscheinung, die man schon frühzeitig zum Nachweis dieser Stoffe herangezogen hat.

Eine ähnliche Mannigfaltigkeit zeigt sich in dem Gang des Paramagnetismus. Die Kurve der magnetischen Susceptibilitäten weist zwei Maxima, und zwar beim Neodym und beim Dysprosium auf.

Die Sonderstellung, welche diese Elementengruppe gemeinsam mit dem Yttrium und dem Scandium einnimmt, erfordert eine Abweichung von der in den anderen Abschnitten dieses Handbuches üblichen Einteilung des Stoffes: In einem ersten, allgemeinen Teil werden Vorkommen, Wertigkeit und chemisches Verhalten, die Löslichkeiten der wichtigsten Salze, die Aufschlußmethoden, die Abtrennung von den übrigen Elementen, die Trennungen in die Untergruppen und die Zerlegung der letzteren behandelt. Im zweiten Teile werden jene Methoden zum Nachweis besprochen, die allen Elementen gemeinsam sind. Der dritte Teil beschäftigt sich mit den einzelnen Elementen, den Verfahren zu ihrer Reindarstellung und den speziellen Nachweismethoden.

A. Allgemeiner Teil.

§ 1. Häufigkeit und Vorkommen.

Die Bezeichnung seltene Erden ist heute nicht mehr ganz zutreffend, denn die neueren Forschungen haben erkennen lassen, daß diese Elemente an der Zusammensetzung der Erdrinde nicht unerheblich beteiligt sind. Ihr Anteil beträgt ungefähr 0,01 bis 0,02 %. Cer und Yttrium, die häufigsten Glieder der Reihe, sind weniger selten, als z. B. Cadmium und Quecksilber. Die Lanthaniden besitzen zwar eine sehr große Verbreitung, doch ist die lokale Konzentration meist eine sehr geringe. Oft liegt dieselbe an der Grenze der Nachweisbarkeit. Die Regel von ODDO[1] sowie HARKINS[2], der zufolge die Elemente mit ungerader Atomnummer seltener sind, als jene mit gerader Ordnungszahl, findet auch in diesem Gebiete eine Bestätigung.

Es handelt sich hier um ausgesprochen lithophile Elemente, die sich vorwiegend in den Restkrystallisationen des Magmas angesammelt haben. Durch Verwitterungsvorgänge und andere Einflüsse sind die seltenen Erden dann häufig auf sekundäre Lagerstätte gelangt. Das Scandium ist als Begleitelement basischer Eruptivgesteine, besonders in Augiten auch in den Hauptkrystallisationen anzutreffen.

Meist finden sich die Lanthaniden und das Yttrium neben dem Thorium, bisweilen neben dem Titan und Zirkonium, seltener neben dem Niob und dem Tantal, in Pegmatitgängen, und zwar sowohl in Alkalisyeniten, als auch in sauren Graniten. Das Europium, das in den eigentlichen seltenen Erdmineralien stets in geringster Menge enthalten ist, findet sich, zufolge der Beständigkeit seiner 2wertigen Stufe, häufig in Calcium-, Strontium- und Bleimineralien.

Der Gehalt an den einzelnen Erden kann in den Mineralien in ziemlichen Grenzen schwanken und kann auch, je nach der Fundstätte in ein und derselben Mineralart verschieden sein. Bestimmte Erden sind aber stets in größeren Mengen in den Vorkommen enthalten, andere dagegen sind immer nur in geringen Mengen zugegen.

Auf Grund von Analysen eines Gemisches von mehreren hundert Eruptivgesteinen, die fast alle Elemente enthielten, werden von I. und W. NODDACK nachstehende Gehalte je Tonne Gestein angegeben:

[1] ODDO, G.: Z. anorg. Ch. **87**, 266 (1914).
[2] HARKINS, W. D.: Am. Soc. **38**, 856 (1917); Phil. Mag. (6) **42**, 319 (1921).

Sc	6 g	Pr	4 g	Gd. ...	6 g	Er	5 g
Y	55 „	Nd ...	17 „	Tb	1 „	Tm. ...	1 „
La	6 „	Sm ...	6 „	Dy. ...	6 „	Yb. ...	6 „
Ce	27 „	Eu	0,2 „	Ho. ...	1 „	Cp	1,4 „

Bezüglich des Vorkommens als Hauptbestandteile in den Mineralien unterscheidet man:

A. Komplette Erdbestände, das sind solche, in welchen die ganze Reihe Lanthan bis Cassiopeium ganz, oder fast vollständig vertreten ist, ohne scharfe Sprünge in dem Mengenverhältnis zwischen Cerit- und Yttererden. Sie werden in zwei Untergruppen eingeteilt:

1. komplette Bestände mit Vorherrschen der Ceriterden. Apatittypus und
2. komplette Bestände mit Gleichberechtigung oder Vorherrschen der Yttererden. Yttrofluorittypus.

B. Selektive Erdbestände, in denen einzelne Untergruppen besonders angereichert sind:

1. Bestände mit vorherrschenden Ceriterden:
   a) Monazittypus,
   b) Orthittypus.
2. Bestände mit Vorherrschen der Yttererden:
   a) Typus des Gadolinits, des Thalenits und der Niobate und Tantalate,
   b) Thortveitittypus,
   c) Xenotimtypus.

Zwischen diesen Typen finden sich verschiedene Übergänge.

Daneben kommen seltene Erdelemente als Nebenbestandteile in folgenden Mineralien vor: Fluorite, Calcite, Pyromorphite, Uranite, Molybdän-, Wolfram- und Zirkonmineralien.

Das am weitesten verbreitete Mineral ist der Monazit, $MePO_4$, ein Phosphat der seltenen Erden mit vorwiegend Ceriterden, das stets Thorium und etwas Kieselsäure enthält. Folgende Durchschnittsgehalte werden angegeben: 49 bis 70% Ceriterden, 1 bis 4% Yttererden und 4 bis 10% im Maximum, bis zu 28% Thorium. Die hauptsächlichsten Fundstätten liegen in Brasilien, Indien, Ceylon, Südafrika, Malayenstaaten, Madagaskar, Norwegen und Schweden.

Meist findet sich der Monazit jedoch als sogenannter Monazitsand auf sekundärer Lagerstätte, marinen oder fluviatilen Ursprungs, so besonders in Brasilien, Indien und Ceylon. Der Monazitsand ist der wichtigste Rohstoff für die Industrien der seltenen Erden und des Thoriums, sowie für die Erzeugung der Glühkörper, von pyrophoren Metallen, für Glas- und Leuchtfarben und für die Gewinnung von Mesothorium und anderen radioaktiven Stoffen.

Von weiteren in Betracht kommenden Mineralien können hier nur die wichtigsten kurz in Tabelle 3 angegeben werden. Im übrigen muß auf die betreffenden Abschnitte in GMELINS Handbuch der anorganischen Chemie, 8. Aufl., System Nr. 39, Seltene Erden und auf die Angaben bei HEVESY, ROLLA sowie MAYER und HAUSER verwiesen werden.

§ 2. Wertigkeit und chemisches Verhalten.

In ihren stabilen Verbindungsstufen treten Scandium, Yttrium und die Elemente der Lanthanidengruppe 3wertig auf. Wenn es auch grundsätzlich gelingt, die Halogenide aller Elemente der seltenen Erden zur 2wertigen Stufe zu reduzieren, so kann von in Lösung einigermaßen stabilen 2wertigen Erd-Ionen nur beim Samarium, Europium und Ytterbium gesprochen werden. Die Beständigkeit wächst dabei in der Reihenfolge Sm^{2+}, Yb^{2+}, Eu^{2+}. Höherwertige, und zwar 4wertige Verbindungsformen sind nur bei Cer, Praseodym und Terbium bekannt (JANTSCH). Das Cer bildet vor-

Tabelle 3. Die wichtigsten seltenen Erdmineralien (außer Monazit und Monazitsand).

Name	Formel (E = seltene Erden)	Gehalt an seltenen Erden	Vorkommen	Bemerkungen
1. Fluoride und Oxyfluoride.				
Yttrofluorit . . .	n-CaF_2, m-EF_3	Yttererden 20—25%, Ceriterden 1—2%	Norwegen, Hundholmen	
Fluocerit	basisches Fluorid der seltenen Erden	Ceriterden bis zu 83% Yttererden 1—4%	Schweden, Ytterby	
2. Oxyde.				
Bröggerit	$(U^{IV} Pb_2)_3 \cdot (U^{VI} O_6)_2$	Hauptbestandteil Uran, Yttererden 1—4%, Ceriterden 0,4%	Norwegen, Conecticut, Nord- und Südkarolina, Joachimstal, Cornwall	
3. Fluorocarbonate.				
Bastnäsit (Hamartit) . .	$[E]FCO_3$	Ceriterden 64—94%	Schweden, (Bastnäs), Colorado, Madagaskar	
4. Carbonate.				
Lanthanit	$E_2(CO_3)_3 \cdot 8\,H_2O$	Ceriterden 54%	Schweden, (Bastnäs), Pennsylvania	Enthält hauptsächlich Cer
5. Phosphate.				
Apatit	$3\,Ca_3(PO_4)_2 \cdot CaF_2$ $(Cl_2)(CO_3)(O)$	Σ E = 0,2—2%	Cerapatit Langesundfjord, Ytterapatit Grönland	
Xenotim	EPO_4	Yttererden 54—65%, Cererden 0—11%	Brasilien, Norwegen, Schweden, Madagaskar, Japan	Ausgangsmaterial für die Darstellung der Yttererden und des Yttriums
6. Niobate, Tantalate, Titanate.				
Fergusonit	$E_2O_3 \cdot (Nb, Ta)_2O_5$	Yttererden 28—47%, Ceriterden 0,5—40%	Norwegen, Australien, Texas, Japan usw.	Eignet sich zur Verarbeitung auf Yttererden
Samarskit	$E_2O_3 \cdot (Nb, Ta)_2O_5 \cdot$ $UO_2 \cdot (Nb, Ta)_2O_7$	Yttererden 8—21%, Ceriterden 1—6%	Schweden, Norwegen, Ural, Nordkarolina	Eignet sich zur Verarbeitung auf Yttrium, Gadolinium, Terbium, Samarium
Euxenit-Polykras-Reihe	$E_2O_3 \cdot (Nb, Ta)_2 \cdot O_5 \cdot$ R_2TiO_3 R = E [U, Th]	Yttererden bis 30%, Cererden 2—3%	Norwegen, Australien, Nordkarolina	Bei Euxenit $(Nb, Ta)_2O_5 : TiO_2 = 1:3$, bei Polykras 1:4

Tabelle 3 (Fortsetzung).

Name	Formel (E = seltene Erden)	Gehalt an seltenen Erden	Vorkommen	Bemerkungen
Wiikit.	Silico-titan-niobat	$\Sigma E \sim 10\%$ Sc $\sim 1\%$	Finnland	Ausgangsmaterial für Scandium
7. Silicate.				
Cerit	$2\,CaO \cdot 3\,E_2O_3 \cdot 6\,SiO_2 \cdot 3\,H_2O$	$\Sigma E \sim 60\%$	Schweden, (Riddarhyttan)	
Orthit (Allanit). .	Seltene Erden haltiger Epidot $4\,CaO \cdot 3\,(Al, Fe, E)_2 \cdot O_3 \cdot 3\,SiO_2 \cdot H_2O$	ΣE bis 50% hauptsächlich Ceriterden	Norwegen, Schweden, Grönland, Japan	
Thortveitit . . .	$E \cdot Sc_2Si_2O_7$	Bis zu 42% Sc und 0—9% Yttererden	Norwegen, (Evje und Iveland), Madagaskar, (Befanamo)	Wichtigster Rohstoff für Scandium
Gadolinit	$(FeE)_2Be_2 \cdot Si_2O_{10}$	Bis zu 45% Yttererden, Ceriterden 1—2%	Schweden, (Ytterby), Norwegen, (Hitterö), Riesengebirge, Kaukasus, Texas, Australien	Rohstoff für Yttrium, Gadolinium, Terbium und Ytterbinerden

zugsweise das Oxyd CeO_2, von welchem sich auch Salze und Komplexsalze ableiten. Praseodym und Terbium bilden gleichfalls, wenn auch nur unter besonderen Bedingungen Dioxyde PrO_2 und TbO_2, leichter entstehen Mischoxyde Me_6O_{11} bzw. Me_4O_7, die je nach der Glühtemperatur verschieden hohen Sauerstoffgehalt aufweisen. Salze mit 4wertigem Praseodym bzw. Terbium konnten bisher nur im Schmelzfluß gewonnen werden (Zintl und Morawietz).

Vermöge der leichten Überführbarkeit des Cers in die 4wertige Stufe, gelang es bereits frühzeitig, dasselbe von den übrigen seltenen Erdelementen vollkommen abzutrennen. In den letzten Jahren ermöglichten Reduktionsvorgänge die leichte Gewinnung, den Nachweis und die Bestimmung des Europiums und Ytterbiums. Die Anreicherung und der Nachweis des Samariums gelingt gleichfalls auf diesem Wege.

Die anderen Glieder der Lanthanidengruppe, die nur 3wertig auftreten, lassen sich auf chemischem Wege nur sehr schwer voneinander unterscheiden. Die überaus große Verwandtschaft, welche die seltenen Erdelemente untereinander aufweisen, und die auf dem Gebiete des periodischen Systemes ohne Beispiel ist, ist durch den Atombau dieser Elemente bedingt. Derselbe ist dadurch ausgezeichnet, daß die äußeren Elektronenschalen untereinander identisch sind und der Einbau eines neuen Elektrons von Glied zu Glied nicht in den äußeren Niveaus stattfindet, welche für den chemischen Charakter bestimmend sind, sondern in einer inneren Schale. Damit im Zusammenhange sind auch die Isomorphiebeziehungen der Verbindungen der einzelnen seltenen Erdelemente besonders innige und das gemeinsame Vorkommen wird dadurch verständlich.

Die Basizität der Oxyde E_2O_3 nimmt ständig und kontinuierlich in kleinsten Beträgen von Lanthan bis Cassiopeium ab. Daran schließt sich das Scandium an, während das Yttrium sich in der Basizitätsreihe, wie auch bezüglich der Löslichkeiten seiner Salze, zwischen Dysprosium und Holmium stellt. So bilden die seltenen Erden eine Brücke zwischen Barium und Hafnium.

Zur Bildung stabiler komplexer bzw. innerkomplexer Salze sind die seltenen Erden nur in beschränktem Maße befähigt. Eine Ausnahme macht das Cer in seinen 4wertigen Verbindungsformen und das Scandium.

Die 2wertigen Stufen des Samariums, Europiums und Ytterbiums ähneln in ihren Eigenschaften jenen des Strontiums und des Bleis. Die 3wertigen Erden können als „3wertige Erdalkalielemente" angesprochen werden, das Scandium und das 4wertige Cer kommen den Elementen der vierten Untergruppe schon recht nahe.

§ 3. Charakterisierung der Löslichkeiten einiger für den Nachweis und die Trennung der einzelnen Elemente der seltenen Erden besonders geeigneten Verbindungen.

Die Hydroxyde sind in Alkalilösungen und in Ammoniak unlöslich. Mit Oxycarbonsäuren, wie Äpfel-, Wein- oder Citronensäure, bilden die seltenen Erden mehr oder weniger stabile komplexe Salze, bei welchen die Fällbarkeit der Hydroxyde beeinträchtigt bzw. verhindert ist.

Schwer- bzw. unlöslich sind die Fluoride, Silicofluoride, Sulfite, Phosphate und Carbonate. Oxalsäure ist das typische Gruppenreagens für die seltenen Erden. Die Löslichkeiten der Oxalate liegen bei 25° in der Größenordnung von 0,5 bis 3 mg im Liter. Sie nehmen in der Reihenfolge der abnehmenden Basizitäten zu. Nach Untersuchungen von WERNET beträgt die Löslichkeit von Scandiumoxalat bei 25° 156 mg-Liter. Sie ist demnach bedeutend größer als in der älteren Literatur angegeben wird. In Mineralsäuren sind die Oxalate beträchtlich leichter löslich. Lanthanoxalat ist in verdünnten Mineralsäuren am leichtesten löslich. Dann nimmt die Löslichkeit bis zum Samarium ab und beginnt beim Erbium nochmals abzunehmen. Bei Gegenwart von überschüssiger Oxalsäure ist die Löslichkeit auch in Mineralsäuren geringer. In konzentrierten Säuren bilden sich teilweise lösliche Oxalatokomplexe. Kalium- und Ammoniumoxalat bilden mit den Oxalaten der Yttererden leicht lösliche Komplexe. Die Natriumdoppeloxalate sind ziemlich schwer löslich. Beim Scandium ist sowohl das Kalium- wie das Natriumsalz $RSc(C_2O_4)_2$ schwer löslich, die Ammoniumverbindung $4\,(NH_4)_2C_2O_4 \cdot Sc_2(C_2O_4)_3 \cdot 7\,H_2O$ löst sich dagegen sowohl in Wasser, wie in Ammoniumoxalatlösungen leicht.

Die Sulfide werden in Wasser zu den Hydroxyden hydrolysiert.

Das Ammoniumcer(IV)nitrat $(NH_4)_2[Ce(NO_3)_6]$ ist in konzentrierter Salpetersäure sehr schwer löslich. Es findet Anwendung zum Nachweis und zur Bestimmung des Cers.

Geringe bzw. mittlere Löslichkeiten haben die Chromate, Ferrocyanide, Jodate und die Sulfate. Im Gegensatz zu dem in konzentrierter Salpetersäure unlöslichen Zirkonium- und Thoriumjodat sind die seltenen Erdjodate, auch Scandiumjodat, in konzentrierten Mineralsäuren löslich. Bei den Sulfaten steigt die Löslichkeit mit wachsender Ordnungszahl. Sie ist bei den einzelnen Hydraten verschieden. Die wasserfreien Sulfate und die Octo-Hydrate sind bedeutend löslicher, als die, nur in der Wärme beständigen Tetra-Hydrate, welche beim Erhitzen der Lösungen der Octo-Hydrate ausfallen. Scandiumsulfat $Sc_2(SO_4)_3 \cdot 6\,H_2O$ ist dagegen in Wasser leicht löslich.

Lanthansulfat ist in konzentrierter Schwefelsäure schwer löslich, während sich die Sulfate der anderen Erden darin leichter lösen.

Die Alkalidoppelsulfate zeigen ein selektives Verhalten. Die Kaliumdoppelsulfate der Ceriterdenelemente sind in Alkalisulfatlösungen schwer löslich, doch steigt die Löslichkeit mit wachsender Ordnungszahl des Elementes an. Die Doppelsulfate der Terbinerden besitzen mittlere Löslichkeiten, jene der Erbin- und Ytterbinerden sind leicht löslich. Bei den Natrium- und Ammoniumdoppelsulfaten sind die Löslichkeitsdifferenzen weniger ausgeprägt.

Leicht löslich sind die Chloride, Bromide, Jodide, die Bromate, die Thiosulfate, welche im Gegensatz zu den Thiosulfaten des Scandiums und Thoriums in Lösung keine Hydrolyse erfahren, ferner die Nitrate und die Doppelnitrate. Meist beobachtet man hier eine auswählende Löslichkeit, die bei den Trennungen durch fraktionierte Krystallisationen von großem Nutzen ist. So fällt die Löslichkeit bei den Bromaten in der Reihenfolge Erbium, Lanthan, Yttrium, Holmium, Praseodym, Neodym, Terbium und Gadolinium. Bei den Nitraten sinkt die Löslichkeit in konzentrierter Salpetersäure von Lanthan bis Samarium, erreicht beim Gadolinium ein Minimum und steigt dann wieder an.

Die Doppelnitrate, welche bei den Trennungen in der Ceriterdengruppe eine große Rolle spielen, zeigen folgende Löslichkeiten: Bei den Salzen der Formel $(NH_4)_2[E(NO_3)_5] \cdot 4\,H_2O$ steigen die Löslichkeiten mit den Ordnungszahlen. Das Lanthansalz ist am wenigsten löslich. Bei den Doppelnitraten

$$Me_3[E(NO_3)_6]_2 \cdot 24\,H_2O \text{ (Me = Mg, Cu, Cd, Co, Ni, Mn und Zn);}$$

E = La bis Gd steigen die Löslichkeiten wie folgt an: Me = Mg, Zn, Ni, Co, Mn; E = Ce, La, Pr, Nd, Sm, Gd.

Die Yttererden bilden ziemlich leicht lösliche Alkalidoppelcarbonate und Alkalidoppeloxalate. Bei den letzteren nehmen die Löslichkeiten in der Reihenfolge Cp, Yb, Tm, Er, Y, Ho, Dy ab.

Die Formiate und Acetate besitzen mittlere Löslichkeiten, bei den Glykolaten und Lactaten sind dieselben gering. Die Löslichkeiten der Dimethylphosphate ähneln denjenigen der Bromate.

§ 4. Aufschlußmethoden.

Je nach der Beschaffenheit der Mineralien müssen die Proben für die Analyse vorbereitet werden. Sind die Mineralien verwittert, so erfolgt zunächst ein sorgfältiges Auslesen der Bruchstücke. Die Monazitsande des Handels sind häufig mit Fremdmineralien vermischt. Bei technischen Analysen wird man das gute Durchschnittsmuster verwenden, handelt es sich dagegen um wissenschaftliche Analysen, dann soll nur der Monazit als solcher zur Analyse kommen. Über hier anzuwendende Aufbereitungen siehe bei Baltuch und Weissenberger und den Abschnitt über elektromechanische Scheidung in Berl-Lunge.

Die Menge der zur Analyse erforderlichen Probe richtet sich nach der Fragestellung und den anzuwendenden Methoden. Bei der röntgenspektroskopischen Prüfung wird man meist mit 10 mg der abgeschiedenen Erdoxyde auskommen, dagegen erfordern die Analysen durch Beobachtung der Absorptionsspektren bedeutend mehr Substanz. Auch die Zusammensetzung des Minerals ist maßgebend. Bei Phosphaten werden einige Gramm genügen, während man bei Titanaten, Niobaten und Tantalaten größere Mengen anwenden muß.

▶ Nach Spencer lassen sich Cerit, Orthit, Gadolinit und Yttrialith mit konzentrierter Salzsäure in Lösung bringen. Monazit, Xenotim, Yttrotitanit und Thorianit schließt man mit konzentrierter Schwefelsäure auf. Die Niob- und Tantalsäure enthaltenden Mineralien, wie Fergusonit, Euxenit, Polykras, Samarskit und Yttrotantalit werden mit Fluorwasserstoffsäure oder durch die Schmelze mit Bisulfat zerlegt. In besonders schwierigen Fällen findet die Schmelze mit Ätznatron und Natriumsuperoxyd statt. Schließlich kann auch die Chlorierung, z. B. mit Schwefelchlorür, Anwendung finden. Stähle und Legierungen werden gewöhnlich mit Säuren (nicht mit Salpetersäure) in Lösung gebracht.

Für die zweckmäßige Wahl der Aufschlußart wird es stets vom Vorteil sein, durch eine Vorprüfung, die meist auf spektroskopischem Wege erfolgt, festzustellen, welche Hauptbestandteile die Probe enthält. Manchmal gelingt es auch, aus der Herkunft der Probe Schlüsse zu ziehen. Nachstehend werden die wichtigsten Aufschlußverfahren kurz besprochen.

a) Mit konzentrierter Salzsäure. Hierfür kommen fast ausschließlich Silicate in Betracht. Es empfiehlt sich zum Schluß etwas konzentrierte Schwefelsäure zuzusetzen und bis zum Erscheinen der weißen Dämpfe abzurauchen. Auch sogenannte Rohoxyde bringt man mit Salzsäure in Lösung. Oxydgemische, die viel Cer enthalten, auch die braunen Oxydgemenge mit Praseodym oder Terbium, lösen sich in Salzsäure nach dem Zusatz von Wasserstoffsuperoxyd leichter. Die früher an Stelle von Wasserstoffsuperoxyd angewandte Jodwasserstoffsäure kann entbehrt werden.

Die Kieselsäure des Rückstandes wird wie üblich abgeschieden, sie muß aber stets auf Reinheit geprüft werden. Nach der Schwefelwasserstoffällung und Oxydation des Eisens zur Ferristufe, trennt man von den Erdalkalien und vom Magnesium durch Ammoniakfällung bei Gegenwart von Ammoniumchlorid.

b) Mit konzentrierter Schwefelsäure. Für Monazit, Monazitsand und viele andere Mineralien ist konzentrierte Schwefelsäure das am meisten angewandte Aufschlußmittel. Man erwärmt dabei auf 200° bzw. bis zum Siedepunkt. Bleiben Teilchen unaufgeschlossen, so unterwirft man diese der Schmelze mit Bisulfat oder der Behandlung mit Flußsäure. Ist viel Phosphorsäure vorhanden, so darf die überschüssige Schwefelsäure nicht vollständig abgeraucht werden, weil sich sonst die Phosphate zurückbilden. Man prüft auf einem Uhrglas eine Probe durch Verreiben mit Wasser, ob noch dunkle Teilchen vorhanden sind. Ist dies nicht der Fall, so wird die feuchte Masse unter gutem Rühren in viel eiskaltes Wasser eingetragen. Zu starkes Erwärmen führt zur Abscheidung der schwer löslichen Sulfate mit 4 Molekülen Krystallwasser. Nach einigem Stehen wird filtriert und der Rückstand gut ausgewaschen. Wenn erforderlich, muß derselbe mit Bisulfat geschmolzen, oder mit Flußsäure behandelt werden. Der dann verbleibende Rückstand bildet die Gangart.

c) Mit Fluorwasserstoffsäure. Nach J. L. SMITH lassen sich Mineralien, die Erdsäuren enthalten, meist bereits in der Kälte mit Flußsäure aufschließen. Dabei gehen die Erdsäuren in Lösung, während die seltenen Erden mit anderen unlöslichen, basischen Bestandteilen im Rückstand verbleiben.

Die befeuchtete Probe wird vorsichtig in der Platinschale mit etwa 10 cm³ konzentrierter Flußsäure übergossen. Nachdem die erste heftige Einwirkung nachgelassen hat, gibt man erneut Säure zu und erwärmt schließlich gelinde. Sind keine Mineralteilchen mehr vorhanden, so wird die Flußsäure weitgehend abgedampft und dann mit Wasser aufgenommen. Darauf wird filtriert und der Rückstand mit verdünnter Flußsäure gewaschen. In Lösung befinden sich Niob, Tantal, Titan, Zirkon, Zinn, Eisen und Uran(VI). Ungelöst bleiben Thorium, die seltenen Erden, Uran(IV) und Calcium.

Dieser Rückstand wird mit konzentrierter Schwefelsäure abgeraucht und wie bei dem Aufschluß mit Schwefelsäure weiter behandelt.

Diese Methode hat, da man bei ihr eine weitgehende Trennung von den Erdsäuren erreicht, gegenüber der Schmelze mit Bisulfat bedeutende Vorzüge (SCHOELLER und WATERHOUSE).

d) Schmelze mit Bisulfat. Damit sich nicht die schwerlöslichen Kaliumdoppelsulfate der Ceriterden bilden, soll hierfür nur Natriumbisulfat oder Natriumpyrosulfat Anwendung finden.

Man mischt die Probe mit der 5- bis 6fachen Menge des Bisulfates und schmilzt in einem Platintiegel unter Umrühren mit einem Platinspatel ungefähr 40 bis 50 Min. Dabei ergänzt man nach teilweisem Abkühlen die verdampfte Säure durch Zugabe einiger Kubikzentimeter konzentrierter Schwefelsäure und erhitzt schließlich auf Rotglut.

Nach dem Erkalten wird vorsichtig mit Wasser aufgenommen und zwecks Abscheidung der Erdsäuren in einem Rundkolben mit 2 Liter Wasser verdünnt und mindestens 24 Std. gekocht. Durch Hydrolyse fallen dann Titan-, Niob- und Tantalsäure aus. Deren vollständige Abscheidung ist für den weiteren Gang der Analyse unbedingt erforderlich. Tritt die Hydrolyse nicht ein, so erzwingt man dieselbe durch vorsichtiges Abstumpfen mit Ammoniak, wobei aber die Flüssigkeit stets sauer bleiben muß, und nochmaliges längeres Kochen. Schließlich prüft man die Lösung mit Wasserstoffsuperoxyd auf die Abwesenheit von Titan. Im Rückstand können weiter noch anwesend sein: Kieselsäure, Wolframsäure, Zinnsäure, neben Bleisulfat und Antimonoxyd. Man filtriert und wäscht mit heißem Wasser bis die ablaufende Flüssigkeit keine, durch Ammoniak mehr fällbaren Stoffe enthält. Im Filtrate sind dann anwesend: die seltenen Erden, Thorium, Zirkonium, Eisen, Aluminium, Calcium und Magnesium. Von den beiden letzteren trennt man durch Ammoniakfällung bei Gegenwart von Ammoniumchlorid und löst darauf den Niederschlag in möglichst wenig Salzsäure.

Waren im Hydrolysenrückstand noch Mineralteilchen anwesend, so muß der Aufschluß mit Bisulfat und der weitere Vorgang wiederholt werden.

Bei Gegenwart von Schwermetallen der Schwefelwasserstoffgruppe sind diese vor der Ammoniakfällung in üblicher Weise zu entfernen. Darauf wird das Eisen zur Ferristufe oxydiert.

Diese Art des Aufschlusses leidet daran, daß die infolge Hydrolyse ausfallenden Erdsäurehydrate leicht Stoffe aus der Lösung adsorbieren und damit die Trennung von den basischen Bestandteilen, somit auch von den seltenen Erden, recht erschweren. Deshalb ist, wie bereits erwähnt, der Flußsäureaufschluß vorzuziehen.

e) Mit Schwefelchlorür. Diese Aufschlußart wird seltener angewandt. Nach E. SMITH wird die feingepulverte Probe im Porzellanschiffchen im Verbrennungsrohr oder auch ohne Porzellanschiffchen im Kugelrohr in einem Strome von mit Schwefelchlorür gesättigtem Chlor bei ungefähr 300 bis 400° erhitzt; die flüchtigen Reaktionsprodukte werden in einem Kolben, der mit verdünnter Salpetersäure beschickt ist, absorbiert.

Dabei verflüchtigen sich Eisen(III)chlorid, Aluminiumchlorid, Nioboxychlorid, Niobpentachlorid, Tantalpentachlorid, Wolframoxychlorid, Antimonchlorid, Zinntetrachlorid, Titanchlorid und Siliciumtetrachlorid. Im Rückstande bleiben die Chloride der seltenen Erden, der Erdalkalien, der Alkalien, die nicht flüchtigen Schwermetallchloride und Teile unangegriffener Kieselsäure. Nach 2 bis 2½stündiger Reaktionszeit vertreibt man das Chlor-Schwefelchlorürgemisch durch trocknen Chlorwasserstoff oder Stickstoff und löst den Rückstand in Wasser. Nach der Fällung mit Schwefelwasserstoff werden wieder die Sesquioxyde von den Erdalkalien und dem Magnesium durch Ammoniakfällung getrennt.

Diese Methode wurde von HICKS verbessert und von AGTE, BECKER-ROSE und HEYNE geprüft. Sie leidet unter der Verstäubung und Mitführung von Teilchen des Schiffcheninhaltes durch den Gasstrom und ist, sowohl der Bisulfatschmelze, wie dem Aufschluß mit Fluorwasserstoffsäure unterlegen.

§ 5. Abtrennung der Gruppe der Elemente der seltenen Erden von den Begleitern.

Für die Weiterverarbeitung der Aufschlußlösungen ist es maßgebend, welche Fragen durch die Analysen beantwortet werden sollen.

Sollen die seltenen Erden nur in ihrer Gesamtheit neben anderen Stoffen nachgewiesen werden, die in solchen Aufschlußlösungen enthalten sein können, so werden die Lösungen nach einem systematischen Trennungsgang aufzuarbeiten sein. Allerdings sind bisher nur wenige allgemeine Analysengänge bekannt geworden, welche die seltenen Erden berücksichtigen. Der Trennungsgang von FISCHER, DIETZ, BRÜNGER und GRIENEISEN und jener von LOHRER können hier gute Dienste leisten.

In der Regel wird es sich aber darum handeln, die Gruppe der seltenen Erden möglichst einfach und vollkommen von den Begleitern abzutrennen, um dieselbe dann der weiteren Aufarbeitung zu unterwerfen.

Wie bereits in § 4 angegeben wurde, werden zu diesem Zwecke die Aufschlußlösungen mit Schwefelwasserstoff behandelt, um die in Säuren schwerlöslichen Sulfide abzuscheiden. Nach Abtrennung der letzteren und Oxydation des Eisens zur Ferristufe erfolgt die Fällung mit Ammoniak bei Gegenwart von Ammonchlorid. Dieselbe bezweckt die Entfernung der Erdalkalien, des Magnesiums, der Alkalien und des größten Teiles von Mangan, Zink, Kobalt und Nickel, welche in Lösung bleiben. Der Niederschlag wird nach dem guten Auswaschen mit Ammoniak und ammonchloridhaltigem Wasser in Salzsäure gelöst. Die Lösung enthält neben den seltenen Erden, Thorium, Zirkonium, allenfalls Reste der Erdsäuren (Titan, Niob, Tantal), die sich der Abscheidung durch Hydrolyse (s. S. 116) entzogen haben. Ferner können zugegen sein: Phosphorsäure, Wolfram, Eisen, Aluminium, Chrom, Vanadin, Uran und Reste von Mangan, Zink, Nickel, Kobalt und den Erdalkalien. Sind letztere Elemente in größeren Mengen zugegen, so empfiehlt sich eine doppelte Ammoniakfällung.

Die Lösungen werden zur Trockne gedampft und mit verdünnter Salzsäure aufgenommen. Ein eventueller Rückstand ist auf Kieselsäure und die Erdsäurenbildner zu prüfen. Aus den schwach salzsauren Lösungen werden dann gewöhnlich die seltenen Erden gemeinsam mit dem Scandium und Thorium nach der klassischen Methode der Fällung mit Oxalsäure im Überschuß als Oxalate abgeschieden. Diese Fällung muß wiederholt werden, wenn die seltenen Erden nur in kleinen Mengen anwesend sind.

Wird der Nachweis des Scandiums nicht gefordert, oder handelt es sich nicht um Analysen spezifischer Scandiummineralien, wie Wiikit bzw. Thortveitit, so kann dasselbe in der Regel bei der weiteren Verarbeitung der Oxalate vernachlässigt werden, da seine Menge dann sehr gering sein wird. Nähere Angaben über die Abtrennung des Scandiums zum Zwecke seines Nachweises erfolgen auf S. 143.

Sind sehr geringe Mengen von seltenen Erden in Gesteinen oder Mineralien festzustellen, so wird zunächst eine Anreicherung derselben als Fluoride zweckmäßig sein. Gewöhnlich wird man in solchen Fällen aber besser nach quantitativen Methoden arbeiten, wie solche von J. NODDACK, sowie von LUX ausgearbeitet worden sind. Vgl. dazu dieses Handbuch, quantitativer Teil, Band III, S. 711. Daselbst finden sich S. 713 bis 727 auch Angaben über die Abtrennung der seltenen Erden von anderen Elementen.

Über die Abtrennung der seltenen Erden von Thorium und Scandium wird weiter unten berichtet.

Sollen die Lanthaniden in typischen Uranmineralien nachgewiesen werden, so geschieht dies zweckmäßig nach noch zu beschreibenden, besonderen Methoden.

a) Fällung der seltenen Erden, des Scandiums, des Yttriums und des Thoriums als Oxalate.

Die Fällung mit überschüssiger Oxalsäure aus schwach mineralischen Lösungen gewährleistet in den meisten Fällen die Abtrennung der Lanthaniden, des Yttriums, des Scandiums und des Thoriums in einem Ausmaße, das den Ansprüchen einer qualitativen Analyse vollauf genügt. Wegen der beträchtlichen Löslichkeit des Scandiumoxalates (s. S. 113) kann sich ein Teil desselben der Abtrennung entziehen. Auch bei der präparativen Verarbeitung größerer Mengen, wie dieselbe für die Reindarstellung der einzelnen Erden erforderlich ist, wird die Oxalatfällung vorgenommen.

Ausführung. Die Lösung wird mit Wasser so weit verdünnt, daß sie ungefähr 1,5 g Oxyde in 100 cm³ enthält. Der Säuregehalt soll etwa halbnormal sein. Man erwärmt auf 60° und fällt unter gutem Rühren mit warmer Oxalsäurelösung (3 g Oxalsäure auf 100 cm³ Wasser). Die Fällung wird sehr bald krystallinisch und setzt sich dann schnell ab. Man läßt einige Zeit stehen, filtriert darauf, und wäscht mit oxalsäurehaltigem Wasser aus, trocknet und verglüht schwach. Das Oxyd-Carbonatgemisch löst man in verdünnter Salpetersäure, verdampft den Überschuß der Säure und nimmt den Rückstand mit Wasser auf.

Bemerkungen. Wenn, wie bei der Analyse von Monazit, Monazitsand oder Euxenit, viel Phosphorsäure anwesend ist, dann sind die Oxalate stets phosphathaltig. Man muß daher die Oxalatfällung wiederholen. Besser noch ist es, die Fällung umgekehrt vorzunehmen, indem man die Aufschlußlösung unter gutem Rühren in kalte Oxalsäurelösung einfließen läßt. Der Niederschlag bleibt über Nacht stehen und wird, wie bereits beschrieben, weiter behandelt. Das Filtrat enthält dann gewöhnlich noch geringe Mengen seltener Erden. Um diese zu erfassen, neutralisiert man mit Ammoniak und säuert darauf wieder mit 1,5 cm³ konzentrierter Salzsäure auf 100 cm³ Lösung an. Dabei fällt der Rest der Erden als Oxalophosphate aus. Dieselben werden abfiltriert, gewaschen und verascht. Der Glührückstand wird in Salzsäure gelöst und wieder mit Oxalsäure gefällt. Die nunmehr reinen Oxalate werden vereinigt.

b) Trennung des Thoriums von den seltenen Erden.

Hierbei muß das Cer 3wertig vorliegen. Sind die Lösungen gelb, oder orange gefärbt, ist somit 4wertiges Cer zugegen, so muß dieses in saurer Lösung mit Wasserstoffsuperoxyd reduziert werden. Mit dem Thorium wird in der Regel auch das Scandium entfernt, s. S. 119.

Wurden nicht vorher, wie üblich, die Oxalate abgeschieden, so können noch die Erdsäurenbildner Titan, Zirkon, Niob und Tantal anwesend sein. Dieselben werden von den für die Abtrennung des Thoriums anzuwendenden Reagenzien gleichfalls gefällt.

α) Fällung des Thoriums als Jodat aus stark salpetersaurer Lösung. Nach Meyer sowie Meyer und Speter ist Thoriumjodat $Th(JO_3)_4$ in starker Salpetersäure bei Gegenwart von Kaliumjodat schwer löslich, während sich die Jodate der seltenen Erden leicht lösen.

Ausführung. Man fällt mit einer Lösung von 15 g Kaliumjodat in 50 cm³ Salpetersäure (D 1,4) und 30 cm³ Wasser. Den weißen, flockigen Niederschlag von Thoriumjodat läßt man ½ Std. stehen, filtriert ihn ab und wäscht mit einer Lösung gut aus, welche 2 g Kaliumjodat in 50 cm³ Salpetersäure (D 1,2) und 20 cm³ Wasser enthält. Wurden mit der Fällung seltene Erden mitgerissen, so wird der Niederschlag in heißem Wasser gelöst und aus der Lösung das Thoriumjodat mit konzentrierter Salpetersäure bei Gegenwart von Kaliumjodat wieder ausgefällt. Die Filtrate, die nun die Gesamtmenge der seltenen Erden enthalten, werden vereinigt. Vgl. Schoeller und Powell. Nach Beans und Mossman werden aus saurer Lösung durch Jodat auch Zirkonium und Titan gefällt.

β) Abtrennung des Thoriums als Subphosphat $Th(P_2O_6)_2 \cdot 11\, H_2O$. Fällt man mineralsaure Lösungen nach Koss mit Natriumsubphosphatlösungen, so erhält man das besonders schwer lösliche Thoriumsubphosphat als Niederschlag. Die Lanthaniden bleiben in Lösung. Titan und Zirkonium zeigen die gleiche Reaktion.

γ) Abtrennung des Thoriums mit Sebacinsäure. Nach Moore ist die von T. O. Smith und James ausgearbeitete Methode der Fällung des Thoriums mit Sebacinsäure $(CH_2)_8 \cdot (COOH)_2$ die sicherste und bequemste Trennung desselben von den seltenen Erden.

Ausführung. Die mit Ammoniak vorsichtig neutralisierte Lösung wird mit einer heißen Lösung von Sebacinsäure gefällt. Nach einigem Stehen wird der Thoriumniederschlag abfiltriert und mit heißem Wasser ausgewaschen. Aus dem Filtrate werden die seltenen Erden mit Ammoniak als Sebacate gefällt und darauf zu den Oxyden verglüht.

δ) Abtrennung des Thoriums und der Hauptmenge des Scandiums durch Hydrolyse mit Natriumthiosulfat. Mit dieser Methode haben sich Benz; Drossbach; Fresenius und Hintz; Hintz und Weber; Hauser und Wirth; Metzger; Schoeller und Powell sowie Fischer und Bock beschäftigt. Dieselbe ist recht umständlich und eignet sich besser zur präparativen Verarbeitung größerer Mengen als zur Analyse. Mit dem Thorium fällt der größte Teil des Scandiums aus, ebenso werden alle Stoffe abgeschieden, welche durch Thiosulfat Hydrolyse erleiden, wie Aluminium, Titan, Zirkonium und die Erdsäuren.

Ausführung. Die neutrale Lösung wird mit einer Lösung von Natriumthiosulfat versetzt und zum Sieden erhitzt. Dabei scheidet sich ein Gemisch von basischem Thoriumsalz neben Thoriumhydroxyd und Schwefel aus, dem die Hydroxyde bzw. basischen Salze aller Ionen beigesellt sind, welche gleichfalls durch Thiosulfat hydrolysiert werden. Der Niederschlag enthält stets in mehr oder minder großen Mengen seltene Erden adsorbiert. Er wird in Salzsäure gelöst, die Lösung vom Schwefel abfiltriert und darauf mit Oxalsäure gefällt. Die Oxalate werden mit Ammonoxalatlösung ausgezogen. Sie sind dann frei von Thorium. Über die Abtrennung des Scandiums aus dem Thoriumniederschlag s. S. 143.

ε) Abtrennung des Thoriums mit Hexamethylentetramin. Nach Ismail und Harwood läßt sich Thorium von den seltenen Erden trennen, wenn man die schwach saure Chloridlösung nach Zugabe von Ammonchlorid unter Schütteln mit einer 10%igen Lösung von Hexamethylentetramin im Überschuß versetzt. Es bildet sich eine Fällung von basischem Thoriumsalz, während die 3wertigen Erden keine Hydrolyse erleiden und in Lösung verbleiben.

c) Abscheidung geringer Mengen seltener Erden aus Mineralien und Gesteinen, vorwiegend aus Silicaten.

Hillebrand schließt diese Stoffe durch Schmelzen mit Natriumcarbonat auf. Die Schmelze wird mit Wasser ausgelaugt und der Rückstand mit wenig Schwefelsäure in Lösung gebracht. Der unlösliche Anteil enthält Kieselsäure und eventuell Bariumsulfat, er wird abfiltriert. Nach Entfernung der durch Schwefelwasserstoff fällbaren Sulfide und Oxydation des Filtrates wird mit Ammoniak gefällt. Aus diesem Niederschlag werden die seltenen Erden als Fluoride angereichert. Dazu spült man denselben in eine Platinschale, gibt Flußsäure zu und dampft ab. Der Rückstand wird mit verdünnter Flußsäure aufgenommen, die unreinen seltenen Erdfluoride werden abfiltriert und mit flußsäurehaltigem Wasser gewaschen. Nun raucht man dieselben mit Schwefelsäure ab, löst die Sulfate in Salzsäure und fällt die Lösung mit Ammoniak. Die Hydroxyde löst man wieder in verdünnter Salzsäure, dampft die Lösung ein und erwärmt den Rückstand mit einigen Kubikzentimetern gesättigter Oxalsäurelösung. Hierbei scheiden sich die Oxalate der seltenen Erden gemeinsam mit Thorium und Scandiumoxalat ab, während die anderen Stoffe in Lösung bleiben. Man soll so noch 0,15 mg seltene Erden in 1 g Gestein feststellen können.

d) Nachweis der seltenen Erden in Uranmineralien.

Sind neben den Lanthaniden größere Mengen von Stoffen zugegen, die, wie Eisen, Aluminium, Uran usw., komplexe Oxalate zu bilden vermögen, so wird von diesen sehr viel Oxalsäure verbraucht und außerdem wirken diese Oxalatokomplexe lösend auf die seltenen Erdoxalate ein. In solchen Fällen, besonders bei der Analyse von Uranmineralien, wie Bröggerit oder Cleveit kann man nach HAUSER wie folgt vorgehen:

Das Mineral wird in Salpetersäure gelöst und nach dem Eindampfen der Rückstand mit Wasser ausgezogen. Aus der Lösung werden die Sulfide gefällt und das Filtrat von denselben nach erfolgter Neutralisation in überschüssige Ammoncarbonatlösung eingegossen. Bei längerem Stehen scheiden sich Eisen- und Aluminiumhydroxyd und der größte Teil der seltenen Erden ab, während Uran mit einem Teile der Yttererden und dem Thorium in Lösung bleibt. Die Fällung wird in üblicher Weise auf die Oxalate verarbeitet. Die uranhaltige Lösung versetzt man mit Salpetersäure, dampft ein, raucht aus dem Rückstand die Ammonsalze ab, nimmt den verbleibenden Rest mit verdünnter Salzsäure auf und fällt die Lösung mit Ammonoxalat und Oxalsäure. Die Methode ist nicht sehr exakt.

CANNERI und FERNANDES verwenden zur Trennung der seltenen Erden vom Uran die Fähigkeit des letzteren mit Salicylsäure Komplexe zu geben, die durch Oxalsäure nicht gefällt werden.

§ 6. Abtrennung des Cers und des Scandiums.

1. Abtrennung des Cers.

Das Cer ist neben dem Yttrium in den Erdgemischen am stärksten vertreten. Als einziges Element der Reihe läßt es sich aus denselben durch seine leichte Überführbarkeit in die 4wertige Stufe, in welcher die Cer(IV)-Ionen andere Eigenschaften zeigen als die 3wertigen Ionen der anderen Lanthanidenelemente, leicht und vollständig abtrennen. Diese Abtrennung wird in der Regel vor der Zerlegung der Roherden in die Untergruppen vorgenommen. Die analytischen Methoden sind jenen der präparativen und industriellen Verarbeitung ähnlich und werden im Teil C, S. 155 bis 157 eingehend beschrieben.

In manchen Fällen ist es allerdings von Vorteil, das Cer oder einen Teil desselben zunächst in den Gemischen zu belassen. Dies ist der Fall, wenn die Yttererden sehr stark vorherrschen oder bei der Trennung und Reindarstellung von Lanthan und Praseodym. Bei den zu letzterem Zwecke durchzuführenden Krystallisationen der Doppelnitrate schiebt sich das Cer zwischen die lanthanhaltigen Kopffraktionen und die leichter löslichen Praseodymfraktionen ein und kann dann aus den Mittelfraktionen leicht entfernt werden.

2. Abtrennung des Scandiums.

In den eigentlichen seltenen Erdmineralien ist das Scandium stets nur in sehr geringen Mengen enthalten. Vermöge des bedeutend schwächer basischen Charakters des Hydroxydes und der größeren Neigung zur Bildung komplexer Salze ähnelt es in seinen Eigenschaften den Ytterbinerden und dem Thorium. In den diese Stoffe enthaltenden Fraktionen wird es in der Regel auf röntgenspektroskopischem Wege nachgewiesen und bestimmt. Über die Abtrennung desselben aus scandiumreichem Materiale, wie solches bei der Verarbeitung des Thortveitites oder des allerdings immer seltener werdenden Wiikits gewonnen wird, und über seinen Nachweis in Wolfram- und Zinnschlacken wird ausführlich im Teil C, S. 143 bis 144 berichtet.

§ 7. Gruppentrennungen.

Sowohl zur Orientierung über die Hauptbestandteile eines Erdgemisches, wie auch zur weiteren Aufarbeitung in analytischer oder präparativer Hinsicht, wird es stets von Vorteil sein, dasselbe zunächst in Untergruppen zu zerlegen.

a) Zerlegung der Erdgemische durch Überführung in die Alkalidoppelsulfate.

Diese klassische Methode beruht auf den verschiedenen Löslichkeiten der Alkalidoppelsulfate in Alkalisulfatlösungen. Dabei lassen sich drei Gruppen unterscheiden:

1. Erden, die schwerlösliche Alkalidoppelsulfate bilden: Es sind dies die Ceriterdenelemente Lanthan bis Europium, wobei die Löslichkeiten mit wachsender Ordnungszahl zunehmen, ferner das Scandium und das Zirkonium.

2. Erden, deren Alkalidoppelsulfate eine mittlere Löslichkeit besitzen: Die Terbinerdenelemente Gadolinium bis ungefähr zum Erbium und einschließlich Yttrium.

3. Erden, deren Doppelsulfate leicht löslich sind: Erbium bis Cassiopeium.

Eine scharfe Trennung in diese Gruppen läßt sich allerdings praktisch fast nie erreichen, denn die mittleren Löslichkeiten der Doppelsulfate der Terbinerden bedingen, daß sich dieselben, je nach ihrer mengenmäßigen Anwesenheit, bei den Fraktionierungen sowohl den Cerit- als auch den Yttererden zugesellen. Zwar lassen sich die letzteren, wenn sie stark vorherrschen, mit Kaliumsulfat vollständig von den Ceriterden trennen, doch muß man dann einen erheblichen Verlust an Terbinerden mit in Kauf nehmen. Schwieriger ist es, ein an Ceriterden reiches, an Yttererden armes Gemisch, wie es in den Aufarbeitungsrückständen des Monazitsandes auf Thorium- und Cersalze vorliegt, von den wenigen Hundertteilen Yttererden zu befreien, da dann die Yttererden in der Regel von den Ceriterdendoppelsulfaten mitgerissen werden.

Nach BENEDICKS bestehen bei den Platin(II)doppelcyaniden $E_2[Pt(CN)_4]_3$ mit 18 oder 21 H_2O zwischen den Ceriterden und den Yttererden Unterschiede bezüglich der Krystallart und der Farbe. Die Doppelcyanide der Ceriterdenelemente sind gelb gefärbt und haben blauen Oberflächenschimmer. Sie krystallisieren monoklin. Jene der Yttererdenelemente zeigen kirschrote Farbe mit grünem Metallglanz und krystallisieren rhombisch.

Ausführung der Fällungen. Die von den Begleitern befreiten Erdgemische werden in Salzsäure gelöst; in der Lösung wird das eventuell vorhandene 4wertige Cer zur 3wertigen Stufe mit Wasserstoffsuperoxyd reduziert. Darauf wird die überschüssige Säure durch Abdampfen entfernt, der Rückstand mit Wasser aufgenommen und die Lösung bei 50 bis 60^0 unter gutem Rühren in kleinen Anteilen mit feingepulvertem Kalium- oder Natriumsulfat versetzt, bis eine abfiltrierte Probe nicht mehr die Hauptbanden des Neodyms im Absorptionsspektrum erkennen läßt. Man kann den Vorgang auch unter Schütteln in einer Flasche vornehmen. Nach längerem Stehen wird abfiltriert und der Niederschlag mit gesättigter Alkalisulfatlösung gewaschen. Im Filtrate befindet sich dann der größte Teil der Yttererden, welche daraus durch Ammoniakfällung, Überführung der Hydroxyde in die Oxalate und Glühen der letzteren isoliert werden. Der Niederschlag mit den Ceriterdendoppelsulfaten wird in Wasser gelöst und in gleicher Weise aufgearbeitet.

JOHNSTONE empfiehlt bei der Analyse des Monazitsandes eine doppelte Fällung mit Kaliumsulfat. Nach JAMES und SMITH soll Natriumsulfat Lanthan nur unvollständig fällen, während Kaliumsulfat ein Mitfällen der Yttererden begünstigen soll.

KLEINBERG, TAEBEL und AUDRIETH schlagen vor, die Lösung der Sulfamate bei Gegenwart von freier Sulfaminsäure mit Natriumnitrit zu versetzen. Gemäß der Reaktion: $OSO_2 \cdot NH_2' + NO_2' \longrightarrow SO_4'' + N_2 + H_2O$ bilden sich Sulfat-Ionen und damit Doppelsulfate.

Zu der Lösung wird unter Rühren die entsprechende Menge Sulfaminsäure und so viel Natriumnitrit hinzugefügt, bis das Filtrat vom Niederschlag der Doppelsulfate nicht mehr die Absorptionsbande des Neodyms bei 6370 Å zeigt.

Beim Vorwalten der Yttererden soll man nach DROSSBACH eine bessere Trennung erreichen, wenn man die neutrale Lösung zunächst mit einer 50%igen Lösung von

Kaliumcarbonat versetzt. Dabei fallen die Ceriterden aus, während die Yttererden zum größten Teil als Doppelcarbonate in Lösung bleiben. Aus dieser Lösung fällt man die Elemente der Yttererden mit Ammoniak, führt in die Oxalate über und verglüht diese zu den Oxyden. Die letzteren löst man in Salzsäure und unterwirft die neutrale Lösung der Trennung über die Doppelsulfate.

b) Trennung mittelst der Eisen(III)cyanate.

Wenn die Ceriterden stark vorherrschen, soll nach PRANDTL und MOHR eine fraktionierte Fällung mit Ferricyankalium gute Dienste leisten. Die Eisen(III)cyanate der Ceriterdenelemente sind leichter löslich als jene der Yttererdengruppe. Die Methode soll eine rasche Anreicherung der Yttererden und bei mehrfacher Wiederholung eine weitgehende Entfernung des in solchen Fällen stets in größeren Mengen anwesenden Yttriums ermöglichen.

c) Fraktionierte Krystallisation der Äthylsulfate.

Mittelst einer fraktionierten Krystallisation der Äthylsulfate gelingt nach URBAIN eine rasche und gute Trennung der Erdgemische in die drei Hauptgruppen. Dabei sind die Salze der Ceriterdenelemente am schwersten löslich. Sie sammeln sich daher in den Kopffraktionen an.

d) Trennung mit o-Oxychinolin.

MANNELLI hat Versuche beschrieben, die unter Ausnutzung verschiedener p_H-Werte, aus Lösungen die Abtrennung des Cer(IV), des Thoriums und der einzelnen Erden ermöglichen sollen.

§ 8. Zerlegung der Untergruppen und Nachweis der einzelnen Elemente in denselben.

In den meisten Fällen wird mit der Zerlegung der Erdgemische in die Untergruppen nach erfolgter Abscheidung des Cer die Aufgabe für den Analytiker erschöpft sein. Sollen in denselben die einzelnen Elemente nachgewiesen werden, so erfolgt dies am sichersten und unter Aufwendung geringster Materialmengen auf röntgenspektroskopischem Weg (s. S. 129). Für jene Elemente, die in den Erdgemischen gewöhnlich in größeren Mengen enthalten sind, kann man sich auch des Nachweises durch Beobachtung und Ausmessung der Emissions-, Absorptions- oder der Luminescenzspektren bedienen. Vgl. dazu S. 127 und 136.

Möglichkeiten für eine verhältnismäßig einfache Abtrennung auf chemischem Weg bieten sich nur bei solchen Elementen der Lanthanidengruppe, die in andere als die 3wertige Verbindungsstufe überführt werden können. Es sind dies Cer, Praseodym, Terbium, Samarium, Europium und Ytterbium.

Das zur Trennung und den Nachweis nahe verwandter Elemente vielfach angewandte Mittel der Überführung in komplexe oder in innerkomplexe Salze, bei welchen in der Regel eine stärkere Differenzierung erreicht wird, hat auf dem Gebiete der Lanthanidenreihe versagt. Auch die Anwendungen der selektiven Adsorption, der fraktionierten Destillation und Sublimation, der fraktionierten Verteilung zwischen zwei nicht oder nur teilweise mischbare Phasen bzw. die Ausnützung der verschiedenen Ionenwanderungsgeschwindigkeiten im elektrischen Felde, haben vorläufig nur beschränkte Erfolge gezeitigt. Für den Nachweis und die Abtrennung des Scandiums sind jedoch die fraktionierte Kondensation der Chloride, die fraktionierte Sublimation der Acetylacetonate und besonders das Ausäthern des Rhodanids aus der wäßrigen Lösung wichtig geworden (FISCHER und BOCK).

a) Nachweis jener Elemente, die sich in andere Wertigkeitsstufen überführen lassen.

1. Elemente, die auch 4wertige Verbindungsformen bilden: Praseodym und Terbium. Diese beiden Elemente bilden beim Glühen ihrer Salze mit sauerstoffhaltigen Säuren nicht die Oxyde der Formel E_2O_3, sondern Mischoxyde mit 3- und 4wertigem Praseodym bzw. Terbium, denen im allgemeinen die Formel E_6O_{11} bzw. E_4O_7 zukommt. Dieselben sind intensiv dunkel bis schwarzbraun gefärbt und durch ein sehr großes Färbevermögen gekennzeichnet. Mischoxyde, welche diese Elemente enthalten, sind deshalb je nach deren Menge mehr oder weniger intensiv braun gefärbt. Spuren davon verraten sich noch durch eine Chamoisfärbung der Mischerden. Erhitzt man die letzteren im Wasserstoffstrom auf Rotglut, so verschwindet der braune Farbton, indem sich die Oxyde E_2O_3 bilden. Im Gegensatz zum Cer sind beim 4wertigen Praseodym und Terbium Salze in Lösung nicht beständig. Man kann daher diese beiden Elemente nicht mit den gleichen Mitteln abtrennen wie das Cer. Da die Praseodym-Ionen lauchgrün gefärbt und auch in großer Verdünnung noch durch ein charakteristisches Absorptionsspektrum ausgezeichnet sind, kann man sie leicht von den farblosen Terbium-Ionen unterscheiden.

2. Elemente, die 2wertig auftreten können: Samarium, Europium und Ytterbium. Von denselben sind die Europium(II)-Ionen am beständigsten, dann folgen die Ytterbium(II)-Ionen, am unbeständigsten sind die Samarium(II)-Ionen, die sich bereits mit den Hydroxyl-Ionen des Wassers bzw. durch den Luftsauerstoff oxydieren. Diese Ionen der 2wertigen Stufe sind in ihrem Verhalten jenen der Erdalkalielemente ähnlich, besonders den Strontium-Ionen. Sie bilden schwerlösliche Sulfate und Chloride, die in konzentrierter Salzsäure bzw. Alkohol schwerlöslich sind.

Allerdings muß man diese Elemente, vor allem das stets nur in sehr geringen Mengen anwesende Europium, in den Mischerden durch Fraktionierungen erst anreichern, ehe man den Nachweis durch Reduktion führen kann.

Das Samarium(II)chlorid ist intensiv rotbraun gefärbt. Es läßt sich durch Reduktion der alkoholischen Chloridlösung an der Quecksilberkathode oder mit Calciumamalgam erhalten und durch Abzentrifugieren abtrennen. Nähere Angaben siehe Teil C, S. 171.

Das farblose Europium(II)-Ion ist sehr beständig. Die Reduktion der Chloridlösung erfolgt entweder an der Quecksilberkathode oder mit Zink im Jonesreduktor und Ausfällen als Sulfat oder durch konzentrierte Salzsäure als Chlorid. Sind nur geringe Mengen Europium zugegen, so fällt man mit dem Sulfat gleichzeitig Strontiumsulfat aus. Das $EuSO_4$ wird dann in das $SrSO_4$ eingebaut bzw. von diesem mitgerissen. Vgl. Teil C, S. 174.

Das schwach grünlich gefärbte Ytterbium(II)-Ion ist weniger beständig als das Europium(II)-Ion, es kann auf die gleiche Weise, wie das letztere erhalten und nachgewiesen werden. Siehe Teil C, S. 189.

b) Abtrennung der einzelnen seltenen Erdelemente aus den Untergruppen.

Die weitere Zerlegung der Untergruppen, die nach den im § 7 beschriebenen Methoden erhalten wurden, erfolgt:

1. Um jene Elemente anzureichern, die dann durch Überführung in andere Wertigkeitsstufen nachgewiesen werden sollen: Terbium, Samarium, Europium und Ytterbium. (Das Praseodym ist stets in größeren Mengen in den Erdgemischen zugegen.)
2. Um die anderen Glieder der Reihe voneinander zu trennen, nachzuweisen und rein darzustellen.

Diese Aufgaben sind mit einfachen Mitteln und geringen Materialmengen nicht mehr lösbar. Das Arbeitsgebiet des Analytikers geht hier in die Domäne der präparativen Chemie über. Die erforderlichen Materialmengen richten sich nach dem Ausgangsmaterial und dem Elemente, dessen Nachweis bzw. Reindarstellung angestrebt wird. Dabei ist zu bedenken, daß wegen der geringen Eigenschaftsunterschiede, die in diesem Gebiete auftreten, zur Charakterisierung der einzelnen seltenen Erdelemente in der Regel ein höherer Reinheitsgrad derselben erforderlich ist, als bei Grundstoffen, die in ihren Eigenschaften stärker voneinander abweichen. Die Nichtbeachtung dieses Grundsatzes hat oft zu Irrtümern geführt und die unrichtigen Angaben über Eigenschaftswerte dieser Elemente, die man in der Literatur noch vielfach antrifft, sind hierauf zurückzuführen.

Die Methoden zur Zerlegung der Untergruppen benützen entweder die geringen Unterschiede in der Basizität oder in den Löslichkeiten. Im ersten Falle bestehen die Methoden in fraktionierten Fällungen mit Basen von verschiedener Stärke, oder in fraktionierten thermischen Zersetzungen z. B. der Nitrate. Im zweiten Falle nehmen sie die Form der fraktionierten Fällungen von Salzen mittlerer Löslichkeiten an, oder man bedient sich der fraktionierten Krystallisationen leicht löslicher Salze. Für fraktionierte Salzfällungen eignen sich gut die Chromate und Ferricyanide, während man zu fraktionierten Krystallisationen bei den Ceriterden besonders die Ammon- und die Magnesiumdoppelnitrate, bei den Terbin- und Yttererden die Nitrate, die Bromate, die Dimethylphosphate, die Ammoniumdoppelcarbonate oder die Doppeloxalate anwendet.

Diese Fällungen, Zersetzungen oder Krystallisationen müssen sehr oft, meist viele hunderte, manchmal tausende Male wiederholt werden, ehe sich der Erfolg einstellt. Dabei ist zu beachten, daß keine Methode für sich allein angewandt zum Ziele führt. Die einzelnen Verfahren müssen vielmehr gewechselt und untereinander kombiniert werden. Nur große Erfahrung und viel Fingerspitzengefühl führen bei den schwer trennbaren Yttererdenelementen Terbium, Dysprosium, Holmium, Thulium und Cassiopeium zum Erfolg. Eingehendere Schilderungen der Trennungs- und Reindarstellungsverfahren, die jeweils dem zu verarbeitenden Materiale angepaßt werden müssen, würden den Rahmen dieses Abschnittes überschreiten. Soweit dieselben für den Analytiker von Interesse sind, werden sie im Teil C bei den einzelnen Elementen kurz angegeben (vgl. dazu W. Prandtl).

Literatur.

Agte, K., H. Becker-Rose u. G. Heyne: Angew. Ch. **38**, 1121 (1925).

Baltuch, M. u. G. Weissenberger: Z. anorg. Ch. **88**, 88 (1914). — Beans, H. T. u. D. R. Mossman: Am. Soc. **54**, 1905 (1932). — Benedicks, C.: Z. anorg. Ch. **22**, 393 (1900). — Benz, E.: Angew. Ch. **15**, 297 (1902). — Berl-Lunge, 8. Aufl. Bd. II/2, S. 162.

Canneri, G. u. L. Fernandes: G. **54**, 770 (1924).

Drossbach, G. P.: B. **33**, 3506 (1900); Angew. Ch. **14**, 655 (1901).

Fischer, W. u. K. Bock: Z. anorg. Ch. **249**, 146 (1942). — Fischer, W., W. Dietz, K. Brünger u. H. Grieneisen: Angew. Ch. **49**, 719 (1936). — Fresenius, R. u. E. Hintz: Fr. **35**, 525 (1896).

Hauser, O.: Fr. **47**, 677 (1908). — Hauser, O. u. F. Wirth: Angew. Ch. **22**, 484 (1909). — Hevesy, G. von: Die seltenen Erden vom Standpunkt des Atombaues, Berlin 1927. — Hicks, W. B.: Am. Soc. **33**, 1492 (1911). — Hillebrand, W. F.: Analyse der Silicat- und Carbonatgesteine, Deutsche Ausgabe von E. Wilke-Dörfurt, Leipzig 1910, S. 141—143. — Hintz, E. u. H. Weber: Fr. **36**, 27 (1897).

Ismail, A. N. u. H. Harwood: Analyst **62**, 185 (1937).

James, C. u. T. O. Smith: Chem. N. **106**, 73 (1912). — Jantsch, G.: Öst. Ch. Z. **40**, 218 (1937). — Johnstone, S. J.: J. Soc. Chem. Ind. **33**, 55 (1914); C. **1914 I**, 915.

Kleinberg, J., W. A. Taebel u. L. F. Audrieth: Ind. Eng. Chem. Analyt. Edit. **11**, 368 (1939). — Koss, M.: Ch. Z. **36**, 686 (1912).

Lux, H.: Z. anorg. Ch. **240**, 21 (1938). — Lohrer, W.: Fr. **124**, 1 (1942).

Mannelli, G.: Atti. X. Congress internat. Chim. Roma **2**, 718 (1938); C. **1941 I**, 2691. — Metzger, F.: Am. Soc. **31**, 523 (1908). — Meyer, R. J.: Z. anorg. Ch. **71**, 65

(1911). — MEYER, R. J. u. O. HAUSER: Die Analyse der seltenen Erden und Erdsäuren, Stuttgart 1912. — MEYER, R. J. u. M. SPETER: Ch. Z. **34**, 306 (1910). — MOORE, R. B.: Die chemische Analyse seltener technischer Metalle, Leipzig 1927, S. 35.

NODDACK, I.: Z. anorg. Ch. **225**, 337 (1935). — NODDACK, I. u. W.: Naturwiss. **18**, 759 (1930); Svensk. kem. Tidskr. **46**, 178 (1934); C. **1934 II**, 3915.

PRANDTL, W.: Z. anorg. Ch. **238**, 321 (1938). — PRANDTL, W. u. S. MOHR: Z. anorg. Ch. **236**, 243 (1938).

ROLLA, L.: Les Terres Rares, Bologna 1929.

SCHOELLER, W. R. u. A. R. POWELL: The analysis of minerals and ores of the rarer elements, London 1919, S. 234. — SCHOELLER, W. R. u. E. F. WATERHOUSE: Analyst **60**, 284 (1935). — SMITH, E.: Am. Soc. **22**, 289 (1898). — SMITH, J. L.: Am. Chem. J. **5**, 73 (1883). — SMITH, T. O. u. C. JAMES: Am. Soc. **34**, 281 (1912). — SPENCER, J. F.: The metals of the rare earths, London 1919, S. 240.

URBAIN, G.: Ann. Chim. Phys. (7) **19**, 184 (1900).

WERNET, J.: Bei W. FISCHER u. K. BOCK: Z. anorg. Ch. **249**, 153 (1942).

ZINTL, E. u. W. MORAWIETZ: Z. anorg. Ch. **245**, 26 (1940).

B. Nachweismethoden, die für alle Elemente der seltenen Erden gemeinsam sind.

§ 1. Beobachtung der Farbe.

Bekanntlich kann zwischen gefärbten und farblosen Erden unterschieden werden (S. 108). Durch die Beobachtung der Färbungen, welche die Erdgemische, die Fraktionierungen und die Lösungen zeigen, gewinnt man bereits wertvolle Hinweise auf die Zusammensetzung bzw. auf den Reinheitsgrad derselben.

a) Ceriterdengruppe.

In den Oxydgemischen verrät sich das Praseodym, auch wenn es nur in minimalen Mengen zugegen ist, durch die intensive Färbung seiner höheren Oxyde. Je nach deren Menge sind die Erdgemische hell- bis dunkelbraun gefärbt. Werden die letzteren bei heller Rotglut mit Wasserstoff reduziert, so tritt eine schmutzig graublaue Färbung auf, welche auf den Gehalt an Neodym hinweist. Reines Pr_6O_{11} ist tief braunschwarz gefärbt. Reines Neodymoxyd Nd_2O_3 ist hellblau mit einem Stich ins Rötliche. Die geringsten Mengen von Verunreinigungen verändern diese Färbung nach schmutzig grau.

Die Oxalatfällungen aus den Ceriterdengemischen zeigen, herrührend vom $Nd_2(C_2O_4)_3 \cdot 10\ H_2O$, stets einen hellen rotvioletten Farbton. Auch die Lösungen der Mischsalze weisen, durch das Vorwiegen des Neodyms, fast immer diesen Farbton auf. Die gelblichgrüne Färbung der Praseodym-Ionen und die topasgelbe Färbung der Samarium(III)-Ionen werden in den Mischsalzen verdeckt. Es ist auch zu beachten, daß die Farben der Praseodym- und der Neodym-Ionen nahezu komplementär sind.

Lanthanoxyd ist weiß gefärbt, die Ionen sind farblos. Die Cer(III)-Ionen sind gleichfalls farblos, dagegen ist Ceroxyd schwach gelb gefärbt und die Cer(IV)-Ionen besitzen gelbe, bis orange Farbe. Die Peroxydceriverbindungen haben braunrote Farbe.

In den an Samarium angereicherten Gemischen kann dieses leicht durch Reduktion der absolut alkoholischen Lösung des wasserfreien Chlorides mit Calciumamalgam nach BRUKL erkannt werden. Es erscheinen dann tief braunrot gefärbte Kryställchen des Samarium(II)chlorides.

Das Europium ist stets in so geringen Mengen zugegen, daß die schwach rosa Färbung der Europium(III)-Ionen nicht in Erscheinung tritt.

b) Terbinerdengruppe.

Gadolinium- und Yttriumoxyd sind weiß gefärbt, die Lösungen ihrer Salze sind farblos. Auch die Terbiumsalze besitzen keine Färbung.

Ähnlich wie Pr_6O_{11} verrät sich das Tb_6O_{11} in den Mischerden. Je nach der Terbiummenge steigert sich der Farbton derselben von schwach gelblich über chamoisfarben bis braun. Reines Tb_6O_{11} ist braunschwarz gefärbt. Um sicher zu sein, daß diese Färbungen nicht vom Praseodym herrühren, genügt es, die Lösung mittelst des Handspektroskopes zu prüfen. Die Dysprosium- und die Holmiumsalze sind so schwach weingelb bzw. gelb gefärbt, daß ihre Gegenwart nur bei Abwesenheit von Erbium erkannt werden kann. Erbium bildet ein rosa gefärbtes Oxyd und Oxalat, seine Ionen sind gleichfalls rosa gefärbt.

c) Ytterbinerdengruppe.

Die Gegenwart von Erbium verrät sich durch die Rosafärbung. Thuliumsalze sind hellgrün gefärbt. Die Oxyde des Ytterbiums und Cassiopeiums sind weiß, ihre Ionen farblos. Wird ytterbiumreiches Material an der Quecksilberkathode reduziert, so tritt zunächst eine Mischfärbung und dann die grünliche Färbung der Ytterbium(II)-Ionen auf (Brukl).

§ 2. Bestimmung des mittleren Atomgewichtes.

Scandium hat das Atomgewicht von 41,51 und Yttrium besitzt ein solches von 88,92. Die Atomgewichte des Lanthans bis Cassiopeiums steigen von 138,92 bis 174,9. Durch die Bestimmung des mittleren Atomgewichtes eines Erdengemisches, welche natürlich keinen Anspruch auf die Genauigkeit einer exakten Atomgewichtsbestimmung zu machen braucht, wird man sich daher schnell über seine Zusammensetzung orientieren können. Wenn es sich um die Abtrennung des Yttriums und um dessen Reinheitsprüfung handelt, sind solche Atomgewichtsbestimmungen in der Terbinerdengruppe auch bei qualitativen Untersuchungen sehr am Platze. Dieselben werden im Band III des quantitativen Teiles dieses Handbuches, S. 729 bis 733, eingehend beschrieben. Es genügt hier, nur die Grundlagen derselben zu notieren.

a) Gravimetrisch.

α) durch Bestimmung des Verhältnisses $E_2O_3 : E_2(SO_4)_3$ bzw. $E_2(SO_4)_3 : E_2O_3$[1] (Meyer und Wuorinen, Hopkins und Balke, Brill sowie Urbain und Jantsch).

β) durch Bestimmung des Verhältnisses $E_2O_3 : (C_2O_4)_3$ nach Gibbs, Brauner, Stolba, Dennis und Dales, Baxter und Daudt, Lenher, Engle und Balke sowie Marsh. Dabei kann die Menge Oxalat auch titrimetrisch ermittelt werden.

b) Titrimetrisch.

α) nach Feit und Przibylla durch Lösen einer bestimmten Menge Oxyd in gemessener 0,5 n-Schwefelsäure und Titration der überschüssigen Säure mit 0,1 n-Natronlauge bei Gegenwart von Methylorange.

β) nach Wild durch Lösen einer bestimmten Oxydmenge in 0,1 n-Schwefelsäure, Fällung der Erdoxalate aus der Sulfatlösung mit einer neutralen Lösung von Kaliumoxalat und Titration des Überschusses der Schwefelsäure mit 0,1 n-Natronlauge bei Gegenwart von Phenolphthalein (vgl. Holden und James sowie Hopkins und Balke).

Bemerkung. Wenn man von den Oxyden ausgeht, so ist zu beachten, daß diese stets in der Form E_2O_3 vorliegen müssen. Mischoxyde, die höhere Praseodym- oder Terbiumoxyde enthalten, müssen daher vorher reduziert werden. Die Proben müsen

[1] E = seltenes Erdelement.

auch frei von Cer sein. Bei Reihenuntersuchungen z. B. bei Überprüfung von Fraktionierungsreihe findet meist die Methode von FEIT und PRZIBYLLA Anwendung.

§ 3. Nachweis auf spektralanalytischem Wege.

a) Emissionsspektrum.

Die Anregung der Elemente der seltenen Erden macht an sich keine Schwierigkeiten, wohl aber die Auswertung der Spektren, da alle Elemente dieser Gruppe sehr linienreiche Spektren ergeben und meistens nicht eines der Elemente allein vorliegt. Darum empfiehlt es sich unbedingt, Spektrographen sehr hoher Dispersion zu verwenden. Da ein großer Teil der Nachweislinien im sichtbaren Spektralgebiet liegt, ist für die Analyse der seltenen Erden der Einsatz von leistungsfähigen Glasspektrographen zu empfehlen.

Die Anregung verlangt keine Sondermaßnahmen, die den Rahmen der bei spektralanalytischen Arbeiten üblichen Überlegungen überschreiten. Bei Elementen, die schwer verdampfen, ist darauf zu achten, daß die Aufnahmen über eine genügend lange Zeit durchgeführt werden, ebenso entsprechend bei leicht verdampfenden Salzen, daß der Beginn der Anregung schon im Beobachtungsgerät registriert wird.

Der Bogen gibt in allen Fällen hohe Empfindlichkeiten, besonders in der Form der Glimmschichtanalyse nach MANNKOPFF-PETERS. Gehalte $\geqq 10^{-2}$% sind im allgemeinen ohne Schwierigkeit zu erfassen. Im Funken ist die Empfindlichkeit etwas schlechter, zudem sind die Spektren besonders linienreich. Wenn mit Geräten kleiner oder mittlerer Dispersion gearbeitet werden muß, führt oft die Flamme oder der Flammenfunke zum Ziel (LUNDEGÅRDH), da bei dieser, allerdings weniger empfindlichen Methode, nur wenig Linien angeregt werden und dadurch Störungen der Analyse durch Koinzidenzen unwahrscheinlich werden. Eine Ausarbeitung der Störmöglichkeiten entsprechend den GERLACH-RIEDL-Tabellen liegt für diese Elemente (mit wenigen Ausnahmen) noch nicht vor. Darum ist bei der Auswertung besondere Vorsicht anzuraten.

Um möglichst wenig Material der meist sehr kostbaren Präparate zu verbrauchen, wird in vielen Fällen die Lösungsanalyse zu empfehlen sein, bei der nur einige Tropfen zur Analyse auf eine Trägerelektrode, z. B. Kohle, gebracht werden.

Wenn das Material nicht verlorengehen darf, steht die sehr empfindliche Anregung in der Hohlkathode (SCHÜLER und GOLLNOW) zur Verfügung, die außerdem den Vorteil hat, daß sie sehr empfindlich arbeitet. Die Methode wurde bis jetzt nur zur Untersuchung der Hyperfeinstruktur von Linien der seltenen Erden eingesetzt, kann aber ohne weiteres auch für analytische Zwecke verwandt werden. Es wird auf das Studium der Originalliteratur verwiesen.

Nachstehende Tabelle 4 gibt eine Übersicht über die wichtigsten Analysenlinien der seltenen Erden nach W. GERLACH und E. RIEDL.

Die besonderen Eigenschaften des Baus der Elektronenhülle der seltenen Erden begünstigen die Verwendung von optischen Methoden, die bei anderen Elementen nicht in gleichem Maße zur Anwendung kommen. Dazu gehört die Heranziehung der Bandenspektren zur Analyse. Es werden hauptsächlich Oxyde untersucht, die im Sichtbaren ganz charakteristische Banden zeigen, so daß manchmal schon mit dem Handspektroskop analytische Fragen beantwortet werden können (PICCARDI). Man bläst die fein zerstäubten Oxyde in die Sauerstoff-Flamme ein, oder erzeugt das Bandenspektrum aus der Lösung ebenfalls durch Einblasen in die Flamme. Nach GATTERER ist die Anregung in der Kohlenflamme sehr geeignet.

b) Absorptionsspektren.

Die Absorptionsspektren zeigen sehr charakteristische Anordnungen der Banden. Die Empfindlichkeit des Nachweises ist nicht sehr hoch. Die Grenze liegt für alle Elemente bei ungefähr 0,1%. Gemische verlangen eine weitgehende Aufarbeitung durch Fraktionierungen.

Bereits Bunsen, Auer von Welsbach sowie Muthmann und Stützel konnten feststellen, daß die Lage und Intensität der Absorptionsbanden weitgehend von den Anionen, den anderen in der Lösung befindlichen Kationen und der Art des Lösungsmittels abhängig ist. Das Beersche Gesetz hat hier keine strenge Gültigkeit. Auch die Anwesenheit von Ionen ungefärbter Erden beeinflußt das Absorptionsspektrum. Wenn die Absorptionsspektren für quantitative Bestimmungen, wie die Arbeiten von Yntema, Inoue, Langlet, ferner von Quill, Selwood und Hopkins sowie von Friend und Hall gezeigt haben, nur unter Anwendung besonderer Bedingungen geeignet sind, so bilden dieselben für den qualitativen Nachweis und für die Kontrolle des Fortschreitens bei den Fraktionierungen ein wertvolles, nicht zu entbehrendes Hilfsmittel, zumal die Beobachtungen schon mit einem Handspektroskop mit entsprechender Dispersion erfolgen können.

Tabelle 4. Übersichtstabelle der Analysenlinien der seltenen Erden nach Gerlach und Riedl.

Fettdruck bedeutet die stärksten Linien im Glas- und Quarzspektrum. Angaben über Bogen(I)- und Funken(II)linien sind nur gemacht, wenn die empfindlichsten Linien im Bogen und Funken nicht die gleichen sind.

4594,1 Eu	4105,8 Tm	3676,4 Tb
4467,3 Sm	**4103,8** Ho	3646,2 Gd
4451,6 Nd	4100,8 Pr	3645,4 Dy
4435,5 Eu	4098,9 Gd	3634,3 Sm
4434,3 Sm	4098,6 Gd	3609,5 Sm
4433,9 Sm	4094,2 Tm	**3592,6** Sm
4429,9 La	4086,7 La	3585,0 Gd
4424,4 Sm	4078,0 Dy	3568,3 Sm
4408,8 Pr	4062,8 Pr	**3531,7** Dy
4333,8 La	4061,1 Nd	**3509,2** Tb
4326,4 TbI	4053,9 Ho	3499,1 Er
4325,8 Tb	4045,4 Ho	3479,2 Hf
4318,9 Tb	4012,3 Nd	3462,2 Tm
4303,6 Nd	**4008,0** ErI	**3453,1** Ho
4281,0 Sm	3988,0 Yb	3425,1 Tm
4280,8 Sm	**3968,4** DyII	**3422,5** Gd
4278,5 TbII	**3949,1** La	3407,8 Dy
4242,2 Tm	**3908,4** Pr	3399,8 Hf
4225,3 Pr	3908,1 Pr	3399,0 Ho
4223,0 Pr	**3906,3** ErII	**3372,8** Er
4211,7 DyI	3891,0 Ho	3362,3 Gd
4205,0 Eu	3874,2 Tb	3350,5 Gd
4187,6 Tm	3848,8 Tb	3337,5 La
4184,3 Gd	3848,0 Tm	**3289,4** Yb
4179,4 Pr	**3819,6** Eu	3131,3 Tm
4163,0 Ho	3810,7 Ho	3077,6 Cp
4156,2 Nd	3794,5 La	2911,4 Cp
4151,1 Er	3768,4 Gd	2891,4 Yb
4144,5 Tb	**3761,9** Tm	2820,2 Hf
4143,1 Pr	**3761,3** Tm	**2773,4** Hf
4129,7 Eu	3703,9 Tb	2641,4 Hf
4123,2 La	3702.9 Tb	2638,7 Hf
4109,5 Nd	**3694,2** Yb	**2615,4** Cp
4109,1 Nd	3692,7 Er	—

Prandtl und Scheiner haben von Chloridlösungen reiner Erden die Absorptionsspektren genauest ausgemessen. Die Grundlösungen enthielten stets ein Grammatom des betreffenden Erdelementes. Die Ergebnisse der Messungen, die unter gleichen Bedingungen bei 50 mm Schichtdicke und in Verdünnungen 1, $^1/_2$, $^1/_4$, $^1/_8$, $^1/_{16}$ usw. erfolgten, wurden in nachstehender Tafel 1 (S. 128) zusammengefaßt.

Messungen im Ultrarot, auch an Gläsern, die mit seltenen Erden gefärbt waren, haben Gobrecht und Tomaschek, Rosenthal sowie Freymann und Takvorian vorgenommen.

Gobrecht und Tomaschek empfehlen bei Fraktionierungen die Beobachtung der Absorptionsspektren der auskrystallisierten festen Salze, weil bei ihnen die Konzentration am größten ist.

Grum-Grshimailo führten den Nachweis von seltenen Erden in Mineralien, z.B. in Apatiten mittelst eines am Mikroskop angebrachten Spektralokulares.

c) Reflexionsspektren.

Nach Hofmann sowie Waegner zeigen die Verbindungen der gefärbten Erden im festen Zustande im reflektierten Lichte charakteristische Reflexionsspektren. Auch die Mineralien geben diese Erscheinung. Die Spektren sind im allgemeinen viel schwächer als die Absorptionsspektren und erreichen häufig die Schärfe von Gasspektren.

Absorptionsspektren der Chloridlösungen der s

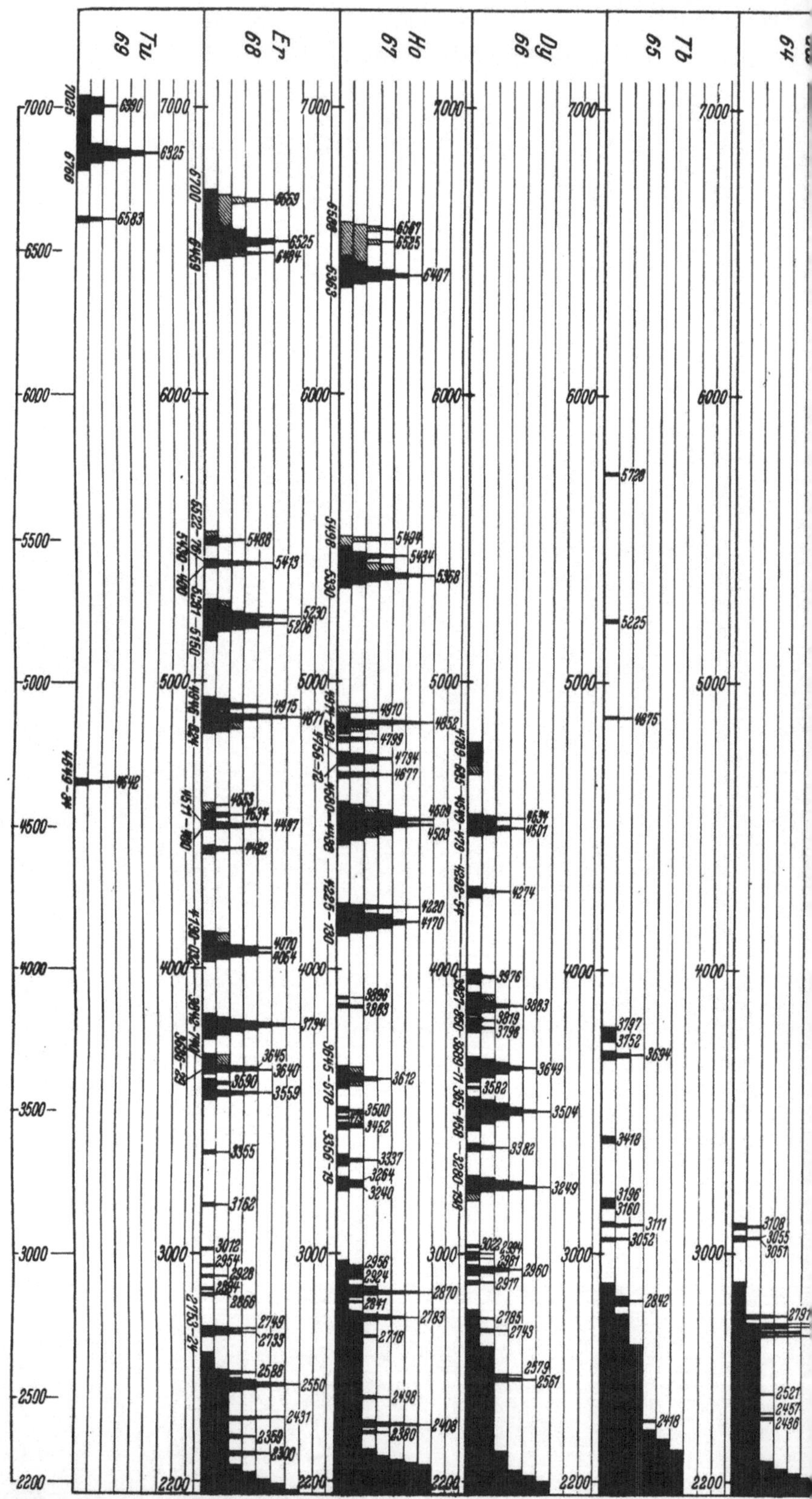

Tafel 1

lemente nach W. Prandtl und K. Scheiner

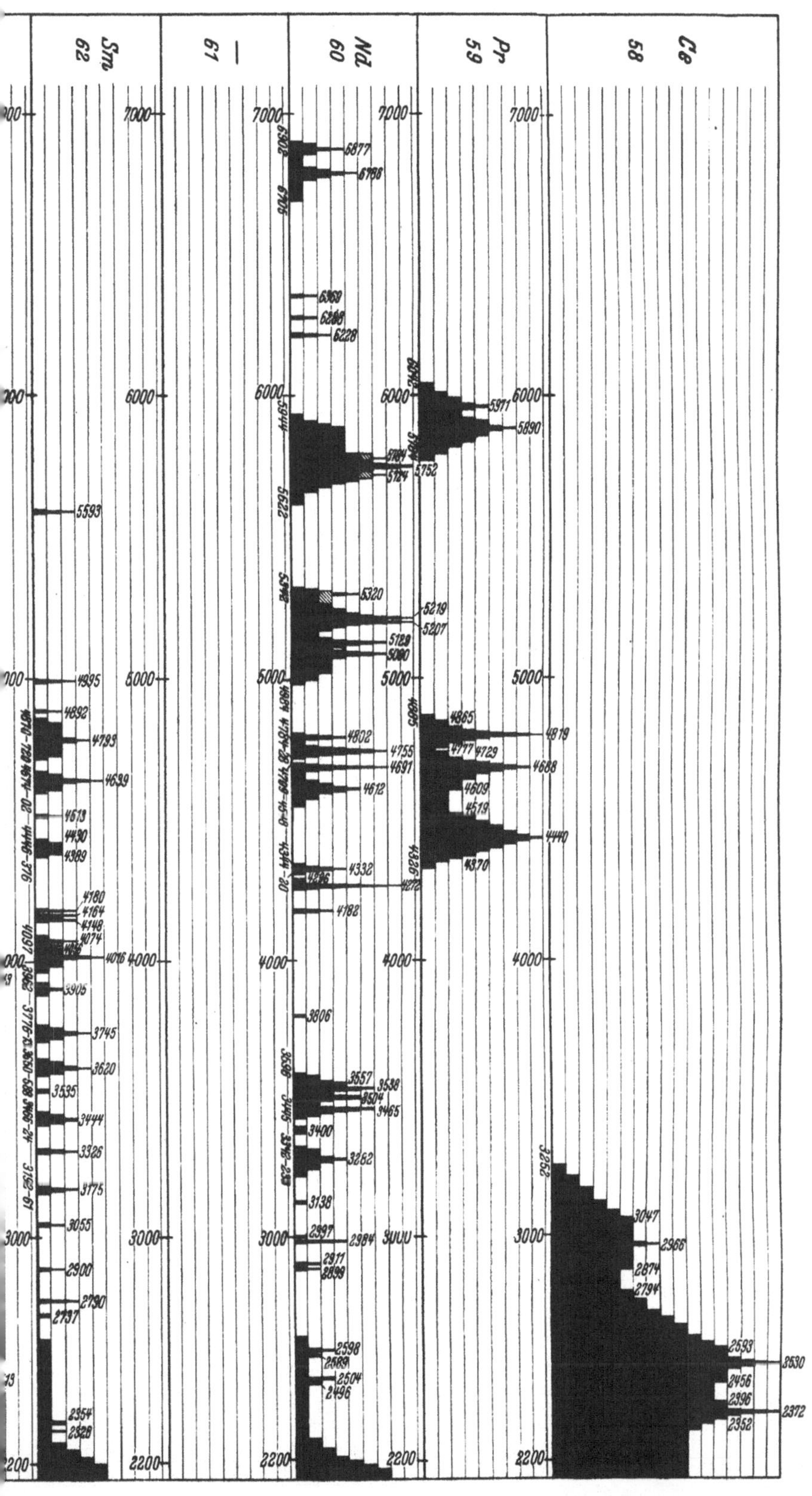

Springer-Verlag in Berlin

§ 4. Nachweis auf röntgenspektroskopischem Wege.

Die Röntgenspektroskopie der seltenen Erden wurde im quantitativen Teile dieses Handbuches, Band III, S. 682 bis 705, von A. FAESSLER auch für deren qualitativen Nachweis sehr eingehend beschrieben. Da seither keine Veröffentlichungen erschienen sind, die eine wesentliche Ergänzung dieses Berichtes erfordern, kann auf diesen Abschnitt verwiesen werden. Im Hinblick darauf, daß dieses Gebiet in der Regel den Chemikern weniger vertraut ist, sollen die Grundzüge des röntgenspektroskopischen Nachweises in Anlehnung an FAESSLER hier nochmals wiedergegeben werden.

Während die optischen Spektren meist sehr linienreich und von den Erregungsbedingungen abhängig sind, besteht das Röntgenspektrum aus einer verhältnismäßig kleinen Anzahl von Linien, die, bei Überschreitung der für die betreffende Serie erforderlichen Mindestspannung, gleichzeitig auftreten und deren Intensitätsverhältnisse von der an der Röhre liegenden Spannung unabhängig sind. Auch sind die Wellenlängen und die Intensitäten der Röntgenspektrallinien bei den schweren Elementen unabhängig von dem physikalischen und chemischen Zustand, in welchem sich dieselben befinden.

Die Röntgenlinien der Elemente, die nach dem MOSELEYschen Gesetz eine einfache Funktion der Ordnungszahlen sind, unterscheiden sich voneinander dadurch, daß sich die entsprechenden Linien einer Serie mit zunehmender Ordnungszahl um einen bestimmten Betrag nach den kürzeren Wellenlängen verschieben. Wie aus den Untersuchungen von V. M. GOLDSCHMIDT und L. THOMASSEN hervorgeht und besonders die Arbeiten von J. und W. NODDACK zeigten, ist die Röntgenspektroskopie für den Nachweis und die quantitative Bestimmung der seltenen Erden ein unentbehrliches Hilfsmittel geworden, welches auch noch dann gute Dienste leistet, wenn in einer Probe nur Spuren von seltenen Erden zugegen sind.

a) Grundlagen.

Das erzeugte Spektrum wird photographiert und die verschiedenen Linien einer Serie werden festgestellt. Dabei genügt in einfachen Fällen die bloße Feststellung der Lage der Linien auf der Platte, d. h. die Ermittlung der Wellenlänge. Sehr oft und das ist gerade im Gebiete der seltenen Erden der Fall, ergeben sich jedoch bei Gemischen im Bereiche der charakteristischen Strahlungen Koinzidenzen. Zu der sicheren Identifizierung muß dann auch das Intensitätsverhältnis der einzelnen Linien einer Serie ermittelt werden. Hierbei genügt oft eine einfache visuelle Abschätzung. In besonders kritischen Fällen wird es aber nötig sein, noch eine weitere Serie zu untersuchen z. B. neben der L-Serie die K-Serie.

Zum qualitativen Nachweis eines Elementes wird fast ausschließlich das Emissionsspektrum verwendet. Zur quantitativen Bestimmung wird jedoch auch das Absorptionsspektrum herangezogen.

b) Aufbau der K- und der L-Serie.

Zum Nachweis der Elemente der Gruppe der Lanthaniden kann entweder die K- oder die L-Serie verwendet werden.

Die *K-Serie* ist die kurzwelligste Liniengruppe eines Elementes und erfordert zu ihrer Anregung die höchste Spannung. Nebenstehende Abb. 1, in welcher die stärksten Linien angegeben sind, orientiert über den Aufbau der K-Serie, die aus vier starken, neben einigen schwachen Linien besteht. Die ersteren werden mit α_2, α_1, β_1 und β_2 bezeichnet. Nachfolgende Tabelle 5 gibt die Wellenlängen der K-Serie der Elemente der seltenen Erden in X-Einheiten (1 X-E $= 10^{-3}$, Å-E $= 10^{-11}$ cm) an.

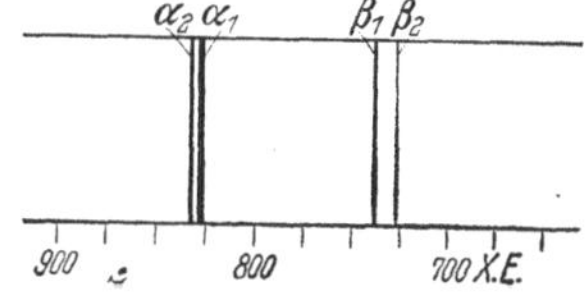

Abb. 1. Schematische Darstellung der K-Serie. (Die Wellenlängen sind die des Yttriums.)

Tabelle 5. Wellenlängen der K-Serie der Elemente der seltenen Erden in X-Einheiten.

Element	α_1	α_2	β_1	β_2	β_3
21 Sc	3025,0	3028,4	2773,9	—	—
39 Y	827,1	831,3	739,2	727,1	739,7
57 La	370,0	374,7	327,3	319,7	328,1
58 Ce	356,5	361,1	315,0	307,7	315,7
59 Pr	343,4	348,1	303,6	296,3	304,4
60 Nd	331,3	360,0	292,8	285,7	293,5
62 Sm	308,3	313,0	272,5	265,8	273,3
63 Eu	297,9	302,7	263,1	256,5	263,9
64 Gd	287,8	292,6	253,9	247,6	254,7
65 Tb	278,2	282,9	245,5	239,1	246,3
66 Dy	269,0	273,8	237,1	231,1	237,9
67 Ho	260,3	265,0	—	—	—
68 Er	252,0	256,6	222,2	216,7	223,0
69 Tm	243,9	248,6	214,6	—	215,6
70 Yb	236,3	241,0	208,3	203,2	209,2
71 Cp	228,8	233,6	201,7	196,5	202,5

Die beiden α-Linien, deren Abstand und Intensitätsverhältnis bei sämtlichen Elementen fast konstant sind, bilden ein charakteristisches Dublett; die α_2-Linie, die etwa gerade halb so intensiv ist wie die α_1-Linie, liegt in einem Abstand von ungefähr 4 X - E dicht neben dieser auf der langwelligen Seite. Im größeren Abstand folgen auf der kurzwelligen Seite die β-Linien, von denen die Linie β_1 etwa $^1/_3$ der Intensität der Linie α_1 besitzt. Die Linie β_2 ist halb so stark wie β_1.

Wesentlich linienreicher ist die *L-Serie*, zu deren Erregung eine geringere Mindestspannung an der Röhre erforderlich ist, als die K-Serie benötigt.

Die Linien der L-Serie zerfallen in drei Untergruppen, von denen jede nach Überschreitung einer gewissen Mindestspannung entsteht. Für das Element Lanthan beträgt dieselbe 6,3, 5,9 und 5,5 KV. Die Linien einer Untergruppe entstehen gleichzeitig, wenn die Anregungsspannung für diese Untergruppe überschritten ist. Bei weiterer Erhöhung der Röhrenspannung ändert sich das Intensitätsverhältnis der einzelnen Linien einer Untergruppe nicht; das Intensitätsverhältnis zweier L-Linien, die verschiedenen Untergruppen angehören, ist indessen von der Röhrenspannung abhängig. Die Zugehörigkeit der einzelnen L-Linien zu den drei Untergruppen geht aus folgender Zusammenstellung hervor:

1. Untergruppe l α_2, α_1, β_2, β_5, β_6, β_7.
2. Untergruppe η, β_1, γ_1, γ_5, γ_6.
3. Untergruppe β_3, β_4, γ_2, γ_3, γ_4.

Abb. 2 zeigt eine schematische Darstellung der L-Serie.

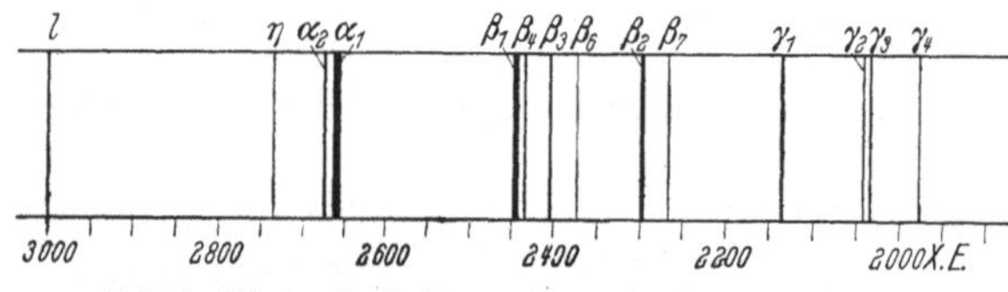

Abb. 2. Schematische Darstellung der Linien der L-Serie. (Die Wellenlängen sind die des Lanthans.)

Die Linien der langwelligsten Gruppe werden mit α, die der mittleren mit β und jene der kurzwelligsten mit γ bezeichnet. Zwei weitere Linien, die außerhalb dieser Gruppen liegen, bezeichnet man mit l und η.

Die drei Gruppen α, β und γ entstehen durch eine reine Zufälligkeit der Linienanordnung, sie haben mit den oben erwähnten Untergruppen nichts zu tun, deren Entstehung durch die verschiedenen Anregungsspannungen physikalisch begründet ist.

Die relativen Intensitäten der L-Linien hängen von den Ordnungszahlen ab und sind nur bei wenigen Elementen gemessen. Die nachstehenden Werte, die bei Wolfram gefunden wurden, geben ein Bild über die Intensitätsverhältnisse innerhalb der L-Serie:

α_1	α_2	β_1	β_2	β_3	β_4	β_5	β_6	γ_1	γ_2	γ_3	γ_4	γ_5	γ_6	l	η
100	12	52	20	8	5	0,2	1	9	1,5	2	0,6	0,4	0,3	3	1,3

In folgender Tabelle 6 sind die wichtigsten Linien der L-Serie der Elemente der seltenen Erden zusammengestellt. Dieselbe enthält auch eine Anzahl recht schwacher Linien, die an sich nicht für spektralanalytische Zwecke von Wichtigkeit sind, sie treten aber auf langexponierten Aufnahmen auf, wenn das betreffende Element in der Analysenprobe in größeren Konzentrationen zugegen ist.

Tabelle 6. Wellenlängen der L-Serie der Elemente der seltenen Erden in X-Einheiten.

Linie	57 La	58 Ce	59 Pr	60 Nd	62 Sm	63 Eu	64 Gd
α_1	2659,7	2556,0	2457,7	2365,3	2195,0	2116,0	2041,9
α_2	2668,9	2565,1	2467,6	2375,6	2205,7	2127,3	2052,6
l	3000,0	2885,7	2778,1	2670,3	2477,0	2390,3	2307,1
η	2734,0	2614,7	2507,0	2404,2	2214,0	—	—
β_1	2453,3	2351,0	2253,9	2162,2	1993,6	1916,3	1842,5
β_2	2298,0	2204,1	2114,8	2031,4	1878,1	1808,2	1741,9
β_3	2405,3	2305,9	2212,4	2122,2	1958,0	1882,7	1810,9
β_4	2443,8	2344,2	2250,1	2162,2	1696,4	1922,1	1849,3
β_6	2373,9	2276,9	2185,9	2099,3	1942,2	1870,5	1803,1
β_7	2270,0	2176,3	2087,4	2004,3	1852,3	1784,0	1719,6
γ_1	2137,2	2044,3	1956,8	1873,8	1723,1	1654,3	1588,6
γ_2	2041,6	1955,9	1875,0	1797,4	1655,9	1593,9	1531,0
γ_3	2036,6	1950,9	1869,9	1792,5	1651,7	1587,7	1525,9
γ_4	1978,7	1895,2	1815,3	1740,8	1603,3	1540,7	1481,8
γ_5	2200,8	2105,6	2016,1	1931,3	1775,1	1705,0	1367,6
	65 Tb	66 Dy	67 Ho	68 Er	69 Tm	70 Yb	71 Cp
α_1	1971,5	1904,6	1841,0	1780,4	1722,8	1667,8	1615,5
α_2	1982,3	1915,6	1852,1	1791,4	1733,9	1678,9	1626,4
l	2229,0	2154,0	2082,1	2015,1	1951,1	1890,0	1831,8
η	—	1892,2	1822,0	1754,8	1692,3	1631,0	1573,8
β_1	1772,7	1706,6	1643,5	1583,4	1526,8	1472,5	1420,7
β_2	1679,0	1619,8	1563,7	1510,6	1460,2	1412,8	1367,2
β_3	1742,5	1677,7	1616,0	1557,0	1502,3	1449,4	1398,2
β_4	1781,4	1716,7	1655,3	1596,4	1541,2	1488,2	1437,2
β_5	—	—	—	—	—	—	1339,8
β_6	1737,5	1677,7	1618,8	1563,6	1511,5	1462,7	1414,3
β_7	1655,8	1595,7	—	1489,2	—	—	1345,9
γ_1	1526,6	1469,7	1414,2	1362,3	1312,7	1264,8	1220,3
γ_2	1473,8	1420,3	1637,7	1318,4	1271,2	1225,6	1183,2
γ_3	1468,3	1413,9	1361,3	1311,8	1265,3	1219,8	1177,5
γ_4	1423,9	1371,4	1319,7	1273,2	1226,3	1182,0	1141,1
γ_5	1574,2	1515,2	1459,0	1403,0	1352,3	1303,0	1256,0
γ_6	—	—	—	—	—	1240,5	1196,9

c) Die Wahl der zum Nachweis geeigneten Serie.

Das K-Spektrum hat den Vorzug, daß es nur aus wenigen Linien besteht, von welchen das α-Dublett sehr charakteristisch und leicht zu erkennen ist. Die große Zahl der Linien bei der L-Serie ist dann unbequem, wenn die zu prüfende Substanz mehrere Komponenten enthält, deren Spektren sich zum Teil überdecken. Der Vorteil, den die K-Serie somit bietet, wird durch den Umstand beeinträchtigt, daß die

Anregung derselben als der härtesten Liniengruppe eines Elementes bei Elementen höherer Ordnungszahl beträchtliche Spannungen erfordert.

So beträgt die Anregungsspannung der K-Serie beim Lanthan 38,7 KV, beim Cassiopeium 63,4 KV. Da die Röhrenspannung beträchtlich über der Anregungsspannung liegen soll, erfordert die Anregung der K-Serie in der Lanthanidengruppe Spannungen von weit über 100 KV. Solche hohe Spannungen verlangen ein sehr gutes Röhrenvakuum und sind nicht mit jeder Hochspannungsanlage zu erzielen. Ungünstig ist es auch, daß die kurzwelligen K-Strahlen eine sehr geringe photographische Wirksamkeit besitzen. Schließlich kommt noch dazu, daß man auf der Antikathode einer Röntgenröhre außer der charakteristischen Strahlung des Antikathodenmaterials das kontinuierliche Röntgenspektrum (auch Bremsspektrum genannt) miterregt. Die Eigenlinien eines Elementes sind daher stets von einem kontinuierlichen Untergrund überlagert, der vom Bremsspektrum herrührt. Die Intensität des letzteren steigt im kurzwelligen Gebiete stark an, bei langen Belichtungen wird daher der kontinuierliche Untergrund so stark geschwärzt, daß darin die schwächsten Linien nicht mehr wahrnehmbar sind. Daraus ergibt sich, daß die Empfindlichkeit des röntgenspektroskopischen Nachweises mit abnehmender Wellenlänge immer geringer wird. Die Erfahrung hat gezeigt, daß es nicht zweckmäßig ist, wesentlich unter eine Wellenlänge von 550 X-E herunter zu gehen.

Das bedeutet für die Elemente der Gruppe der seltenen Erden: Scandium und Yttrium werden stets mit Hilfe der K-Serie nachzuweisen sein. Die L-Serie kommt bei diesen Elementen wegen der zu großen Absorbierbarkeit nicht in Frage.

Über die Anregungsspannungen in KV der K- und L-Serie bei den Lanthaniden orientiert nachstehende Tabelle 7.

Tabelle 7. Anregungsspannungen in KV der K- und L-Serie der Elemente der Gruppe der seltenen Erden.

Element	K-Serie	L-Serie*
21 Sc	4,49	—
39 Y	17,0	2,36
57 La	38,7	6,26
58 Ce	40,3	6,54
59 Pr	41,9	6,83
60 Nd	43,6	7,12
61 Sm	46,8	7,73
63 Eu	48,6	8,04
64 Gd	50,3	8,37
65 Tb	52,0	8,70
66 Dy	53,8	9,03
67 Ho	55,8	9,38
68 Er	57,5	9,73
69 Tm	59,5	10,1
70 Yb	61,4	10,5
71 Cp	63,4	10,9

* Kurzwelligste Untergruppe.

Für die Elemente Lanthan bis Cassiopeium kommt im allgemeinen nur die L-Serie in Betracht. Nur in Ausnahmefällen, wenn z. B. infolge von Koinzidenzen eine sichere Identifizierung der linienreichen L-Serie nicht möglich ist, wird man die K-Serie heranziehen.

Wie aus den Tabellen 5 und 6 hervorgeht, kommt für den Nachweis der seltenen Erden der Wellenlängenbereich von 3100 bis 1200 X-E in Frage. In demselben liegen die K-Serie von Scandium, die K-Serie zweiter und dritter Ordnung von Yttrium, die L-Serie der Reihe Lanthan bis Cassiopeium. Diese Wellenlängenbereiche kann man mit einem Spektrographen ohne Vakuum erfassen. Ab 2500 bis 2000 X-E ist jedoch der Vakuumspektrograph zu empfehlen, da hier bereits die Absorption der Strahlung durch die Luft recht wesentlich zu werden beginnt. Steht ein solcher nicht zur Verfügung, so kann man die Elemente Lanthan bis Gadolinium mit Hilfe der K-Serie nachweisen, allerdings erfordert dies erheblich höhere Spannungen.

d) Erregung des Röntgenspektrums.

Die Erregung des charakteristischen Röntgenspektrums geschieht entweder nach der sogenannten Primärmethode durch Bombardierung mit Kathodenstrahlen oder nach der Sekundärmethode durch Bombardierung mit Röntgenstrahlen (vergleiche Glocker und Schreiber; von Hevesy, Böhm und Faessler).

Die Primärmethode ist beschränkt auf schwer flüchtige unzersetzliche Substanzen, da die Analysensubstanz direkt auf die Antikathode gebracht und daher thermisch sehr stark beansprucht wird. Mit Hilfe der Sekundärmethode können auch leichter flüchtige und zersetzliche Substanzen untersucht werden.

Die Primärmethode wird bei den seltenen Erden, da diese meist in Form ihrer schwer flüchtigen Oxyde vorliegen und wegen der wesentlich kürzeren Belichtungszeit im allgemeinen vorgezogen. Als Antikathodenmaterial verwendet man Kupfer oder Aluminium. Die Substanz ist, damit ein ruhiger Betrieb der Röhre gewährleistet ist, vorher auszuglühen.

Die Spannung der Röhre soll mindestens das Doppelte, besser das 3- bis 5fache der Anregungsspannung betragen. Bei gegebener Leistung ist es zweckmäßiger, mit hoher Spannung und kleinen Stromstärken zu arbeiten als umgekehrt, denn die Intensität der Linien steigt mit der Röhrenstromstärke proportional, mit der Röhrenspannung jedoch stärker als proportional an.

Die Sekundärmethode ist zum qualitativen Nachweis der seltenen Erdelemente dann zu verwenden, wenn die Empfindlichkeit der Primärmethode nicht ausreicht. Dadurch, daß bei derselben der kontinuierliche Untergrund fehlt, kann man durch Verlängern der Belichtungszeit die Empfindlichkeit bedeutend steigern. Allerdings sind hier, wegen der geringeren Lichtstärke längere Belichtungszeiten erforderlich. Die Methode wird daher weniger bei Gesamtanalysen angewandt, vielmehr dort, wo in einem Präparat ein einzelnes Element mit äußerster Empfindlichkeit nachzuweisen ist.

Bei der Sekundärmethode ist es möglich, die Substanzen quantitativ wieder zu gewinnen, während bei der Primärmethode mit Verlusten, besonders durch Verstäubung, zu rechnen ist.

Die feingepulverte Probe wird entweder auf das aufgerauhte Aluminiumblech gerieben, und zwar in einer so dicken Schicht, daß das Blech damit vollkommen bedeckt ist, oder sie wird zu einer Pastille gepreßt. Das Aluminiumblech oder die Pastille werden auf den Sekundärstrahlenträger aufgeschraubt. Zum Schutze gegen Verstäubungen kann man das Präparat mit einer dünnen Aluminiumfolie von etwa 7 bis 10 μ bedecken. Bei weichen Strahlungen $\lambda > 1500$ X-E ist es besser die Substanz mit 1 Tropfen Kollodiumlösung zu fixieren.

Als Antikathodenmaterial wird ein Metall verwandt, dessen Strahlung etwas kurzwelliger ist als die Absorptionsbandkante des nachzuweisenden Elementes. Je näher die Strahlung der Absorptionsbandkante liegt, desto stärker ist die Anregung. Ist der Abstand größer als etwa 500 X-E, so erfolgt die Anregung nur noch im wesentlichen durch die Bremsstrahlung, die viel weniger kräftig wirkt. Nebenstehend wird in Tabelle 8 eine Übersicht über jene Metalle gegeben, deren Strahlungen für die Anregung der Elemente der Gruppe der seltenen Erden günstig sind.

Die Sekundärmethode erfordert leistungsfähigere Hochspannungsanlagen als die Primär-

Tabelle 8. Charakteristische Strahlungen, die für die Anregung der Elemente der Gruppe der seltenen Erden günstig sind.

Anregendes Element	Wellenlänge der Absorptionsbandkante X-E	Günstiges Antikathodenmaterial	Stärkste Linie der erregenden Strahlung X-E
21 Sc	2752	Ti	K α_1 2743
39 Y	726	Mo	K α_1 708
57 La	2252	Mn	K α_1 2097
58 Ce	2159	Mn	K α_1 2097
59 Pr	2072	Fe	K α_1 1932
60 Nd	1992	Fe	K α_1 1932
62 Sm	1841	Co	K α_1 1785
63 Eu	1772	Ni	K α_1 1655
64 Gd	1706	Ni	K α_1 1655
65 Tb	1644	Cu	K α_1 1537
66 Dy	1587	Cu	K α_1 1537
67 Ho	1532	W	L α_1 1473
68 Er	1480	W	L α_1 1473
69 Tm	1430	Pt	L α_1 1310
70 Yb	1386	Pt	L α_1 1310
71 Cp	1338	Pt	L α_1 1310

methode. Man arbeitet mit Spannungen von 40 bis 60 KV und Stromstärken zwischen 20 und 50 MA. Auch hier gilt, daß bei gleicher Leistung hohe Spannung und kleine Stromstärke größere Intensitäten ergeben.

e) Die Aufnahme.

Als Spektrometerkrystalle verwendet man Kalkspat oder Steinsalz.

In der Tabelle 9 sind die BRAGGschen Reflexionswinkel dieser Stoffe für den in Frage kommenden Wellenbereich angegeben.

Tabelle 9. Reflexionswinkel und Wellenlängen nach SIEGBAHN.

Wellenlänge in X-E	Reflexionswinkel für		Wellenlänge in X-E	Reflexionswinkel für	
	Steinsalz	Kalkspat		Steinsalz	Kalkspat
300	3° 3′	2° 50′	1800	18° 39′	17° 17′
400	4° 4′	3° 47′	1900	19° 44′	18° 17′
500	5° 6′	4° 44′	2000	20° 49′	19° 16′
600	6° 7′	5° 41′	2100	21° 54′	20° 17′
700	7° 9′	6° 38′	2200	23° 1′	21° 18′
800	8° 10′	7° 35′	2300	24° 7′	22° 19′
900	9° 12′	8° 33′	2400	25° 14′	23° 20′
1000	10° 14′	9° 30′	2500	26° 22′	24° 22′
1100	11° 16′	10° 28′	2600	27° 31′	25° 25′
1200	12° 19′	11° 25′	2700	28° 40′	26° 28′
1300	13° 21′	12° 23′	2800	29° 50′	27° 31′
1400	14° 24′	13° 22′	2900	31° 1′	28° 36′
1500	15° 27′	14° 20′	3000	32° 13′	29° 41′
1600	16° 31′	15° 19′	3100	33° 25′	30° 47′
1700	17° 35′	16° 18′	3200	34° 39′	31° 53′

Ist in einem Präparat auf alle seltenen Erdelemente zu prüfen, so können sämtliche Elemente mit einer einzigen Aufnahme erfaßt werden, wenn die Schwenkvorrichtung es erlaubt, den Krystall über einen so großen Wellenbereich zu schwenken. Dieses Verfahren, das sich nur empfiehlt, wenn eine rohe Übersicht gewünscht wird, hat den Nachteil, daß bei Anwendung der Primärmethode die Streustrahlung, die eine allgemeine Schwärzung des Films hervorruft, relativ zu den einzelnen Linien um so länger einwirkt, je größer der Winkelbereich ist. Damit wird aber die Empfindlichkeit der Methode verringert. Man erfaßt daher besser große Wellenlängenbereiche mit zwei oder drei Aufnahmen.

Für den gemeinsamen Nachweis der Elemente Scandium, Yttrium, Lanthan bis Cassiopeium geht man folgendermaßen vor: Zunächst weist man Scandium allein nach, indem man im Winkelbereich 27,0 bis 30,3° auf Sc, Kα und β exponiert. Die Reihe Lanthan bis Cassiopeium unterteilt man in zwei Aufnahmen. Die erste umfaßt die Elemente La bis Tb (Wellenlängenbereich 2700 bis 1900 X-E; Schwenkwinkel 28,7 bis 19,7°); die zweite, die Elemente Tb bis Cp (Wellenlängenbereich 2000 bis 1200 X-E; Schwenkwinkel 20,8 bis 12,3°). Eine vierte Aufnahme wird im Winkelbereich 10,2 bis 6,1° hergestellt, entsprechend den Wellenlängen 1000 bis 600 X-E. Sie enthält die stärksten Thorium-L-Linien sowie die K-Linien erster Ordnung des Yttriums. In diesem Beispiel sind die Winkel für Steinsalz berechnet.

f) Die Auswertung der Aufnahmen.

Die Auswertung der Aufnahmen erfolgt in der Weise, daß man die Abstände der einzelnen Linien von einer bekannten Linie ausmißt und, unter Berücksichtigung der bekannten Dispersion, die Wellenlängen ausrechnet.

Bei Verwendung von Kupfer als Antikathode benutzt man z. B. als Bezugslinie die Kupfer Kα-Linie. Ist jedoch in dem auszumessenden Wellenlängenbereich eine solche Linie nicht vorhanden, so gibt häufig die ungefähre Zusammensetzung des Präparates einen Anhalt. Enthält aber die Aufnahme keine markante Linie, so hilft man sich so, daß man bei derselben Einstellung des Spektrographen eine zweite Aufnahme macht, die nur wenige Linien enthält, deren Zuordnung eindeutig ist. Die Dispersion des Spektrographen ermittelt man ähnlich wie bei den optischen Methoden.

Bei Präparaten, in welchen eine größere Anzahl von seltenen Erden zugegen ist, bereitet die richtige Zuordnung der gefundenen Linien oft Schwierigkeiten. Infolge der großen Anzahl der Linien in der L-Serie treten oft Koinzidenzen auf, die, wenn man nicht große Fehler machen will, sehr gründlich zu diskutieren sind. Schwierig wird die Auswertung auch dann, wenn ein Element in größeren Konzentrationen vorhanden ist als die anderen, was ja gerade bei den Mischerden der Fall ist. Es können dann bei kräftiger Exponierung schwache und schwächste Linien der in größeren Konzentrationen vorhandenen Elemente auftreten, die mit den Hauptlinien der gesuchten Verunreinigungen zusammenfallen. Nur entsprechende Erfahrungen können hier vor Fehldeutungen schützen. Folgende Mittel erleichtern die Auswertung:

1. Die Dispersion soll nicht zu klein sein.
2. Die Spaltbreite soll so eingestellt werden, daß die Komponenten des $K\alpha$-Dubletts noch sauber getrennt erscheinen, d. h. das Auflösungsvermögen soll etwa 2 bis 3 X-E betragen.
3. Eine vorangegangene chemische Trennung kann die Auswertung wesentlich vereinfachen. Zum Beispiel die Abtrennung des Ceriums und Thoriums bzw. die Zerlegung in die Cerit- und in die Yttererden.

Die Messung der Abstände der Linien kann mit Hilfe einer in Zehntelmillimeter geteilten Glasskala unter Benützung einer Lupe erfolgen. Besser ist die Benützung eines Meßmikroskopes, mit welchem sich leicht eine Genauigkeit von ± 1 X-E erreichen läßt.

Nach der Ermittlung der Wellenlängen der einzelnen Linien benützt man zu ihrer Zuteilung eine Tabelle, die alle bekannten Röntgenlinien nach Wellenlängen geordnet enthält, und diskutiert dann die möglichen Koinzidenzen.

Dabei ist es unbedingt erforderlich, daß im Spektrogramm, unter Beachtung der bekannten Intensitätsverhältnisse der einzelnen Linien, stets mehrere Linien für ein Element sichergestellt werden, ehe man seine Gegenwart in der Analysenprobe als tatsächlich vorhanden ansieht.

Über die möglichen Koinzidenzen unterrichten nachstehende Tabellen 10 und 12, in welchen dieselben für die wichtigsten Linien der seltenen Erdelemente zusammengestellt sind. Aufgenommen wurden von FAESSLER sämtliche Linien, deren Wellenlängen auf ± 3 X-E und weniger mit der Wellenlänge der betreffenden Erdlinie übereinstimmen. Für die Linien zweiter und dritter Ordnung, die mit II und III gekennzeichnet sind, ist als Wellenlänge 2λ und 3λ angegeben.

g) Empfindlichkeit des Nachweises.

Die erzielbare Empfindlichkeit des röntgenspektroskopischen Nachweises hängt von der Wellenlänge ab. Bei den seltenen Erden liegt dieselbe bei pulverförmigen Gemischen, die nach der Primärmethode untersucht werden, bei etwa 0,05 bis 0,1‰ (W. NODDACK, FAESSLER, MAZZA). Da 1 bis 0,1 mg Substanz für die Aufnahme ausreicht, so ist die Erfassungsgrenze etwa 10^{-7} bis 10^{-8} g. In sehr günstigen Fällen kann man sogar mit 0,01 mg auskommen, was einer Erfassungsgrenze von 10^{-9} g entspricht.

Für die Sekundärmethode läßt sich die Empfindlichkeit schwer angeben. Da der kontinuierliche Untergrund fehlt, kann man die Belichtungszeit beliebig lange ausdehnen. Doch ist zum Nachweis von Elementen in Konzentrationen kleiner als 0,1‰ eine Belichtungszeit von 20 und mehr Stunden erforderlich.

Tabelle 10. Linienkoinzidenzen für die wichtigsten K-Linien von Scandium und Yttrium.

	α_2	α_1	β_1
21 Sc	3028 II Dy L γ_5 3030	3025 II Er L β_{14} 2024 II Tm L β_6 2023 III Tl L β_2 2024	2774 II Cu K β_1 2779
39 Y	831 II Sb K β_1 832	827 Th L β_6 826 Rb K β_1 827	739 II La K α_1 740 III Tb K β_1 737
39 Y 2. Ordnung	1663 Tb L β_{10} 1664	1654 Sm L γ_3 1652 Eu L γ_1 1654 Ni K α_1 1655 Ho L β_4 1655 Tb L β_7 1656 Sm L γ_2 1656 II Th L β_6 1653 II Rb K β_1 1654	1478 —
39 Y 3. Ordnung	2494 Ti K β_2 2494 II Re L β_6 2496	2481 Cs L β_7 2480 Cs L β_{11} 2483 II Pt L η 2481 III Th L β_6 2479 III Rb K β_1 2481	2218 Ba L γ_7 2218

§ 5. Fluorescenzanalyse.

Die Fluorescenz- bzw. die Phosphorescenzerscheinungen, welche einzelne seltene Erdelemente in Form ihrer reinen Salze, als auch in Lösungen oder bei Einbettung in farblose Grundsubstanzen bei Bestrahlung mit ultraviolettem Licht oder mit Kathodenstrahlen zeigen, sind sowohl zum direkten Nachweis wie auch zur Prüfung von Präparaten auf ihre Reinheit geeignet. Bei Einbettung in farblose Grundsubstanzen genügen zur Hervorbringung der Effekte sehr geringe Mengen von etwa 0,001 bis 1%. Die Gegenwart von anderen, meist gefärbten Erden beeinflußt das ausgestrahlte Licht in charakteristischer Weise. Die Spektren können bereits mit einem Taschenspektroskop beobachtet werden und weisen, wie im speziellen Teile bei den einzelnen Elementen näher angegeben ist, meist scharfe Banden oder Linien auf.

a) Bei Anwendung von ultraviolettem Licht.

Über die Fluorescenzen von reinen Salzen des Samariums, Europiums, Gadoliniums, Terbiums und Dysprosiums, sowohl in fester Form als auch in Lösungen, bei Bestrahlung mit gefiltertem Ultraviolettlicht berichten TOMASCHEK und MEHNERT; TOMASCHEK und DEUTSCHBEIN sowie SEIDEL, LARIONOW und FILIPPOW.

Unter der Analysenlampe strahlen die wasserfreien Chloride des Samarium(III) rot, des Europium(III) cyclamenfarben (rosaviolett), des Europium(II) bei tiefen Temperaturen blau und des Ytterbium(II) gelbgrün.

Bei Einbettung der Chloride in Natrium- bzw. Calciumchlorid beobachtete PRZIBRAM bei Bestrahlung mit gefiltertem Ultraviolettlicht folgende Luminescenzen:

Element	Grundsubstanz	Farbe des emittierten Lichtes	Bande bei	Erfassungsgrenze in g
Eu (III)	CaF_2	rot	619 mμ	$5 \cdot 10^{-8}$
Eu (II)	NaCl	blau	429	10^{-9}
Yb (II)	NaCl	gelbgrün	570	—

Auf diese Weise können seltene Erden auch in Mineralien, wie Flußspäten, Apatiten, Feldspäten usw. nach HABERLANDT und KÖHLER nachgewiesen werden. Bei diesen sehr einfach auszuführenden Beobachtungen ist die Empfindlichkeit nicht geringer als bei dem Nachweis auf röntgenspektroskopischem Weg.

HAITINGER hat bei seltenen Erden, die in Boraxperlen gelöst waren (Phosphorsalz- oder Natriumfluoridperlen eignen sich dazu weniger), bei Betrachtung im Lichte des Eisenbogens folgende, in Tabelle 11 zusammengestellten Fluorescenzen feststellen können.

Tabelle 11. Fluorescenzen der seltenen Erden in der Boraxperle nach HAITINGER.

Element	Fluorescenz	Grenzkonzentration	Erfassungsgrenze in γ
Ce	blau	1:10000	0,5
Sm	orangerot	1:1000	5
Eu	feurig rot	1:500	25
Gd	orangegelb	1:100	50
Tb	kirschrot	1:5000	2,5
Dy	gelb	1:1000	5
Ho	lichtgelb	—	—
Tm	veilchenblau	—	—

Nach diesem Forscher sollen Lanthan-, Praseodym- und Erbiumsalze keine Fluorescenzen geben. Weitere Untersuchungen hat GOBRECHT ausgeführt.

M. SERVIGNE schlägt eine neue Form des Mikronachweises und der Bestimmung einzelner seltener Erden vor. Dabei werden dieselben in Calciumwolframat eingebettet und bei 90^0 mit dem Lichte einer Entladungsröhre mit Argon- und Quecksilberfüllung belichtet. Durch spektrale Beobachtung des Fluorescenzlichtes konnten folgende Erfassungsgrenzen ermittelt werden:

Praseodym ...	$2{,}5 \cdot 10^{-10}$ g	Terbium	$2{,}5 \cdot 10^{-9}$ g
Neodym	$5 \cdot 10^{-7}$ g	Dysprosium ...	$2{,}5 \cdot 10^{-9}$ g
Samarium.....	$5 \cdot 10^{-11}$ g	Erbium	$5 \cdot 10^{-9}$ g
Europium	$2{,}5 \cdot 10^{-10}$ g	Thulium	$5 \cdot 10^{-9}$ g
Gadolinium ...	10^{-6} g		

Über den TYNDALL- und fluorescenzphotometrischen Nachweis von Salzen des Lanthan, Cer, Praseodym, Neodym und Samarium mit organischen Säuren, hauptsächlich mit Alizarinsulfosäure berichtet HERZFELD.

b) Unter dem Einfluß von Kathodenstrahlen.

Bei Mischungen von sehr geringen Mengen gefärbter Erden mit farblosen Grundsubstanzen, wie Calcium-, Magnesium- oder Aluminiumoxyd, ferner Calciumfluorid, -sulfat oder -wolframat, bewirken Bestrahlungen mit Kathodenstrahlen Luminescenzerscheinungen, deren Spektren von der betreffenden Erde, der Menge, der Art der Trägersubstanzen und den Versuchsbedingungen abhängig sind. Über diese Methode, die sich weniger zum direkten Nachweis als für Reinheitsprüfungen eignet, wird im speziellen Teile näher berichtet (vgl. CROOKES, BAUR und MARC, MUTHMANN und BAUR, DE ROHDEN sowie URBAIN).

§ 6. Magnetochemische Analyse.

Die magnetochemische Analyse wurde für die seltenen Erden von G. URBAIN ausgearbeitet und von W. KLEMM zur allgemeinen Anwendung erweitert. Wie aus den Forschungen von ST. MEYER, CABRERA, WILLS und LIEBENKNECHT sowie

Tabelle 12. Linienkoinzidenzen für die wichtigsten L-Linien der Elemente Lanthan bis Cassiopeium und Thorium.

	α_2	α_1	β_1	β_2	β_3	γ_1
57 La	2669 Nd L l 2670	2660 Cs L β_4 2661 II Ta L β_6 2657	2453 II Yb L γ_2 2451 II Tu L γ_4 2453	2298 —	2405 Nd L η 2404 II W L β_9 2404	2137 II Au L β_2 2136 III Mo K α_2 2137 II Hg L β_4 2138
58 Ce	2565 Ba L β_1 2562 Te L γ_2 2565 II Ta L β_2 2564	2556 II W L β_1 2558	2351 II Re L β_5 2349 III Pb L γ_4 2352 III Zr K α_1 2353	2204 Sm L α_2 2206 II Se K α_1 2205 II Ta L γ_2 2206	2306 Gd L l 2307 II Bi L α_2 2306 III Sr K β_2 2308	2044 Gd L α_1 2042 La L γ_2 2042 II Os L γ_1 2044
59 Pr	2468 II W L β_8 2470	2458 —	2254 II Ge K β_1 2253 II Ir L β_8 2254	2115 Eu L α_1 2116 II Bi L η 2113 II Pt L β_{10} 2114	2212 Ce L β_{14} 2212 Sm L η 2214 II Se K α_2 2213	1957 Ce L γ_2 1956 Sm L β_3 1958 II Se K β_2 1956 Tl L β_5 1957 III Th L γ_1 1956
60 Nd	2376 La L β_6 2374 Ba L β_7 2376 III Th L β_2 2376	2365 II Yb L γ_4 2364 II Cp L γ_2 2366 III Zr K α_2 2366	2162 —	2031 —	2122 Pr L β_{14} 2122 II W L γ_3 2120 II Au L β_8 2122 III Mo K α_1 2124	1874 Pr L γ_2 1875 II Bi L β_3 1873
62 Sm	2206 Ce L β_2 2204 II Se K α_1 205 II Ta L γ_2 2206 II Ir L β_5 2207 II Au L β_4 2208 III U L β_7 2204	2195 II W L γ_1 2193 II Ta L γ_3 2194	1994 III Nb K β_1 1993	1878 —	1958 Ce L γ_2 1956 Pr L γ_1 1957 II Se K β_2 1956 II Tl L β_2 1957 III Nb K β_2 1958	1723 Tu L α_1 1723 Tl L l 1725
63 Eu	2127 II Ta L γ_4 2125 III U L β_3 2126	2116 Pr L β_2 2115 II Pt L β_{10} 2114 II Re L γ_1 2117	1916 Dy L α_2 1916 II Ir L γ_3 1914	1808 —	1883 Pr L γ_{10} 1881 Sm L β_{14} 1885	1654 Sm L γ_3 1652 Ho L β_4 1655 Ni K α_1 1655 Tb L β_7 1656 Sm L γ_2 1656 II Th L β_6 1653 II Y K α_1 1654 II Rb K β_1 1654
64 Gd	2053 Ce L γ_9 2051 II Au L β_{10} 2052 II W L γ_4 2052	2042 La L γ_2 2042 Ce L γ_1 2044	1843 Ho L α_1 1841 III U L γ_1 1842	1742 Fe K β_2 1741 Nd L γ_4 1741 Tb L β_3 1743	1811 III U L γ_2 1812	1589 Eu L γ_3 1588

65 Tb	1982 II Se K β_1 1980 II Bi L β_6 1983	1972 II Pt L γ_5 1971	1773 Sm L γ_5 1775	1679 Yb L α_2 1679 Dy L β_3 1678	1743 Fe K β_2 1741 Nd L γ_4 1741 Gd L β_2 1742 II Hg L γ_2 1745	1527 Gd L γ_3 1526 Tu L β_1 1527 II Th L β_1 1527 III Pd K β_2 1527
66 Dy	1913 Eu L β_1 1916 II Ir L γ_3 1914	1905 Mn K β_1 1906 II Bi L β_2 1906	1707 Eu L γ_5 1705	1620 Ho L β_6 1619 Co K β' 1620 II Tl L γ_4 1620	1678 Yb L α_2 1679 Tb L β_2 1679 II Pb L γ_1 1676	1469 Tb L γ_3 1468 Ta L η 1468 III Sn K α_1 1469
67 Ho	1852 Sm L β_7 1852 II Pt L γ_3 1852	1841 Gd L β_1 1843 II U L α_2 1841 III U L γ_1 1842	1644 Eu L γ_7 1644	1564 Er L β_6 1564 Hf L α_1 1566 II Sr K β_1 1563	1616 Cp L α_1 1616 Co K β_1 1617 III Cd K α_2 1615	1414 Yb L β_2 1413 Dy L γ_3 1414 Cp L β_6 1414 Ho L γ_9 1416
68 Er	1791 Co K α_2 1789 Nd L γ_3 1793 II Pt L γ_4 1790 II Au L γ_3 1792 III U L γ_3 1791	1781 Tb L β_4 1781 Eu L β_{14} 1781 III U L γ_6 1780	1584 II Th L β_2 1584	1511 Tu L β_6 1512	1558 III Pd K β_1 1558	1361 Ir L α_2 1360 Cp L β_{11} 1360 Ho L γ_3 1361 III In K β_1 1361
69 Tm	1734 —	1723 Sm L γ_1 1723 Ta L l 1725	1527 Gd L γ_3 1526 Tb L γ_1 1527 II Th L β_1 1527	1460 Ho L γ_5 1459 III Ag K β_2 1458	1502 Er L β_{11} 1501	1313 Er L γ_3 1312 Bi L l 1314 Cp L ? 1315 III J K α_2 1311
70 Yb	1679 Dy L β_3 1678 Tb L β_2 1679	1668 —	1473 W L α_1 1473 Tb L γ_2 1474	1413 Ho L γ_1 1414 Dy L γ_3 1414 Cp L β_6 1414	1449 II U L β_5 1450	1265 Tu L γ_3 1265
71 Cp	1626 Dy L β_{14} 1625 Re L l 1627 II Pb L γ_3 1626	1616 Ho L β_3 1616 Co K β_1 1617 III Cd K α_2 1615	1421 Dy L γ_2 1420 III Sb K α_2 1422 III Cd K β_1 1422	1367 Ho L γ_2 1368 III Te K α_2 1365	1398 Os L α_2 1398	1220 Yb L γ_3 1220 W L β_7 1222 III Sb K β_2 1221
90 Th	966 Pb L β_3 967	954 Bi L β_2 953 Au L γ_5 954 Pt L γ_1 956	764 II J K β_1 766 III Gd K β_1 761 III Gd K β_3 763	792 Bi L γ_2 794	753 U L β_2 753	652 Nb K β_2 653 III Er K β_2 650
90 Th 2. Ordnung	1932 Nd L γ_5 1931 Fe K α_1 1932 II Pb L β_3 1934	1908 Mn K β_1 1906 II Bi L β_2 1906 II Au L γ_5 1907	1527 Gd L γ_3 1526 III Pd K β_2 1528	1584 Er L β_1 1583	1506 II U L β_2 1506	1304 Yb L γ_5 1303 Ta L β_3 1304
90 Th 3. Ordnung	2898 Cs L α_2 2896 II Yb L β_3 2899	2862 II Zn K α_1 2864 III Bi L β_2 2860 III Au L γ_5 2861	2291 Cr K α_2 2289	2376 La L β_6 2374 Ba L β_7 2376 Nd L α_2 2376	2260 II W L γ_5 2260 III U L β_2 2259	1955 Ce L γ_2 1956 Pr L γ_1 1957 II Se K β_2 1956 II Tl L β_5 1957

G. URBAIN und JANTSCH hervorgeht, unterscheiden sich die einzelnen seltenen Erdelemente sehr erheblich durch ihre magnetischen Suszeptibilitäten. Während Scandium, Yttrium, Lanthan und Cassiopeium diamagnetisch sind, zeigen die gefärbten Erden, auch Gadolinium und Terbium, Paramagnetismus. Auf der von MEYER sowie von CABRERA aufgestellten Kurve bestehen bei Neodym und Dysprosium Maximas. URBAIN wandte zu den Messungen die magnetische Waage von CURIE und CHENEVEAU an und benützte die aus den Oxalatfällungen erhaltenen Oxyde, während DECKER sowie ZERNICKE und JAMES mit den Sulfatoctohydraten arbeiteten. Von EUCKEN sowie von KLEMM wurden neue apparative Anordnungen ausgearbeitet. Tabelle 13 enthält die magnetischen Suszeptibilitäten der Sulfatoctohydrate der seltenen Erden, korrigiert um den Wert des Sulfat-Ions und des Wassers.

Tabelle 13. Magnetische Suszeptibilitäten $\varkappa \cdot 10^{-6}$ der festen Octohydrate der Sulfate der seltenen Erden.

Sc	diamagnetisch	Sm 997 $\varkappa \cdot 10^{-6}$	Er 39250 $\varkappa \cdot 10^{-6}$
Y	diamagnetisch	Eu 6700	Tm 22100
La	diamagnetisch	Gd 25860	Yb 8311
Ce	2377 $\varkappa \cdot 10^{-6}$	Tb 37200	Cp diamagnetisch
Pr	5100	Dy 50400	
Nd	5270	Ho 45470	

Voraussetzung für die Bestimmung ist die von G. URBAIN festgestellte strenge Additivität der Suszeptibilitäten der Bestandteile. Für Gemische von Pr_6O_{11}, Nd_2O_3, Sm_2O_3 und Gd_2O_3 wurde dies von MAZZA in Zweifel gezogen. Jedenfalls muß auch das Praseodym in der 3wertigen Form vorliegen. Eisen und seine Verbindungen und andere paramagnetische Stoffe müssen selbstverständlich vollständig abwesend sein.

Für die Analyse und die Reinheitsprüfungen kommen Gemische in Betracht, die zwei Erden enthalten. Wenn auf chemischem Wege eine Komponente bestimmt werden kann, lassen sich auch ternäre Gemische untersuchen.

Für die Kontrolle der Fraktionierungen der Terbinerdenelemente und für Reinheitsprüfungen des Yttriums ist die magnetische Analyse besonders geeignet. Es genügen hierfür Mengen von 2 mg, die nicht verbraucht werden. Man bestimmt zunächst die Ausschläge mit reinen Komponenten und dann den Ausschlag mit der zu prüfenden Substanz. Die Bestimmungen müssen bei der gleichen Temperatur ausgeführt werden. Über neuere Untersuchungen des Magnetismus der seltenen Erden vgl. HUGHES und PEARCE sowie SELWOOD.

§ 7. Polarographische Untersuchungen.

Der Nachweis und die Bestimmung von Scandium auf polarographischem Wege mittelst der Quecksilbertropfelektrode wurde von LEACH und TERRY, jener für Cer von CANNERI und COZZI und der für Europium und für Ytterbium von HOLLECK ausgearbeitet (s. S. 146, 161, 177 und 190).

§ 8. Chromatographische Trennung der seltenen Erden.

Über die chromatographische Trennung der seltenen Erden haben CROATTO sowie ERÄMETSA; ERÄMETSA, SAHAMA und KANULA Versuche angestellt, die allerdings noch nicht abgeschlossen sind.

§ 9. Nachweis auf trockenem Wege.

Beim Glühen auf der Kohle vor dem Lötrohr bzw. am Kohlesodastäbchen leuchten die seltenen Erden hell auf. Andere charakteristische Reaktionen auf trockenem Wege sind für dieselben nicht von Bedeutung.

§ 10. Nachweis auf nassem Wege.

Wie bereits im allgemeinen Teile, S. 117, betont wurde, ist Oxalsäure das typische Gruppenreagens für Scandium, Yttrium, die Lanthaniden und Thorium. Die Oxalate sind auch in verdünnten Mineralsäuren ziemlich schwer löslich. Bei den Yttererden nimmt mit dem Ansteigen der Ordnungszahl die Löslichkeit der Oxalate in Ammonoxalat- und Alkalioxalatlösungen zu. Auch Scandium-, Thorium- und Yttriumoxalat sind darin löslich.

Nur für jene Elemente, die in verschiedenen Wertigkeitsstufen auftreten können, nämlich für Cer, Samarium, Europium und Ytterbium bestehen charakteristische Nachweismöglichkeiten. Auch für das Scandium ist dies der Fall. Darüber wird im speziellen Teile näher berichtet. Die Ionen der anderen Glieder der Lanthanidenreihe, einschließlich dem Ion des Yttriums, verhalten sich anorganischen und organischen Reagenzien gegenüber fast gleich. Es bestehen nur Abstufungen quantitativer Art.

§ 11. Nachweis auf mikrochemischem Wege.

Zum Mikronachweis der einzelnen seltenen Erdelemente sind die Beobachtungen und Ausmessungen der Röntgenspektren und der optischen Emissionsspektren sowie der Absorptions- und Luminescenzspektren besonders gut geeignet.

Für Scandium und Cer wurden Mikromethoden auch für den nassen Weg ausgearbeitet (s. S. 148 und 161).

Über den Mikronachweis einzelner seltener Erdelemente in Knochen siehe Lux.

§ 12. Tüpfelreaktionen.

Dieselben sind für die Gesamtheit der seltenen Erden und zur Unterscheidung einzelner Erden voneinander bisher wenig geeignet (vgl. Beck, Schemjakin und Mitarbeiter, Komarowsky und Korenman). Zuverlässige Reaktionen wurden nur für Scandium, Cer und Europium ausgearbeitet (s. S. 148, 161 und 177).

Literatur.

Auer von Welsbach: M. **29**, 181 (1908).

Baur, H.: Z. anorg. Ch. **221**, 209 (1935). — Baur, E. u. R. Marc: B. **34**, 2460 (1901). — Baxter, G. P. u. H. W. Daudt: Am. Soc. **30**, 571 (1908). — Beck, G.: Mikrochem. **27**, 47 (1939). — Brauner, B.: Z. anorg. Ch. **33**, 316 (1903); **34**, 113 u. 208 (1903). — Brill, O.: Z. anorg. Ch. **47**, 464 (1905). — Brukl, A.: Angew. Ch. **50**, 25 (1937); **52**, 152 (1939). — Bunsen, R.: Ann. Phys. **128**, 100 (1866).

Cabrera B.: J. de Phys. **6**, 252 (1925); C. r. **188**, 1640 (1929). — Canneri, G. u. D. Cozzi: G. **71**, 311 (1941). — Crookes, W.: Phil. Trans. **176**, 691 (1886); Chem. N. **93**, 143 (1906); Soc. **55**, 272 (1886). — Croatto, U.: Ric. sci Progr. tecn. **12**, 1197 (1941); C. **1942 I**, 1537.

Decker: Ann. Phys. (4) **79**, 324 (1926). Dennis, L. M. u. B. Dales: Am. Soc. **24**, 418 (1902). — Deutschbein, O. u. R. Tomaschek: Ann. Phys. (5) **29**, 311 (1937).

Eberhard, G. Sitzungsb. preuß. Akad. Wiss. **1908**, 856; **1910**, 413. — Engle, E. W. u. C. W. Balke: Am. Soc. **39**, 57, 67 (1917). — Erämetsa, O.: Bull. geol. Finnlande **14**, Nr. 126, 36 (1941); C. **1942 I**, 2568. — Erämetsa, O., Th. G. Sahama u. V. Kanula: Ann. Acad. fennicae Ser. A. **57**, Nr. 3, 5 (1941); C. **1943 I**, 2387. — Eucken, A.: Der Chemie-Ingenieur II/4, S. 294.

Faessler, A.: Zbl. Mineral. A Nr. **1**, 10 (1931); Z. Phys. **88**, 342 (1934). — Faessler, A. u. G. Küpferle: Z. Phys. **93**, 237 (1935). — Feit, W. u. K. Przibylla: Z. anorg. Ch. **43**, 212 (1905). — Friend, J. M. u. D. A. Hall: Analyst **65**, 144 (1940). — Freymann, R. u. S. Takvorian: C. r. **194**, 963 (1932).

Gatterer, A.: Spektrochim. Acta **2**, 252 (1942). — Gerlach, W. u. E. Riedl: Chemische Emissionsspektralanalyse III. Teil. Tabellen zur qual. Analyse, Bd. 3, Leipzig 1942, S. 147. — Gibbs, W.: Am. Chem. J. **15**, 548 (1893). — Glocker, R.: Materialprüfung mit Röntgenstrahlen, 2. Aufl., Berlin 1936. — Glocker, R. u. W. Frohmayer: Ann. Phys. **76**, 369 (1925). — Glocker, R. u. H. Schreiber: Ann. Phys. **85**, 1089 (1928). — Gobrecht, H.: Ann. Phys. (5) **31**, 181 u. 755 (1938). — Gobrecht, H. u. R. Tomaschek: Ann. Phys. (5) **29**, 324 (1937). — Goldschmidt, V. M. u. Cl. Peters: Nachricht. Gesell. d. Wissenschaft. Göttingen, mathemat. physik. Kl. **1931**, 257; Naturwiss. **21**, 362 (1933). — Gold-

SCHMIDT, V. M. u. L. THOMASSEN: Geochemische Verteilungsgesetze der Elemente VII, Röntgenspektroskopische Untersuchungen über die Verteilung der seltenen Erden in den Mineralien, Oslo 1924. — GRUM-GRSHIMAILO, S. W.: Sowjet-Geol. **1940**, Nr. 8, 91; C. **1941 II**, 1426.

HABERLANDT, H. u. A. KÖHLER: Chemie d. Erde **13**, 363 (1940); C. **1940 II**, 3306. — HAITINGER, M.: Ber. Wien. Akad. (IIa) **142**, 339 (1933); Die Fluorescenzanalyse in der Mikrochemie, Berlin 1937. — HERZFELD, E.: Fr. **115**, 132 (1938). — HEVESY, G. v. u. E. ALEXANDER: Praktikum der chemischen Analyse mit Röntgenstrahlen, Leipzig 1933. — HEVESY, G. v., J. BÖHM u. A. FAESSLER: Z. Phys. **63**, 74 (1930). — HOFMANN, K. A.: B. **41**, 3783 (1908); **43**, 2631 (1910); Z. phys. Ch. **71**, 312 (1910). — HOLDEN, H. C. u. C. JAMES: Am. Soc. **36**, 639 (1914). — HOLLECK, L.: Fr. **116**, 161 (1939); **126**, 1 (1943). — HOPKINS, B. S. u. C. W. BALKE: Am. Soc. **38**, 2337 (1916). — HUGHES, G. u. D. W. PEARCE: Am. Soc. **55**, 3277 (1933). — HULTGREN, R.: Am. Soc. **54**, 2320 (1932).

INOUE, T.: Bl. chem. Soc. Japan **1**, 9 (1923).

KIMURA, K.: Bl. chem. Soc. Japan **13**, 10 (1938); C. **1938 II**, 1642. — KLEMM, W.: Magnetochemie, Leipzig 1936. — KOMAROWSKY, A. S. u. I. M. KORENMAN: Fr. **94**, 247 (1933).

LANGLET, A.: Z. phys. Ch. **56**, 624 (1906). — LEACH, R. H. u. H. TERRY: Trans. Faraday Soc. **33**, 480 (1937); C. **1937 II**, 4615. — LENHER, V.: Am. Soc. **30**, 577 (1908). — LUNDEGÅRDH, H: Die quantitative Spektralanalyse der Elemente, Jena 1934, Bd. II. — LUX, H.: Z. anorg. Ch. **240**, 21 (1938).

MAC CARTY, C. N., L. R. SCRIBNER, M. LAWRENZ u. B. S. HOPKINS: Ind. eng. Chem. Analyt. Edit **10**, 184 (1938). — MANNKOPFF, R. u. CL. PETERS: Z. Phys. **70**, 444 (1931). — MARSH, J. K.: Soc. **147**, 772 (1935). — MAZZA, L.: G. **65**, 724 u. 730 (1935); Atti Accad. Lincei (6) **21**, 813 (1935); C. **1936 I**, 2045. — MAZZA, L. u. E. BOTTI: G. **66**, 552 (1936). — MEYER, R. J. u. O. HAUSER: Die Analyse der seltenen Erden und Erdsäuren, Stuttgart 1912. — MEYER, R. J. u. J. WUORINEN: Z. anorg. Ch. **80**, 24 (1913). — MEYER, ST.: B. **33**, 320 (1900); Naturwiss. **8**, 284 (1920); Z. Phys. **26**, 51 (1925). — MUTHMANN, W. u. E. BAUR: B. **33**, 1748 (1900). — MUTHMANN, W. u. L. STÜTZEL: B. **32**, 2653 (1899).

NODDACK, J.: Z. anorg. Ch. **225**, 337 (1935). — NODDACK, W.: Die Anwendung der Röntgenstrahlenspektroskopie in der chemischen Analyse. Ergeb. techn. Röntgenkunde **3**, 67 (1933).

PICCARDI, G.: Spectrochim. Acta **1**, 249 u. 532 (1939 u. 1941). — PICCARDI, G.: Atti Accad, Lincei (6) **14**, 578 (1931); (6) **15**, 83, 309 u. 577 (1932); (6) **25**, 44 u. 86 (1937); C. **1932 I**, 2484; **II**, 59 u. 2995; **1937 II**, 2041. — PLANTINGA, O. J. u. C. J. RODDEN: Ind. eng. Chem. Anal. Edit. **8**, 232 (1936). — PRANDTL, W. u. K. SCHEINER: Z. anorg. Ch. **220**, 107 (1934). — PRZIBRAM, K.: Mikrochim. Acta **3**, 68 (1938).

QUILL, L. L., P. W. SELWOOD u. B. S. HOPKINS: Am. Soc. **50**, 2929 (1928).

ROHDEN, DE CH.: Ann. Chim. (9) **3**, 343 (1915). — ROSENTHAL, G.: Phys. Z. **40**, 508 (1939).

SCHEMJAKIN, F. M.: Z. anorg. Ch. **217**, 272 (1934). — SCHEMJAKIN, F. M. u. W. A. WOLKOWA: Chem. J. Ser. A. **7** (69), 1553 (1937); C. **1938 I**, 1410. — SCHÜLER, H. u. H. GOLLNOW: Z. Physik **93**, 611 (1935). — SIEGBAHN, M.: Spektroskopie der Röntgenstrahlen, 2. Aufl., Berlin 1931. — SEIDEL, A., J. LARIONOW u. A. N. FILIPPOW: Chem. J. Ser. A. J. 8 (70) 943 (1938); C. **1939 II**, 2569. — SELWOOD, P.: Am. Soc. **56**, 2392 (1934). — SEMIAKIN, F. M.: C. r. Acad. URSS. (N. S.) **15**, 347 (1937); C. **1937 II**, 2759. — SERVIGNE, M.: Bl. (5) **7**, 121 (1940); C. r. **212**, 540 (1941). — STOLBA: Chem. N. **41**, 31 (1880); Fr. **19**, 194 (1880).

TOMASCHEK, R. u. O. DEUTSCHBEIN: Ann. Phys. (5) **16**, 930 (1933); Phys. Z. **34**, 374 (1933). — TOMASCHEK, R. u. E. MEHNERT: Ann. Phys. (5) **29**, 306 (1937).

URBAIN, G.: Ann. Chim. Phys. (7) **19**, 216 (1900); (8) **18**, 222—376 (1909); C. r. **150**, 913 (1910). — URBAIN, G. u. G. JANTSCH: C. r. **147**, 1286 (1908).

WAEGNER, A.: Z. anorg. Ch. **42**, 123 (1904). — WEDEKIND, E.: B. **54**, 253 (1921). — WILD, G.: Ber. Wien. Akad. (IIa) **146**, 479 (1937). — WILD, W.: Z. anorg. Ch. **38**, 191 (1904). — WILLS u. LIEBENKNECHT: Verh. phys. Ges. **1**, 172 u. 236 (1899).

YNTEMA, L. F.: Am. Soc. **45**, 907 (1923); **48**, 1598 (1926).

ZERNICKE, J. u. C. JAMES: Am. Soc. 48, 2827 (1926).

C. Spezielle Nachweismethoden für die einzelnen Elemente der seltenen Erden.

Scandium.

Sc, Atomgewicht 45,10; Ordnungszahl 21.

Das Scandium tritt 3wertig auf. Sein Oxyd ist weiß gefärbt, die Lösungen zeigen kein Absorptionsspektrum. Mit den Lanthaniden besteht nur eine geringe Verwandtschaft. Nur mit den letzten Gliedern der Yttererdengruppe finden sich Ähnlichkeiten in den Eigenschaften. Es bildet den Übergang vom Aluminium zum Zirkonium, Hafnium und Thorium. Die Lösungen der Salze neigen zur Hydrolyse. Nach STERBA-BÖHM und MELICHAR beginnt die Hydroxydfällung bei $p_H = 6{,}1$.

Das wichtigste Scandiummineral ist der Thortveitit, der bis zu 42% Sc_2O_3 enthält. Daneben kommen für die Gewinnung noch der Wiikit und die Rückstände von der Aufarbeitung erzgebirgischen Zinnsteines und Wolframites in Betracht. In den eigentlichen seltenen Erdmineralien ist Scandium stets nur in sehr geringen Mengen enthalten.

Der Nachweis erfolgt am sichersten auf röntgenspektroskopischem Wege. Auch das Bogen- und das Funkenspektrum sind dazu geeignet. Bei scandiumarmem Material wird in der Regel zunächst eine Anreicherung vorgenommen.

a) Anreicherung des Scandiums und Abtrennung desselben von seinen Begleitern.

Die älteren Methoden (MEYER und Mitarbeiter, SPENCER, SMITH sowie G. und P. URBAIN) haben den Zweck, das Scandium zunächst gemeinsam mit dem Thorium von seinen Begleitern zu trennen und darauf das letztere zu entfernen. Dieselben werden im III. Teil dieses Handbuches Band 3, S. 738 bis 742, eingehend beschrieben. Durch Fällung mit Ammoniak werden zunächst die Alkalien, die Erdalkalien und das Magnesium entfernt. Dann fällt man aus schwach mineralsaurer Lösung das Scandium gemeinsam mit dem Thorium als Fluoride aus. Der Niederschlag enthält stets noch Yttererden, während nahezu alles Titan, Zirkonium, Hafnium, Niob, Tantal, Eisen, Aluminium und Mangan in Lösung bleibt. Nach der Überführung der Fluoride in die Chloride fällt man Scandium und Thorium kochend mit Natriumthiosulfat als basische Salze aus. Die Yttererden erleiden dabei keine Hydrolyse und bleiben in Lösung. Die Fällung muß wiederholt werden.

Die Abtrennung des Scandiums vom Thorium erfolgte früher in der Regel als komplexes Tartrat nach MEYER und GOLDENBERG durch Fällung mit Ammoniumtartrat unter Zusatz von viel Ammoniak. Die weiteren Methoden, wie die Trennung mit Natriumcarbonat (MEYER und SPETER), wobei das Scandium als

$$4\,Na_2CO_3 \,.\, Sc_2(CO_3)_3 \,.\, 6\,H_2O$$

abgeschieden wird, die Fällung des Thoriums als Jodat aus stark salpetersaurer Lösung (MEYER, WINTER und SPETER; MEYER und SCHWEIG) und die Abscheidung desselben mit Ammoniumfluoridlösung, in welcher Scandiumfluorid leicht löslich ist (MEYER und WASSJUCHNOW, STERBA-BÖHM), sind nach den Untersuchungen von FISCHER und BOCK unbefriedigend.

Die von den letzteren ausgearbeiteten neuen Trennungsmethoden sind berufen die älteren Arbeitsweisen zu verdrängen. Sie bestehen

1. In dem Ausäthern des Scandiumrhodanids aus der mit viel Ammoniumrhodanid versetzten wäßrigen Lösung. Dabei können fast alle nahen Verwandten des Scandiums, das in die Ätherschichte geht, mit großer Trennschärfe entfernt werden.

2. In der fraktionierten Kondensation der Chloride bzw. in der fraktionierten Sublimation der Acetylacetonate. Damit läßt sich aus angereichertem Material ziemlich schnell reines Scandium gewinnen, doch ergeben sich dabei erhebliche Verluste und der apparative Aufwand ist beträchtlich.

Bei kleinen Materialmengen und bei Abwesenheit von Titan, Zirkonium und Hafnium wird das Ausäthern der Rhodanidlösung wie folgt vorgenommen: Man löst etwa 1 g des oxydischen Materials in Salzsäure, dampft auf dem Wasserbade bis zum feuchten Krystallbrei ein, nimmt mit 60 cm³ 0,5 n-Salzsäure auf, löst darin 53 g NH_4SCN (Endvolumen etwa 100 cm³) und schüttelt mit 100 cm³ Äther aus. Die abgetrennte Ätherschicht wird unter Zusatz von einigen Kubikzentimetern verdünnter Salzsäure abgedampft, der trockene Rückstand auf dem Wasserbad tropfenweise mit konzentrierter Salpetersäure behandelt (Vorsicht! heftige Reaktion) und dann mit wenig Salpetersäure gekocht, bis die orangeroten Zersetzungsprodukte des Rhodanwasserstoffs zerstört sind. Dann wird mit Wasser verdünnt und das Reinscandium mit Ammoniak gefällt. Auf diesem Wege werden Magnesium, Calcium, Yttrium, die Lanthaniden, Thorium und Mangan vollständig, Titan, Zirkonium, Hafnium und Uran sowie Eisen(II) weitgehend abgetrennt. Beryllium, Aluminium, Indium, Molybdän, Rhenium, Eisen(III) und Kobalt begleiten dagegen das Scandium in mehr oder weniger großem Umfange.

Wird das Ausäthern aus schwach saurer Rhodanidlösung vorgenommen, dann gelingt auch die vollständige Entfernung von Titan, Zirkonium und Hafnium, doch verbleiben in diesem Falle größere Mengen Scandium in der Wasserschicht.

b) Reinheitsprüfung.

Die Reinheitsprüfung des Analysenmateriales kann auf röntgenspektroskopischem Wege oder mit Hilfe der optischen Emissionsspektralanalyse erfolgen. Reines Scandiumoxyd ist weiß; seine Lösungen zeigen kein Absorptionsspektrum. Als wahrscheinlichste Verunreinigungen sind Yttererdenelemente, Thorium, Zirkonium und Hafnium anzunehmen. Auch Mangan haftet dem Scandium gerne an. Wurde dasselbe aus Wolframiten oder Zinnstein gewonnen, dann ist auch auf Eisen und Blei zu prüfen.

1. ***Prüfung auf Yttererden.*** Die neutrale Lösung wird mit der auf Sc_2O_3 berechneten 6fachen Menge von Natriumthiosulfat versetzt und gekocht. Das Filtrat vom Thiosulfatniederschlag darf nach Zerlegung des gelösten Thiosulfates und Abfiltrieren des ausgeschiedenen Schwefels sowie Konzentration durch Eindampfen keine mit Oxalsäure fällbaren Erden enthalten.

2. ***Prüfung auf Thorium.*** Das Präparat darf nicht radioaktiv sein und die Jodatprobe muß negativ ausfallen.

3. ***Prüfung auf Zirkonium.*** Die salzsaure Lösung darf mit Phenylarsinsäure keinen Niederschlag geben.

Nachweismethoden.

§ 1. Nachweis auf spektralanalytischem Wege[1].

Allgemeines.

Zum Nachweis des Scandiums bedient man sich sowohl des Bogen- wie des Funkenspektrums. Ein Absorptionsspektrum tritt weder im sichtbaren, noch im nahen ultravioletten Teile auf.

Brauchbare Analysenlinien und Koinzidenzen nach GERLACH und RIEDL (a): $\lambda = 4314{,}1$ Å (Funken); $\lambda = 4246{,}9$ Å (Funken); $\lambda = 4023{,}7$ Å (Bogen); $\lambda = 3630{,}8$ Å (Funken); $\lambda = 3613{,}8$ Å (Funken); $\lambda = 3572{,}6$ Å (Funken).

Im ZEISSschen *Glasspektrographen* (9×12) mit Superrapidplatten ist im *Bogenspektrum* die Linie $\lambda = 4246{,}9$ Å wenig stärker als die Linie $\lambda = 4023{,}7$ Å. Letztere ist ungefähr gleich stark wie die Linie $\lambda = 3911{,}9$ Å. Diese ist stärker als die Linie $\lambda = 4020{,}4$ Å, welche ungefähr gleich stark ist wie die Linie $\lambda = 3907{,}5$ Å. $\lambda = 3907{,}5$ Å ist stärker als $\lambda = 4314{,}1$ Å, welche Linie wenig stärker ist als die Linie $\lambda = 4374{,}5$ Å.

[1] Mitbearbeitet von J. VAN CALKER, Münster (Westf.).

Im *Funkenspektrum* ist bei Anwendung von Glasoptik λ = 4246,9 Å stärker als λ = 3613,8 Å. Diese Linie ist stärker als die Linie λ = 3630,8 Å, die ungefähr gleich stark ist wie die Linie λ = 4314,1 Å. Letztere ist wenig stärker als λ = 4023,7 Å, welche Linie gleich stark ist wie die Bogenlinie λ = 3911,9 Å. λ = 4320,8 Å ist etwas schwächer als λ = 3911,9 Å, aber stärker als λ = 4020,4 Å. Diese Linie ist ungefähr gleich stark wie die Linie λ = 3907,5 Å. λ = 4374,5 Å ist dagegen etwas schwächer als λ = 3907,5 Å.

Im *Quarzspektrographen* ist die Linie λ = 3613,8 Å stärker als die Linie λ = 3630,8 Å. Letztere Linie ist ungefähr gleich stark wie λ = 3572,6 Å.

Koinzidenzen sind zu erwarten:

Bei λ = 4314,1 Å (Funken) mit Linien von Aluminium, Arsen (Funken), Gold, Eisen, Quecksilber, Mangan, Molybdän, Nickel, Osmium, Palladium, Rhodium, Antimon (Funken), Strontium und Titan sowie schwächeren Linien von Kobalt, Chrom und Vanadium. Starke Störungslinien sind: λ = 4315,1 Å Eisen (Bogen), λ = 4311,5 Å Iridium, λ = 4311,4 Å Osmium (Bogen) und λ = 4314,8 Å Titan (Bogen).

Bei λ = 4246,9 Å mit Linien von Kobalt, Kupfer, Eisen, Molybdän, Blei, Platin, Rhodium, Ruthenium, Titan und schwächeren Linien von Chrom, Mangan, Nickel, Osmium und Vanadium. Eine stärkere Störungslinie gibt Blei mit λ = 4245,2 Å (Funken).

Bei λ = 4023,7 Å mit Linien von Kobalt, Kupfer, Eisen, Quecksilber, Molybdän, Nickel, Rhodium, Ruthenium, Titan, Vanadium und schwächeren Linien von Chrom, Mangan, Osmium, Platin und Wolfram. Als starke Störungslinien kommen in Betracht λ = 4020,9 Å Kobalt (Bogen), λ = 4022,7 Å Kupfer (Bogen) und λ = 4024,6 Å Titan (Bogen).

Bei λ = 3630,8 Å mit Linien von Barium, Wismut (Funken), Calcium, Kobalt, Eisen, Antimon (Funken), starkem Untergrund bei Iridium, Mangan und Blei, ferner mit schwachen Linien von Strontium, Rhodium und Wolfram. Eine besonders starke Störungslinie liefert Palladium (Bogen) λ = 3634,7 Å. Weitere starke Störungslinien geben λ = 3631,5 Å Eisen (Bogen), λ = 3628,7 Å Iridium (Bogen), λ = 3635,5 und 3635,2 Å Molybdän, ferner λ = 3628,1 Å Platin (Bogen), λ = 3626,6 Å Rhodium (Bogen), λ = 3634,9 Å Ruthenium (Bogen) und λ = 3635,5 Å Titan (Bogen).

Bei λ = 3613,8 Å mit Linien von Gold, Wismut (Funken), Cadmium, Chrom, Caesium, Kupfer, Quecksilber, Molybdän, Nickel, Rhodium, Titan, Wolfram und schwächeren Linien von Eisen, Magnesium (Funken) und Vanadium und starkem Untergrund von Aluminium (Funken). Sehr starke Störungslinien sind λ = 3610,5 Å Cadmium (Bogen) und λ = 3609,6 Å Palladium (Bogen). Daneben können noch folgende Linien stärker stören: (Kontrolle für sehr schwache Eisen-Linie s. o.!) λ = 3614,3 Å Molybdän, λ = 3610,5 Å Nickel (Bogen), λ = 3612,5 Å Rhodium (Bogen) und λ = 3617,5 Å Wolfram.

Bei λ = 3572,6 Å mit Linien von Nickel, Blei, Palladium und Wolfram sowie schwächeren Linien von Wismut, Chrom, Eisen, Mangan, Ruthenium und Vanadium und starkem Untergrund bei Rhodium. Starke Störungslinien sind folgende Bogenlinien: λ = 3575,4 Å, 3575,0 Å und λ = 3569,4 Å Kobalt (Bogen), λ = 3570,1 Å Eisen (Bogen), λ = 3573,7 Å Iridium (Bogen), λ = 3569,8 und 3569,5 Å Mangan (Bogen), dann λ = 3571,9 Å Nickel (Bogen), λ = 3572,7 Å Blei (Bogen), λ = 3671,2 Å Palladium (Bogen), λ = 3570,2 Å Rhodium (Bogen) und die Funkenlinie λ = 3572,5 Å Zirkonium. Außer den angegebenen Koinzidenzen sind solche mit Linien der seltenen Erden möglich, doch liegen hierüber noch keine eingehenden Messungen vor.

Nachweisverfahren.

Nachweis in festen Stoffen.

Es sind für den Nachweis von Scandium keine besonderen Schwierigkeiten bekannt geworden. GOLDSCHMIDT und PETERS bestimmen nach der Glimmschichtmethode Scandium in Mineralien. In der Glimmschicht sind außer den in den Tabellen von GERLACH und RIEDL angegebenen Linien noch weitere gut brauchbar: 3359,7; 3361,3; 3362; 3369; 3372,2; 3645,3; 3651,8; 3361,3 und 3369 Å werden als besonders geeignet angesehen. GERLACH und RIEDL (b) berichten über Scandiumbestimmung in Aluminium bei Verwendung des Abreißbogens.

Bei Anregung von Scandiumlösungen in der Flamme tritt ein zur Analyse verwendbares Bandensystem im Sichtbaren auf (EDER und VALENTA). PICCARDI und SBERNA benützen die Banden bei 4858, 5737, 6036 und 6409 Å. Bei einer Verdünnung bis 1:20000 gelingt noch der Nachweis. Bei 0,005% Scandium läßt sich 6036 Å noch beobachten. Bei 0,05% ist auch 5737 Å zu beobachten, bei 5% Scandium tritt das vollständige Spektrum auf.

Über die Empfindlichkeitsgrenze liegen keine besonderen Untersuchungen vor. Sie wird für die Analyse im Bogen bei ungefähr 10^{-3} bis 10^{-2}%, entsprechend ungefähr $^1/_{100}$ bis $^1/_{10}\,\gamma$ liegen.

§ 2. Nachweis auf röntgenspektroskopischem Wege.

Darüber wurde bereits im Teil B, S. 129 bis 139, berichtet.

§ 3. Nachweis auf polarographischem Wege.

Nach LEACH und TERREY läßt sich Scandium im Polarographen mittels der Quecksilbertropfelektrode qualitativ feststellen und quantitativ bestimmen. Man läßt vor der Messung 40 bis 60 Min. Wasserstoff durch die Lösung perlen, um die Sauerstoffwellen auf den polarographischen Kurvenbildern zu vermeiden. Als Elektrolyt dienen Lösungen von Alkali- oder Erdalkalichloriden (am besten eignet sich jedoch Lithiumchlorid), denen man die zu prüfende Lösung zusetzt. Bei genügendem Ansäuern ist die Abhängigkeit der Scandiumwellenhöhe von der Konzentration linear. Das Abscheidungspotential des Scandiums liegt bei 1,84 V $\pm$ 0,01 V.

§ 4. Nachweis auf trockenem Wege.

Bisher kennt man keine charakteristischen chemischen Nachweisreaktionen für Scandium auf trockenem Wege. Die von FISCHER und BOCK ausgearbeitete Methode der fraktionierten Kondensation der Chloride und jene der fraktionierten Sublimation der Acetylacetonate kommen nur für die präparative Reindarstellung in Betracht.

§ 5. Nachweis auf nassem Wege.

Die Nachweis- und Abtrennreaktionen für Scandium wurden in der letzten Zeit von FISCHER und BOCK einer kritischen Durcharbeitung unterzogen.

a) Das Ausäthern des Rhodanids. Diese von den eben genannten Autoren aufgefundene Reaktion, die bereits (S. 143) näher beschrieben wurde, eignet sich besonders für die Abtrennung des Scandiums von der Mehrzahl seiner Begleiter.

b) Mit Ammoniak fällt das Hydroxyd vollständig, doch gelingt damit keine Abtrennung verwandter Elemente. Die Fällung wird nicht beeinträchtigt durch Natriumthiosulfat, Ammoniumrhodanid und die Oxydationsprodukte des Äthers.

Die Anwesenheit von Ammoniumcarbonat, -oxalat oder -fluorid, auch von Acetylaceton wirkt störend. Bei Gegenwart genügender Mengen von Ammoniumtartrat fällt mit Ammoniak quantitativ Ammoniumscandiumtartrat. (Siehe unter i).

c) Mit Natriumthiosulfat bildet sich beim Kochen der schwach sauren Lösung basisches Scandiumthiosulfat. Die Yttererden bleiben dabei vollständig in Lösung. Die Fällung ist nicht vollkommen. Beim Arbeiten in neutraler Lösung können die Scandiumverluste stark herabgedrückt werden, doch ist dann die Trennung von den Yttererden schlechter und der Niederschlag schleimig und schwer filtrierbar.

d) Mit Kaliumsulfat fällt Kaliumscandiumsulfat aus. Die Ceriterdenelemente zeigen eine ähnliche Reaktion. Die Fällung ist unvollständig und die Trennung von den Yttererden unbefriedigend.

e) Mit konzentrierter Natriumcarbonatlösung bildet sich schwerlösliches Natriumscandiumcarbonat. Die Abtrennung vom Thorium ist unvollständig.

f) Mit Flußsäure fällt sehr schwerlösliches Scandiumfluorid, ebenso, wenn man die Lösung mit Natriumsiliciumfluorid versetzt und kocht (vgl. Noyes und Bray). Durch die leichte Löslichkeit des Scandiumfluorides in überschüssiger Flußsäure und in Alkalifluoridlösungen wird diese Reaktion stark beeinträchtigt. Auch Thoriumfluorid ist schwerlöslich, ebenso sind die letzten Glieder der Yttererdenreihe schwerlöslich.

g) Bei Zusatz von ***Ammoniumfluorid*** bleibt das Scandium in Lösung, während die Fluoride des Thoriums und jene der Lanthanidenreihe ausfallen. Der schleimige Niederschlag hält aber stets erhebliche Scandiummengen zurück, wodurch die Trennung vom Thorium erschwert wird.

h) Mit Oxalsäure fällt Scandiumoxalat aus. Da die Löslichkeit desselben recht groß und die Trennung vom Zirkonium und Hafnium unvollständig ist, kommt diesem Reagens für den Nachweis des Scandiums nicht jene Bedeutung zu, die es für jenen des Thoriums und der seltenen Erden besitzt.

i) Mit Ammoniumtartrat und nachherigem Zusatz von Ammoniak fällt quantitativ Ammoniumscandiumtartrat aus. Man erreicht damit eine wirksame Abtrennung vom Aluminium, Eisen(III), Titan, Zirkonium, Hafnium sowie vom Thorium. Die letzten Zehntelprozente dieser Elemente begleiten allerdings das Scandium recht hartnäckig. Die Elemente der Yttererdengruppe gehen mit in den Niederschlag.

k) Mit Phenylarsinsäure oder mit Dinatriumarsenat fällt aus saurer Lösung Scandium nicht, während Zirkonium und Hafnium quantitativ in den Niederschlag gehen und damit eine gute Trennung erreicht wird. Natriumphosphat wirkt nicht so günstig.

l) Beim Ausäthern der Chloridlösung nach Rothe bleibt das Scandium in der wäßrigen Schicht. Es ist dies das wirksamste und sicherste Verfahren zur vollständigen Befreiung des Scandiums vom Eisen, das allerdings 3wertig vorliegen muß.

m) Mit Hexamminkobalt(III)nitrat fällt nach Beck aus Lösungen von komplexen Alkaliscandiumfluoriden, wie dieselben bei der Abtrennung des Thoriums und der Yttererden erhalten werden, ein schwerlöslicher, krystalliner, gelbbrauner Niederschlag von der Zusammensetzung $[Co(NH_3)_6] \cdot [ScF_6]$ aus. Beryllium, Aluminium, Zirkonium geben gleichfalls Niederschläge, die aber amorph sind. Eine Störung durch diese Ionen soll sich vermeiden lassen, wenn man die Lösung zunächst mit Ammoniumcarbonat versetzt. Dabei fällt das Aluminium aus. Beryllium gibt in solchen Lösungen keine Fällungen mit dem Reagens, und Zirkonium fällt amorph aus, während der Scandiumniederschlag aus regulären Hexaedern besteht.

Erfassungsgrenze 10 γ.

§ 6. Nachweis auf mikrochemischem Wege.

Hierzu ist die eben beschriebene Reaktion mit Hexamminkobalt(III)nitrat nach BECK geeignet.

§ 7. Reaktionen mit organischen Stoffen.

Dieselben sind nicht besonders charakteristisch.

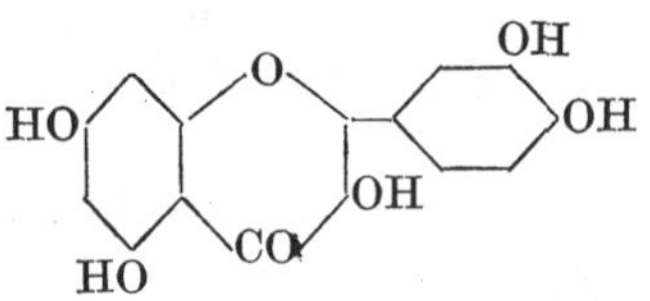

Morin

a) Mit Morin. Nach BECK zeigen Scandiumlösungen auf Zusatz von Morin, ähnlich wie Lösungen der seltenen Erden, von Beryllium, Aluminium, Gallium, Indium, Zirkonium oder Thorium besonders bei Bestrahlung mit Ultraviolettlicht eine grüne Fluorescenz. Im Tageslicht ist dieselbe erst bei höheren Konzentrationen sichtbar. Erfassungsgrenzen: Im Tageslicht: 30 γ/cm^3; im Ultraviolettlicht 0,03 γ/cm^3. Die Unterscheidung vom Gallium, Indium und Aluminium soll sich nach BECK wie folgt führen lassen: Verschwindet die Fluorescenz der Morinverbindung auf Zusatz von Natriumfluorid, dann liegt nur Scandium oder Aluminium vor. Gibt eine neue Probe nach Zusatz von Ammoniumcarbonat und Morin wieder eine Fluorescenz, dann ist Scandium anwesend. Magnesium stört und muß vorher durch Fällung des Scandiums mit Ammoniak und Ammoniumchlorid entfernt werden. Ist nur Aluminium anwesend, dann muß die Fluorescenz auf Zusatz von ammoniakalischer Tartratlösung erlöschen.

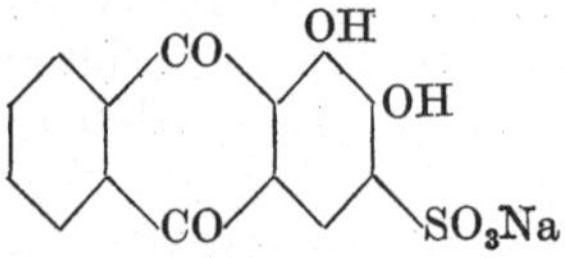

Alizarinsulfosaures Natrium

b) Mit alizarinsulfosaurem Natrium. Nach BECK geben Scandiumlösungen bei Gegenwart von 25%-iger Essigsäure einen violetten Niederschlag. Thorium verhält sich ähnlich. Erfassungsgrenze 0,1 mg Sc. FISCHER und BOCK wiesen nach, daß diese Reaktion nur für kleine Scandiummengen anwendbar und die von BECK angegebene Trennung von den Yttererden recht unvollständig ist.

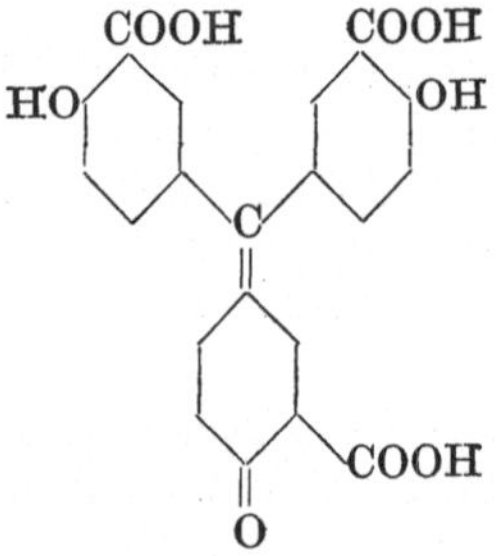

Aurintricarbonsäure

c) Mit Aurintricarbonsäure. Aurintricarbonsaures Natrium fällt nach BECK aus Scandiumsalzlösungen einen roten Niederschlag, der sich im Gegensatz zu der entsprechenden Aluminiumverbindung im Ammoniak mit gelbbrauner Farbe löst.

Literatur.

BECK, G.: Mikrochim. Acta **2**, 9 u. 287 (1937); Fr. **113**, 121 (1938); Mikrochem. **27**, 47 (1939).

EDER, J. M. u. E. VALENTA: Ber. Wien. Akad. IIa, **119**, 576 (1910).

FISCHER, W. u. R. BOCK: Z. anorg. Ch. **249**, 146 (1942).

GERLACH, W. u. E. RIEDL: (a) Chemische Emissionsspektralanalyse Bd. III., 2. Aufl., Leipzig 1942, S. 115; (b) S.-Ber. bayr. Akad. Wiss. **1933**, 227—236. — GOLDSCHMIDT, V. M. u. CL. PETERS: Nachr. Götting. Gesell. **1931**, 257.

LEACH, R. H. u. H. TERREY: Trans. Faraday Soc. **33**, 480 (1937); C. **1937 I**, 4615.

MEYER, R. J.: Z. anorg. Ch. **86**, 257 u. 248 (1914). — MEYER, R. J. u. H. GOLDENBERG: Nernst Festschr. **1912**, 306. — MEYER, R. J. u. O. HAUSER: Die Analyse der seltenen Erden und Erdsäuren, Stuttgart 1912, S. 114—117, 247—248. — MEYER, R. J. u. B. SCHWEIG: Z. anorg. Ch. **108**, 303 u. 310 (1919). — MEYER, R. J. u. K. SPETER siehe bei MEYER, R. J. u. H. WINTER: Z. anorg. Ch. **67**, 409 (1910). — MEYER, R. J. u. H. WINTER u. K. SPETER: Z. anorg. Ch. **67**, 398 (1910). — MEYER, R. J. u. A. W. WASSJUCHNOW: Z. anorg. Ch. **86**, 257 u. 266 (1914).

NOYES, A. A. u. W. C. BRAY: A System of qualitative Analysis, New York 1927, S. 195.
PICCARDI, G.: Spectrochim. Acta, **1**, 249 (1939). — PICCARDI, G. u. A. SBERNA: Atti Accad. Lincei (6) **15**, 577 (1932); C. **1932 II**, 2995.
SMITH, N. H.: Am. Soc. **49**, 1642 (1927). — SPENCER, J. F.: The metals of the rarer earths, London 1919. — STERBA-BÖHM, J.: Bl. (4) **27**, 186 (1920); Z. El. Ch. **20**, 289 (1914). — STERBA-BÖHM, J. u. M. MELICHAR: Coll. Trav. chim. Tchecoslovaque **7**, 131 (1935); C. **1936 I**, 2721.
URBAIN, G. u. P.: C. r. **174**, 1310 (1922).

Yttrium.

Y, Atomgewicht 88,92; Ordnungszahl 39.

Das Yttrium ist bisher nur in 3wertigen Verbindungsformen bekannt. Sein Oxyd Y_2O_3 ist rein weiß gefärbt, die Y^{3+}-Ionen sind farblos. Gemäß der Ähnlichkeit der Ionenradien

$$Dy = 0{,}832\ \text{Å} \qquad Y = 0{,}827\ \text{Å} \qquad Ho = 0{,}816\ \text{Å}$$

ordnet sich das Yttrium in den meisten seiner Eigenschaften, besonders bezüglich der Basizität und der Löslichkeiten seiner Salze, zwischen Dysprosium und Holmium in die Lanthanidenreihe ein und ist durch einfache chemische Reaktionen nicht von den Yttererdenelementen zu trennen. Die beiden genannten Elemente und auch das Terbium haften dem Yttrium besonders hartnäckig an.

1. Reindarstellung.

Als Hauptbestandteil der Yttererdengemische ist das Yttrium bei der Isolierung der anderen Elemente der Reihe ein Ballast und wird deshalb stets zuerst in der Hauptmenge entfernt. Dies geschieht nach PRANDTL am besten in der Weise, daß man nach Abtrennung der Ceriterdenelemente durch mehrmalige Fällung mit Alkalisulfat (s. S. 121) die nicht zu verdünnte neutrale Lösung unter Rühren mit einer warmen, konzentrierten Lösung von Kaliumeisen(III)cyanid fällt, bis nach einigem Stehen die über dem Niederschlag befindliche Flüssigkeit nicht mehr die Absorptionsbanden des Erbiums zeigt. Der Niederschlag, der nun von der Hauptmenge des Yttriums befreit ist, wird abgesaugt, gut ausgewaschen und mit konzentrierter Natronlauge in die Hydroxyde überführt. Letztere werden ausgewaschen, in Salz- oder Salpetersäure gelöst und die Lösung nochmals einer Fällung mit Ferricyankalium unterzogen.

Die vereinigten Filtrate, welche das Rohyttrium enthalten, werden mit konzentrierter Natronlauge gefällt. Das gut ausgewaschene Hydroxyd löst man in Salzsäure und prüft die Lösung spektroskopisch auf anwesende gefärbte Erden (Neodym, Samarium, Dysprosium, Holmium und Erbium). Sind solche noch in größeren Mengen anwesend, dann muß die Fällung mit Kaliumferricyanid wiederholt werden. Noch vorhandene Ceriterden, wie Neodym und Samarium entfernt man durch Fällung mit Natriumsulfat. Das so vorgereinigte Yttrium unterwirft man schließlich in Form der Bromate einer fraktionierten Krystallisation. Da es bei der Verarbeitung der Yttererdengemische in großen Mengen anfällt, kann es verhältnismäßig einfach in reiner Form erhalten werden.

Über weitere, allerdings nicht so wirkungsvolle Reindarstellungsverfahren berichten CANNERI; FOGG und HESS sowie BECK.

2. Reinheitsprüfung.

Wegen der großen Differenzen des Atomgewichtes von Yttrium mit jenen der Begleitelemente, leistet die Bestimmung des mittleren Atomgewichtes (s. S. 126) zur Kontrolle des Fortschreitens der Fraktionierungen und zur Prüfung auf die Reinheit eine unentbehrliche Hilfe.

Als sichtbares Zeichen für die Reinheit des Yttriums kann die rein weiße Farbe des Oxydes dienen. Bereits Spuren von Terbium färben dasselbe gelblich. Die Chloridlösung darf bei hoher Konzentration und großer Schichtdicke kein Absorptionsspektrum zeigen. Yttriumoxyd, in Calciumoxyd oder in Calciumwolframat eingebettet, darf bei Bestrahlung mit UV-Licht oder mit Kathodenstrahlen keine Luminescenzerscheinungen geben.

Für eine rigorose Reinheitsprüfung sind jedoch nur die Ergebnisse der röntgenspektroskopischen Prüfung sowie jene der optischen Emissionsspektralanalyse ausschlaggebend.

Nachweismethoden.

§ 1. Nachweis auf spektralanalytischem Wege[1].

Allgemeines.

Sowohl das Bogen- als auch das Funkenspektrum sind zum Yttriumnachweis sehr gut geeignet. Auch das Molekülspektrum des Oxydes, das nach Piccardi beim Einblasen des Oxydes in die Knallgasflamme erhalten wird, leistet gute Dienste. Dagegen tritt kein Absorptionsspektrum bzw. kein Luminescenz- oder Fluorescenzspektrum auf.

Nach Gerlach und Riedl eignen sich folgende Funkenlinien als Analysenlinien: $\lambda = 4375{,}0$ Å, $\lambda = 4177{,}5$ Å, $\lambda = 3774{,}3$ Å, $\lambda = 3710{,}3$ Å und $\lambda = 3600{,}7$ Å.

Bei Verwendung des Glasspektrographen von Zeiss (9×12) und Ultrarapidplatten ist die Linie $\lambda = 4375{,}0$ Å viel stärker als $\lambda = 3710{,}3$ Å. Diese Linie ist stärker als $\lambda = 3774{,}3$ Å und letztere ist nur wenig stärker als $\lambda = 4177{,}5$ Å.

Bei Anwendung des Quarzspektrographen ist $\lambda = 3710{,}3$ Å wenig stärker als $\lambda = 3600{,}7$ Å. Die Linie $\lambda = 3774{,}3$ Å ist schwächer und am schwächsten ist die Linie $\lambda = 4375{,}0$ Å.

Koinzidenzen sind zu erwarten:

Bei $\lambda = 4375{,}0$ Å mit Linien von Aluminium, Cadmium, Kobalt, Chrom, Kupfer, Eisen, Iridium, Mangan, Molybdän, Rhodium, Ruthenium, Scandium und schwächeren Linien von Indium, Osmium, Titan und Vanadium. Besonders starke Störungslinien sind die Bogenlinien von Rhodium $\lambda = 4374{,}8$ Å und Vanadium $\lambda = 4379{,}2$ Å. Weitere starke Störungslinien sind die folgenden: $\lambda = 4371{,}3$ Å Chrom (Bogen), $\lambda = 4375{,}9$ Å Eisen (Bogen), $\lambda = 4372{,}2$ Å Ruthenium (Bogen) und $\lambda = 4374{,}5$ Å Scandium (Funken).

Bei $\lambda = 4177{,}5$ Å mit Linien von Chrom, Kupfer, Eisen, Indium (Bogen), Mangan, Molybdän, Osmium, Phosphor, Radium und Rhodium, ferner mit schwächeren Linien von Kobalt, Vanadium und Wolfram.

Bei $\lambda = 3774{,}3$ Å mit Linien von Kobalt, Magnesium, Osmium, Thallium, und Wolfram und schwächeren Linien von Mangan, Titan und Vanadium. Besonders stark stört die Bogenlinie des Titans $\lambda = 3775{,}7$ Å. In schwächerem Maße stören die Linien $\lambda = 3771{,}7$ Å Titan (Bogen) und $\lambda = 3771{,}0$ Å Vanadium (Funken).

Bei $\lambda = 3710{,}3$ Å mit Linien von Magnesium, Titan und schwächeren Linien von Chrom, Molybdän und Ruthenium und starkem Untergrund bei Kobalt und Eisen. Starke Störungslinien sind: $\lambda = 3706{,}0$ Å Calcium (Funken), $\lambda = 3709{,}3$ Å und 3705,6 Å Eisen (Bogen) sowie $\lambda = 3707{,}9$ Å Wolfram (Bogen).

Bei $\lambda = 3600{,}7$ Å mit Linien von Aluminium (Funken), Iridium und Ruthenium, ferner mit schwächeren Linien von Kobalt, Molybdän und Rhodium und starkem Untergrund bei Kupfer und Antimon (Funken). Besonders stark stört die Linie $\lambda = 3602{,}1$ Å Chrom (Bogen), ferner stören stark folgende Bogenlinien: $\lambda = 3605{,}3$ Å Kobalt (Bogen), $\lambda = 3597{,}2$ Å Rhodium (Bogen), $\lambda = 3597{,}7$ Å Nickel (Bogen), $\lambda = 3596{,}2$ Å Rhodium (Bogen) und $\lambda = 3596{,}2$ Å Ruthenium (Bogen).

[1] Mitbearbeitet von J. van Calker, Münster (Westf.).

Außer den angegebenen Koinzidenzen sind solche mit Linien der seltenen Erden möglich, doch liegen hierüber noch keine eingehenden Messungen vor.

Nachweisverfahren.

1. Nachweis in festen Stoffen.

Der spektralanalytische Nachweis von Yttrium ist ohne besondere Schwierigkeiten möglich. GOLDSCHMIDT und PETERS untersuchten Gesteinspulver nach dem Glimmschichtverfahren. Neben der auch von GERLACH und RIEDL angegebenen Linie $\lambda = 3710{,}3$ Å verwenden sie noch — nach fallender Empfindlichkeit geordnet — die Y-Linien $\lambda = 3633{,}1$; 3601,9; 3600,7 und 3242,5 Å. PLANTINGA und RODDEN bezeichnen nach Beobachtung der Flammenbogenspektren mit einem Handspektroskop auch die Zone $\lambda = 5892$—6200 Å als geeignet für die Erkennung des Yttriums. Vgl. dazu McCARTY, SCRIBNER, LAWRENZ und HOPKINS. THOREAU, BRECKPOT und VAES wiesen Yttrium im Monazit von Shinkolobwe (Katanga) nach. Mit dem Abreißbogen findet WILD bei 10^{-3}% Y in Fluoriten noch 6 Y-Linien.

2. Nachweis in Lösungen.

PICCARDI empfiehlt zum Yttriumnachweis die Beobachtung des Bandenspektrums des Yttriumoxyds. Hierzu wird das Analysengut in Lösung zerstäubt und in eine Knallgasflamme eingeblasen. Bei höheren Gehalten als 10% Y_2O_3 ist das Spektrum vollständig. Bei 0,01% Y_2O_3 treten die Banden bei $\lambda = 5972$, 6132 und 4817 Å auf. Bei 0,001% Y_2O_3 erscheinen nur noch die Banden 5972 und 6132 Å.

§ 2. Nachweis auf röntgenspektroskopischem Wege.

Über die Verwendung desselben zum Nachweis des Yttriums wurde bereits im Teil B, S. 129 bis 139, berichtet.

§ 3. Andere Nachweismöglichkeiten.

Die Yttrium-Ionen zeigen das gleiche Verhalten wie die Ionen der anderen Yttererdenelemente. Sind diese zugegen, und das ist fast stets der Fall, dann läßt sich in einfacher Weise, weder auf trockenem, noch auf nassem Wege ein für das Yttrium spezifischer Nachweis führen. Wie bereits betont wurde, sind nur die Ergebnisse der spektralanalytischen Prüfungen und die Ermittlung des Atomgewichtes ausschlaggebend.

Literatur.

BECK, G.: Angew. Ch. **52**, 536 (1939).

CANNERI, G.: Atti Accad. Lincei (6) **8**, 164 (1928).

FOGG, H. C. u. L. HESS: Am. Soc. **58**, 1751 (1936).

GERLACH, W. u. E. RIEDL: Chemische Emissionsspektralanalyse Bd. III, 2. Aufl., Leipzig 1942, S. 139. — GOLDSCHMIDT, V. M. u. CL. PETERS: Nachr. Götting. Ges. **1931**, 257.

McCARTY, C. N., L. R. SCRIBNER, M. LAWRENZ u. B. S. HOPKINS: Ind. eng. Chem. Anal. Edit. **10**, 184 (1938).

PICCARDI, G.: Atti Accad. Lincei (6) **14**, 578 (1931); C. **1932 I**, 2489. — PICCARDI, G. u. A. SBERNA: Atti Accad. Lincei (6) **15**, 309 (1932); **1932 II**, 1659; Spectrochim. Acta **1**, 258 (1941). — PLANTINGA, O. S. u. C. J. RODDEN: Ind. eng. Chem. Anal. Edit. **8**, 232 (1936). — PRANDTL, W.: Z. anorg. Ch. **143**, 277 (1925) u. **238**, 321 (1938).

THOREAU, J., R. BRECKPOT u. J.-F. VAES: Acad. Roy. Belg., Bull. Classe Sci. 5, Ser. **22**, 1111 (1936).

WILD, G.: Wiener Anz. **1937**, 148, Nr 17.

Lanthan.

La, Atomgewicht 138,92; Ordnungszahl 57.

Das Lanthan tritt 3wertig auf. Das Oxyd La_2O_3 ist rein weiß gefärbt, seine Ionen sind farblos. Reine Lanthanverbindungen zeigen kein Absorptionsspektrum, auch fehlen die Luminescenzerscheinungen.

Reindarstellung.

Als Ausgangsmaterial dienen in der Regel die Rückstände von der Aufarbeitung des Monazitsandes auf Thorium- und Cersalze. Nach PRANDTL, Abtrennung des restlichen Cers und der Hauptmenge der Yttererden (s. S. 120 u. 121), wird man das Lanthan auf dem Wege der fraktionierten Krystallisation der Magnesiumdoppelnitrate anreichern. Das $Mg_3[La(NO_3)_6]_2 \cdot 24\,H_2O$ ist neben dem entsprechenden Cer(III)salz das schwerlöslichste Salz der Reihe. Die Feinreinigung erfolgt dann entweder durch Fraktionierung der Ammoniumdoppelnitrate $(NH_4)_2[La(NO_3)_5] \cdot 4\,H_2O$ nach AUER VON WELSBACH, oder, da Lanthanoxyd die am stärksten basische Erde ist, nach PRANDTL und HUTTNER durch fraktionierte Fällung der schwächer basischen Erden (Praseodym, Neodym usw.) mit Ammoniak bei Gegenwart der Ammoniakate des Zinks oder des Cadmiums. Die elektrolytische Trennung an der Quecksilberkathode nach NECKERS und KREMERS hat nur bedingten Wert.

Reinheitsprüfung.

Maßgebend für die Reinheit des Lanthans ist die rein weiße Farbe seines Oxydes. Bereits sehr geringe Mengen an bunten Erden, besonders die höheren Praseodymoxyde rufen eine Verfärbung desselben nach schmutzig grau hervor. Dabei ist zu beachten, daß das Lanthanoxyd aus der Luft leicht Kohlensäure und Wasserdämpfe anzieht und dann auch unreine Oxyde weiß erscheinen. Die Prüfung auf die Farbe kann somit nur mit dem frisch am Gebläse geglühten Oxyd erfolgen. Bei Bestrahlung mit der Analysenquarzlampe oder mit Kathodenstrahlen dürfen keine Luminescenzerscheinungen auftreten und die konzentrierte Lösung der Salze darf auch in großer Schichtdicke kein Absorptionsspektrum zeigen. Maßgebend für eine rigorose Reinheitsprüfung ist eigentlich nur das Röntgenspektrum. Auch das Bogenbzw. das Funkenspektrum kann hierzu herangezogen werden.

Nachweismethoden.

§ 1. Nachweis auf spektralanalytischem Wege[1].

Nach GERLACH und RIEDL eignen sich als Analysenlinien folgende Linien $\lambda = 4429{,}9$ Å, $\lambda = 4333{,}8$ Å, $\lambda = 4123{,}2$ Å, $\lambda = 3949{,}1$ Å, $\lambda = 3794{,}5$ Å und $\lambda = 3337{,}5$ Å.

Bei Anwendung von Glasoptik (Zeißspektrograph) und Ultrarapidplatten ist die Linie $\lambda = 4333{,}8$ Å stärker als die Linie $\lambda = 4123{,}2$ Å. Diese besitzt ungefähr die gleiche Intensität, wie die Linien $\lambda = 4086{,}7$ und 4429,9 Å, während die Linie $\lambda = 3949{,}1$ Å wieder schwächer auftritt. Bei Verwendung des Quarzspektrographen ist die Linie $\lambda = 3949{,}1$ Å am intensivsten. Die Linien $\lambda = 3794{,}5$ und 3337,5 Å treten viel schwächer auf und besitzen ungefähr die gleiche Intensität. Koinzidenzen der Lanthanlinien mit Linien anderer Elemente, insbesondere denen der anderen seltenen Erden sind nicht überprüft.

Nachweisverfahren.

1. Nachweis in festen Stoffen.

Der spektralanalytische Lanthannachweis kann nach verschiedenen Methoden durchgeführt werden, je nachdem, ob das Lanthan-Linienspektrum beobachtet

[1] Mitbearbeitet von J. VAN CALKER, Münster (Westf.).

wird, oder ob das Bandensystem des Lanthanoxydes zur Bestimmung herangezogen wird. Nach dem Verfahren von MANNKOPFF und PETERS untersuchte BAUER das schwer verdampfbare Lanthanoxyd und gibt als empfindlichste Linien die bei GERLACH und RIEDL nicht angeführten Linien $\lambda = 3988{,}5$; 3995,7; 6249,9; 6394,2; 6411,0 und 6455,5 Å an. Vgl. dazu PLANTINGA und RODDEN, QUERBACH sowie McCARTY, SCRIBNER, LAWRENZ und HOPKINS.

Bei Anwendung von Calciumoxyd beträgt die Empfindlichkeit 0,0025%, im Aluminiumoxyd lassen sich noch 0,001% Lanthanoxyd eindeutig nachweisen.

SELWOOD gibt als letzte Linien an: $\lambda = 3949{,}1$; 3988,5; 3995,8; 4086,7 und 4333,8 Å.

2. Nachweis in Lösungen.

In eingedampften Mineralwässern konnte VAN CALKER mit dem Flammenbogen auf der Lösungselektrode nach GERLACH Lanthan nachweisen.

Nach PICCARDI und SBERNA lassen sich mittelst des Funkenspektrums in Mischerden oder anderen Oxyden geringe Lanthanmengen nicht mit genügender Sicherheit nachweisen. Dazu soll das Molekülspektrum, das erhalten wird, wenn man eine im Sauerstoff zerstäubte Lanthansalzlösung in die Gasflamme einbläst, besser geeignet sein. Man beobachtet ein ausgedehntes Bandenspektrum mit dem Ursprung bei $\lambda = 5600$ Å und ferner sehr intensive Banden geringer Ausdehnung bei $\lambda = 4371{,}9$ und 4418,2 Å.

§ 2. Nachweis auf röntgenspektroskopischem Wege.

Über den röntgenspektroskopischen Nachweis des Lanthans wurde im Teil B, S. 129 bis 139 ausführlich berichtet.

§ 3. Nachweis auf trockenem Wege.

Lanthanoxyd glüht auf der Kohle vor dem Lötrohr oder am Kohlesodastäbchen in der Gebläseflamme lebhaft auf, doch ist diese Erscheinung nicht charakteristisch.

§ 4. Nachweis auf nassem Wege.

In Mischung mit anderen seltenen Erden ist das Lanthan auf chemischem Wege nicht direkt nachweisbar.

Reine Lanthansalze geben folgende Reaktionen:

a) Alkalilaugen oder Ammoniak geben unlösliches Hydroxyd, das sich auch im Überschuß des Fällungsmittels nicht löst.

b) Alkali- oder Ammoniumcarbonatlösungen fällen weißes, im Überschuß des Reagenses schwer lösliches Lanthancarbonat.

Sowohl bei der Hydroxydfällung, als auch bei jener des Carbonates, tritt mit Bromwasser, Wasserstoffsuperoxyd oder anderen Oxydationsmitteln keine Farbenänderung ein (Unterschied vom Cer). Die Fällung wird durch Weinsäure verhindert.

c) Kaliumsulfat gibt aus gesättigten, schwach sauren Lösungen eine weiße, krystalline Fällung der Doppelsulfate, deren Zusammensetzung von den anwesenden Mengen der Komponenten abhängig ist.

d) Fluorwasserstoffsäure fällt weißes, gelatinöses Lanthanfluorid. Dasselbe ist in überschüssiger Flußsäure bzw. in verdünnten Säuren wenig löslich. Stärkere Mineralsäuren lösen es allmählich auf.

e) Oxalsäure oder Alkalioxalate fällen weißes krystallines Lanthanoxalat $La_2(C_2O_4)_3 \cdot 10\,H_2O$, das in Säuren sehr wenig löslich ist. Mit kochender Ammonoxalatlösung tritt eine geringe Auflösung ein. Aus derselben scheidet sich beim Erkalten das Oxalat wieder vollständig ab.

f) Farbreaktion des Lanthanhydroxydes mit Jod. Aus Lanthanacetat- (nicht aus Lanthannitrat-)lösungen wird das Hydroxyd in der Kälte in Gelform ausgefällt. Nach gutem Auswaschen gibt dasselbe mit festem Jod eine, der Jodstärke ähnliche blaue Adsorptionsverbindung (W. BILTZ). Diese oft genannte Reaktion ist für Lanthan nicht so charakteristisch, wie meist angenommen wird, da sie von dem Ausgangssalz und den Fällungsbedingungen stark abhängig ist. Bei Gegenwart anderer Ceriterden ist sie meist gestört, so besonders bei Anwesenheit von Cer. Ist Neodym zugegen, so ist die Färbung mit Jod meist rotviolett bis braun. Vgl. BEHRENS.

Gleichfalls wenig spezifisch sind die Reaktionen mit g) alizarinsulfosaurem Natrium (roter Farblack) nach KOLTHOFF und ELMQUIST und mit anderen organischen Reagenzien, so z. B. mit h) Morin, oder mit Cochenilletinktur nach BECK.

Der Mikronachweis gelingt am besten mit Hilfe des Röntgenspektrums. Für den chemischen Weg sind bisher sichere Mikroreaktionen noch nicht ausgearbeitet worden.

Literatur.

AUER VON WELSBACH, C.: M. **4**, 634 (1883).

BAUER, H.: Z. anorg. Ch. **221**, 209 (1935). — BECK, G.: Mikrochem. **27**, 47 (1939). — BEHRENS, H.: Arch. Néerland. Physiol. (2) **6**, 67 (1902); C. **1902 I**, 296. — BILTZ, W.: B. **37**, 719 (1904).

CALKER, J. VAN: Fr. **105**, 405 (1936).

GERLACH, W. u. E. RIEDL: Chemische Emissionsspektralanalyse Bd. III, Leipzig 1942, S. 146.

KOLTHOFF, I. M. u. R. ELMQUIST: Am. Soc. **53**, 1217 (1931).

MCCARTY, C. N., L. R. SCRIBNER, M. LAWRENZ, u. B. S. HOPKINS: Ind. eng. Chem. Anal. Edit. **10**, 184 (1938). — MCDONALD, M. C., E. E. SUTTON u. A. B. MCLAY: Proc. Canada (3) **20**, III, 319 (1926). — MANNKOPFF, R. u. CL. PETERS: Z. Phys. **70**, 444 (1931).

NECKERS, J. W. u. H. C. KREMERS: Am. Soc. **50**, 951 (1928).

PICCARDI, G.: Spectrochim. Acta **1**, 254 (1941). — PICCARDI, G. u. A. SBERNA: Atti Accad. Lincei (6) **15**, 83 (1932); C. **1932 II**, 1659. — PLANTINGA, O. S. u. C. J. RODDEN: Ind. eng. Chem. Anal. Edit. **8**, 232 (1936). — PRANDTL, W.: Z. anorg. Ch. **238**, 321 (1938). — PRANDTL, W. u. K. HUTTNER: Z. anorg. Ch. **136**, 289 (1924).

QUERBACH, J.: Z. Phys. **60**, 109 (1930).

SELWOOD, P. W.: Ind. eng. Chem. Analyt. Edit. **2**, 95 (1930).

Cer.

Ce, Atomgewicht 140,13; Ordnungszahl 58.

Das Cer tritt 3- und 4wertig auf. Die leichte Überführbarkeit der Cer(III)-Ionen in solche der 4wertigen Stufe bedingt die Ausnahmestellung, die dasselbe in der Reihe der Lanthaniden einnimmt. Sie ermöglicht den qualitativen Nachweis und die quantitative Bestimmung in einfacher Weise und bildet die Grundlage für die präparative und technische Abtrennung des Cers von den übrigen seltenen Erden und für seine Reindarstellung.

In der 3wertigen Form bildet das Cer farblose Salze, die analog zusammengesetzt und meist auch isomorph sind, mit jenen der anderen Ceriterdenelemente. Das Oxyd Ce_2O_3 ist schwer zu erhalten. Beim Glühen der Cersalze mit sauerstoffhaltigen Säuren bildet sich stets nur das Cerdioxyd CeO_2. Das Cer(III)hydroxyd ist nur bei Abwesenheit von Sauerstoff beständig. Bei Gegenwart von Luft färbt es sich allmählich schmutzig rot bzw. violett und geht schließlich in gelbes Cerihydroxyd $Ce(OH)_4$ über.

Die Ionen der 4wertigen Stufe sind gelb, bis rotorange gefärbt. In ihren Eigenschaften ähneln die Cer(IV)salze jenen des Thoriums und Zirkoniums, sie neigen zur Hydrolyse, bilden leicht Komplexsalze und Perverbindungen. Letztere sind rotbraun gefärbt.

Das Cerdioxyd ist im reinen Zustande ganz schwach gelblich gefärbt. Die geringsten Mengen von Praseodym färben es schwach rötlich, größere Mengen braun. Stark geglühtes Dioxyd löst sich, selbst beim wiederholten Abrauchen, nur langsam in konzentrierter Schwefelsäure. Leichter ist es durch Schmelzen mit Bisulfat in Lösung zu bringen. Auch beim Kochen mit Säuren bei Anwesenheit von Reduktionsmitteln, wie Wasserstoffsuperoxyd, Jodwasserstoffsäure, Hydrazin, Zinnchlorür oder organischen Reduktionsmitteln z. B. Hydrochinon, geht Cerdioxyd langsam als Cer(III)salz in Lösung. Wird das Oxyd im Wasserstoffstrome erhitzt so bildet sich ein unbeständiges, dunkelblaues Zwischenprodukt von nicht definierter Zusammensetzung, das sich beim Erwärmen an der Luft unter Glimmerscheinungen wieder in CeO_2 zurück verwandelt. Erst durch langes Glühen bei hoher Temperatur im Wasserstoffstrome erhält man das Ce_2O_3.

Die 4wertige Stufe ist in saurer Lösung nur dann beständig, wenn sich Komplexsalze bilden. Cer(IV)chlorid ist im festen Zustande nicht erhältlich. Nur in Form von Doppelsalzen kann man es darstellen. Die tiefrote Lösung in konzentrierter Salzsäure zersetzt sich allmählich unter Chlorentwicklung. Beim Eindampfen von Cerisulfatlösungen scheiden sich unter Abgabe von Sauerstoff Gemische von Cero- und Cerikomplexen aus, deren Zusammensetzung von der Acidität und der Eindampftemperatur und -dauer abhängt.

Wasserstoffsuperoxyd reduziert saure Cerisalzlösungen. Bei höherem p_H-Wert bilden sich dagegen rotbraune Perceriverbindungen, z. B. Percerihydroxyd $Ce(OOH)_4$. Dasselbe zerlegt sich beim andauernden Kochen in gelbes Cerihydroxyd.

Sehr beständig sind die leuchtend roten Alkalicer(IV)nitrate $Me_2[Ce(NO_3)_6]$. Das Ammoniumsalz $(NH_4)_2[Ce(NO_3)_6]$ ist im Wasser ziemlich leicht löslich, dagegen in konzentrierter Salpetersäure sehr schwer löslich. Es findet zur Abtrennung des Cers von den übrigen seltenen Erden Anwendung.

Die wäßrigen Lösungen der Cerisalze reagieren leicht sauer. Die mit der Zeit fortschreitende Hydrolyse macht sich durch ein Verblassen der gelben Farbe erkennbar. Frische Lösungen färben sich auf Zusatz von Säure, infolge Zurückdrängung der hydrolytischen Spaltung dunkelgelb, während ältere oder bereits gekochte Lösungen, die stark hydrolysiert sind, diese Farbvertiefung nicht zeigen.

1. Überführung der Cer(III)-Ionen in Cer(IV)verbindungen.

a) Bei Gegenwart von Alkali.

Vermöge der großen Tendenz der Salze des 3wertigen Cers bei höherem p_H-Wert in die 4wertige Stufe überzugehen, üben dieselben bei Gegenwart von Alkali Reduktionswirkungen aus. So reduzieren Cerosalzlösungen Silber-, Gold-, Kupfer- und Quecksilbersalzlösungen, wenn man Alkali hinzufügt (Biltz und Zimmermann). In Kaliumbicarbonat gelöstes Cer(III)carbonat reduziert Goldchloridlösungen unter Abscheidung eines violetten Niederschlages.

α) Mit Wasserstoffsuperoxyd. Fügt man zu einer Cer(III)salzlösung Wasserstoffsuperoxyd und nachher vorsichtig Ammoniak hinzu, so fällt rotbraunes Cerperoxydhydrat aus:

$$2\,Ce(OH)_3 + 3\,H_2O_2 = 2\,Ce(OH)_3 \cdot OOH + 2\,H_2O$$
$$2\,Ce(OH)_3 \cdot OOH \longrightarrow 2\,Ce(OH)_4 + O_2.$$

Dasselbe geht beim Kochen unter Sauerstoffabgabe in gelbes Cer(IV)hydroxyd über (Pissarjewski). Diese Reaktion ist außerordentlich empfindlich. Sie dient zum Mikronachweis für Ce(III)-Ionen, kann aber auch zur Abtrennung von den übrigen Ionen der seltenen Erden Anwendung finden, wenn man die Ammoniakzugabe so vorsichtig bemißt, daß die letzteren in Lösung bleiben. Die Ausführung muß überdies in der Kälte erfolgen, weil sonst schwerlösliche Cero-Cerihydroxyde entstehen, die keinen Sauerstoff mehr aufnehmen.

MEYER und KOSS verwenden an Stelle von Ammoniak Natrium- oder Magnesiumacetat. Das Cer fällt dann mit Wasserstoffsuperoxyd als basisches Perceriacetat aus, das beim Kochen in gelbes basisches Cer(IV)acetat übergeht.

β) ***Oxydation von Cer(III)carbonatlösungen durch Luftsauerstoff.*** In Kaliumcarbonatlösungen gelöstes Cer(III)carbonat oxydiert sich beim Durchleiten von Luft, es genügt auch Schütteln bei Luftzutritt, nicht wie Cer(III)hydroxyd zu Cer(IV)hydroxyd, sondern infolge gleichzeitiger Bildung von Wasserstoffsuperoxyd, zu Percericarbonaten. Ist aber gleichzeitig ein Akzeptor, z. B. arsenige Säure zugegen, so tritt nur vorübergehend die rotbraune Farbe der Perceriverbindung auf. Dieselbe verschwindet schnell um jener der gelben des $Ce(OH)_4$ Platz zu machen.

Anders verläuft die Reaktion bei Gegenwart von Traubenzucker, welcher neben der Wirkung auf das entstandene Wasserstoffsuperoxyd und die Perceriverbindung auch noch das Cer(IV)hydroxyd zu reduzieren vermag. Es entsteht dann beim Schütteln mit Luft auch zunächst die rotbraune Perceriverbindung, doch erfolgt beim nachherigen ruhigen Stehen vollständige Reduktion und Entfärbung zum Ce(III)-Ion. Beim erneuten Schütteln mit Luft tritt wieder Bildung von basischem Percericarbonat ein usw.

Wie ENGLER sowie JOB nachgewiesen haben, handelt es sich hierbei um Autoxydationsvorgänge. Es bildet sich zunächst basisches Cer(IV)carbonat und Wasserstoffsuperoxyd. Ersteres wird sekundär zur Perverbindung oxydiert:

$$Ce_2(CO_3)_3 + 2\,H_2O + O_2 = Ce_2(OH)_2(CO_3)_3 + H_2O_2$$
$$Ce_2(OH)_2(CO_3)_3 + 2\,H_2O_2 = Ce_2(OOH)_2 \cdot (CO_3)_3 + 2\,H_2O.$$

γ) ***Oxydation mit Kaliumpermanganat.*** Bei Gegenwart säurebindender Stoffe, wie Natriumbicarbonat, Magnesiumcarbonat, Zink- oder Quecksilberoxyd oxydiert Kaliumpermanganat gelöste Cer(III)salze zu Cer(IV)hydroxyd:

$$3\,Ce^{3+} + MnO_4^- + 8\,OH^- + 3\,H_2O = 3\,Ce(OH)_4 + MnO(OH)_2.$$

Das gebildete Cer(IV)hydroxyd befindet sich gemeinsam mit dem Mangandioxydhydrat im Niederschlage. Diese Reaktion dient zur Abtrennung des Cers von den übrigen Erden, sie kann auch zur titrimetrischen Bestimmung desselben Anwendung finden (ROBERTS).

δ) ***Oxydation durch Chlor oder Brom.*** Die bereits von MOSANDER angewandte Reaktion der Oxydation und Abscheidung des Cers mit Chlor (Brom) bei Anwesenheit von Alkali zur Erkennung des Cers und zu seiner Abtrennung von den übrigen Erden

$$2\,Ce(OH)_3 + 2\,Na^+ + 2\,OH^- + Cl_2 = 2\,Ce(OH)_4 + 2\,Na^+ + 2\,Cl^-$$

wurde durch MENGEL, sowie von HAUSER und WIRTH weiter ausgebaut.

b) Oxydation in saurer Lösung.

In salz- oder salpetersaurer Lösung liegt das Gleichgewicht

$$Ce^{4+} \rightleftarrows Ce^{3+} + \oplus$$

stark auf der rechten Seite. In schwefelsaurer Lösung ist das Cer(IV)-Ion etwas beständiger. Trotz dieser ausgeprägten Neigung der 4wertigen Stufe in saurer Lösung in die 3wertige überzugehen, gelingt unter bestimmten Bedingungen auch hier die Oxydation.

α) ***Mit Salpetersäure bei Gegenwart von Ammoniumnitrat.*** Beim Kochen von Cer(III)nitrat bei Anwesenheit von Ammoniumnitrat in stark salpetersaurer Lösung (D 1,4) fällt rotes, krystallines $(NH_4)_2[Ce(NO_3)_6]$ aus. Durch Bildung des Komplexsalzes wird die 4wertige Stufe stabilisiert. Ähnlich verhalten sich das Jodat und das Arseniat (BARBIERI).

β) ***Mit Bleidioxyd bzw. Wismuttetroxyd in salpetersaurer Lösung.*** Nach GIBBS, BÜHRIG sowie VON KNORRE (a) gelingt es, Cerosalze in stark salpetersaurer Lösung mit Bleidioxyd zu den Cerisalzen zu oxydieren. Nach WAEGNER und MÜLLER geht die Oxydation mit Wismuttetroxyd bereits in der Kälte rascher und vollständiger vor sich.

γ) ***Mit Persulfaten in schwefelsaurer Lösung.*** In schwach schwefelsaurer Lösung werden nach VON KNORRE (b) beim andauernden Kochen Cerosalze durch Persulfate, am besten wirkt Ammoniumpersulfat, zu der gelben Ceristufe oxydiert. In stark sauren Lösungen tritt, infolge Hydrolyse des Persulfates, Wasserstoffsuperoxyd auf und dieses reduziert und entfärbt wieder die Cerisalzlösung. Es ist daher bei Ausführung der Reaktion auf die richtige Acidität der Lösung zu achten.

Ebenso, wie die bereits mitgeteilten Oxydationen nicht nur zum Nachweis des Cers, sondern auch zur Abtrennung desselben von den anderen Erden dienen können, ist dies auch der Fall bei der elektrolytischen Oxydation der Cer(III)salze.

c) Elektrolytische Oxydation der Cer(III)salze.

Aus neutraler oder schwach saurer Lösung scheiden sich bei der Elektrolyse an der Platinanode $Ce(OH)_4$ oder basische Cerisalze ab. Bei stärker sauren Elektrolyten bleibt das Cerisalz in Lösung. Meist arbeitet man mit einem Diaphragma. Auf diese Weise erfolgt gewöhnlich die technische Abtrennung des Cers von den übrigen Erden bei der Monazitsandaufarbeitung.

2. Überführung von Cer(IV)verbindungen in solche der 3wertigen Stufe.

Die Neigung des Cer(IV)-Ions in das Cer(III)-Ion überzugehen, ist, wie bereits betont wurde, eine sehr große. Das Potential einer 0,2 n-Cer(IV)lösung in 2 n-H_2SO_4, bezogen auf das Wasserstoffnullpotential, liegt nach F. FÖRSTER bei 1,45 Volt. Infolgedessen sind stark dissoziierte Cerisalze in wäßrigen Lösungen nicht beständig, denn das Oxydationspotential des Cer(IV)-Ions liegt höher, als das des Sauerstoffs. Durch Zusatz von Schwefel- oder Salpetersäure tritt Komplexbildung und damit Stabilisierung ein.

Als Reduktionsmittel für saure Cer(IV)lösungen ist besonders Wasserstoffsuperoxyd brauchbar. Frische Lösungen werden sofort entfärbt. Schwach saure Lösungen, die längere Zeit gestanden haben oder die gekocht wurden, die somit teilweise Hydrolyse erlitten haben, geben mit Wasserstoffsuperoxyd zunächst eine tiefrote Färbung, herrührend von der Perceriverbindung. Die Reduktion zum farblosen Cer(III)salz tritt erst nach einiger Zeit ein (BAUR und GLAESSNER sowie VON KNORRE).

3. Reinheitsprüfungen.

Cer(III)salzlösungen dürfen, auch bei starker Konzentration und großer Schichtdicke im *sichtbaren* Teile kein Absorptionsspektrum zeigen. Das vor dem Gebläse geglühte Cerdioxyd muß nahezu farblos sein. Es darf nur einen ganz schwachen gelblichen Farbton aufweisen. Rötlich gefärbtes Oxyd zeigt an, daß es Praseodym enthält. Beimengungen von Lanthan oder anderen seltenen Erden lassen sich nur röntgen- oder emissionsspektrographisch sicher nachweisen.

Nachweismethoden.

§ 1. Nachweis auf spektralanalytischem Wege[1].

a) Emissionsspektroskopischer Nachweis.

Allgemeines.

GERLACH und RIEDL geben folgende Analysenlinien an: $\lambda = 4186{,}6$ Å, $\lambda = 4137{,}6$ Å, $\lambda = 4133{,}8$ Å, $\lambda = 3801{,}5$ Å und $\lambda = 3560{,}8$ Å.

[1] Mitbearbeitet von J. VAN CALKER, Münster (Westf.).

Bei Anwendung des Glasspektrographen und Ultrarapidplatten ist die Linie $\lambda = 4186{,}6$ Å etwas stärker als die Linie $\lambda = 4133{,}8$ Å. $\lambda = 4137{,}8$ Å ist etwas weniger intensiv und die kleinste Intensität besitzt die Linie $\lambda = 3801{,}5$ Å. Mit dem Quarzspektrographen aufgenommen, sind die Linien $\lambda = 3801{,}5$ und 4186,6 Å ungefähr gleich stark. Letztere ist etwas stärker als die Linie $\lambda = 3560{,}8$ Å, die wieder ungefähr gleich stark ist wie die Linien $\lambda = 4133{,}8$ und 4137,6 Å.

Koinzidenzen sind zu erwarten:

Bei $\lambda = 4186{,}6$ Å (Funken) mit Linien der Elemente Kobalt, Chrom, Eisen, Molybdän, Ruthenium und Titan sowie mit schwächeren Linien von Indium, Mangan, Nickel, Osmium, Rhodium, Vanadium und Wolfram. Starke Störungslinien sind folgende Linien: Die Bogenlinien des Eisens $\lambda = 4187{,}8$ und 4187,1 Å, die Molybdänlinien $\lambda = 4188{,}3$ und 4185,8 Å und die Titan-Bogenlinie $\lambda = 4186{,}1$ Å.

Bei $\lambda = 4137{,}6$ Å mit Linien der Elemente Kobalt, Eisen, Mangan, Molybdän, Nickel, Osmium, Platin, Ruthenium, Titan, Wolfram und schwächeren Linien von Rhodium und Vanadium. Als starke Störungslinien gelten: $\lambda = 4135{,}8$ Å Osmium (Bogen) und $\lambda = 4135{,}3$ Å Rhodium (Bogen).

Bei $\lambda = 4133{,}8$ Å mit Linien der Elemente Barium, Kobalt, Chrom, Eisen, Indium, Mangan, Molybdän, Osmium, Platin, Rhodium, Ruthenium, Antimon (besonders in Funken), Scandium, Vanadium und Wolfram. Ferner mit schwächeren Linien von Eisen und Titan. Starke Störungslinien sind: $\lambda = 4132{,}1$ Å Eisen (Bogen), $\lambda = 4132{,}4$ Å Lithium (Bogen), $\lambda = 4135{,}8$ Å Osmium (Bogen), $\lambda = 4135{,}3$ Å Rhodium (Bogen), $\lambda = 4134{,}5$ und 4132,0 Å Vanadium (Bogen).

Bei der Funkenlinie $\lambda = 3801{,}5$ Å mit Linien der Elemente Iridium, Mangan, Molybdän, Palladium, Platin, Ruthenium, Zinn und schwächeren Linien von Kobalt, Chrom, Eisen, Quecksilber, Osmium, Titan und Wolfram und starkem Untergrund bei Rhodium. Sehr starke Störungslinien sind: $\lambda = 3798{,}3$ Å Molybdän (Bogen) und $\lambda = 3799{,}3$ Å Ruthenium (Bogen). Weitere starke Störungslinien sind die folgenden: $\lambda = 3805{,}3$ und 3799,6 Å Eisen, $\lambda = 3799{,}3$ Å Rhodium (Bogen), $\lambda = 3801{,}0$ Å Zinn (Bogen) und $\lambda = 3803{,}5$ und $\lambda = 3798{,}9$ Å Vanadium.

Bei $\lambda = 3560{,}8$ Å (Funken) können koinzidieren Linien der Elemente Kobalt, Quecksilber, Osmium und Vanadium (Funken) und schwächeren Linien von Chrom, Eisen, Vanadium (Bogen). Starke Störungslinien sind $\lambda = 3560{,}9$ Å Kobalt (Bogen), $\lambda = 3565{,}4$ und 3558,5 Å Eisen (Bogen), $\lambda = 3559{,}0$ Å Iridium (Bogen), $\lambda = 3560{,}9$ Å Osmium (Bogen), $\lambda = 3558{,}6$ Å Scandium (Funken) und $\lambda = 3556{,}8$ Å Vanadium (Funken).

Koinzidenzen mit Linien der übrigen seltenen Erden sind möglich, aber noch nicht überprüft.

Nachweisverfahren.

Der spektralanalytische Nachweis von Cer bietet keine Besonderheiten. Er ist lediglich durch den außerordentlichen Linienreichtum des Ce-Spektrums, aus dem sich die oben genannten Linien nur durch wenig größere Empfindlichkeit herausheben, erschwert. Nach López de Azcona lassen sich noch $2 \cdot 10^{-6}$ g Cer nachweisen.

1. Nachweis in Metallen. Ce wird in den spektralanalytischen Laboratorien hauptsächlich in Stahl und Eisen bestimmt. So untersucht Kraemer Cer-Eisen im sichtbaren Spektralbereich unter Verwendung eines Spektralapparates mit Glasoptik.

2. Nachweis als Oxyd. Piccardi weist Cer durch das Bandenspektrum des Cer-Oxydes nach, welches im Bogen, aber nicht in der Flamme angeregt wird. Vgl. hierzu Watson.

b) Absorptionsspektroskopischer Nachweis.

Cer(III)salzlösungen zeigen Absorptionsbanden nur im ultravioletten Teile des Spektrums, beginnend bei $\lambda = 3252$ Å. Nach PRANDTL und SCHEINER liegen die Bandenmitten, bzw. die Restbanden bei $\lambda = 2966$, 2530 und 2372 Å. Vgl. Tafel 1 S. 128. (Siehe auch bei INOUE.)

Bei einem an Cer gesättigten Borglas hat ROSENTHAL im Ultrarot eine schwache Bande bei $\lambda = 6060$ Å festgestellt.

Die gelben bis roten Cer(IV)salze zeigen einseitige Auslöschung im blauen und violetten Teile des Spektrums.

§ 2. Nachweis auf röntgenspektroskopischem Wege.

Über den Nachweis des Cers auf röntgenspektroskopischem Wege wurde bereits im Teil B, S. 129 bis 139, berichtet.

§ 3. Fluorescenzanalyse.

Nach HAITINGER fluoresciert das in der Boraxperle aufgelöste Cerdioxyd bei Bestrahlung mit Eisenbogenlicht leuchtend blau. Zum Nachweis sehr geringer Mengen wird das Fluorescenzmikroskop verwendet. Phosphorsalz- oder Natriumfluoridperlen sollen sich weniger gut eignen. Im Gegensatz zu den Fluorescenzspektren anderer seltener Erdelemente soll das Spektrum des Cers kontinuierlich mit einem Helligkeitsmaximum bei $\lambda = 4500$ Å ausgebildet sein.

Erfassungsgrenze: 0,5 γ Cer.

Grenzkonzentration: 1:10000.

GOBRECHT beobachtete bei Cer(III)sulfatlösungen Fluorescenzbanden bei $\lambda = 365$ mμ und bei dem festen Salze bei $\lambda = 344{,}4$ und 322 mμ. Vgl. dazu SEIDEL, LARIONOW und FILIPPOW. Nach den letzteren sollen sich noch 10^{-4}% Cer mit Hilfe des Fluorescenzspektrums nachweisen lassen.

Über tyndall- und fluorescenzphotometrische Messungen an Fällungen von Cer(III)oxalat und Cer(III)phosphat sowie an dem Cerlack der Alizarinsulfosäure berichtet HERZFELD. Mit dem Farblack wurde eine Empfindlichkeitsgrenze von 4 γ Cer erreicht.

§ 4. Nachweis auf trockenem Wege.

Perlenreaktionen.

*1. **Phosphorsalzperle.*** Die heiße Perle ist gelborange gefärbt und geht beim Abkühlen über Orangegelb in Blaßgelb mit grünlichem Stich über. Im kalten Zustande gleicht die Cerperle der Nickelperle, im heißen der Eisenoxydperle.

Empfindlichkeitsgrenzen für die kalte Perle 1:230, für die heiße Perle 1:475.

*2. **Boraxperle.*** Die Färbungen der heißen und der kalten Perlen sind jenen der Phosphorsalzperle sehr ähnlich. Die Empfindlichkeiten sind größer: Kalte Perle 1:950, heiße Perle 1:4700 (LUTZ).

§ 5. Nachweis auf nassem Wege.

Die spezifischen Nachweisreaktionen für Cer ergeben sich aus den Übergängen $Ce^{3+} \rightleftarrows Ce^{4+}$, über welche bereits berichtet wurde. Über die Reaktionen, die das Cer(III)-Ion mit den Ionen der anderen seltenen Erdelemente gemeinsam hat, wie z. B. die Schwerlöslichkeit des Fluorids, des Oxalates und der Kaliumdoppelsulfate, s. Kapitel Lanthan S. 153 u. 154. WENGER und DUCKERT haben nach ihren Erfahrungen eine kritische Übersicht über die geeignetsten Nachweisreaktionen für Cer gegeben.

Bei Anwesenheit der Ionen der anderen seltenen Erden wird man den Cer-Nachweis zweckmäßig mit dem Cer(IV)-Ion führen; sind Thorium oder Zirkonium anwesend, dann reduziert man zunäcst zum Cer(III)-Ion.

a) Nachweisreaktionen für das Cer(III)-Ion.

1. Mit Wasserstoffsuperoxyd.

α) Fügt man tropfenweise verdünntes Ammoniak zu einer mit Wasserstoffsuperoxyd versetzten Cer(III)salzlösung, so fällt ein orangefarbener, bis braunroter Niederschlag von Cer(IV)peroxydhydrat $Ce(OOH)_4$ aus.
Erfassungsgrenze: 0,35 γ Cer.
Grenzkonzentration: 1:145000.

β) Wird eine cerhaltige Lösung in warmer konzentrierter Kaliumcarbonatlösung mit einigen Tropfen Wasserstoffsuperoxyd versetzt, so bildet sich eine rotbraune, später gelb werdende Fällung. Nach MEYER wird bei der Untersuchung von Mischerden die Empfindlichkeit des Cernachweises sehr erhöht, wenn man zunächst aus der Kaliumcarbonatlösung durch Zusatz von Wasser den größten Teil der anderen Erden als Doppelcarbonate ausfällt.

γ) Auf Zusatz von Natriumacetat und Wasserstoffsuperoxyd zu neutralen Cerlösungen entsteht bei Gegenwart von wenig Cer eine gelbe, bei Anwesenheit größerer Mengen, eine rotbraune Fällung. Nach HARTLEY sowie DENNIS und MAGEE ist die Grenzkonzentration 1:100000.

2. Mit anderen Oxydationsmitteln.

α) Chlor- oder Bromwasser geben bei Cer(III)salzlösungen auf Zusatz von Alkali eine gelbe Fällung von Cer(IV)hydroxyd.

β) Mit Ammoniumpersulfat. Mit wenig Schwefelsäure versetzte Cer(III)salzlösungen geben auf Zusatz von Ammoniumpersulfat beim Kochen eine Gelbfärbung von Cer(IV)sulfat. Chlor-, Brom- oder Jod-Ionen und andere reduzierend wirkende Stoffe, z. B. Nitrit stören (VON KNORRE).

γ) Mit Wismuttetroxyd bzw. Bleidioxyd. Werden salpetersaure Cerosalzlösungen nach Zusatz von Wismuttetroxyd bzw. Bleidioxyd gekocht, so tritt gleichfalls unter Gelbfärbung Oxydation zur Cer(IV)stufe ein. Diese Reaktionen sind aber wegen ihres unvollständigen Verlaufes weniger empfindlich, als die vorher beschriebenen.

3. Mit ammoniakalischer Silberlösung.

Versetzt man nach BILTZ und ZIMMERMANN eine Cer(III)salzlösung mit einer ammoniakalischen Silberlösung, so tritt nach gelindem Erwärmen bei viel Cer ein tief schwarzer Niederschlag einer Adsorptionsverbindung von Silberoxydul an Cer(IV)-hydroxyd auf. Bei sehr wenig Cer beobachtet man eine braune bis braunschwarze Färbung. Ein Überschuß an Ammoniak verlangsamt den Eintritt der Reaktion. Die Fällung kann nephelometrisch gemessen werden. Empfindlichkeitsgrenze 0,6 bis 2 γ Cer/cm³.

b) Nachweisreaktionen für das Cer(IV)-Ion.

Wie bereits ausgeführt wurde, sind die gelb bis orangerot gefärbten Lösungen der Cer(IV)salze recht unbeständig und zeigen, besonders bei niederem p_H-Wert, eine große Tendenz in die farblose, 3wertige Stufe überzugehen.

1. Durch Reduktionsmittel.

Beim Kochen der sauren Lösungen unter Zusatz von reduzierend wirkenden Stoffen, wie Wasserstoffsuperoxyd, Halogenwasserstoffsäuren, Nitrit, Hydroxylamin, Hydrazin, Zinnchlorür oder Oxalsäure tritt Entfärbung ein.

2. *Als Ammonium-Cer(IV)nitrat* $(NH_4)_2[Ce(NO_3)_6]$.

Aus Cer(IV)nitratlösungen in konzentrierter Salpetersäure fällt auf Zusatz von Ammoniumnitrat tiefrotes krystallines Ammonium-Cer(IV)nitrat aus.

§ 6. Nachweis auf mikrochemischem Wege.

a) Mit Wasserstoffsuperoxyd. Dieser Nachweis wurde bereits auf S. 160 beschrieben. Gewöhnlich wird derselbe in der Form α durch Zugabe von Ammoniak zu der mit Wasserstoffsuperoxyd versetzten Lösung durchgeführt. Bei Anwesenheit nur sehr geringer Cermengen stören Eisen-Ionen. Durch Maskierung der letzteren durch Zusatz von Weinsäure kann ihr Einfluß ausgeschaltet werden. Selbstverständlich stören auch alle anderen Ionen, die mit Ammoniak gefärbte Niederschläge geben.

Erfassungsgrenze: 0,35 γ Cer, bei Anwendung von Weinsäure 2 γ Cer.

Grenzkonzentration: 1:145000. (Vgl. Feigl, Plank sowie Herzfeld.) Über den Mikronachweis von Cer in Gläsern siehe bei Niessner und Korkisch.

b) Mit ammoniakalischer Silberlösung. (Siehe hierüber S. 160.)

c) Mit Phosphormolybdänsäure. Das erhöhte Oxydationsvermögen des Molybdäns in gewissen Heteropolysäuren, wie Phosphormolybdän- und Silicomolybdänsäure kommt auch gegenüber Cer(III)salzen zur Geltung.

Nach Komarowsky und Korenman bilden die genannten Säuren bei Gegenwart von Cer(III)-Ionen auf Zusatz von Alkali blaue niedere Molybdänoxyde und Cer(IV)-hydroxyd. Da alle anderen seltenen Erden, auch Thorium und Zirkonium gegenüber diesen Heteropolysäuren indifferent sind, läßt sich so das Cer im systematischen Gang der Analyse auch bei Gegenwart der genannten Elemente eindeutig nachweisen.

Ausführung. In der Vertiefung einer Tüpfelplatte werden je 1 Tropfen der Probe und der Phosphormolybdänsäurelösung vereinigt. Hierauf wird 1 Tropfen 40%iger Natronlauge hinzugefügt. Je nach der vorhandenen Cermenge tritt eine mehr oder weniger intensive Blaufärbung bzw. eine Abscheidung eines tief blauen Niederschlages auf.

Erfassungsgrenze: 0,52 γ Cer.

Grenzkonzentration: 1:61000.

Neben anderen seltenen Erden, Zirkonium und Thorium liefert dieser Cernachweis bessere Grenzverhältnisse, als die Benzidinreaktion.

§ 7. Nachweis auf polarographischem Wege.

Über den Nachweis und die Bestimmung des Cers in Mineralien auf polarographischem Wege berichten Canneri und Cozzi.

§ 8. Nachweis mit organischen Reagenzien.

a) Mit Benzidin. Gleich anderen Oxydationsmitteln bzw. autoxydablen Stoffen geben Cer(III)salze mit Benzidin bei Anwesenheit von Alkali eine intensive Blaufärbung. Die Reaktion ist für Cer auch bei Gegenwart anderer seltener Erd-Ionen, Thorium- und Zirkon-Ionen spezifisch. Mangan, Kobalt, Kupfer, Silber, Thallium und Eisen stören. Man fällt dann zunächst das Cer als Fluorid aus und tüpfelt dieses nach Feigl mit Lauge und Benzidin. Nach Provinciali gelingt auf diesem Wege auch der Mikronachweis für Cer in Organen und in Sekreten.

H_2N–⟨C₆H₄⟩–⟨C₆H₄⟩–NH_2

Benzidin

Ausführung. 1 Tropfen der Probenlösung wird auf Filtrierpapier gebracht und mit je 1 Tropfen Benzidinlösung und Natronlauge angetüpfelt. Je nach dem Cergehalt der Probe entsteht eine mehr oder weniger intensive Blaufärbung.

Erfassungsgrenze: 0,18 γ Cer.

Grenzkonzentration: 1:27000.

Bemerkung. Ist Eisen anwesend, so versetzt man nach dem Hinzufügen der Natronlauge mit 1 Tropfen Flußsäure, filtriert und wäscht einmal mit Wasser. Darauf wird der Niederschlag mit Natronlauge übergossen und mit essigsaurer Benzidinlösung angetüpfelt. Auf diese Weise konnte FEIGL noch 70 γ Cer neben 227,26 mg Eisen nachweisen, was einem Verhältnis Cer: Eisen = 1:3230 entspricht. Ähnlich wie Benzidin reagiert o-Tolidin.

b) Mit o-Phenanthrolin. Die Cer(III)salz enthaltende Lösung wird zunächst unter Kochen mit Natriumwismutat in schwefelsaurer Lösung bei Gegenwart von etwas Ammoniumsulfat zur Cer(IV)stufe oxydiert und darauf nach CHARLOT mit 1 Tropfen einer Eisen(II)-o-Phenanthrolinlösung (0,25 g im Liter) versetzt. Bei Anwesenheit von Cer färbt sich die Flüssigkeit hellblau, bei Abwesenheit desselben rot. Permanganat-, Bichromat-, Vanadat- und Chlorat-Ionen stören. Chlor-Ionen werden durch Kochen mit einem Überschuß von Natriumwismutat unschädlich gemacht. Ein Blindversuch ist erforderlich.

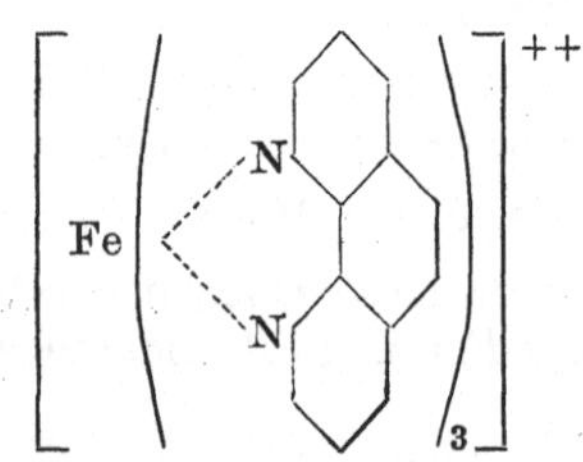

o-Phenanthrolineisen(II)-Ion

Erfassungsgrenze: 0,2—0,3 γ Cer.

c) Mit Sulfanilsäure. Nach MONTIGNIE geben Cer(IV)salzlösungen mit Lösungen von 0,5g Sulfanilsäure in 5 cm^3 konzentrierter Schwefelsäure und 100 cm^3 Wasser eine blutrote Färbung. Mit konzentrierter Cerisalzlösungen tritt die Färbung bereits in der Kälte, mit verdünnteren, beim Erwärmen auf. Auf Zusatz von Soda verschwindet die Farbe. Oxydierende Anionen, wie Chlorat-, Bromat-, Jodat-, Persulfat-, Chromat-Ionen stören.

H_2N ⟨ ⟩ SO_3H

Sulfanilsäure

Erfassungsgrenze: 20 γ Cer.

d) Mit Arsanilsäure (p-Aminophenylarsinsäure). MILLER empfiehlt zum Cernachweis eine 5%ige Lösung von Arsanilsäure. In schwach schwefelsauren Lösungen tritt damit eine Rosa- bis Braunfärbung ein. Die Farbintensität soll dem Cergehalt proportional sein. Es sollen nur Fluor, Zirkon, Kobalt und Chrom stören.

H_2N ⟨ ⟩ $AsO(OH)_2$

Arsanilsäure

Grenzkonzentration: 1:500000.

e) Mit Tannin. HERZFELD prüfte die Reaktionen der seltenen Erden mit Tannin. Dabei wird die Probe mit 5 Tropfen einer 1%igen Tanninlösung in 50%igem Glycerin und 5 Tropfen einer gesättigten Lösung von Natriumacetat in 50%igem Glycerin versetzt und im Tyndallometer nach ERDÖS nach 1stündigem Stehen geprüft. Bei Anwesenheit von Cer zeigt sich ein blauvioletter Tyndallkegel, während derselbe, wenn nur die anderen seltenen Erdelemente zugegen sind, grau, bis gelblich erscheint.

In analoger Weise wurde

f) Mit Carminsäurelösung geprüft. Bei Tageslicht trat eine rote Färbung auf. Bei Quarzlicht geht die Farbe von Blauviolett nach Rot über und zeigt einen rötlichen Tyndallkegel.

g) Mit Pyrogallol bzw. Brenzcatechin. Nach ŠEMJAKIN (a) geben sowohl Cer(III)-, als auch Cer(IV)salze in salpetersaurer Lösung auf Zusatz von 1—2%iger Pyrogallollösung und Ammoniak fleischfarbene bis dunkelblaue Niederschläge. Die Flüssigkeit über dem Niederschlag bräunt sich, infolge der Einwirkung des Luftsauerstoffs auf die alkalische Pyrogallollösung. Thoriumsalze geben dagegen eine Rosafärbung und Lanthansalze einen braunen Bodensatz. Titanverbindungen liefern einen ockerbraunen Niederschlag. Die Ionen des Eisens, Chroms, Aluminiums, Nickels, Kobalts, Zinks, das Uranyl- und das Chromat-Ion geben nur die Färbungen ihrer Hydroxyde bzw. Salze und jene der oxydierten alkalischen Pyrogallollösung.

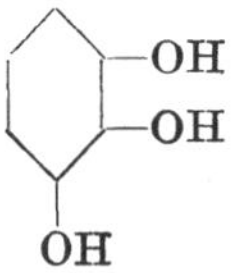

—OH
—OH
OH
Pyrogallol

Erfassungsgrenze: 14 γ Cer(III)/cm^3.

Nach dem gleichen Autor (b) soll Cer mit Gallensäuren bzw. mit Morphin ähnliche Färbungen geben. FERNANDES berichtet über ein analoges Verhalten der Cers gegenüber *Brenzcatechin.*

h) Mit Ferrichlorid und Dimethylglyoxim bzw. mit Kakothelin. Cer(III)-salzlösungen (Cerisalze müssen durch Kochen mit Salzsäure vorher reduziert werden) versetzt man mit 1—2 Tropfen einer 0,1%igen Ferrichloridlösung und 1 cm^3 alkoholischer Dimethylglyoximlösung und macht mit Ammoniak oder Natronlauge alkalisch. Das ausfallende Cerohydroxyd reduziert das Eisen zur 2wertigen Stufe, worauf sich im Filtrate das Ferrodimethylglyoxim durch seine Rosafärbung anzeigt.

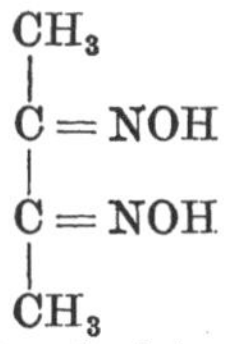

CH_3
C=NOH
C=NOH
CH_3
Dimethylglyoxim

Erfassungsgrenze nach BECK 1 γ Cer. Ähnlich verhält sich Vanadium. Mangan und Ferroeisen stören.

Der gleichfalls von BECK mitgeteilte Cernachweis mit *Kakothelin* ist für dasselbe nicht spezifisch.

i) Mit Methylenblau. Nach PASSERINI und MICHELOTTI sollen Cerisalzlösungen, nicht aber solche von Cerosalzen, mit einer 0,25%igen Methylenblaulösung eine granatrote, bei stark konzentrierten Lösungen eine violettrote Färbung geben.

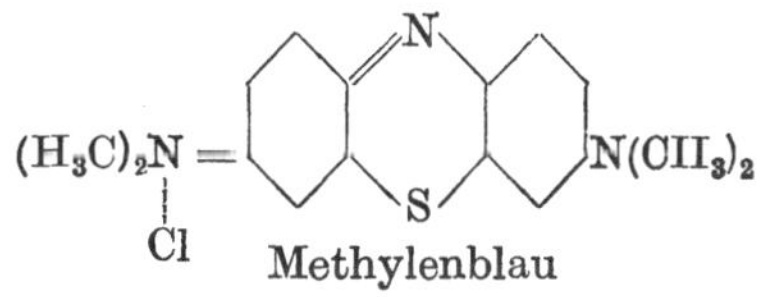

N
$(H_3C)_2N$=
Cl
S
$N(CH_3)_2$
Methylenblau

Nach REED zeigen Cer(III)salzlösungen folgendes Verhalten: Bei Oxydation mit Wasserstoffsuperoxyd, Zugabe von 0,05%iger Methylenblaulösung, gutem Schütteln und nachherigem Versetzen mit Ammoniak bis zur alkalischen Reaktion tritt eine Grünfärbung auf.

Grenzkonzentration: 1:1000000.

Der Nachweis soll eindeutig sein, auch bei Gegenwart der 100fachen Menge an Zink, Cadmium, Kupfer und Silber, wenn die Ionen dieser Elemente mit Kaliumcyanid komplex gebunden werden. Ferner sollen nicht stören: Magnesium, die Erdalkalien, Beryllium, Eisen, Chrom, Aluminium, Thallium, Thorium, die anderen seltenen Erden, Zirkonium, Arsen-, Antimon-, Wolfram- und Vanadinsäure und das Uranyl-Ion. Dagegen sollen stören: Quecksilber, Blei, Wismut, Molybdän, die Platinmetalle, Gold, Chromate, Rhodanide, Ferro- und Ferricyanide.

k) Mit Leukomalachitgrün. Nach KULBERG beruht die Reaktion auf der Autoxydation des Cer(III)hydroxyds und nachfolgender Oxydation des Leukomalachitgrüns durch das Cer(IV)hydroxyd zum Malachitgrün.

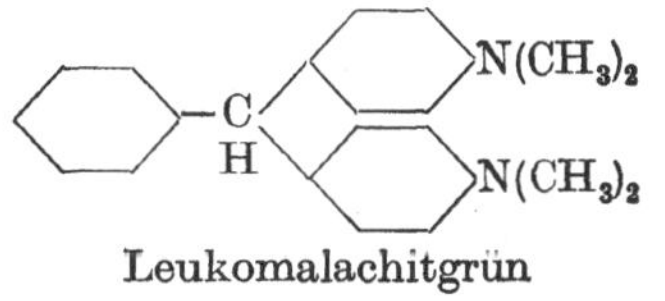

—C
H
$N(CH_3)_2$
$N(CH_3)_2$
Leukomalachitgrün

Erfassungsgrenze: 0,03 γ Cer.
Grenzkonzentration: 1:340000.

Ausführung. Zur Probelösung werden einige Tropfen n-Natronlauge hinzugefügt, dann wird der Niederschlag filtriert, gewaschen und darauf auf ein Uhrglas gebracht. Man fügt nun zu demselben einige Tropfen einer Leukomalachitgrünlösung hinzu. Ist Cer zugegen, so tritt sofort eine blaugrüne Färbung auf. Die Hydroxyde von Mangan, Kobalt, Silber und Thallium stören. Dieselben müssen vorher mit Kaliumcyanid komplex gebunden werden. Thorium in größeren Mengen als Th:Ce = 100:1 erschwert den Nachweis und wird zuvor durch Fällung mit Ferrocyankalium entfernt.

Bemerkungen. Von den angeführten Nachweismethoden ist jene mit Benzidin am zuverlässigsten. Da bei allen Nachweisen die Redoxwirkung Ce(III) $\rightleftarrows$ Ce(IV) im Spiele ist, wird man dieselben stets nur dann erfolgreich verwenden können, wenn keine Stoffe zugegen sind, die eine ähnliche Wirkung ausüben.

Unsichere Nachweise.

a) Mit Chininchlorhydrat bzw. Strychninsulfat. Versetzt man nach LUKAS und JÍLEK eine neutrale Lösung von Cer(III)chlorid mit 30%igem Wasserstoffsuperoxyd und fügt festes Chininchlorhydrat zu, so soll eine rotgelbe Färbung auftreten. Bei Gegenwart von Thorium und Zirkonium soll die Reaktion ausbleiben. Titan soll die Empfindlichkeit herabsetzen. Lanthan übt in neutraler Lösung keinen Einfluß aus.

Nach PLUGGE soll eine von Blau oder Violett nach Rot übergehende Färbung auftreten, wenn man Cer(IV)hydroxyd mit einer salz- oder schwefelsauren Strychninlösung versetzt.

b) Mit aromatischen Säuren. ŠEMJAKIN und BELOKON haben Farbreaktionen des Cers mit den Lösungen der Ammoniumsalze von Salicylsäure, Anthranilsäure, Naphthalincarbonsäure und mit Phenylalanin angegeben, deren praktische Bedeutung umstritten ist.

c) Mit Diphenylamin. Wie alle Oxydationsmittel oxydieren auch Cerisalze Diphenylamin zu dem blauen Farbstoff. LANG hat darauf einen Cernachweis mit einer Empfindlichkeit von $30\,\gamma$ Cer bei einer **Grenzkonzentration** von $1:3{,}3\,.\,10^5$ aufgebaut.

Literatur.

BARBIERI, G.: Atti Accad. Lincei (5) **16**, 399 (1907). — BAUR, E. u. A. GLAESSNER: Z. El. Ch. **9**, 543 (1903). — BECK, G.: Pharmac. Acta Helvetiae **13**, 304 (1938). — BILTZ, W. u. FR. ZIMMERMANN: B. **40**, 4979 (1907). — BÜHRIG: J. pr. (N. F.) **12**, 231 (1875).

CANNERI, G. u. D. COZZI: G. **71**, 311 (1941); C. **1942 II**, 1654. — CHARLOT, G.: Bl. Minéral. (5) **6**, 1126 (1939).

DENNIS, L. M. u. W. H. MAGEE: Am. Soc. **16**, 653 (1894); Z. anorg. Ch. **7**, 258 (1894).

ENGLER, C.: B. **36**, 2642 (1903) u. **37**, 49 u. 3286 (1904). — ERDÖS, J.: Fr. **80**, 122 (1930).

FEIGL, F.: Öst. Ch. Z. **22**, 124 (1919); Tüpfelreaktionen, 3. Aufl., Leipzig 1935, S. 252, 253. — FERNANDES, G.: G. **55**, 616 (1926). — FÖRSTER, F.: Elektrochemie wäßriger Lösungen 3. Aufl., Leipzig 1922, S. 217.

GERLACH, W. u. E. RIEDL: Chemische Emissionsspektralanalyse, Bd. III, Tabellen zur qualitativen Analyse 2. Aufl., Leipzig 1942, S. 45. — GIBBS, W.: Jahresber. Chem. **1864**, 702. — GOBRECHT, H.: Ann. Phys. (5) **31**, 181 (1937).

HAITINGER, M.: Ber. Wien. Akad. (IIa) **142**, 341 (1933). — HARTLEY, W. N.: Jahresber. Chem. **1882**, 281. — HAUSER, O. u. F. WIRTH: Fr. **48**, 679 (1908). — HERZFELD, E.: Fr. **115**, 133 u. 421 (1938).

INOUE, T.: Bl. Ch. Soc. Japan **1**, 9 (1923). — JOB, A.: Ann. Chim. Phys. (7) **20**, 205 (1900); C. r. **134**, 1052 (1902) u. **136**, 45 (1903).

KNORRE, G. v.: (a) B. **33**, 1924 (1900); (b) Angew. Ch. **10**, 685 (1897); (c) Angew. Ch. **10**, 717 (1897). — KOMAROWSKY, A. S. u. J. M. KORENMAN: Mikrochem. **12**, 211 (1932). — KRAEMER, W.: Z. El. Ch. **38**, 51 (1938). — KULBERG, I.: Chem. J. Ser. B. **8**, 1452 (1935); C. **1936 I**, 4335; Mikrochem. **21**, 35 (1936).

LANG, R.: Mikrochim. Acta **3**, 116 (1938). — LANG, R. J.: Trans. Roy. Soc. Edinburgh (A) **224**, 406 (1924). — LÓPEZ DE AZCONA, J. M.: An. Españ. **36**, [5] (6) 154 (1940);

C. 1941 I, 330. — LUKAS, J. u. A. JÍLEK: Fr. 76, 348 (1929). — LUTZ, O.: Fr. 47, 18 (1908).

MENGEL, P.: Z. anorg. Ch. 19, 67 (1899). — MEYER, R. J.: Z. anorg. Ch. 41, 94 (1904). — MEYER, R. J. u. M. KOSS: B. 35, 672 (1902). — MILLER, J. F.: Ind. eng. Chem. Anal. Edit. 9, 181 (1937). — MONTIGNIE, E.: Bl. (5) 6, 889 (1939). — MOSANDER, C. G.: A. 44, 125 (1842).

NIESSNER, M. u. F. KORKISCH: Glastechn. Ber. 19, 39 (1941).

PASSERINI, L. u. L. MICHELOTTI: G. 65, 824 (1935). — PICCARDI, G.: Spectrochim. Acta 1, 265 (1941). — PISSARJEWSKI, L.: Z. anorg. Ch. 31, 359 (1902). — PLANK, E.: Fr. 116, 312 (1939). — PLUGGE, P. C.: Arch. Pharm. 229, 558 (1891). — PRANDTL, W. u. K. SCHEINER: Z. anorg. Ch. 107, 220 (1934). — PROVINCIALI, C.: Arch. ital. Sci. farmacol. 1, 101 (1935); C. 1935 I, 2699.

REED, R. A.: Analyst 63, 338 (1938). — ROBERTS, E. J.: Z. anorg. Ch. 71, 305 (1911). — ROSENTHAL, G.: Phys. Z. 40, 508 (1939).

SEIDEL, A. N. u. J. I. LARIONOW u. A. W. FILIPPOW: Bl. Acad. URSS., Ser. Physic. 1938, 333; C. 1941 I, 3189; C. r. Acad. URSS. (N.F.) 20, 351 (1938); C. 1940 I, 11. — ŠEMJAKIN, F. M.: (a) Z. anorg. Ch. 217, 272 (1934); (b) C. r. Acad. URSS. (N. F.) 15, 347 (1937); C. 1938 I, 2759. — ŠEMJAKIN, F. M. u. A. N. BELOKON: C. r. Acad. URSS. (N.F.) 18, 275 (1938); C. 1938 II, 363.

WAEGNER, A. u. A. MÜLLER: B. 36, 282 u. 1732 (1903). — WATSON, W. W.: Phys. Rev. (2) 53, 639 (1938); C. 1939 II, 23. — WENGER, P. u. R. DUCKERT: Helv. 25, 1547 (1942). — WIRTH, F.: Ch. Z. 37, 774 (1913).

Praseodym.

Pr, Atomgewicht 140,92; Ordnungszahl 59.

Das Praseodym bildet lauchgrün gefärbte Pr^{3+}-Ionen und verschiedene gefärbte Oxyde. Das blaßgrüne Pr_2O_3 kann nur durch Reduktion der höheren Oxyde bei hohen Temperaturen erhalten werden. Beim Glühen von Praseodymverbindungen bilden sich stets tief braunschwarz gefärbte Doppeloxyde, deren Zusammensetzung Pr_4O_6, bzw. Pr_7O_{11} von der Glühtemperatur abhängt und die durch eine außerordentlich intensive Färbekraft ausgezeichnet sind. Unter Einhaltung bestimmter Temperaturgrenzen und hohen Sauerstoffdrucken kann man zum PrO_2 gelangen. In Alkalischmelzen bei Anwesenheit von Oxydationsmitteln bilden sich nach PRANDTL und HUTTNER, BECK sowie ZINTL und MORAWIETZ tief dunkelbraun gefärbte Praseodymate Na_2PrO_3. Dagegen konnten bisher keine Salze mit dem Kation Pr^{4+} erhalten werden.

1. Reindarstellung.

Dem Praseodym haften als hartnäckigste Begleiter Lanthan und Cer an. Die Reindarstellung erfolgt nach AUER VON WELSBACH aus den rein grün gefärbten Fraktionen der Magnesiumdoppelnitratkrystallisationen, indem man dieselben in die Ammoniumdoppelnitrate umwandelt und diese einer erneuten Fraktionierung unterwirft. Zur Entfernung der letzten Reste des Lanthans empfiehlt PRANDTL die fraktionierte Fällung der Nitratlösung in der Wärme mit verdünntem Ammoniak bei Gegenwart von Cadmiumammoniumnitrat. Es werden 6—7 Fällungen durchgeführt, die dann nach dem Schema der fraktionierten Krystallisationen weiterverarbeitet werden. Bereits nach der 8. Fraktionierungsreihe soll sich ein Praseodym von hoher Reinheit erhalten lassen.

2. Reinheitsprüfung.

Das Absorptionsspektrum der Chlorid- oder der Nitratlösung darf auch in großer Schichtdicke und bei hoher Konzentration keine Neodymbanden, besonders nicht im grünen Teile aufweisen. Eine sichere Prüfung auf Lanthan und Cer kann nur auf röntgenspektroskopischem Wege oder mittelst des Bogen- bzw. des Funkenspektrums erfolgen.

Nachweismethoden.

§ 1. Nachweis auf spektralanalytischem Wege[1].

a) Emissionsspektroskopischer Nachweis.

Allgemeines. Als Analysenlinien kommen im Bogen- oder im Funkenspektrum nach GERLACH und RIEDL folgende Linien in Betracht $\lambda = 4408{,}8$, 4225,3, 4223,0, 4179,4, 4143,1, 4100,8, 4062,8, 3908,4 und 3908,1 Å.

Bei Anwendung des Spektrographen mit Glasoptik und Superrapidplatten ist die Intensität der Linien $\lambda = 4408{,}8$, 4225,3, 4223,0, 4179,4, 4100,8 und 4143,1 Å ungefähr gleich stark. Bei Verwendung des Quarzspektrographen ist das Dublett $\lambda = 3908{,}4$ und 3908,1 Å etwas stärker als die Linie $\lambda = 4100{,}8$ Å. Letztere ist wieder etwas stärker als die Linie $\lambda = 4062{,}8$ Å, welche ungefähr gleich stark ist wie die Linie $\lambda = 4179{,}4$ Å.

Neben dem Emissionsspektrum ist das Absorptionsspektrum sehr charakteristisch. Auch die Spektren der Luminescenzerscheinungen unter der Analysenlampe bzw. bei Bestrahlung mit Eisenbogenlicht oder mit Kathodenstrahlen können zum Nachweis herangezogen werden.

Koinzidenzen der Praseodymlinien mit Linien anderer Elemente, insbesondere mit denen der anderen seltenen Erden, sind bisher nicht untersucht worden. Besondere Schwierigkeiten bei dem Pr-Nachweis sind nicht bekannt.

Nachweisverfahren.

1. Nachweis in Lösungen. Abweichend von den bei GERLACH und RIEDL genannten Linien hebt LUNDEGÅRDH besonders die Linien 2488,7 und 2985,8 Å hervor. Am stärksten findet er mit dem Tauchfunken gegen Graphitelektroden die violette Linie Pr 4164,2 Å. Mit der Luft-Acetylenflamme beobachtet er in 0,01 m-Lösung die Pr-Linien $\lambda = 5623{,}0$ und $\lambda = 5707{,}6$ Å. Vgl. hierzu auch PLANTINGA und RODDEN. Nach LÓPEZ DE AZCONA lassen sich mittels des Bogenspektrums noch 10^{-9} g Pr nachweisen.

PICCARDI untersucht Lösungen in der Flamme und beobachtet das Spektrum des PrO-Moleküls. Als Wellenlängen für die von ihm beobachteten Banden gibt er an 6475, 6282, 5765, 5692, 5597 und 5352 Å.

VAN CALKER beobachtet neben anderen seltenen Erden Praseodym im Eindampfrückstand von Mineralwässern, der, mit Salzsäure aufgenommen, in Lösung mit dem Flammenbogen untersucht wird.

2. Nachweis in Monazit. THOREAU, BRECKPOT und VAES untersuchen Monazit von Shinkolobwe.

b) Absorptionsspektroskopischer Nachweis.

Ältere Angaben über das Absorptionsspektrum des Praseodyms erfolgten von FORSLING, sowie von RECH. In neuerer Zeit haben sich mit demselben FRIEND und HALL, KONDOGURI, ROSENTHAL sowie FREYMANN und TAKVORIAN beschäftigt. Die Chloridlösung weist charakteristische Banden bei $\lambda = 6042$—5784 Å und $\lambda = 4885$—4326 Å auf. Nach PRANDTL und SCHEINER liegen die Bandenspitzen bei $\lambda = 5971$, 5890, 4819, 4688 und 4440 Å. Die größte Ausdehnung hat die intensive Bande im Violett mit dem Maximum bei $\lambda = 4440$ Å. Die Bande 4688 Å koinzidiert mit einer Neodymbande. Über das Absorptionsspektrum bei verschiedenen Verdünnungen siehe Teil B, Tafel 1, S. 128.

§ 2. Nachweis auf röntgenspektroskopischem Wege.

Hierüber wurde im Teil B, S. 129 bis 139, ausführlich berichtet.

[1] Mitbearbeitet von J. VAN CALKER, Münster (Westf.).

§ 3. Luminescenzerscheinungen.

a) Unter der Analysenlampe bzw. bei Bestrahlung mit UV-Licht.

Bettet man geringe Mengen von Praseodymoxyden oder -sulfiden in Calcium- oder Aluminiumoxyd bzw. in Calcium- oder Strontiumsulfid ein, so erhält man bei Bestrahlung mit der Quecksilberdampfanalysenlampe oder mit Eisenbogenlicht eine intensive rote Fluorescenz mit einer Bande im roten Teil. Durch spektrale Beobachtung des Fluorescenzlichtes lassen sich nach SERVIGNE noch $2 \cdot 5\,10^{-10}$ g Praseodym nachweisen, wenn man daselbe in Calciumwolframat einbettet und bei 96^0 mit dem Licht einer Entladungsröhre mit Argon- und Quecksilberfüllung belichtet. Bei tiefen Temperaturen tritt nach KOWALKSKI und GARNIER noch eine Bande im Grün dazu. (Vgl. TIEDE und SCHLEEDE.) Über Fluorescenzen von Praseodymlösungen siehe bei TOMASCHEK.

b) Unter dem Einfluß von Kathodenstrahlen.

Je nach den Trägersubstanzen — als solche kommen in Betracht: Aluminiumoxyd, Calciumwolframat, Calcium- oder Bariumsulfat — ist die Farbe des ausgestrahlten Luminescenzlichtes rot bis pfirsichblütenfarben. Über die Ausmessung des Spektrums siehe bei LECOQ DE BOISBAUDRAN, URBAIN, BAUR und MARC, CLARK und DUANE sowie DE RHODEN.

§ 4. Andere Nachweismethoden.

a) Der Gehalt an Praseodym in Erdgemischen verrät sich, auch wenn nur sehr geringe Mengen zugegen sind, durch den ***braunen Farbton*** derselben, dessen Intensität mit dem Praseodymgehalt zunimmt.

b) Perlenreaktion. Die mit Praseodym gesättigte Borax- oder Phosphorsalzperle ist sowohl in der oxydierten als auch in der reduzierten Form gelblichgrün gefärbt.

c) Die höheren Praseodymoxyde, oder solche enthaltende Erdgemische lösen sich in Salzsäure unter Chlorentwicklung. Sind Jodide zugegen, so tritt Jodabscheidung ein. Beim Lösen dieser Oxyde in Schwefelsäure bei Gegenwart von Wasserstoffsuperoxyd entwickelt sich Sauerstoff. Cerdioxyd oder höhere Terbiumoxyde bzw. andere oxydierend wirkende Stoffe dürfen nicht zugegen sein.

d) Oxydierende Schmelze mit Kaliumhydroxyd. Die Schmelze von grünem Pr_2O_3 oder von Praseodym(III)salzen mit Kaliumhydroxyd gibt auf Zusatz von Kaliumchlorat eine braune bis braunschwarze Abscheidung von Praseodymat. Dieselbe Erscheinung zeigt sich bei der Schmelzelektrolyse an der Platinanode (BECK).

Literatur.

AUER VON WELSBACH, C.: M. **4**, 634 (1883); Ber. Wien. Akad. (IIa) **92**, 326 (1885) u. **112**, 1017 (1903).

BECK, G.: Angew. Ch. **52**, 536 (1939). — BAUR, E. u. R. MARC: B. **34**, 2462 (1901).

CLARK, G. L. u. W. DUANE: Proc. Acad. Washington **9**, 413 (1923). — VAN CALKER, J.: Fr. **105**, 405 (1936).

FORSLING: Bih. Svenska Vet. Akad. Handl. **23 I**, Nr. 5 (1898). — FREYMANN, R. u. S. TAKVORIAN: C. r. **194**, 963 (1932). — FRIEND, J. M. u. D. A. HALL: Analyst **65**, 144 (1940).

GARDINER, J. H.: Soc. **1926**, 1518. — GERLACH, W. u. E. RIEDL: Chemische Emissionsspektralanalyse, Bd. III, Leipzig 1942, S. 146.

KONDOGURI, W. W.: Seltene Metalle (russ.) **3**, Nr. 3, 43 (1934); C. **1935 I**, 114. — KOWALSKI, J. DE u. C. GARNIER: C. r. **144**, 836 (1907).

LECOQ DE BOISBAUDRAN: C. r. **105**, 347 (1887). — LÓPEZ DE AZCONA, J. M.: An. Españ. **36**, [5] (6) 154 (1940); C. **1941 I**, 330. — LUNDEGÅRDH, H.: Die quantitative Spektralanalyse der Elemente, Bd. II, Jena 1934, S. 65 u. 123.

MERZ, A.: Ann. Phys. (5) **28**, 569 (1937).

PICCARDI, G.: Spectrochim. Acta 1, 265 (1941); Nature 124, 129 (1929); C. 1929 II, 1381 u. 2861. — PLANTINGA, O. S. u. C. J. RODDEN: Ind. eng. Chem. Anal. Edit. 8, 232 (1936). — PRANDTL, W.: Z. anorg. Ch. 238, 321 (1938). — PRANDTL, W. u. K. HUTTNER: 136, 289 (1924) u. 149, 236 (1925). — PRANDTL, W. u. K. SCHEINER: Z. anorg. Ch. 220, 107 (1934).

RECH: Z. wiss. Photograph. 3, 411 (1906). — ROHDEN, CH. DE: Ann. Chim. (9) 3, 343, 354, 361 (1915). — ROSENTHAL, G.: Phys. Z. 40, 503 (1939).

SERVIGNE, M.: Bl. (5) 7, 121 (1940); C. r. 212, 540 (1941).

THOREAU, J., R. BRECKPOT u. J. F. VAES: Bl. Cl. Sci. Acad. Roy. Belgique (5) 22, 1111 (1936); C. 1937 I, 4080. — TIEDE, E. u. A. SCHLEEDE: Ann. Phys. (4) 67, 573 (1922). — TOMASCHEK, R.: Ann. Phys. (4) 75, 130 (1924).

URBAIN, G.: C. r. 143, 230 (1906); Ann. Chim. Phys. (8) 18, 297, 305, 362 (1909).

ZINTL, E. u. W. MORAWIETZ: Z. anorg. Ch. 245, 26 (1940).

Neodym.

Nd, Atomgewicht 144,27; Ordnungszahl 60.

Nächst dem Cer ist das Neodym Hauptbestandteil der natürlichen Ceriterdengemische. Es tritt 3wertig auf. Das Oxyd besitzt hellblaue Farbe mit einem Stich ins Rötliche. Die Neodym-Ionen sind strahlend hellrotviolett gefärbt. Die Salze verraten sich meist schon durch ihre Farbe in den Erdgemischen.

1. Reindarstellung.

Die Trennung von den übrigen Erden und die Reindarstellung erfolgt fast immer durch fraktionierte Krystallisation der Magnesium- oder der Mangandoppelnitrate $E_3[Me(NO_3)_6]_2 \cdot 24\,H_2O$. Bei letzterem muß als Lösungsmittel konzentrierte Salpetersäure angewandt werden. Die Entfernung der letzten Reste von Praseodym ist ohne größere Substanzverluste nur schwer zu erreichen.

2. Prüfung auf die Reinheit.

Je reiner das Neodym ist, desto strahlender ist die Farbe des Oxydes und der Salze, besonders im feinverteilten Zustande. Geringste Mengen Praseodym oder Mangan färben das Oxyd schmutzig blaugrau. Dabei ist zu beachten, daß für die Beurteilung der Farbe stets das frisch geglühte Oxyd heranzuziehen ist. Ältere Präparate haben in der Regel Feuchtigkeit und Kohlensäure angezogen und zeigen dann keinen reinen Farbton.

Das Absorptionsspektrum der konzentrierten Chlorid- oder Nitratlösung ist auf die Abwesenheit von Praseodym, Samarium und den gefärbten Erbinerdenelementen zu prüfen. Für die Abwesenheit von Praseodym ist das Fehlen der Banden bei $\lambda = 4819$ und 4440 Å maßgebend. Auf die Gegenwart von Samarium deutet die Bande bei $\lambda = 4076$ Å hin. Für Dysprosium ist auf die Bande bei $\lambda = 3249$ Å, für Holmium auf jene bei $\lambda = 6407$ Å und für Erbium auf die Bande bei $\lambda = 6525$ Å zu prüfen.

Eine vollkommene und sichere Beurteilung der Reinheit ist nur mit Hilfe des Röntgenspektrums möglich.

Nachweismethoden.

§ 1. Nachweis auf spektralanalytischem Wege[1].

a) Emissionsspektroskopischer Nachweis.

Allgemeines. Der spektralanalytische Nachweis des Neodyms kann durch Beobachtung des Linienspektrums oder mit Hilfe des Bandenspektrums des Neodymoxydes erfolgen. GERLACH und RIEDL geben folgende Analysenlinien an: $\lambda = 4451{,}6$, 4303,6, 4156,2 Å, ferner das Dublett 4109,5 und 4109,1 sowie die Linien 4061,1 und 4012,3 Å. Am stärksten ist die Linie $\lambda = 4303{,}6$ Å, die anderen Linien besitzen ungefähr gleiche Intensität.

[1] Mitbearbeitet von J. VAN CALKER, Münster (Westf.).

Koinzidenzen der Neodymlinien mit Linien anderer Elemente insbesondere denen der anderen seltenen Erden, sind nicht näher untersucht worden. Lediglich LUNDEGÅRDH weist darauf hin, daß viele Neodymlinien mit Vanadiumlinien zusammen fallen. So überlagern sich Nd 2914 und V 2914,9 und die Nd-Linien 3092,9 und Nd 3133,6 fallen unter die V-Linien 3093,1 bis 3195,6 Å.

Das in die Knallgasflamme eingeblasene Oxyd gibt ein ausgeprägtes Bandenspektrum. Nach PICCARDI beginnt die stärkste Bande bei 6580 Å. Weitere Banden liegen im äußersten Rot und Ultrarot.

Nachweisverfahren.

1. Nachweis in Lösungen. Nach LÓPEZ DE AZCONA lassen sich mittels des Bogenspektrums noch $2 \cdot 10^{-6}$ g Neodym sicher nachweisen. LUNDEGÅRDH weist Neodym in Lösungen mit dem Tauchfunken nach. VAN CALKER stellt neben anderen seltenen Erden Linien des Neodym im Eindampfrückstand von Mineralwässern fest, der mit HCl aufgenommen, in Lösung mit dem Flammenbogen untersucht wird. PLANTINGA und RODDEN beobachten neben anderen seltenen Erden Neodym im Flammenspektrum und im Flammenfunken.

PICCARDI untersucht das Molekülspektrum des Neodymoxydes, indem er zerstäubte Lösungen in der Flamme zum Leuchten anregt. Der Lichtbogen erwies sich hierfür als weniger geeignet.

2. Nachweis in Monazit. THOREAU, BRECKPOT und VAES untersuchten Monazit von Shinkolobwe.

b) Absorptionsspektroskopischer Nachweis.

Eine Zusammenstellung über Arbeiten aus älterer Zeit findet sich bei MEYER und HAUSER. Neuere Arbeiten über das Absorptionsspektrum des Neodyms in Lösungen, Gläsern usw. wurden hauptsächlich ausgeführt von FRIEND und HALL, KONDOGURI, ROSENTHAL sowie von FREYMANN und TAKVORIAN. Dasselbe ist sehr reich an Banden, die sich mit verschiedenen Intensitäten vom roten bis zum ultravioletten Teile verteilen.

Nach PRANDTL und SCHEINER, siehe Tafel 1, S. 128, zeigt die Chloridlösung, die 1 Grammatom Neodym im Liter enthält, folgende Banden und bei entsprechender Verdünnung nachstehende Spitzen:

Tabelle 14. Bandenverteilung im Absorptionsspektrum des Neodyms.

Bande von Å bis Å Linie bei Å	Spitze bei Å	Bande von Å bis Å Linie bei Å	Spitze bei Å
6902—6705	6877	4332	
	6786	4296	
6369		4272	
6288		4182	
6228		3906	
5944—5622	5784	3596—3446	3557
	5752		3538
	5724		3504
			3455
5342—4984	5320	3400	
	5219		
	5207	3342—3233	3282
	5129	3138	
	5090	2997	
4802		2984	
4784—4729	4755	2911	
		2899	
4709—4648	4691		
	4612		

§ 2. Nachweis auf röntgenspektroskopischem Wege.

Darüber wurde ausführlich im Teil B, S. 129 bis 139, berichtet.

§ 3. Luminescenzerscheinungen.

In Calciumoxyd eingebettetes Neodymoxyd zeigt unter dem Einfluß von Kathodenstrahlen eine rote Fluorescenz. In Aluminiumoxyd ist dieselbe violettrosa und in Magnesiumoxyd rot. Die sehr beständige blaue Fluorescenz von Neodym in Calciumwolframat hat von Rot bis Violett ein kontinuierliches Spektrum mit einer ziemlich ausgedehnten und diffusen Bande, deren Mitte gegen $\lambda = 585$ mμ liegt und einer ähnlichen, schwächeren Bande bei $\lambda = 635$ mμ. Vgl. Baur und Marc, de Rohden sowie Urbain.

Bei Bestrahlung von in Calciumwolframat eingebettetem Neodym mit UV-Licht lassen sich nach Servigne noch $5 \cdot 10^{-7}$ g Neodym sicher nachweisen.

Nach Gobrecht und Tomaschek können auch bei Lösungen Fluorescenzerscheinungen beobachtet werden.

§ 4. Andere Nachweisreaktionen.

Die charakteristische, *leuchtend rotviolette Farbe* des Neodym-Ions läßt dessen Anwesenheit, sowohl bei festen Salzen als auch in Lösungen, leicht erkennen.

Die Borax- bzw. Phosphorsalzperle ist, mit Neodymoxyd gesättigt, sowohl in der Oxydations- als auch in der Reduktionsform rotviolett gefärbt.

Bezüglich der allgemeinen, auch für das Neodym-Ion geltenden Reaktionen wird auf die im Abschnitt Lanthan angeführten Nachweise, S. 153, verwiesen.

Literatur.

Baur, E. u. R. Marc: B. **34**, 2462 u. 2446 (1901).
Calker, G. van: Fr. **105**, 405 (1936).
Freymann, R. u. S. Takvorian: C. r. **194**, 963 (1932). — Friend, J. N. u. D. H. Hall: Analyst **65**, 144 (1940).
Gerlach, W. u. E. Riedl: Chemische Emissionsspektralanalyse, Bd. III, 2. Aufl., Leipzig 1942, S. 146. — Gobrecht, H. u. R. Tomaschek: Ann. Phys. (5) **29**, 324 (1937).
Kondoguri, W. W.: Seltene Metalle (russ.) **3**, Nr. 3, 43 (1934); C. **1935 I**, 114.
López de Azcona, J. M.: An. Españ. **36** [5] (6) 154 (1940); C. **1941 I**, 330.
McCarty, C. N., L. R. Scribner, M. Lawrenz u. B. S. Hopkins: Ind. eng. Chem. Anal. Edit. **10**, 184 (1938). — McDonald, M. C., E. E. Sutton u. A. B. McLay: Proc. Canada (3) **20**, III (1926). — McLennan, M. C. M. u. M. J. Liggert: Proc. Canada (3) **20**, III, 381 (1926).
Meyer, R. J. u. O. Hauser: Die Analyse der seltenen Erden und Erdsäuren, Stuttgart 1912, S. 95—97.
Piccardi: Nature **124**, 129, 9/10 (1929); C. **1929 II**, 1381 u. 2861. — Plantinga, O. S. u. C. J. Rodden: Ind. eng. Chem. Anal. Edit. **8**, 232 (1936). — Prandtl, W. u. K. Scheiner: Z. anorg. Ch. **220**, 107 (1934).
Rohden de, Ch.: Ann. Chim. (9) **3**, 361 (1915). — Rosenthal, G.: Phys. Z. **40**, 508 (1939).
Servigne: Bl. (5) **7**, 121 (1940).
Thoreau, J., R. Breckpot u. J. F. Vaes: Bl. Cl. Sci. Acad. Roy. Belgique (5) **22**, 1111 (1936); C. **1937 I**, 4080.
Urbain, G.: Ann. Chim. Phys. (8) **18**, 306 (1909).

Samarium.

Sm, Atomgewicht 150,43; Ordnungszahl 62.

Nach seiner Basizität und der Löslichkeit seiner Salze bildet das Samarium die Brücke zwischen dem Neodym und den Terbinerdenelementen. In stabilen Verbindungsformen tritt es 3wertig auf. Daneben sind auch Salze mit 2wertigem Samarium bekannt. Die Lösungen derselben sind jedoch sehr unbeständig und zersetzen sich nach $2\ SmCl_2 + 2\ H_2O \longrightarrow 2\ Sm(OH)Cl_2 + H_2$.

Das Oxyd Sm_2O_3 ist hellgelb gefärbt, die Sm^{3+}-Ionen haben topasgelbe Farbe. Die Samarium(II)verbindungen sind tief rot, rotbraun oder grün gefärbt.

Nach v. HEVESY und Mitarbeitern ist das Samarium als α-Strahler das einzige radioaktive Element der Lanthanidenreihe.

1. Reindarstellung.

Als Ausgangsmaterial dienen entweder, wenn Monazit als Rohstoff gedient hat, die von den Yttererden befreiten Restlaugen der Magnesiumdoppelnitratfraktionierungen, oder, wenn von Yttererdenmineralien, wie z. B. Samarskit oder Gadolinit, ausgegangen wurde, nach Entfernung des Yttriums, die am wenigsten löslichen Anteile der Bromatfraktionierungen.

URBAIN und LACOMBE haben dieselben einer ausgedehnten Fraktionierung der Magnesiumdoppelnitrate in Salpetersäure bei Gegenwart von Wismutmagnesiumnitrat unterworfen. Dadurch, daß letzteres das Samarium in die Kopffraktionen mitnimmt und sich zwischen dasselbe und die Terbinerden einschiebt, wird eine schnelle Trennung erreicht.

Aus angereichertem Material läßt sich nach BRUKL die Reinigung einfacher und schneller vornehmen. Dazu wird die absolut alkoholische Lösung des wasserfreien Chlorids unter Ausschluß von Feuchtigkeit stufenweise mit Calciumamalgam behandelt. Dabei scheidet sich das Samarium(II)chlorid in Form leuchtend roter Krystalle ab, die durch Abzentrifugieren von der Lösung getrennt werden. In den Kopffraktionen reichert sich Europium an. Nach 3 bis 4 Fraktionierungsreihen kann man, allerdings mit einigen Materialverlusten, ein sehr hochwertiges Samarium erhalten.

Zur Trennung vom Europium reduziert PRANDTL die Sulfatlösung an der Quecksilberkathode, wobei sich schwerlösliches weißes Europium(II)sulfat abscheidet.

Für die Erzielung reinster Präparate wird man eine nochmalige Fraktionierung der Magnesiumdoppelnitrate nicht entbehren können.

2. Reinheitsprüfung.

Der sicherste Nachweis der Reinheit erfolgt auf röntgenspektroskopischem Wege. Auch die optischen Emissions- und Fluorescenzspektren können herangezogen werden. Das Absorptionsspektrum ist dazu am wenigsten geeignet, weil besonders bei größeren Verdünnungen einige Samariumbanden durch solche der Nachbarelemente Neodym und Europium überschattet werden.

Nachweismethoden.

§ 1. Nachweis auf spektralanalytischem Wege[1].

a) Emissionsspektroskopischer Nachweis.

Allgemeines. Der spektralanalytische Nachweis des Samariums kann durch Beobachtung des Linienspektrums oder mit Hilfe des Bandenspektrums des Samariumoxydes erfolgen.

Als Analysenlinien werden von GERLACH und RIEDL angeführt: $\lambda = 4467{,}3$, 4434,3, 4424,4, 4281,0, 4280,8, 3634,3, 3609,5, 3592,6 und 3568,3 Å.

Bei Anwendung des Glasspektrographen und Superrapidplatten ist die Linie 4424,4 Å stärker als die Linie 4434,3 Å. Letztere ist ungefähr gleich stark wie das

[1] Mitbearbeitet von J. VAN CALKER, Münster (Westf.).

Dublett 4281,0 und 4280,8 Å und die Linie 4467,3 Å. Wird der Quarzspektrograph verwendet, dann zeigt die Linie 3592,6 Å gegenüber den ungefähr gleich starken Linien 3609,5, 4281,0 und 4280,8, 3634,3 und 3568,3 Å eine größere Intensität.

Koinzidenzen der Samariumlinien mit Linien anderer Elemente, insbesondere denen der anderen seltenen Erden, sind nicht näher überprüft. Lediglich GATTERER und JUNKES weisen auf Koinzidenzen mit Europiumlinien hin. So fallen 4204,82 Sm, 4205,05 Eu und 4205,35 Sm zusammen. Außerdem koinzidieren 4129,24 Sm, 4129,73 Eu und 4129,99 Sm sowie 3971,35 (3971,72 Sm), 3971,95 Eu und 3972,26 Sm.

Für das Spektrum des in der Knallgasflamme verdampfenden Samariumoxydes gibt PICCARDI, geordnet nach abnehmender Intensität, folgende Banden $\lambda = 6511$, 6533, 6557 und 6570 Å an.

Nachweisverfahren.

1. Nachweis in Lösungen. LUNDEGÅRDH weist Samarium in Lösungen mit dem Tauchfunken nach. VAN CALKER stellt neben anderen seltenen Erden Samarium im Eindampfrückstand von Mineralwässern fest, der mit HCl aufgenommen, in Lösung mit dem Flammenbogen untersucht wird. PLANTINGA und RODDEN beobachten neben anderen seltenen Erden Samarium im Flammenspektrum und im Flammenfunkenspektrum.

PICCARDI untersucht das Molekülspektrum des Samariumoxydes, indem er zerstäubte Lösungen in der Flamme zum Leuchten anregt. Der Lichtbogen erwies sich hierfür als weniger geeignet.

2. Nachweis in Monazit. THOREAU, BRECKPOT und VAES untersuchten Monazit von Shinkolobwe.

b) Absorptionsspektroskopischer Nachweis.

Die Angaben älterer Autoren sind nicht verläßlich, da dieselben kaum reine Präparate zur Verfügung hatten. Die ersten einwandfreien Messungen dürften von FORSLING herrühren. Spätere Ausmessungen und Beschreibungen des Absorptionsspektrums des Samariums erfolgten von JONES und STRONG, INOUE, YNTEMA, GARDINER sowie QUILL, SELWOOD und HOPKINS.

Das Spektrum der Chloridlösung, die 1 Grammatom Samarium im Liter enthält, weist nach PRANDTL und SCHEINER folgende Banden und, entsprechend den Verdünnungen, nachstehende Spitzen auf (vgl. dazu Tafel 1, S. 128):

Tabelle 15. Bandenverteilung im Absorptionsspektrum des Samariums.

Bande von Å bis Å Linie bei Å	Spitze bei Å	Bande von Å bis Å Linie bei Å	Spitze bei Å
5593		4097—3902	4016
4995		3905	
4892		3776—3713	3746
4870—4720	4793	3650—3589	3620
4674—4602	4639	3535	
4513		3466—3424	3444
4446—4376		3226	
4180		3175	
4164		3055	
4148		2900	
4097—3902	4074	2790	
	4056	2737	

Die Gesamtintensität des Samariumspektrums ist eine bedeutend schwächere, als jene der Absorptionsspektren des Praseodym und Neodym. Wie bereits hervorgehoben, überschneiden sich mehrere Banden mit denen des Neodyms und Europiums. Vgl. dazu Tafel 1, Teil B, S. 128. Damit wird die Heranziehung des Absorptionsspektrums für Zwecke der Reinheitsprüfung unsicher.

§ 2. Nachweis auf röntgenspektroskopischem Wege.

Über den Nachweis auf röntgenspektrographischem Wege wurde bereits ausführlich im Teil B, S. 129 bis 139, berichtet.

§ 3. Luminescenzerscheinungen.

a) Bei Bestrahlung mit gefiltertem Ultraviolettlicht.

Wasserfreies Samarium(III)chlorid zeigt unter der Analysenlampe eine leuchtend orangerote Fluorescenz. Die gleiche Erscheinung zeigt die mit Samariumoxyd beladene Boraxperle, wenn dieselbe nach HAITINGER mit dem Licht des Eisenbogens bestrahlt wird.

Erfassungsgrenze: $5\,\gamma$ Sm.

Wird das in Calciumfluorid eingebettete Samarium mit Radium bestrahlt, so zeigt dasselbe bei Einwirkung von Quecksilberlicht nach PRZIBRAM ein Spektrum mit einer Bande bei $\lambda = 619\ \mathrm{m}\mu$.

Erfassungsgrenze: $< 5 \cdot 10^{-8}$ g Sm_2O_3.

Nach SERVIGNE und VASSY zeigt Samarium in Calciumwolframat eine Fluorescenzbande bei $\lambda = 6357$ Å. SERVIGNE gibt die **Erfassungsgrenze** hierfür mit $5 \cdot 10^{-11}$ g Samarium an.

Auch in Lösungen und Gläsern läßt sich das Samarium bei Bestrahlung mit gefiltertem Eisenbogenlicht durch die Fluorescenz leicht nachweisen. Vgl. DEUTSCHBEIN und TOMASCHEK sowie GOBRECHT und TOMASCHEK.

b) Unter dem Einfluß von Kathodenstrahlen.

Das Luminescenzlicht des Samariumoxydes, in Calcium- bzw. Aluminiumoxyd eingebettet, ist orangerot. Das Spektrum zeigt Linien und Banden bei $\lambda = 6150$, 6105 und 6052 Å. Im Calciumwolframat tritt eine rote, etwas orange getönte Fluorescenz auf. Siehe URBAIN sowie DE ROHDEN.

§ 4. Andere Nachweismethoden.

Als einziger charakteristischer Nachweis auf rein chemischem Wege kommt vorläufig nur die Reduktion zum Samarium(II)chlorid nach BRUKL in Betracht. Siehe darüber S. 171.

Literatur.

BRUKL, A.: Angew. Ch. **52**, 152 (1939).
CALKER, J. VAN: Fr. **105**, 405 (1936).
DEUTSCHBEIN, O. u. R. TOMASCHEK: Ann. Phys. (5) **29**, 311 (1937).
FORSLING, S.: Sv. Akad. Handl. **18** I, Nr. 4, 25 u. Nr. 10, 19 (1892—1893).
GARDINER, J. H.: Soc. **1926**, 1518. — GATTERER, A. u. J. JUNKES: Spectrochim. Acta **1**, 33 (1941). — GERLACH, W. u. E. RIEDL: Die chemische Emissionsspektralanalyse III. Teil, Tabellen zur qualitativen Analyse, 2. Aufl., Leipzig 1942, S. 146. — GOBRECHT, H. u. R. TOMASCHEK: Ann. Phys. (5) **29**, 324 (1937).
HAITINGER, M.: Ber. Wien. Akad. (IIa), **142**, 339 (1933). — HEVESY, G. VON u. M. POHL: Nature **130**, 846 (1932). — HEVESY, G. VON, M. POHL u. R. HOSEMANN: Z. Phys. **83**, 43 (1933).
INOUE, F.: Bl. chem. Soc. Japan **1**, 9 (1926).
JONES, H. C. u. W. W. STRONG: Ph. Ch. **80**, 371 (1912).
LUNDEGÅRDH, H.: Die quantitative Spektralanalyse der Elemente, Bd. II, Jena 1934, S. 93 u. 122.

PICCARDI, G.: Spectrochim. Acta 1, 262 (1941); Atti Accad. Lincei (6) 25, 86 (1937); C. 1937 II, 2041. — PLANTINGA, O. S. u. C. J RODDEN: Ind. eng. Chem. Anal. Edit. 8, 232 (1936). — PRANDTL, W.: Z. anorg. Ch. 136, 285 (1924) u. 238, 326 (1938). — PRANDTL, W. u. K. SCHEINER: Z. anorg. Ch. 220, 107 (1934). — PRZIBRAM, K.: Mikrochim. Acta 3, 68 (1938); Z. Phys. 107, 709 (1937).

QUILL, L. L., P. SELWOOD u. B. S. HOPKINS: Am. Soc. 50, 2929 (1928).

ROHDEN, CH. DE: Ann. Chim. (9) 3, 355, 362 (1915).

SELWOOD, P. W.: Ind. eng. Chem. Anal. Edit. 2, 95 (1930) u. Am. Soc. 52, 1937 (1930). — SERVIGNE, M.: Bl. (5) 7, 121 (1940). — SERVIGNE, M. u. E. VASSY: C. r. 204, 1566 (1937).

THOREAU, J., R. BRECKPOT u. J. F. VAES: Bl. Cl. Sci. Acad. Roy. Belgique (5) 22, 1111 (1936); C. 1937 I, 4080.

URBAIN, G.: Ann. Chim. Phys. (8) 18, 306 (1909). — URBAIN, G. u. H. LACOMBE: C. r. 137, 792 (1903) u. 138, 84 (1904).

YNTEMA, L. F.: Am. Soc. 45, 911 (1923).

Europium.

Eu, Atomgewicht 152,0; Ordnungszahl 63.

Neben Verbindungen der 3wertigen Stufe bildet das Europium ziemlich beständige Salze der 2wertigen Stufe. Durch das in letzter Zeit erfolgte sehr eingehende Studium der letzteren durch URBAIN und BOURION, JANTSCH und Mitarbeiter, JANTSCH und KLEMM, KLEMM und ROCKSTROH, MCCOY, YNTEMA, SELWOOD, KAPFENBERGER, NODDACK, BRUKL (a) sowie HOLLECK (a), ist jetzt dieses seltenste und am schwersten zugängliche Element der Lanthanidengruppe verhältnismäßig leicht in reiner Form zu gewinnen.

Die Eu^{3+}-Ionen sind schwach rosa gefärbt und zeigen ein charakteristisches Absorptionsspektrum mit scharfen Linien. Die Verbindungen der 2wertigen Stufe zeigen große Ähnlichkeiten mit denen der Erdalkalielemente, besonders mit jenen des Strontiums, mit welchen auch in einigen Fällen Isomorphie besteht. Analytisch bedeutsam ist die Schwerlöslichkeit des Europium(II)sulfates. Das Chlorür ist in konzentrierter Salzsäure sehr wenig löslich.

1. Reindarstellung.

Als Ausgangsmaterial dienen die Restlaugen der Samariumgewinnung im Wege der fraktionierten Krystallisation der Doppelnitrate. Wenn erforderlich, wird aus denselben zunächst die Hauptmenge der Yttererden durch fraktionierte basische Fällungen oder Krystallisation der Bromate entfernt. Solche Erdgemische können 0,5 bis 3% Europium enthalten. Auch die Kopffraktionen der Samariumgewinnung nach BRUKL (b) (s. S. 171) sind ziemlich reich an Europium.

MCCOY reduziert dieses angereicherte Material in schwach saurer Lösung durch Zinkstaub, der sich in einem Jonesreduktor befindet und läßt die reduzierte Lösung in konzentrierte Salzsäure einfließen. Dabei fällt $EuCl_2 \cdot 2\,H_2O$ aus. Nach 5maliger Wiederholung erhält man sehr reine Präparate, welche nur noch geringe Spuren Neodym enthalten.

YNTEMA, KAPFENBERGER sowie BRUKL (a) ziehen die elektrolytische Reduktion an der Quecksilberkathode vor. Die Elektrolyse wird unter Rühren bei Gegenwart von Sulfat-Ionen mit einer Stromstärke von 0,05 bis 0,1 Amp./cm^2 vorgenommen. Indem man während der Elektrolyse die Ausfällung von Strontiumsulfat vornimmt, wird das Europiumsulfat von diesem mitgerissen und stabilisiert. Die Löslichkeit beträgt bei 20^0 0,7833 g $EuSO_4$ im Liter. Es ist deshalb mit möglichst kleinen Lösungsvolumen zu arbeiten. Gewöhnlich wird der Kathodenraum von jenem, in welchem sich die Anode in verdünnter Schwefelsäure befindet, durch einen elektrolytischen Heber getrennt. Durch mehrmalige Wiederholung der Elektrolyse gelangt man ziemlich rasch zu reinen Präparaten. Ist Ytterbium zugegen, so wird dieses gleichfalls reduziert und als Sulfat ausgefällt (vgl. MARSH). MCCOY scheidet das

Europium elektrolytisch als Amalgam ab. Auch hier wird dasselbe von dem Ytterbium begleitet.

2. Reinheitsprüfung.

Dieselbe erfolgt am zweckmäßigsten mittelst des Bogen- oder des Funkenspektrums. Nach NODDACK ist die röntgenspektroskopische Analyse hier nicht so erfolgreich (s. S. 176). Auch die Fluorescenz bei Bestrahlung mit UV-Licht kann herangezogen werden. Reine Europium(II)salze fluorescieren, besonders bei Kühlung mit flüssiger Luft, rein blau.

Das Oxyd muß rein weiß gefärbt sein, geringe Mengen Praseodym oder Terbium färben dasselbe rötlichbraun. Das wasserfreie Chlorid darf bei der Einwirkung von peinlichst getrocknetem Wasserstoff bei Rotglut keine gelbliche oder rötliche Färbung annehmen. Diese Reaktion ist die schärfste Probe auf die Abwesenheit von Samarium auf rein chemischem Wege. (JANTSCH und Mitarbeiter.)

Auf die Abwesenheit von Gadolinium und Ytterbium kann nur emissionsspektroskopisch geprüft werden.

Nachweismethoden.

§ 1. Nachweis auf spektralanalytischem Wege[1].

a) Emissionsspektroskopischer Nachweis.

Allgemeines. Der spektralanalytische Nachweis des Europiums kann durch Beobachtung des Linienspektrums oder mit Hilfe des Bandenspektrums des Europiumoxydes erfolgen, die sich bei Flammenanregung gelegentlich auch überlagern können.

Als Analysenlinien geben GERLACH und RIEDL an $\lambda = 4594{,}1$, 4435,5, 4205,0, 4129,7 und 3819,6 Å.

Im Glasspektrographen unter Verwendung von Superrapidplatten sind im Bogenspektrum die ungefähr gleich intensiven Linien 4205,0 und 4129,7 Å stärker als die Linien 4435,5 und 4594,1 Å. Das Funkenspektrum zeigt ein ähnliches Bild, doch ist die Linie 4594,1 Å schwächer als 4435,5 Å.

Bei Verwendung des Quarzspektrographen sind die Linien $\lambda = 3819{,}6$, 4129,7 und 4205,0 Å stärker als die Linie 4435,5 Å.

Koinzidenzen der Europiumlinien mit Linien anderer Elemente, insbesondere mit denen der anderen seltenen Erden sind nicht näher überprüft. Es liegen nur einige Angaben von GATTERER und JUNKES über Koinzidenzen von Eu- und Sm-Linien vor. So fallen 4204,82 Sm, 4205,05 Eu und 4205,35 Sm zusammen. Außerdem koinzidieren 4129,24 Sm, 4129,73 Eu und 4129,99 Sm sowie 3971,35 (3971,72 Sm) 3871,95 Eu und 3972,25 Sm.

Europiumoxyd liefert nach PICCARDI in der Flamme Linien in der Gruppe 6630 bis 6180 Å und 6010 bis 5950 Å, eine schwache Bande bei 5530 bis 5490 Å und einen Bandenkopf bei 4720 Å. Ferner drei Linien bei 4594,07, 4627,26 und 4661,84 Å, die noch bei ziemlich niederen Flammentemperaturen erkennbar sind. Bei geringen Konzentrationen (1:1000000) ist von denselben die Linien 4594,07 Å am intensivsten. Die auch im Bogen- und Funkenspektrum auftretenden Linien 4129,78 und 4205,03 Å werden durch gleiche Linien des Gadoliniums gestört. Vgl. KING.

Nachweisverfahren.

Nachweis in Lösungen. LUNDEGÅRDH weist Europium in Lösungen mit dem Tauchfunken nach. Bei Lösungsanalysen nach der Methode von SCHEIBE und RIVAS gelingt GATTERER und JUNKES der Europiumnachweis bis zu Gehalten von 0,0005%.

b) Absorptionsspektroskopischer Nachweis.

Das Absorptionsspektrum des Europiums wurde zuerst von DEMARÇAY ausgemessen und zeigt nur im violetten und ultravioletten Teile Banden, die sehr

[1] Mitbearbeitet von J. VAN CALKER, Münster (Westf.).

charakteristisch und zum Teil linienartig ausgebaut sind. Neuere Arbeiten darüber erfolgten durch HARRIES und HOPKINS, YNTEMA, GARDINER sowie durch PRANDTL.

Das Spektrum der Chloridlösung, die 1 Grammatom Eu im Liter enthält, weist nach PRANDTL und SCHEINER folgende Banden und Bandenspitzen auf (vgl. Tafel 1 im Teil B, S. 128): $\lambda = 5360$, 5255, 4656, 4651, 4647 Å. $\lambda = 3977$ bis 3926 Å mit Spitze bei $\lambda = 3943$ Å. $\lambda = 3853$, 3809, 3766, 3749, 3617 Å, $\lambda = 3273$ bis 3253 Å, $\lambda = 3204$ Å, $\lambda = 3189$ bis 3160 Å mit Spitzen bei $\lambda = 3179$ und 3168 Å, ab $\lambda = 3000$ Å mit Spitzen bei $\lambda = 2980$, 2930, 2861 und 2853 Å.

§ 2. Nachweis auf röntgenspektroskopischem Wege.

Nach NODDACK bieten der Nachweis und die Bestimmung des Europiums auf röntgenspektroskopischem Wege einige Schwierigkeiten, da mehrere stärkere, zur Auswertung geeignete Linien mit Linien anderer, häufiger vorkommender Elemente der Lanthanidengruppe zusammenfallen. Siehe Teil B, S. 129 bis 139 und Tabelle 11, S. 138.

§ 3. Luminescenzerscheinungen.

Die besonders mit 2wertigem Europium auftretenden Luminescenzerscheinungen und deren Spektren sind sehr charakteristisch. Diese Luminescenzerscheinungen gestatten den Nachweis geringster Mengen, besonders auch in Mineralien und Gesteinen, und der luminescenzspektroskopische Nachweis steht an Schärfe und Sicherheit jenem auf röntgenspektroskopischem Wege nicht nach.

a) Bei Bestrahlung mit gefiltertem UV-Licht. In der Boraxperle aufgelöstes Europiumoxyd leuchtet nach HAITINGER bei Bestrahlung mit Eisenbogenlicht feurig rot.

Erfassungsgrenze: 25 γ.

Grenzkonzentration: 1:5000.

Unter der Analysenlampe zeigt reines wasserfreies Europiumchlorid keine Fluorescenz. Wird dasselbe jedoch in Natrium- oder in Calciumchlorid oder -fluorid eingebettet, so leuchtet es feurig rot auf. Das Spektrum zeigt u. a. eine Bande bei $\lambda = 619$ mμ.

Erfassungsgrenze (nach PRZIBRAM): $5 \cdot 10^{-8}$ g Eu. Vgl. dazu DEUTSCHBEIN und TOMASCHEK sowie GOBRECHT und TOMASCHEK, welche auch Untersuchungen über die Fluorescenz von Europiumlösungen ausgeführt haben.

Wird Europium(II)chlorid als solches oder nach Einbettung in Alkalichlorid oder in Calciumfluorid mit UV-Licht bestrahlt, so tritt eine leuchtende, hellblaue Fluorescenz auf, die bei Kühlung des Präparates mit flüssiger Luft an Stärke bedeutend zunimmt. Das Spektrum zeigt eine Bande bei $\lambda = 429$ mμ.

Erfassungsgrenze (nach PRZIBRAM): 10^{-9} g Eu, nach SERVIGNE $2 \cdot 10^{-10}$ g Eu.

Durch diese blaue Fluorescenz gelingt nach PRZIBRAM sowie nach HABERLANDT und KÖHLER der Nachweis des Europiums in Mineralien und Gesteinen, so in Flußspäten, Apatiten und Feldspäten und der Beweis, daß es in denselben in 2wertiger Form vorliegt.

Sehr schön läßt sich auf diesem Wege auch der Nachweis von Spuren von Samarium in Europium erbringen. Mit wachsendem Samariumgehalt verschwindet die blaue Fluorescenz und geht über Violett nach Cyklamenfarben über.

b) Bei Einwirkung von Kathodenstrahlen. In Calciumoxyd oder in Bariumsulfat eingebettetes Europium leuchtet unter dem Einfluß von Kathodenstrahlen carmoisinrot. Das Spektrum weist Linien bzw. Banden bei $\lambda = 615{,}5$, 612,8, 597, 593 (sehr stark), 589,7, 584,5 und 582 mμ auf (CROOKES, URBAIN).

In Calciumwolframat gelöstes Europium zeigt die gleiche Fluorescenz.

Erfassungsgrenze: $\sim 10^{-6}$ g (DE ROHDEN, SERVIGNE).

§ 4. Polarographischer Nachweis.

Da sich Europium(III)salze verhältnismäßig leicht zur 2wertigen Stufe reduzieren lassen und die elektrolytische Reduktion schon bei einem sehr edlen Potentialwert erfolgt, während das Entladungspotential der 2wertigen Stufe zum Metall erst jenseits der Entladungsstufe der Alkalimetalle liegt, lassen sich nach HOLLECK (b) diese Erscheinungen mit Hilfe einer polarographischen Anordnung auswerten.

Als Bezugsstoff zur Bestimmung des Wendepunktes in der Stromspannungskurve wird Zinkchlorid verwendet. Der Europiumwert, bezogen auf die Normalkalomelelektrode, liegt bei 0,77 Volt. Die Reduktionsstufe des Europiums liegt demnach wenig unedler als die Entladungsstufe des Cadmiums. Jene der anderen seltenen Erd-Ionen, mit Ausnahme des Yb^{3+}-Ions, beginnt bei 1,55 Volt. Da bei Zink zwei Ladungen, bei Europium eine Ladung neutralisiert wird, ist die Stufenhöhe beim Europium halb so groß wie beim Zink, was bei Konzentrationsbestimmungen zu berücksichtigen ist. Wegen der meist sehr geringen Konzentration des Europiums in den Erdgemischen, muß man die Lösungen möglichst konzentriert halten. Auch muß der gelöste Luftsauerstoff unbedingt entfernt werden. Man leitet deshalb vor und während der Messung Wasserstoff durch die Lösung. Cadmium und alle Schwermetall-Ionen, deren Entladungspotential edler ist als das Reduktionspotential des Europiums, z. B. Zinn, Blei, Wismut und Kupfer stören. Sie müssen vorher durch Fällung mit Schwefelwasserstoff entfernt werden. Auch die Störung durch Ytterbium, das sich gleichfalls zur 2wertigen Stufe reduzieren läßt, ist zu beachten. In einer Lösung, die 10 mg Erdoxyde in 1 cm^3 enthält, können noch 0,15% Europium bestimmt werden.

Ausführung. Man fällt die Probe mit Oxalsäure, verglüht die Oxalate zu den Oxyden und behandelt die salzsaure Lösung mit Schwefelwasserstoff. Das Filtrat wird auf wenige cm^3 eingeengt und der Messung unterworfen. Als Leitsalz kann Lithiumchlorid verwendet werden, doch ist die Zugabe desselben in den meisten Fällen entbehrlich.

§ 5. Andere Nachweismethoden.

Nach BECK reduzieren 2wertige Europiumverbindungen, analog wie die niederen Wertigkeitsstufen des Titans, Zinns, Vanadiums, Niobs und Molybdäns, *Kakothelin* zu einem violetten Farbstoff. Ytterbium und Samarium sollen die Reaktion nicht stören.

Erfassungsgrenze: $3\,\gamma$ Eu/cm^3.

Literatur.

BECK, G.: Mikrochim. Acta 3, 141 (1938). — BRUKL, A.: (a) Angew. Ch. 49, 159 (1936); (b) 52, 152 (1939).

CROOKES, W.: Pr. Roy. Soc. (A) 76, 411 (1905).

DEMARÇAY, E.: C. r. 130, 1469 (1900). — DEUTSCHBEIN, O. u. R. TOMASCHEK: Phys. Z. 34, 374 (1933); Ann. Phys. (5) 29, 324 (1937).

GARDINER, H.: Soc. 1926, 1518. — GATTERER, A. u. J. JUNKES: Spektrochim. Acta 1, 31 (1941). — GERLACH, W. u. E. RIEDL: Die chemische Emissionsspektralanalyse Bd. III, Tabellen zur qualitativen Analyse, 2. Aufl., Leipzig 1942, S. 145. — GOBRECHT, H. u. R. TOMASCHEK: Ann. Phys. (5) 29, 324 (1937).

HABERLANDT, H. u. A. KÖHLER: Ber. Wien. Akad. (IIa) 146, 1 (1937); Chemie der Erde 13, 363 (1940); C. 1940 II, 3306. — HAITINGER, M.: Ber. Wien. Akad. (IIa) 142, 339 (1933). — HARRIES, J. A. u. B. S. HOPKINS: Am. Soc. 48, 1593 (1926). — HOLLECK, L.: (a) Angew. Ch. 51, 243 (1938); (b) Fr. 116, 161 (1939).

JANTSCH, G., H. ALBERS u. H. GRUBITSCH: M. 53/54, 305 (1929). — JANTSCH, G. u. W. KLEMM: Z. anorg. Ch. 215, 80 (1933).

KAPFENBERGER, W.: Fr. 105, 199 (1936). — KING, A.: Astrophys. Journ. 72, 221 (1930); C. 1931 I, 1721. — KLEMM, W. u. J. ROCKSTROH: Z. anorg. Ch. 176, 181 (1928).

LUNDEGARDH, H.: Die quantitative Spektralanalyse der Elemente, Bd. II, Jena 1934, S. 90 u. 124.

McCoy, H. W.: Am. Soc. **57**, 1776 (1935); **59**, 1131 (1937); **61**, 2456 (1939); **63**, 3432 (1941). — Marsh, J. K.: Soc. **1934**, 1972.
Noddack, J.: Z. anorg. Ch. **225**, 337 (1935). — Noddack, W. u. A. Brukl: Angew. Ch. **50**, 362, 819 (1937).
Piccardi, G.: Atti Accad. Lincei (6) **17**, 1092 (1933); **25**, 730 (1937); C. **1933 II**, 2861; **1938 I**, 2312. — Piña de Rubies, S.: C. r. **183**, 385 (1926). — Prandtl, W.: Z. anorg. Ch. **116**, 91 (1921); B. **53**, 1727 (1920). — Prandtl, W. u. K. Scheiner: Z. anorg. Ch. **220**, 107 (1934). — Przibram, K.: Ber. Wien. Akad. (IIa) **144**, 141 (1935); **146**, 209 (1937); Nature **1935**, 100; Mikrochim. Acta **3**, 68 (1938).
Rohden, Ch. de: Ann. Chim. (9) **3**, 363, 365 (1915).
Scheibe, J. u. A. Rivas: Angew. Ch. **49**, 443 (1936). — Selwood, P. W.: Am. Soc. **57**, 1145 (1935). — Servigne, M.: C. r. **204**, 863 (1937); Bl. (5) **7**, 121 (1940).
Urbain, G.: Ann. Chim. Phys. (8) **18**, 289, 363 (1909). — Urbain, G. u. F. Bourion: C. r. **153**, 1156 (1911).
Yntema, L. F.: Am. Soc. **45**, 911 (1923); **52**, 2782 (1930).

Gadolinium.

Gd, Atomgewicht 156,9; Ordnungszahl 64.

Das Gadolinium tritt in stabilen Verbindungsformen nur 3wertig auf. Sein Oxyd ist weiß, seine Ionen sind farblos. Ein Absorptionsspektrum besteht nur im ultravioletten Teile.

1. Reindarstellung.

Als Ausgangsmaterialien kommen die nicht mehr krystallisierenden, vom Samarium befreiten Restlaugen der Magnesiumdoppelnitratfraktionierungen oder die angereicherten Yttererden, aus welchen die Hauptmenge des Yttriums durch stufenweise Fällung mit Ferricyankalium entfernt wurde, in Betracht. Dieses Material wird der fraktionierten Krystallisation der Bromate nach Zernicke und James unterworfen. Dieselbe hat für die Trennungen in der Yttererdengruppe dieselbe Bedeutung, wie die Fraktionierung der Magnesiumdoppelnitrate für jene in der Ceriterdengruppe.

Dabei wandert das Gadolinium verhältnismäßig rasch in die Kopffraktionen und nimmt die noch anwesenden Anteile des Europiums, Samariums und Neodyms mit.

Da das Gadolinium nächst dem Yttrium das häufigste Element der Yttererdengruppe ist, läßt es sich nach Prandtl durch erschöpfende fraktionierte Krystallisation der Bromate verhältnismäßig leicht rein erhalten. Es ist aber sehr schwer, die letzten Reste des Terbiums, die dem Oxyd einen gelblichen Ton verleihen, zu entfernen. Vgl. Rolla.

2. Prüfung auf die Reinheit.

Das Oxyd muß rein weiß gefärbt sein. Die konzentrierte Chloridlösung darf, auch bei großer Schichtdicke, im sichtbaren Teile kein Absorptionsspektrum zeigen. Am sichersten erfolgt jedoch die Prüfung auf röntgenspektroskopischem Wege.

Nachweismethoden.

§ 1. Nachweis auf spektralanalytischem Wege[1].

a) Emissionsspektroskopischer Nachweis.

Allgemeines. Der spektralanalytische Nachweis des Gadoliniums kann durch Beobachtung des Linienspektrums oder mit Hilfe des Bandenspektrums des Gadoliniumoxydes erfolgen.

Gerlach und Riedl geben folgende Analysenlinien an: $\lambda = 4184{,}3$, das Dublett 4098,9 und 4098,6; 3768,4; 3646,2; 3585,0; 3422,5; 3362,3; 3350,5 Å.

[1] Mitbearbeitet von J. van Calker, Münster (Westf.).

Im Glasspektrographen mit Superrapidplatten erscheinen die Linien 4098,9 und 4098,6 Å etwas stärker als die Linie 4184,3 Å. Bei Verwendung des Quarzspektrographen dagegen erscheint 4098,6 Å am schwächsten. Stärker sind die Linien 3585,0, 3768,4, 3646,2, 3362,3 und 3350,5 Å, die ungefähr gleiche Intensität besitzen. Am stärksten ist die Linie 3422,5 Å.

Koinzidenzen der Gadoliniumlinien mit Linien anderer Elemente, insbesondere mit denen der anderen seltenen Erden, sind nicht näher überprüft.

Nach SELWOOD liegt bei Mischungen von Neodym, Samarium und Gadolinium die Grenze der Nachweisbarkeit des Gadoliniums bei 0,1%. Es sind dann noch die Linien 4225,1, 4225,9, 3646,19 und 3768,40 Å sichtbar. Die beiden letzten Linien werden allerdings leicht durch Cyanbanden verdeckt. Enthält die Mischung 1% Gadolinium, dann sind außerdem noch sichtbar $\lambda = 3362{,}4$, 3358,77, 3350,63, 3100,6, 3034,06, 3032,82 und 3027,60 Å.

PICCARDI erhält Banden des Gadoliniumoxydes im blauen und gelbroten Spektralbereich, die in der Flamme besonders intensiv erscheinen, im Lichtbogen noch deutlich zu erkennen sind und im Funken fehlen.

Nachweisverfahren.

1. Nachweis in Lösungen. LUNDEGÅRDH weist Gadolinium in Lösungen mit dem Tauchfunken nach. VAN CALKER stellt neben anderen seltenen Erden Gadolinium im Eindampfrückstand von Mineralwässern fest. PICCARDI zerstäubt Lösungen zum Gadolinium-Nachweis in der Flamme.

2. Nachweis in Monazit. THOREAU, BRECKPOT und VAES untersuchten Monazit von Shinkolobwe.

b) Absorptionsspektroskopischer Nachweis.

Das farblose Gadolinium-Ion zeigt nur im Ultraviolett ein Absorptionsspektrum, doch sind die Banden desselben bedeutend weniger intensiv, als jene des Cerspektrums (JONES und STRONG).

Für die Chloridlösung, die 1 Grammatom Gadolinium im Liter enthält, geben PRANDTL und SCHEINER folgende Banden an: $\lambda = 3108$, 3055, 3051 Å. Ab $\lambda = 2990$ Å ist die Absorption vollständig. Bei stärkeren Verdünnungen erscheinen dann die Spitzen $\lambda = 2791$, 2762, 2756, 2729, 2521, 2457, 2436 Å. Vgl. dazu Teil B, Tafel 1, S. 128.

§ 2. Nachweis auf röntgenspektroskopischem Wege.

Über denselben wurde im Teil B, S. 129 bis 139, ausführlich berichtet.

§ 3. Luminescenzerscheinungen.

Nach TOMASCHEK und MEHNERT zeigen Gadoliniumsalze, sowohl in festem Zustande als auch in Lösungen, eine starke ultraviolette Fluorescenz bei Bestrahlung mit UV-Licht. Werden Gadoliniumlösungen mit Licht von $\lambda = 2400$ bis 2700 Å bestrahlt, dann soll nach SEIDEL, LARIONOW und FILIPPOW starke Fluorescenz mit einer Bande bei $\lambda = 311$ mμ auftreten. Es sollen sich so noch 10^{-4} g Gadolinium nachweisen lassen.

Literatur.

CALKER, J. VAN: Fr. **105**, 405 (1936).
GERLACH u. RIEDL: Die chemische Emissionsspektralanalyse, Bd. III, Tabellen zur qualitativen Analyse, 2. Aufl., Leipzig 19 2, S. 145.
JONES, H. C. u. W. W. STRONG: Ph. Ch. **80**, 368 (1912).
LUNDEGÅRDH, H.: Die quantitative Spektralanalyse der Elemente, Bd. II, Jena 193 , S. 90 u. 123.
MC DONALD, M. C.: Trans. Canada (3) **21**, III, 230 (1927).

PICCARDI, G.: Spectrochim. Acta **1**, 260 (1941); Atti Accad. Lincei (6) **25**, 44 (1937); C. **1937 II**, 2041. — PORLEZZA, C. u. A. DONATI: Ann. Chim. applic. **16**, 519 (1926). — PRANDTL, W.: Z. anorg. Ch. **238**, 328 (1938). — PRANDTL, W. u. K. SCHEINER: Z. anorg. Ch. **220**, 107 (1934).
ROLLA, L.: Atti X. Congress. intern. Chim. Roma **2**, 766 (1938); C. **1941 I**, 1011.
SEIDEL, A. N., J. I. LARIONOW u. A. N. FILIPPOW: Bl. Acad. URSS. Ser. Phys. **1938**, 333; C. **1941 I**, 3189. — SELWOOD, P. W.: Ind. eng. Chem. Anal. Edit. **2**, 95 (1930).
THOREAU, J., R. BRECKPOT u. J. F. VAES: Acad. Roy. Belg. Bull. Classe Sci. 5. Ser. **22**, 1111 (1936). — TOMASCHEK R. u. E. MEHNERT: Ann. Phys. (5) **29**, 306 (1937).
ZERNICKE, J. u. C. JAMES: Am. Soc. **48**, 2871 (1926).

Terbium.

Tb, Atomgewicht 159,2; Ordnungszahl 65.

Das Terbium ist charakterisiert durch die Bildung von tief schwarzbraun gefärbten Doppeloxyden Tb_4O_7, bzw. Tb_6O_{11}, welche beim Glühen der Salze statt dem farblosen Oxyd Tb_2O_3 erhalten werden. Die Darstellung des letzteren gelingt nur durch Reduktion der höheren Oxyde bei Rotglut mit Wasserstoff. Ähnlich wie das Praseodym verrät sich das Terbium schon in Spuren in Mischoxyden durch die intensive Färbung dieser höheren Oxyde. Bisher sind nur Salze mit 3wertigem Terbium bekannt. Die Tb^{3+}-Ionen sind farblos.

1. Reindarstellung.

Hierzu eignen sich die von der Abtrennung des Gadoliniums verbleibenden Kopffraktionen der Bromatkrystallisationen, deren Oxyde tiefbraun gefärbt sind. Dem viel selteneren Terbium haften die viel häufigeren Elemente Gadolinium und Dysprosium stark an. Nach einer weiteren Fraktionierung der Bromate überführt man nach PRANDTL in die Ammondoppeloxalate und setzt mit diesen in der Wärme die stufenweise Krystallisation fort. Dabei wandert das Gadolinium wieder in den schwerlöslichen, das Dysprosium in den leichtlöslichen Teil. Nach dem jeweiligen Ausscheiden der Kopf- und Schwanzfraktionen setzt man mit den Mittelfraktionen die Krystallisation fort. Erst nach vielen Reihen erhält man mit recht bescheidener Ausbeute ein reines Terbiumpräparat.

2. Reinheitsprüfung.

Für dieselbe ist das Absorptionsspektrum, das bei der konzentrierten Chloridlösung auch bei großer Schichtdicke im sichtbarem Teile nur die Linie $\lambda = 4875$ Å zeigen soll, gut geeignet. Am sichersten aber erfolgt die Prüfung mittels des Röntgenspektrums.

Nachweismethoden.

§ 1. Nachweis auf spektralanalytischem Wege[1].

a) Emissionsspektroskopischer Nachweis.

Allgemeines. Über den spektralanalytischen Nachweis von Terbium sind keine Besonderheiten bekannt geworden. GERLACH und RIEDL geben folgende Analysenlinien an, deren Intensitäten stark von den Entladungsbedingungen abhängen: $\lambda = 4326,4$; 4325,8; 4318,9; 4278,5; 4144,5; 3874,2; 3848,8, das Dublett 3703,9 und 3702,9, sowie 3676,4 und 3509,2 Å.

Bei Anwendung des Glasspektrographen und von Superrapidplatten sind im Bogenspektrum die Linien 4326,4, 4325,8 und 4318,9 Å ungefähr gleich stark, aber stärker als die Linien 4278,5 und 4144,5 Å, die wieder nahezu gleiche Intensität besitzen. Im Funkenspektrum ist dagegen die Linie 4278,5 Å stärker als die Linie 4144,5 Å. Diese ist wiederum stärker als die untereinander etwa gleich starken Linien 4326,4, 4325,8 und 4318,9 Å.

[1] Mitbearbeitet von J. VAN CALKER, Münster (Westf.).

Bei Anwendung des Quarzspektrographen ist 3509,2 stärker als die Linie 3674,4, die wieder wenig stärker ist als die untereinander ungefähr gleich starken Linien 3702,9 und 3703,9, 3848,8 und 3874,2 Å, die sämtlich stärker sind, als die im Sichtbaren gelegenen Linien.

Koinzidenzen der Terbiumlinien mit Linienan derer Elemente, insbesondere mit denen der anderen seltenen Erden, sind nicht näher überprüft. Lediglich LUNDEGÅRDH weist auf folgende Störungsmöglichkeiten bei Terbiumlinien hin: Tb 4278,5 durch C 4267,1 und Tb 4186,2 durch Dy 4183,7, Sm 4183,8 und Er 4185,0, ferner Tb 4094,4 durch Dy 4091,8.

Von PICCARDI liegen Untersuchungen am Flammenspektrum des Terbiumoxydes vor. Die beobachteten Banden sind aber nicht mit voller Sicherheit identifiziert.

Nachweisverfahren.

Nachweis in Lösungen. LUNDEGÅRDH weist Terbium in Lösungen mit dem Tauchfunken unter Verwendung von Graphitelektroden nach.

b) Absorptionsspektroskopischer Nachweis.

Das Absorptionsspektrum wurde von URBAIN sowie von JAMES und BISSEL beschrieben. Die Angaben der Tafel 1 von PRANDTL und SCHEINER im Teil B, S. 128, sind dahin zu berichtigen, daß für den sichtbaren Teil nur die Bande $\lambda = 4875$ Å charakteristisch ist. Bei der Chloridlösung erscheinen im ultravioletten Teile Banden bzw. Spitzen bei $\lambda = 3797$ bis 3752, 3694, 3418, 3196 bis 3160, 3111 und 3052 Å (PRANDTL). Bei hochkonzentrierten Lösungen beginnt die ständige Absorption bei $\lambda = 2900$ Å. In verdünnteren Lösungen treten noch Spitzen auf bei $\lambda = 2842$ und 2418 Å.

§ 2. Nachweis auf röntgenspektroskopischem Wege.

Darüber wurde im Teil B, S. 129 bis 139, berichtet.

§ 3. Luminescenzerscheinungen.

Die terbiumhaltige Boraxperle fluoresciert bei Bestrahlung mit Eisenbogenlicht nach HAITINGER kirschrot.

Erfassungsgrenze: 2,5 γ Tb.

Grenzkonzentration: 1:5000.

Für in Calciumwolframat eingebettetes Terbium, das vom Lichte eines Entladungsrohres mit Quecksilber-Argonfüllung bestrahlt wird, gibt SERVIGNE eine **Erfassungsgrenze** von $2,5 \cdot 10^{-9}$ g Tb an.

Über die Fluorescenz fester Terbiumsalze und von Lösungen berichten DEUTSCHBEIN und TOMASCHEK sowie GOBRECHT und TOMASCHEK. Nach SEIDEL, LARIONOW und FILIPPOW liegt der optimale Anregungsbereich bei $\lambda = 210$ bis 230 mμ. Das Fluorescenzspektrum zeigt Banden bei $\lambda = 681$, 670, 648, 621, 589, 544 und 488 mμ. Es sollen sich noch 10^{-8} g Terbium nachweisen lassen.

Bettet man Terbiumoxyd in das Oxyd, Fluorid, Sulfat (URBAIN, URBAIN und SCAL) oder in das Wolframat (DE ROHDEN) des Calciums ein, dann erhält man bei Bestrahlung mit Kathodenstrahlen eine blauviolette bzw. grüne Fluorescenz mit sehr charakteristischer Verteilung der Banden.

§ 4. Nachweis im alkalischen Schmelzfluß.

Ähnlich wie die Praseodymverbindungen geben jene des Terbiums in der Schmelze mit Kaliumhydroxyd auf Zusatz von Kaliumchlorat eine tief braunschwarze Abscheidung von Alkalisalzen höherwertigen Terbiums. Die Unterscheidung vom Praseodym gelingt durch Beobachtung des Absorptionsspektrums der Lösungen der einfachen Salze. Diese Reaktion eignet sich auch zur Anreicherung des Terbiums in Erdgemischen (BECK).

Literatur.

BECK, G.: Angew. Ch. **52**, 536 (1939).
DEUTSCHBEIN, O. u. R. TOMASCHEK: Ann. Phys. (5) **29**, 311 (1937).
GERLACH, W. u. E. RIEDL: Die chemische Emissionsspektralanalyse III. Teil, Tabellen zur qualitativen Analyse, 2. Aufl., Leipzig 1942, S. 146. — GOBRECHT, H. u. R. TOMASCHEK: Ann. Phys. (5) **29**, 324 (1937).
HAITINGER, M.: Ber. Wien. Akad. (IIa) **142**, 339 (1933).
JAMES, C. u. D. W. BISSEL: Am. Soc. **36**, 2066 (1914).
KREMENEWSKY, N., J. I. LARIONOW u. A. N. SEIDEL: Acta physicochim. URSS. **6**, 481 (1937); C. **1938 I**, 1539.
LUNDEGÅRDH, H.: Die quantitative Spektralanalyse der Elemente, Bd. II, Jena 1934, S. 93 u. 122.
PICCARDI, G.: Spectrochim. Acta **1**, 532 (1941). — PRANDTL, W.: Z. anorg. Ch. **238**, 65 u. 329 (1938). — PRANDTL, W. u. K. SCHEINER: Z. anorg. Ch. **220**, 107 (1934).
ROHDEN, CH. DE: Ann. Chim. (9) **3**, 363 (1915).
SERVIGNE, M.: Bl. (5) **7**, 121 (1940). — SEIDEL, A. N., J. I. LARIONOW u. Á. N. FILIPPOW: J. Phys. Moskau **1**, Nr 1 (1939); C. **1940 I**, 11; Bl. Acad. URSS. Ser. phys. **1938**, 333; C. **1941 I**, 3189.
URBAIN, G.: A. Ch. (8) **18**, 393 (1909). — URBAIN, G. u. C. SCAL: A. Ch. Phys. (8) **18**, 289 (1909).

Dysprosium.

Dy, Atomgewicht 162,46; Ordnungszahl 66.

Das Dysprosium tritt in stabilen Verbindungsstufen nur 3wertig auf. Das Oxyd Dy_2O_3 ist weiß gefärbt mit einem Stich ins Gelbliche. Die Dy^{3+}-Ionen haben citronen- bis grünlichgelbe Farbe.

1. Reindarstellung.

Die Reindarstellung des Dysprosiums schließt sich an jene des Terbiums an. Man fraktioniert die leichter löslichen Anteile der Bromatkrystallisationen weiter und schließt dann eine Fraktionierung der Ammoniumdoppeloxalate an. Nach MARSH sollen hierzu auch die Dimethylphosphate gute Dienste leisten. Die Entfernung der letzten Reste der Nachbarelemente gelingt nur mit schlechten Ausbeuten.

2. Prüfungen auf die Reinheit.

Der Nachweis anderer seltener Erdelemente in Dysprosiumpräparaten wird am besten auf röntgenspektroskopischem Wege geführt.

Nach PRANDTL läßt sich die Abwesenheit kleinster Mengen der Nachbarelemente ziemlich einfach erkennen. Die geringsten Mengen von Terbium färben das Oxyd chamoisfarben bis bräunlich, die Gegenwart von Holmium macht sich im Absorptionsspektrum durch Erscheinen der Banden bei $\lambda = 6407$ und 5368 Å bemerkbar.

Nachweismethoden.

§ 1. Nachweis auf spektralanalytischem Wege[1].

a) Emissionsspektroskopischer Nachweis.

Allgemeines. Über den spektralanalytischen Nachweis von Dysprosium sind keine Besonderheiten bekannt geworden. Es kann durch Beobachtung des Linienspektrums oder mit Hilfe des Bandenspektrums des Dysprosiumoxydes erfolgen.

Analysenlinien sind nach GERLACH und RIEDL die Linien 4211,7, 4078,0, 3968,4, 3645,4, 3531,7 und 3407,8 Å.

Im sichtbaren Teil ist die Intensität der einzelnen Linien stark von den Entladungsbedingungen abhängig. Bei Glasoptik und Verwendung von Superrapidplatten sind im Bogenspektrum die beiden ungefähr gleich starken Linien 4078,0 und 3968,4 Å schwächer als die Linie 4211,7 Å. Im Funkenspektrum sind alle drei

[1] Mitbearbeitet von J. VAN CALKER, Münster (Westf.).

Linien ungefähr gleich stark. Bei Anwendung des Quarzspektrographen ist die Linie 3531,7 Å am stärksten, dann folgen die Linien 3968,4 und 3645,4 Å. Am schwächsten erscheint die Linie 3407,8 Å.

Koinzidenzen der Dysprosiumlinien mit Linien anderer Elemente, insbesondere denen der anderen seltenen Erden, sind nicht näher überprüft. Lediglich LUNDEGÅRDH weist darauf hin, daß bei einigen — bei GERLACH und RIEDL nicht angeführten — Dysprosium-Linien Koinzidenzen mit Kohlebanden und Linien von Ti, Tb und V zu beachten sind.

Von PICCARDI liegen Untersuchungen am Flammenspektrum des Dysprosiumoxydes vor. Er bringt Spektralaufnahmen, auf denen deutliche Banden des DyO mit Bandenköpfen bei 5693 Å und 5265 Å zu erkennen sind.

Nachweisverfahren.

Nachweis in Lösungen. LUNDEGÅRDH weist Dysprosium in Lösungen mit dem Tauchfunken unter Verwendung von Graphitelektroden nach.

b) Absorptionsspektroskopischer Nachweis.

Das Absorptionsspektrum wurde von LECOQ DE BOISBAUDRAN, URBAIN, JONES und STRONG sowie von YNTEMA beschrieben.

Für die Chloridlösung, die 1 Grammatom Dysprosium in Liter enthält, geben PRANDTL und SCHEINER folgende Banden und Linien und bei Verdünnung nachstehende Spitzen an. Siehe dazu Tafel 1 im Teil B, S. 128.

Tabelle 16. Banden, Spitzen und Linien im Absorptionsspektrum der Dysprosiumchloridlösung.

Bande von Å bis Å Linie bei Å	Spitze bei Å	Bande von Å bis Å Linie bei Å	Spitze bei Å
4789—4685		3552—3458	3504
4549—4470	4534 4501	3382	
4274		3280—3198	3249
3976		3022	
3927—3850	3883	2994 2981	
3819 3796		2960 2977	
3689—3611	3649	ab 2800 ständige Absorption	2785 2743
3582			2579 2561

§ 2. Nachweis auf röntgenspektroskopischem Wege.

Darüber wurde ausführlich im Teil B, S. 129 bis 139, berichtet.

§ 3. Luminescenzerscheinungen.

Das in der Boraxperle aufgelöste Dysprosiumoxyd zeigt bei Bestrahlung mit Eisenbogenlicht eine gelbe Fluorescenz. Die *Erfassungsgrenze* liegt nach HAITINGER bei 5 γ Dy.

In Calciumwolframat eingebettetes Dysprosiumoxyd zeigt bei Bestrahlung mit UV-Licht eine gelbgrüne Fluorescenz.

Erfassungsgrenze: 2,5 · 10^{-6} g Dy (DE ROHDEN, SERVIGNE).

Über die Fluorescenz in Lösungen berichten GOBRECHT und TOMASCHEK.

Unter dem Einfluß von Kathodenstrahlen leuchtet das in Calciumoxyd, Aluminiumoxyd, Calciumsulfat (URBAIN) oder in Calciumwolframat eingebettete Oxyd citronengelb.

Literatur.

GERLACH u. RIEDL: Die chemische Emissionsspektralanalyse, Bd. III, Tabellen zur qualitativen Analyse, Leipzig 1942, S. 145. — GOBRECHT, H. u. R. TOMASCHEK: Ann. Phys. (5) **29**, 324 (1937).

HAITINGER, M.: Ber. Wien. Akad. (IIa) **142**, 339 (1933).

JONES, H. C. u. W. W. STRONG: Ph. Ch. **80**, 370 (1912).

LECOQ DE BOISBAUDRAN: C. r. **102**, 1005 (1886). — LUNDEGÅRDH, H.: Die quantitative Spektralanalyse der Elemente, Bd. II, Jena 1934, S. 89 u. 124.

McDONALD, M. C.: Trans. Roy. Soc. Canada (3) III, **21**, 224 (1927). — MARSH, J.: Soc. **1939**, 555.

PICCARDI, G.: Spectrochim. Acta **1**, 256 (1939).

PRANDTL, W.: Z. anorg. Ch. **238**, 330 (1938). — PRANDTL, W. u. K. SCHEINER: Z. anorg. Ch. **220**, 107 (1934).

ROHDEN, CH. DE: Ann. Chim. (9) **3**, 363 (1915).

SERVIGNE, M.: C. r. **204**, 863 (1937); Bl. (5) **7**, 121 (1940).

URBAIN, G.: C. r. **142**, 785 (1906); **146**, 922 (1908); Ann. Chim. Phys. (8) **18**, 289 u. 311 (1909); (7) **19**, 244 (1900).

YNTEMA, L. F.: Am. Soc. **45**, 912 (1923).

Holmium.

Ho, Atomgewicht 164,94; Ordnungszahl 67.

Das Oxyd Ho_2O_3 und die Ho^{3+}-Ionen sind zart gelb gefärbt.

1. Reindarstellung.

Die Darstellung reinen Holmiums ist erst in letzter Zeit FEIT durch auswählende Fraktionierung der Bromate und darauffolgende Krystallisationen der basischen Nitrate gelungen. Vgl. PRANDTL.

2. Reinheitsprüfung.

Am hartnäckigsten haften dem Holmium Dysprosium, Erbium und Yttrium an. Das Absorptionsspektrum liefert nach FEIT keine eindeutigen Aussagen über die Reinheit eines Präparates, weil die Banden kleiner Mengen von Dysprosium und Erbium durch Holmiumbanden verdeckt werden.

Die sicherste Prüfung erfolgt mit Hilfe des Röntgenspektrums.

Nachweismethoden.

§ 1. Nachweis auf spektralanalytischem Wege[1].

a) Emissionsspektroskopischer Nachweis.

Allgemeines. Über den spektralanalytischen Nachweis von Holmium sind keine Besonderheiten bekannt geworden.

GERLACH und RIEDL geben folgende Analysenlinien an: $\lambda = 4163{,}0$, 4103,8, 4053,9, 4045,4, 3891,0, 3810,7, 3453,1 und 3399,0 Å.

Bei Glasoptik und Anwendung von Superrapidplatten ist die Linie 3891,0 Å am schwächsten. Dann folgen mit steigender Intensität die Linien 4163,0, 4053,9, 4045,4 und 4103,8 Å.

Bei Verwendung des Quarzspektrographen erscheinen die ungefähr gleich starken Linien 4045,4 und 3810,7 Å am schwächsten. Die Linien 3891,0 und 3399,0 Å sind stärker. Die größte Intensität hat die Linie 3453,1 Å.

[1] Mitbearbeitet von J. VAN CALKER, Münster (Westf.).

Koinzidenzen der Holmiumlinien mit Linien anderer Elemente, insbesondere denen der anderen seltenen Erden, sind nicht näher untersucht. Lediglich LUNDEGÅRDH weist darauf hin, daß die bei GERLACH und RIEDL nicht genannten Linien Ho 2945,9 durch V 2944,6 und Ho 3343,6 durch Ti 3343,8 und Yb 3343,0 gestört sein können.

Nachweisverfahren.

Nachweis in Lösungen. LUNDEGÅRDH weist Holmium in Lösungen mit dem Tauchfunken unter Verwendung von Graphitelektroden nach.

b) Absorptionsspektroskopischer Nachweis.

Das Absorptionsspektrum ist recht kompliziert und reich an Banden sowie Linien. Die älteren Beobachtungen sind nicht verläßlich, da keine vollkommen reine Präparate zur Verfügung standen.

Für die Chloridlösung, die 1 Grammatom Holmium im Liter enthält, geben PRANDTL und SCHEINER folgende Banden und Linien sowie bei Verdünnungen die nachstehenden Spitzen an: Vgl. dazu Tafel 1, Teil B, S. 128.

Tabelle 17. Banden, Linien und Spitzen im Absorptionsspektrum des Holmiums.

Bande von Å bis Å Linie bei Å	Spitze bei Å	Bande von Å bis Å Linie bei Å	Spitze bei Å
6588—6363	6567	3896	
	6525	3863	
	6407	3645—3578	3612
5498—5330	5494	3500	
	5434	4700	
	5368	3452	
4914—4820	4910	3356—3319	3337
	4852		
4700		3264—3240	
4756—4712	4734	ab 2980 in der	2956
		ursprünglichen	2924
4677		Lösung vollständige	2870
4580—4438	4509	Absorption	2841
	4502		2783
4225—4130	4220		
	4170		

FEIT bemerkt hierzu, daß sich für die Angaben von PRANDTL und SCHEINER (Teil B, Tafel 1, S. 128), je nach der Optik des zur Verfügung stehenden Spektralapparates, Änderungen bezüglich der Abhängigkeit der Intensität von den Verdünnungen ergeben.

§ 2. Nachweis auf röntgenspektroskopischem Wege.

Über die Anwendung des Röntgenspektrums zum Nachweis des Holmiums, siehe Teil B, S. 129 bis 139.

Literatur.

FEIT, W.: Z. anorg. Ch. **243**, 276 (1940).

GERLACH, W. u. E. RIEDL: Die chemische Emissionsspektralanalyse, Bd. III, Tabellen zur qualitaitven Analyse, 2. Aufl., Leipzig 1942, S. 145.

LUNDEGÅRDH, H., Die quantitative Spektralanalyse der Elemente, Bd. II, Jena 1934, S. 90 u. 123.

PRANDTL, W.: Z. anorg. Ch. **238**, 330 (1938). — PRANDTL, W. u. K. SCHEINER: Z. anorg. Ch. **220**, 107 (1934).

Erbium.

Er, Atomgewicht 167,2; Ordnungszahl 68.

Das Erbium, das gewöhnlich nur 3wertig auftritt, gehört wieder zu den häufigeren Elementen der Lanthanidengruppe. Sein Oxyd und die Er^{3+}-Ionen besitzen eine charakteristische Rosafärbung. Damit zeigt sich die Anwesenheit derselben in Yttererdengemischen in ähnlicher Weise an, wie jene des Neodyms in den natürlichen Gemischen der Ceriterden.

1. Reindarstellung.

Nachdem sich besonders HOFMANN und BÜRGER um die Reindarstellung des Erbiums bemüht hatten, ist es erst in letzter Zeit PRANDTL gelungen, dasselbe tatsächlich in reiner Form zu gewinnen.

Nach der Fraktionierung der Bromate werden die an Erbium reichsten Fraktionen, die durch eine Rosafärbung ausgezeichnet sind, einer fraktionierten Fällung in der Wärme mit verdünntem Ammoniak bei Gegenwart von Cadmium- und Ammoniumnitrat unterworfen. Darauf folgt wieder eine Krystallisation der Bromate, wodurch die besonders hartnäckig anhaftenden Reste des Thuliums entfernt werden. Die letzten Reste des Yttriums lassen sich durch eine stufenweise Fällung mit Ferricyankalium beseitigen. Schließlich wird noch eine Fraktionierung der Ammoniumdoppeloxalate angeschlossen.

2. Prüfung auf die Reinheit.

Das Oxyd muß eine reine rosa Farbe besitzen. Die weitere Prüfung erfolgt am sichersten mit Hilfe des Röntgenspektrums.

Nachweismethoden.

§ 1. Nachweis auf spektralanalytischem Wege[1].

a) Emissionsspektroskopischer Nachweis.

Allgemeines. Über den spektralanalytischen Nachweis von Erbium sind keine Besonderheiten bekannt geworden.

Die Intensitäten der von GERLACH und RIEDL angegebenen Analysenlinien 4151,1, 4008,0, 3906,3, 3692,7, 3499,1 und 3372,8 Å sind stark von den Entladungsbedingungen abhängig.

Bei Glasoptik im ZEISSschen Spektrographen und unter Verwendung von Superrapidplatten ist im Bogenspektrum die Linie 4151,1 Å am stärksten. Dann folgen mit abnehmender Intensität die Linien 4008,0 und 3906,3 Å. Beim Funkenspektrum sind die Linien 3906,3 und 4008,0 Å ungefähr gleich stark, während 4151,1 eine größere Intensität besitzt. Bei Anwendung des Quarzspektrographen ergibt sich beim Bogenspektrum, mit abnehmender Stärke, die Reihenfolge: 4008,0, 3906,3 und 4151,1 Å. Beim Funkenspektrum ist dagegen die Reihenfolge: 3906,3, 4008,0 und 4151,1 Å, wobei die Linie 3906,3 bedeutend stärker erscheint als die beiden folgenden. Die Linien 3906,3 und 3499,1 Å sind im Bogen- und Funkenspektrum ungefähr gleich stark, ebenso die etwas stärkeren Linien 3692,7 und 3372,8 Å.

Koinzidenzen der Erbiumlinien mit Linien anderer Elemente, insbesonders mit denen der anderen seltenen Erden sind nicht überprüft.

Nachweisverfahren.

Nachweis in Lösungen. LUNDEGÅRDH weist Erbium in Lösungen mit dem Tauchfunken unter Verwendung von Graphitelektroden nach und gibt außer den bei GERLACH und RIEDL genannten noch eine Reihe weiterer Linien an.

[1] Mitbearbeitet von J. VAN CALKER, Münster (Westf.).

b) Absorptionsspektroskopischer Nachweis.

Die älteren Beobachtungen, sowohl für das Absorptions- als auch für das Reflexionsspektrum, wurden an unreinen Präparaten ausgeführt.

Prandtl und Scheiner geben für die Chloridlösung, die 1 Grammatom Erbium im Liter enthält, folgende Banden, Linien und bei Verdünnungen nachstehende Spitzen an:

Tabelle 18. Banden, Spitzen und Linien im Absorptionsspektrum des Erbiums.

Bande von Å bis Å Linie bei Å	Spitze bei Å	Bande von Å bis Å Linie bei Å	Spitze bei Å
6700—6459	6669	3686—3626	3645
	6525		3640
	6484		
			3590
5522—5476	5488		3559
		3355	
5430—5400	5413		
		3162	
5281—5150	5230	3012	
	5206	2954	
		2928	
4946—4824	4915		
		2884	
	4877		
		2866	
4553			
4534		2755—2724	2749
			2733
4511—4480	4497		
		ab 2690 vollständige	2588
4422			
		Absorption	2550
			2431
4130—4032	4070		
	4054		
3842—3740	3794		

Vgl. dazu Teil B, Tafel 1, S. 128.

§ 2. Nachweis auf röntgenspektroskopischem Wege.

Darüber siehe Teil B, S. 129 bis 139.

Literatur.

Gerlach, W. u. E. Riedl: Die chemische Emissionsspektralanalyse, Bd. III, Tabellen zur qualitativen Analyse, 2. Aufl., Leipzig 1942, S. 145.

Hofmann, K. A. u. O. Burger: B. **41**, 308, 3783 (1908); **43**, 2631 (1910).

Lundegårdh, H.: Die quantitative Spektralanalyse der Elemente, Bd. II, Jena 1934.

Prandtl, W.: Z. anorg. Ch. **198**, 157 (1931); **238**, 331 (1938). — Prandtl, W. u. K. Scheiner: Z. anorg. Ch. **220**, 107 (1934).

Thulium.

Tm, Atomgewicht 169,4; Ordnungszahl 69.

Die Ionen des Thuliums, das zu den am wenigsten untersuchten Elementen der Lanthanidenreihe gehört, sind bei Tageslicht blaßgrün, bei künstlichem Licht tiefer grün gefärbt. Das Oxyd besitzt weiße Farbe.

1. Reindarstellung.

Als Ausgangsmaterial dienen die am leichtesten löslichen Anteile der Bromat-, bzw. der Ammoniumdoppeloxalatfraktionierungen der Erbinerden. Man fraktioniert zunächst die Doppeloxalate weiter, um in den Kopffraktionen das Erbium anzureichern. Nach Wegnahme derselben überführt man die Mittelfraktionen in die Sulfate und scheidet aus diesen durch Elektroreduktion das Ytterbium ab (s. S. 189). Wegen der größeren Oxydationsfähigkeit des $YbSO_4$ und seiner bedeutenderen Löslichkeit gelingt diese Trennung allerdings nicht so gut wie die Abtrennung des Europiums vom Samarium und Gadolinium. Es müssen daher weitere Fraktionierungen der Ammoniumdoppeloxalate angeschlossen werden. Vgl. JAMES, PRANDTL sowie BRUKL.

2. Prüfung auf die Reinheit.

Die Abwesenheit von Erbium ist im Absorptionsspektrum ziemlich leicht feststellbar. Jene des Ytterbiums und Cassiopeiums kann nur im Bogen- besser im Röntgenspektrum nachgewiesen werden.

Nachweismethoden.

§ 1. Nachweis auf spektralanalytischem Wege[1].

a) Emissionsspektroskopischer Nachweis.

Allgemeines. Über den spektralanalytischen Nachweis von Thulium sind keine Besonderheiten bekannt geworden.

Als Analysenlinien geben GERLACH und RIEDL an: 4242,2, 4187,6, 4105,8, 4094,2, 3848,0, 3761,9 und 3761,3, 3462,2, 3425,1 und 3131,3 Å. Im sichtbaren Teile sind die Intensitäten der einzelnen Linien ziemlich stark von den Entladungsbedingungen abhängig. Beim Bogenspektrum ist 4187,6 Å am stärksten. Dann folgen die Linien 4105,8, 4094,2 und 4242,2 Å. Im Funkenspektrum erscheinen die untereinander gleich starken Linien 4187,6, 4242,2, 4105,8 Å und die schwächere Linie 4094,2 Å. Bei Anwendung des Quarzspektrographen sind die Linien 3761,9 und 3761,3 Å am intensivsten. Etwa gleich stark ist 3131,3 Å. Die Linien 3462,2, 3425,1 und 3848,0 Å sind untereinander ungefähr gleich stark, aber bedeutend stärker als die darauffolgenden Linien 4105,8 und 4094,2 Å.

Koinzidenzen der Thuliumlinien mit Linien anderer Elemente, insbesondere denen der anderen seltenen Erden, sind nicht überprüft.

b) Absorptionsspektroskopischer Nachweis.

Die Thuliumlösungen absorbieren hauptsächlich im roten Teil des Spektrums. Für die Chloridlösung, die 1 Grammatom Thulium im Liter enthält, geben PRANDTL und SCHEINER folgende Banden, Linien und bei Verdünnung nachstehende Spitzen an: Vgl. Tafel 1 im Teil B, S. 128.

λ = 7025 bis 6766 Å mit Spitze bei λ = 6990 und 6825 Å, λ = 6583 Å und
λ = 4649 bis 4634 Å mit Spitze bei λ = 4642 Å.

§ 2. Nachweis auf röntgenspektroskopischem Wege.

Über den Nachweis auf röntgenspektroskopischem Wege siehe Teil B, S. 129 bis 139.

Literatur.

AUER v. WELSBACH: M. **32**, 373 (1911).
BRUKL, A.: Angew. Ch. **50**, 25 (1937).
GERLACH, W. u. RIEDL: Die chemische Emissionsspektralanalyse, Bd. III, Tabellen zur quantitativen Analyse, 2. Aufl., Leipzig 1942, S. 146.
JAMES, C.: Am. Soc. **32**, 517 (1910); **33**, 1332 (1911).
PRANDTL, W.: Z. anorg. Ch. **238**, 332 (1938). — PRANDTL, W. u. K. SCHEINER: Z. anorg. Ch. **220**, 107 (1934).

[1] Mitbearbeitet von J. VAN CALKER, Münster (Westf.).

Ytterbium.

Yb, Atomgewicht 173,04; Ordnungszahl 70.

Neben den stabilen Verbindungen mit 3wertigem Ytterbium, tritt dasselbe, wie JANTSCH, SCALLA und JAWUREK, KLEMM und SCHÜTH sowie PRANDTL gezeigt haben, auch 2wertig auf. Die Lösungen der Ytterbium(II)salze sind weniger beständig als jene des Europiums, aber viel stabiler als die der Samarium(II)salze. Yb_2O_3 ist weiß gefärbt, die Yb^{3+}-Ionen geben farblose Lösungen. Die schwach gelbgrün gefärbten Ytterbium(II)salze ähneln in ihrem Verhalten denen der Erdalkalielemente, insbesondere jenen des Strontiums. Das immerhin noch schwer lösliche $YbSO_4$ ist leichter löslich, wie das $EuSO_4$, was bei Trennungsarbeiten zu berücksichtigen ist.

1. Reindarstellung.

Die Zerlegung des alten Ytterbiums MARIGNACS in das reine Ytterbium und das Cassiopeium gelang fast gleichzeitig AUER VON WELSBACH durch Fraktionierung der Ammoniumdoppeloxalate und URBAIN, welcher die Nitrate aus salpetersaurer Lösung stufenweise krystallisierte. Letzterer gab dem zweiten Element den Namen Lutetium, der aber später nicht mehr angewandt wurde.

Heute wird reines Ytterbium ausschließlich aus dem angereicherten Material durch Reduktion an der Quecksilberkathode und Ausfällung als Ytterbium(II)-sulfat gewonnen. Dabei erreicht man gleichzeitig eine sehr wirkungsvolle Trennung des Thuliums vom Cassiopeium. Diese Methode wurde von BALL und YNTEMA zum ersten Male angewandt, von PRANDTL weiter ausgebildet und von BRUKL wesentlich verbessert. Vgl. dazu PEARCE, NAESER und HOPKINS sowie MARSH. Letzterer verwendet an Stelle der Quecksilberkathode eine solche aus amalgamiertem Blei.

Nach BRUKL elektrolysiert man an der Quecksilberkathode unter gutem Rühren bei maximal 20^0 und 0,05 Amp./cm^2 die schwach schwefelsaure Sulfatlösung. Die Anode, bestehend aus einem Kohlenstab, ist von dem Kathodenraum durch ein Diaphragma getrennt. Indem man während der Elektrolyse Strontiumsulfat ausfallen läßt, wird das Ytterbium(II)sulfat in dieses eingebaut, mitgerissen und stabilisiert. Auf diese Weise lassen sich auch verdünnte Lösungen gut verarbeiten und die Ausbeuten erhöhen. Man führt die Elektrolyse stufenweise durch, unterwirft die einzelnen Fraktionen weiteren Elektrolysen und gelangt so verhältnismäßig schnell zu reinem Ytterbium(II)sulfat.

2. Prüfung auf die Reinheit.

Dieselbe kann mit der erforderlichen Sicherheit nur auf röntgenspektroskopischem Wege erfolgen.

Nachweismethoden.

§ 1. Nachweis auf spektralanalytischem Wege[1].

a) Emissionsspektroskopischer Nachweis.

Allgemeines. Über den spektralanalytischen Nachweis von Ytterbium sind keine Besonderheiten bekannt geworden. Der Lichtbogen zwischen Kohleelektroden wird durch Ytterbium prächtig grün gefärbt (nicht spezifisch!).

GERLACH und RIEDL geben folgende Analysenlinien an: $\lambda = 3988{,}0$, 3694,2, 3289,4, 2891,4 Å.

Im Bogenspektrum ist die Bogenlinie 3289,4 am intensivsten, dann folgt 3694,2 und in weiterem Abstand 3988,0 Å. Beim Funkenspektrum ist die Reihenfolge 3289,4 und 3694,2 Å. Die Linien 2891,4 und 3988,0 Å sind bedeutend schwächer.

---

[1] Mitbearbeitet von J. VAN CALKER, Münster (Westf.).

Im übrigen sind die Intensitäten der einzelnen Linien stark von den Entladungsbedingungen abhängig.

Koinzidenzen der Ytterbiumlinien mit Linien anderer Elemente, insbesondere denen der anderen seltenen Erden, sind nicht überprüft.

Nach LÓPEZ DE AZCONA ist die Linie 3289,37 Å am empfindlichsten und noch bei $2 \cdot 10^{-8}$ g Yb beobachtbar. DE GRAMONT hat folgende letzte Linien angegeben: 3289,30, 3694,19 und 3988,01 Å.

PLANTINGA und RODDEN beobachteten neben anderen seltenen Erden Ytterbium im Flammenspektrum und Flammenfunkenspektrum.

b) Absorptionsspektroskopischer Nachweis.

Lösungen der Ytterbium(III)salze zeigen kein Absorptionsspektrum. Jenes der Ytterbium(II)verbindungen ist noch nicht näher untersucht worden.

§ 2. Nachweis auf röntgenspektroskopischem Wege.

Bezüglich des Nachweises auf *röntgenspektroskopischem Wege* siehe Teil B, S. 129 bis 139.

§ 3. Luminescenzerscheinungen.

SERVIGNE belichtet das in Calciumwolframat eingebettete Ytterbiumoxyd mit der Quecksilber-Resonanzlinie 2537 Å. Die im ultraroten Teile des Spektrums des Luminescenzlichtes auftretenden Banden eignen sich zum Nachweis und zu der Bestimmung des Ytterbiums.

§ 4. Nachweis auf polarographischem Wege.

HOLLECK beschreibt den Nachweis und die Bestimmung des Ytterbiums auf polarographischem Wege. Die auftretende Stufe in der Stromspannungskurve, entsprechend der Reduktion $Yb^{\cdot\cdot\cdot} \rightarrow Yb^{\cdot\cdot}$ liegt bei —1,48 Volt bezogen auf die Normalkalomelelektrode. Die zu untersuchende Lösung soll möglichst neutral sein und keine über die, durch die Hydrolyse der Erdsalze sich einstellende Acidität hinausgehende, freie Säure enthalten. Die Nachweis- und Bestimmungsgrenzen liegen im Erdengemisch bei maximal 0,1% Ytterbium.

§ 5. Nachweis auf nassem Wege.

Die an der Quecksilberkathode reduzierte Lösung ist schwach grün gefärbt und reduziert Jod- und Kaliumpermanganatlösungen. Gleiche Eigenschaften zeigen auch die Lösungen der Europium(II)salze. Diese sind jedoch farblos und können, im Gegensatz zu jenen des Ytterbiums, bereits durch Einwirkung von Zink und Salzsäure auf die Europium(III)salze erhalten werden.

Literatur.

AUER v. WELSBACH, C.: Anz. Wien. Akad. Wiss. **1905**, Nr. 10, 122; M. **27**, 935 (1906); **29**, 181 (1908); **34**, 1713 (1913); Z. anorg. Ch. **86**, 58 (1914); Ber. Wien. Akad. (IIa) **116**, 1425 (1907); **122**, 955 (1913).

BALL, R. F. u. L. F. YNTEMA: Am. Soc. **52**, 4264 (1930). — BRUKL, A.: Angew. Ch. **50**, 25 (1937).

GERLACH, W. u. E. RIEDL: Die chemische Emissionsspektralanalyse, III. Teil, Tabellen zur qualitativen Analyse, 2. Aufl., Leipzig 1942, S. 146. — DE GRAMONT, A.: C. r. **171**, 1106 (1920).

HOLLECK, L.: Fr. **126**, 1 (1943).

JANTSCH, G., N. SCALLA u. H. JAWUREK: Z. anorg. Ch. **201**, 207 (1931).

KLEMM, W. u. W. SCHÜTH: Z. anorg. Ch. **184**, 353 (1929).

LÓPEZ DE AZCONA, J. M.: Ann. Españ. [5] (2) **36**, 72 (1940); C. **1940 II**, 2717.

MARIGNAC, J. C. G. DE: A. Ch. (5) **14**, 247 (1878). — MARSH, J. K.: Soc. **1937**, 1367.

PEARCE, D. W., C. R. NAESER u. B. S. HOPKINS: Trans. electrochem. Soc. **69**, Preprint 11, 8 Seiten (1936); C. **1936 II**, 1507. — PLANTINGA, O. S. u. C. J. RODDEN: Ind. eng. Chem. Anal. Edit. 8, 232 (1936). — PRANDTL, W.: Z. anorg. Ch. **209**, 13 (1932); **238**, 332 (1938).
SERVIGNE, M.: C. r. **212**, 540 (1941).
URBAIN, B.: C. r. **145**, 759 (1907); **146**, 406 (1908); **159**, 401 (1914).

Cassiopeium.

Cp, Atomgewicht 174,99; Ordnungszahl 71.

Das letzte Glied der Lanthanidenreihe tritt nur 3wertig auf. Das Oxyd Cp_2O_3 ist weiß gefärbt. Die Cp^{3+}-Ionen sind farblos, ihre Lösungen zeigen kein Absorptionsspektrum.

1. Reindarstellung.

Für die Reindarstellung dienen die auf elektrolytischem Wege (s. S. 189) von Ytterbium befreiten Laugen, die neben Cassiopeium noch geringe Mengen Thulium und Ytterbium enthalten. Die hierin enthaltenen seltenen Erden werden nach PRANDTL über die Oxalate in die Ammoniumdoppeloxalate übergeführt und diese einer mehrmaligen fraktionierten Krystallisation unterworfen. In den schwerlöslichen Anteilen sammeln sich Thulium und Ytterbium, in den leichtestlöslichen Scandium und Thorium an. Bei weiterer Fortsetzung der Krystallisation der Mittelfraktionen läßt sich schließlich aus diesen reines Cassiopeium gewinnen.

1. Prüfung auf Reinheit.

Die sicherste Prüfung erfolgt auf röntgenspektroskopischem Wege. Daneben können dazu auch das Bogen- bzw. Funkenspektrum herangezogen werden.

Nachweismethoden.

§ 1. Nachweis auf spektralanalytischem Wege[1].

Allgemeines. Reines Cassiopeiumsulfat färbt den Lichtbogen prachtvoll blaugrün (nicht spezifisch!). Als Analysenlinien geben GERLACH und RIEDL folgende Linien an: 3077,6, 2911,4 und 2615,4 Å. Von denselben ist die letztere am intensivsten, dann folgt die viel schwächere Linie 2911,4 und die nur wenig schwächere Linie 3077,6 Å.

Koinzidenzen der Cassiopeiumlinien mit Linien anderer Elemente, insbesondere denen der anderen seltenen Erden, sind nicht überprüft.

MEGGERS hebt bei weitgehender Ionisation folgende Linien hervor: 2894,86, 2911,40, 3397,02, 3472,49, 3554,43 und 4518,54 Å. Vgl. dazu AUER VON WELSBACH, URBAIN, EDER und VALENTA, McDONALD, KAYSER sowie PORLEZZA und DONATI.

§ 2. Nachweis auf röntgenspektroskopischem Wege.

Über die Prüfung auf *röntgenspektroskopischem Wege* siehe Teil B, S. 129 bis 139.

Literatur.

AUER v. WELSBACH: C. M. **34**, 1713 (1913); Z. anorg. Ch. **86**, 58 (1914).
EDER, J. M. u. E. VALENTA: Atlas typischer Spektren, Wien 1911; Z. anorg. Ch. **67**, 102 (1910).
GERLACH, W. u. E. RIEDL: Die chemische Emissionsspektralanalyse, Bd. III, Tabellen zur qualitativen Analyse 2. Aufl., Leipzig 1942, S. 145.
KAYSER, H.: Bei Landolt-Börnstein, 5. Aufl., 1. Ergbd. 1927, S. 342.
McDONALD, M. C. M.: Trans. Roy. Soc. Canada (3) **21**, III, 225 (1927). — MEGGERS, W. F.: Intern. Crit. Tables, Bd. V, New York und London 1929, S. 323, 342.
PORLEZZA, C. u. A. DONATI: Ann. Chim. applic. **16**, 519 (1926).
PRANDTL, W.: Z. anorg. Ch. **238**, 332 (1938).
URBAIN, G.: C. r. **145**, 759 (1907) u. **146**, 406 (1908).

[1] Mitbearbeitet von J. VAN CALKER, Münster (Westf.).

Actinium.

Ac, Atomgewicht 227; Ordnungszahl 89; Halbwertszeit 13,5 Jahre.

Von G. JANTSCH, Graz.

Inhaltsübersicht.

Actinium.

Ac, Atomgewicht 227; Ordnungszahl 89; Halbwertszeit 13,5 Jahre.

Das Actinium gehört zu den natürlichen radioaktiven Elementen. In der nach ihm benannten Zerfallsreihe entsteht aus dem Actino-Uran (AcU) das Uran Y (UY), die Muttersubstanz des Protactiniums (Pa), das unter Aussendung von α-Strahlen mit einer Halbwertszeit von $3,2 \cdot 10^{-4}$ Jahren in Actinium zerfällt.

Da das Actino-Uran mit dem Uran(I) und dem Uran(II) das Mischelement Uran bildet, ist das Actinium in allen Uranmineralien enthalten. Entsprechend dem Anteilsverhältnis der Actiniumreihe von 4,6%, ist eine Gewichtsmenge von $1,3 \cdot 10^{-10}$ g Actinium im Gleichgewicht mit Uran(I).

Man hatte früher angenommen, daß das Actinium bei seinem Zerfall in die Folgeprodukte, bei einer Halbwertszeit von 13,5 Jahren, nur β-Strahlen aussendet. Nach neueren Feststellungen erleidet es jedoch einen verzweigten Zerfall. Neben der bereits früher bekannten Umwandlung, wandelt sich ungefähr 1% der Atome unter Aussendung von α-Teilchen in ein Isotopes des Ekacaesiums AcK mit der Ordnungszahl 87 und der Halbwertszeit von 21 Min. um.

Im periodischen System hat das Actinium seinen Platz als Homologes der seltenen Erden. Es tritt 3wertig auf und besitzt die gleichen chemischen Eigenschaften wie die Ceriterdenelemente, besonders wie das Lanthan, von welchen es bisher noch nicht hat vollständig getrennt werden können. Das Carbonat, das Phosphat, das Fluorid und das Oxalat sind schwerlöslich. Die beiden letzteren Salze besitzen auch eine geringe Löslichkeit in verdünnten Säuren. Beim Glühen von Salzen mit flüchtigen Säuren bleibt das Oxyd zurück.

Nachdem zuerst v. GROSSE und AGRUSS sowie GRAUE und KÄDING einige zehntel Gramm Protactiniumoxyd in reiner Form hergestellt hatten, ist es in der Folgezeit gelungen, aus jahrelang gealterten Protactiniumpräparaten durch einfaches Umfällen des Protactiniumsalzes das nachgebildete Actinium in Lösung zu erhalten. Steht ein solches Protactiniumpräparat nicht zur Verfügung, dann ist man auf den schwierigen und langwierigen Weg der Verarbeitung der schwefelsauren Uranlaugenrückstände angewiesen. Über die dabei in Betracht kommenden Reaktionen und Arbeitsgänge, die dem Ausgangsmaterial und den Zwischenprodukten angepaßt und oftmals wiederholt werden müssen, hat ERBACHER im III. Teil dieses Handbuches, Quantitativer Teil, Band III, Seite 832 bis 844, eine sehr eingehende Übersicht gegeben. Vgl. dazu auch den vorhergehenden Abschnitt: Seltene Erden.

Im wesentlichen verfolgt die Verarbeitung der Rückstände der Uranlaugung den Zweck, aus denselben die seltenen Erden, vornehmlich die Ceriterden und unter diesen das Lanthan, zu isolieren. Das Actinium wandert mit letzterem. Wie bereits betont wurde, ist eine vollständige Abtrennung desselben vom Lanthan noch nicht gelungen.

I. Trennung des Actiniums von den anderen radioaktiven Atomarten.

A. Trennung des Actiniums von dem Protactinium.

Sind neben dem Protactinium und dem Actinium noch andere Elemente zugegen, wie dies z. B. bei den Uranlaugenrückständen der Fall ist, so führt eine Fällung mit Flußsäure, bei Gegenwart von Schwefelsäure zum Ziele. Nach HAHN und MEITNER, v. GROSSE sowie GRAUE und KÄDING bleiben dann Eisen, Zirkonium, die Erdsäuren und Protactinium in Lösung, während Uranoxyfluorid, Blei, die Erdalkalien, die seltenen Erden und mit diesen das Actinium in den Niederschlag gehen.

Handelt es sich dagegen darum, aus einem entsprechend gealterten Protactiniumpräparat das neugebildete Actinium abzutrennen, liegen somit Protactinium und Actinium nur allein vor, dann überführt man die Oxyde durch Lösen in Flußsäure und Zugabe der berechneten Menge von Kaliumfluorid in das Doppelfluorid K_2PaF_7. Nach Zugabe von etwas Lanthanchlorid fügt man verdünnte Flußsäure zu. Dabei löst sich das Doppelfluorid auf, während Lanthan mit dem Actinium als Fluoride ungelöst bleiben. Aus dem Filtrate kann dann das Protactinium mit Kaliumfluorid wieder abgeschieden werden.

B. Trennung des Actiniums von seinen Zerfallsprodukten.

Keines der Folgeprodukte des Actiniums ist mit demselben isotop. Es können daher alle Zerfallsprodukte auf chemischem Wege abgetrennt werden.

1. Trennung des Actiniums vom Radioactinium.

Radioactinium ist ein Isotop des Thoriums. Es kommen daher für die Abtrennung des Radioactiniums vom Actinium alle Reaktionen in Betracht, die eine Trennung des Lanthans vom Thorium ermöglichen. Bisher wurden folgende Reaktionen nach ERBACHER angewandt:

a) Ausfällen des Radioactiniums vermöge seiner geringeren Basizität. Dieselbe gelingt nach HAHN (a) durch fraktionierte Fällung der Lösung eines mehrere Monate alten Actiniumpräparates mit verdünntem Ammoniak. In den ersten Niederschlägen ist dann das viel schwächer basische Radioactinium als Hydroxyd angereichert. Die Fällungen sollen, bevor sie filtriert werden, etwa 2 Std. stehen. In den Filtraten befindet sich das Actinium X mit dem größten Teile des Actiniums.

b) Ausfällen des Radioactiniums mit Trägersubstanzen. *α*) **Ausfällung mit Zirkonium- oder Thoriumverbindungen.** Setzt man zu den ganz schwach salzsauren Lösungen etwas Zirkoniumchlorid oder Thoriumsalz und fügt Natriumthiosulfat (HAHN und ROTHENBACH sowie PANETH und ULRICH) oder Wasserstoffsuperoxyd (MC COY und LEMAN) hinzu, so fällt in der Wärme basisches Zirkonium- (Thorium)-thiosulfat bzw. -peroxydhydrat aus. Diese Niederschläge reißen das Radioactinium mit, während das Actinium in Lösung bleibt, und aus dieser, nach dem Filtrieren, mit Ammoniak gefällt werden kann.

β) **Ausfällung mit Cer(IV)hydroxyd.** Nach Zugabe von Cer(III)salz wird die Lösung bei Gegenwart von dem Cersalz entsprechenden Mengen von Kaliumcarbonat mit Kaliumpermanganat in der Siedehitze gefällt. Das Cerihydroxyd reißt dann das Radioactinium mit (ERBACHER).

γ) **Fällen von Radioactinium mit feinen Niederschlägen.** Fügt man zu einer salzsauren Actiniumlösung Natriumthiosulfat und kocht, so reichert sich in dem ausfallenden Niederschlag von feinverteiltem Schwefel das Radioactinium an. Auch durch Schütteln mit aktiver Kohle (Tierkohle) läßt sich in der Lösung der gleiche Effekt erzielen [HAHN (b), GIESEL, LEVIN sowie HENRICH].

2. Trennung des Actiniums vom Actinium X.

Das Actinium X ist ein Isotop des Radiums. Wegen der Isomorphie aller Radiumsalze mit denen des Bariums, kann das Actinium X durch alle Reaktionen vom Actinium abgetrennt werden, die eine Trennung des letzteren vom Barium ermöglichen. Dies kann erfolgen:

a) Durch Ausfällen des Actiniums gemeinsam mit dem Radioactinium mit carbonatfreiem Ammoniak [HAHN (b), HAHN und ROTHENBACH, PANETH und ULRICH sowie MEYER und PANETH].

b) Durch Ausfällen des Actinium X durch Zugabe von Bariumsalz und Fällung des Bariums als Sulfat oder als Chromat (HAHN und ROTHENBACH, MC COY und LEMAN sowie MEYER und PANETH).

3. Trennung des Actiniums vom Actinium K.

Die Abtrennung des vor kurzem entdeckten Actinium K, das ein Isotop des Elementes 87 ist, mithin den Charakter eines Alkalielementes (Ekacaesium) hat, kann wie folgt vorgenommen werden:

a) Zunächst werden nach einem der eben angegebenen Verfahren das Radioactinium und das Actinium X abgetrennt. Die letzten Reste des Radioactiniums entfernt man mit Cerhydroxyd. Darauf wird zur Lösung etwas Bleisalz gegeben und Schwefelwasserstoff eingeleitet, von den Sulfiden abfiltriert und das actiniumhaltige Lanthan nach Zugabe von Bariumsalz mit carbonatfreiem Ammoniak niedergeschlagen. Das Actinium K bleibt in der Lösung, aus welcher das Barium-Ion als Carbonat gefällt wird. Das Filtrat davon enthält dann das Actinium K (PEREY).

b) Man kann auch das Actinium K aus einer Suspension von actiniumhaltigem Lanthanfluorid in Wasser abtrennen. Dazu werden die anderen Zerfallsprodukte durch 8mal aufeinanderfolgende Fällungen von zugesetzten Blei-, Barium- und Lanthansalzen mit Ammoncarbonat entfernt. Das restliche Filtrat wird eingedampft und der Rückstand, der das Actinium K enthält, geglüht (PEREY und LECOIN).

II. Nachweismethoden.

Wegen des Vorkommens in sehr geringer Menge und der noch nicht gelungenen Abtrennung des Actiniums vom Lanthan, erfolgt der qualitative Nachweis ausschließlich auf radiometrischem Wege. Zwar hat LUB das Funkenspektrum eines reinen, hoch actiniumhaltigen Lanthanoxydes untersucht und für das Actinium folgende charakteristische Linien angegeben: $\lambda = 4812,25$, 4413,17, 4386,37, 4359,09, 4179,93, 4168,40 und 4088,37 Å, aber eine Bestätigung dieser Angaben ist noch nicht erfolgt.

Da für praktische Meßzwecke die β-Strahlung des Actiniums zu weich ist, erfolgt nach ERBACHER der radiometrische Nachweis desselben ausschließlich durch seine Folgeprodukte. Über die praktische Durchführung der radiometrischen Messungen siehe III. Teil dieses Handbuches, Bd. IIa „Radium", A § 1.

1. Radiometrischer Nachweis des Actiniums aus der Nachbildung seiner Folgeprodukte.

Dazu trennt man die Folgeprodukte von dem Actiniumsalz nach den bereits beschriebenen Methoden ab. Hierauf versieht man das Präparat mit einem luftdichten, aber für die α- und β-Strahlung durchlässigen Verschluß und mißt mit dem Elektroskop in Zeitabständen die α- und β-Strahlung des Präparates. Gleich am Anfang wird keine Strahlung gemessen, aber nach kurzer Zeit beginnt der Anstieg der α- bzw. der β-Aktivität. Dieselbe wird nach etwa 5 Monaten, der Zeit, nach welcher sich das Gleichgewicht der Nachbildung der Folgeprodukte eingestellt hat, praktisch konstant. Die Messung der bei einigen Folgeprodukten auftretenden γ-Strahlung ist zum Nachweis weniger geeignet.

2. Radiometrischer Nachweis aus dem Zerfall der Folgeprodukte des Actiniums.

Für diese Art des Nachweises kommen in erster Linie das Actinon und der aus demselben gebildete aktive Niederschlag in Betracht.

a) Aus dem Zerfall des Actinons. Man trennt das Actinon von dem Actinium durch geeignetes Erhitzen bzw. durch einen Luftstrom oder durch Abpumpen ab und bestimmt die Abnahme der Aktivität mit der Zeit. Das Actinon hat eine Halbwertszeit von 3,9 Sek. Dabei kann das zu untersuchende Präparat in fester Form oder in Lösung vorliegen. Die Anwesenheit von Radium in der Probe stört nicht, da das Radon nur mit der Halbwertszeit von 3,825 Tagen, das Actinon aber fast momentan nachgebildet wird.

b) Aus dem Zerfall des aktiven Niederschlages. Bei emanierenden Präparaten, also bei solchen, die das Actinon von selbst abgeben, erhält man den aktiven Niederschlag in einfacher Weise, indem man das Präparat in einem geschlossenen Gefäße aufbewahrt, in welches ein negativ aufgeladenes Blech oder ein Draht eingeführt ist. Auf demselben sammelt sich dann der aktive Niederschlag an und sein Abfall kann auf einfache Weise bestimmt werden (ERBACHER).

III. Prüfung des Actiniums auf Reinheit.

Mit Ausnahme der seltenen Erden, speziell des Lanthans, können alle anderen Stoffe in einfacher Weise abgetrennt werden. Daher enthalten Actiniumpräparate in der Regel nur noch Ceriterden und von diesen hauptsächlich Lanthan. Durch eine Kombination der gewichtsanalytischen Bestimmung als Oxyd nach Fällung als Hydroxyd oder als Oxalat mit der radiometrischen Gehaltsbestimmung, kann in solchen Präparaten der Actiniumgehalt und damit der Reinheitsgrad derselben ermittelt werden.

Literatur.

Erbacher, O.: Dieses Handbuch Teil III., Quantitativer Teil, Bd. III, Abschnitt Actinium, S. 829 bis 844.

Giesel, F.: B. **40**, 3012 (1907). — Graue, G. u. H. Käding: Angew. Ch. **47**, 650 (1934). — Grosse, A. v.: B. **61**, 237 u. 242 (1928). — Grosse, A. v. u. M. S. Agruss: Am. Soc. **56**, 2200 (1934).

Hahn, O.: (a) Phys. Z. **7**, 560, 856 u. 861 (1906); Phil. Mag. **12**, 249 (1906); B. **39**, 1605 (1906); (b) B. **39**, 1605 (1906); Phys. Z. **7**, 856 u. 861 (1906); Phil. Mag. **13**, 166 u. 176 (1907). — Hahn, O. u. L. Meitner: B. **52**, 1821 (1919). — Hahn, O. u. M. Rothenbach: Phys. Z. **14**, 409 u. 410 (1913). — Henrich, F.: Chemie und chemische Technik radioaktiver Stoffe, Berlin 1918, S. 246.

Levin, M.: Phil. Mag. **12**, 184 (1906). — Lub, W.: C. r. **204**, 1417 (1937).

McCoy, H. N. u. E. D. Leman: Phys. Z. **14**, 1281 (1913); Phys. Rev. (2) **4**, 409 (1914). — Meyer, St. u. E. Paneth: Sitzungsber. Wien. Akad. Wiss. (IIa) **127**, 147 u. 153 (1918).

Paneth, F. u. C. Ulrich: In Doelters Handbuch der Mineralchemie, Bd. 3, 2. Teil, S. 324 u. 325, Dresden-Leipzig 1926. — Perey, M.: C. r. **208**, 97 (1939). — Perey, M. u. M. Lecoin: Nature **144**, 326 (1939).